スッキリわかる Java入門 第4版

中山清喬／国本大悟・著
株式会社フレアリンク・監修

インプレス

本書をスムーズに読み進めるためのコツ！

- PCでもスマホでも、ブラウザ上でJavaプログラミング体験ができる「dokojava」を活用すれば、開発環境の準備でつまずくことなく、場所を選ばずに学習できるので、今すぐJava開発者への一歩を踏み出せます（p.4参照）。
- 「本格的なJava開発者を目指すために、JDKのセットアップなど開発環境の準備方法も知りたい！」という方も安心。付録A「開発環境のセットアップ」（p.675）で開発環境の準備について解説していますので参考にしてください。
- 「ちゃんと打ち込んでいるのにうまくいかない」「なぜか警告が出る」などの問題が起きたら、陥りやすいエラーや落とし穴をまとめた付録B「エラー解決・虎の巻」（p.689）を確認すると解決できる場合があります。

※ 本書では、Java17〜21を基本に、Java11以降を前提として解説しています。

● dokojavaご利用上の注意事項

- dokojavaは、本書著者の所属企業（株式会社フレアリンク）が運営するサービスです。正式利用にはユーザー登録が必要になります。
- dokojavaは新刊販売による収益で維持・運用されているサービスです。古書店やネットオークション等、新刊以外を購入された場合、一部の機能はご利用いただけません。あらかじめご了承ください。
- dokojavaでは個人の方による独学での利用を前提に無料プランが提供されています。研修や学校等での利用や商用利用に関する専用プランについては、株式会社フレアリンクへお問い合わせください（専用プランの契約なく、商用利用や研修等による多人数同時アクセスが発生した場合、個人学習者の利用環境を保護するため、予告なくアクセスを制限させていただく場合があります）。
- dokojavaへのアクセスは、セキュリティ及び国際プライバシー保護法令上の理由から、日本国内のみに限定しています。海外のネットワークからはご利用いただけません。

インプレスの書籍ホームページ

書籍の新刊や正誤表など最新情報を随時更新しております。

https://book.impress.co.jp/

まえがき

著者の2人は、新入社員をはじめ若手エンジニアの方々のプログラミング学習を、これまで数多くお手伝いさせていただきました。「楽しく、しかし現場で本当に求められるスキルを」と考え実践してきた以下の3つのコンセプトを、親しみやすいイラストとゲーム題材でやわらかく包んで入門書に仕上げました。

1. 手軽に・つまずかずに、Java をはじめられる

「複雑な開発準備作業」でつまずくことなく、最初の一歩を今すぐ踏み出せるよう、クラウド開発実行環境「dokojava」を準備しました。また、陥りがちなトラブルへの対策を巻末付録Bにまとめましたのでご参照ください。

2.「オブジェクト指向」の本質とおもしろさが理解できる

Java学習の要である「オブジェクト指向」をスッキリ理解するために必要なのは文法知識ではなく、その根底を流れる思想・概念・用途のイメージです。Java 言語仕様に記載がないこの部分こそ、解説書がていねいに伝えるべき内容だと考え、ページ数を割きました。

3. 実務で役立つ基礎と要点をひととおりマスターできる

資格取得用の学習はもちろん、開発実務で求められる幅広い基礎知識と重要ポイントをひととおり獲得していただけるよう内容を構成しました。

この第4版では、最新LTS版のJava21に対応するよう内容を改訂したほか、令和の学び手のみなさんにより親しんでいただけるよう紙面デザインを全面改訂しました。もちろん、多くの方からご支持をいただいている「最新版・スッキリ流解説アプローチ」も健在です。

「楽しく読み進めていったら、いつのまにか実務に耐えうるスキルが身に付いていた」――そんな体験を、この本を手に取ってくださったみなさんにお届けできれば光栄です。

著者

【謝辞】
イラストの高田様ほか、DTPのシーグレープ様、デザイナーの米倉様、編集の佐藤様・片元様、シリーズ立ち上げに尽力いただいた櫨田様、教え方を教えてくれた教え子のみなさん、応援してくれた家族、この本に直接的・間接的に関わった皆様に心より感謝申し上げます。

dokojavaの使い方

1 dokojavaとは

dokojavaとは、PCやモバイル端末のブラウザだけでJavaプログラムの作成と実行ができるクラウドサービスです。手間のかかる開発環境を構築せずとも、今すぐJavaプログラミングを体験できます。dokojavaを利用するには、下記のURLにアクセスしてください。

※ dokojavaは株式会社フレアリンクが提供するサービスです。dokojavaに関するご質問につきましては、株式会社フレアリンクへお問い合わせください。

dokojavaへのアクセス

https://dokojava.jp

2 dokojavaの機能

dokojavaでは、次の操作ができます。

- **ソースコードの編集**
- **コンパイルと文法エラーの確認／実行と実行結果の確認**
- **本書掲載ソースコードの読み込み（ライブラリ）**
- **サインイン、ヘルプ**

※ 一部機能の利用には、ユーザー登録や購入者登録、サインインが必要です。また、技術的制約により、プログラムの内容によっては実行できない場合があります。

3 困ったときは

dokojavaの利用で困ったときは、画面左下にある?をクリックしてヘルプを参照してください。また、メンテナンスなどでサービスが停止中の場合は、しばらく時間をあけて再度アクセスしてみてください。

sukkiri.jpについて

sukkiri.jpは、「スッキリわかる入門シリーズ」の著者や制作陣が中心となって運営している本シリーズのWebサイトです。書籍に掲載したコード（一部）がダウンロードできるほか、開発環境の導入手順や操作方法を掲載しています。また、プログラミングの学び方やシリーズに登場するキャラクターたちの秘話、新刊情報など、学び手のみなさんのお役に立てる情報をお届けしています。

『スッキリわかるJava入門 第4版』のページ

https://sukkiri.jp/books/sukkiri_java4

最新の情報を確認できるから、安心だね！

column

スッキリわかる入門シリーズ

本書『スッキリわかるJava入門』をはじめとした、プログラミング言語の入門書シリーズ。今後も続刊予定です。

『スッキリわかるJava入門 実践編』
『スッキリわかるSQL入門 ドリル256問付き！』
『スッキリわかるサーブレット＆JSP入門』
『スッキリわかるC言語入門』
『スッキリわかるPython入門』
『スッキリわかるPythonによる機械学習入門』

contents 目次

第II部 スッキリ納得 オブジェクト指向

contents

contents

column

本書の見方

本書には、理解の助けとなるさまざまな用意があります。押さえるべき重要なポイントや覚えておくと便利なトピックなどを、要所要所に楽しいデザインで盛り込みました。読み進める際にぜひ活用してください。

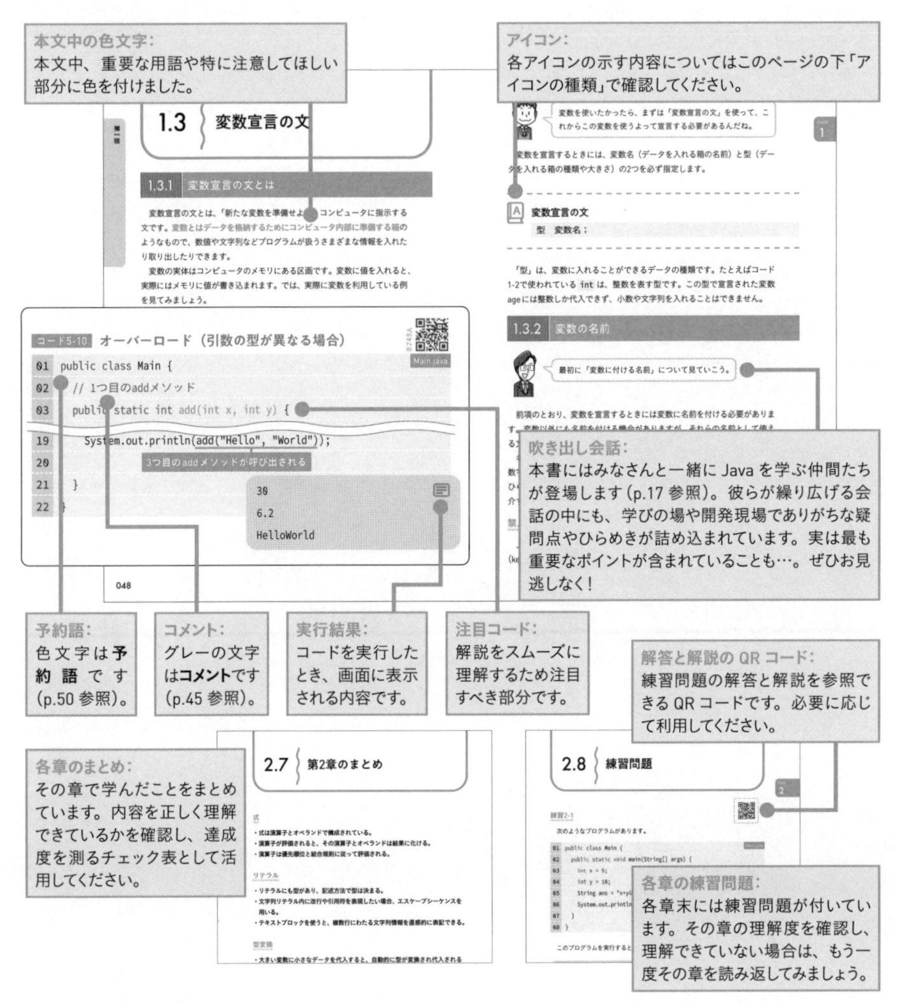

本文中の色文字：
本文中、重要な用語や特に注意してほしい部分に色を付けました。
アイコン：
各アイコンの示す内容についてはこのページの下「アイコンの種類」で確認してください。
1.3 変数宣言の文
1.3.1 変数宣言の文とは
変数宣言の文
1.3.2 変数の名前
最初に「変数に付ける名前」について見ていこう。
コード5-10 オーバーロード（引数の型が異なる場合）
Main.java
3つ目のaddメソッドが呼び出される
吹き出し会話：
本書にはみなさんと一緒にJavaを学ぶ仲間たちが登場します（p.17参照）。彼らが繰り広げる会話の中にも、学びの場や開発現場でありがちな疑問点やひらめきが詰め込まれています。実は最も重要なポイントが含まれていることも…。ぜひお見逃しなく！
予約語：
色文字は予約語です（p.50参照）。
コメント：
グレーの文字はコメントです（p.45参照）。
実行結果：
コードを実行したとき、画面に表示される内容です。
注目コード：
解説をスムーズに理解するため注目すべき部分です。
解答と解説のQRコード：
練習問題の解答と解説を参照できるQRコードです。必要に応じて利用してください。
各章のまとめ：
その章で学んだことをまとめています。内容を正しく理解できているかを確認し、達成度を測るチェック表として活用してください。
2.7 第2章のまとめ
2.8 練習問題
各章の練習問題：
各章末には練習問題が付いています。その章の理解度を確認し、理解できていない場合は、もう一度その章を読み返してみましょう。

アイコンの種類

ポイント紹介：
本文における解説で、特に重要なポイントをまとめています。

構文紹介：
Javaで定められている構文の記述ルールです。正確に覚えるようにしましょう。

文法上の留意点：
構文を記述するときの文法上の注意点などを紹介します。

column

コラム：
本編では詳細に取り上げないものの、知っておくと重宝する補足知識やトリビアなどを紹介します。

chapter 0
Javaをはじめよう

この本を手に取ってくださったみなさんは、
「Javaに興味を持つ」という貴重な一歩をすでに踏み出しています。
そのかけがえのない一歩目を大切にしながら、
つまずくことなく二歩目・三歩目を踏み出していきましょう。

contents

0.1 ようこそJavaの世界へ

0.1.1 Javaを使ってできること

Javaは、プログラムを作るために利用するプログラミング言語の1つです。Javaを使えば、さまざまなコンピュータで動作する多様なプログラムを開発することができます。

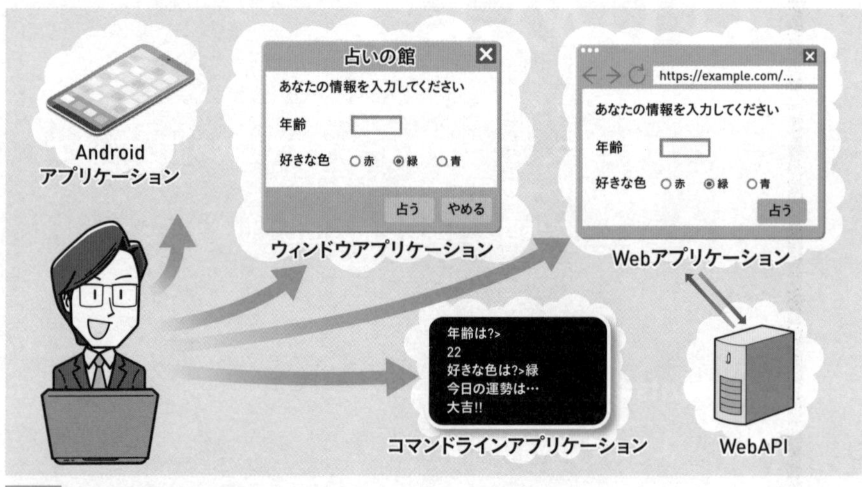

図0-1 Javaを使ってできること

次のような特徴から、Javaはさまざまな分野で利用されています。

- 学びやすく標準的な基本文法
- 大規模開発を支援するオブジェクト指向や関数型プログラミングに対応
- 豊富に準備された便利な標準命令群や、一般公開されている多数のライブラリ
- ゲームから基幹システムまで、幅広く多数の利用実績

こうした特徴を持つJavaを自由自在に操り、プログラムを組めるようになりたいと思う人のために、この本は生まれました。ぜひ実際に手を動かしてプログラミングしながら、一緒にJavaをマスターしていきましょう。

0.1.2 一緒にJavaを学ぶ仲間たち

この本でみなさんと一緒にJavaを学んでいく3人を紹介します。

菅原 拓真(31)
さまざまな開発プロジェクト現場で頼りにされるプログラミングのエキスパート。忙しい実務のかたわら、湊と朝香の教育係として後進の2人を導いていく。
朝香 あゆみ(24)
湊と同期入社。学生時代に授業で少しプログラミングをかじった経験もあるがあまり覚えていない。ときにせっかちで機転がききすぎるが、同期にも頼られるしっかり者。
湊 雄輔(22)
プログラミングは初めての新入社員。難しいことはちょっと苦手でそそっかしい一面も。いつか自分の手でゲームを作りたいという子どもの頃からの夢がある。

図0-2 一緒にJavaを学ぶ仲間たち

0.2 はじめてのプログラミング

準備はいいかな？　さっそくJavaプログラミングを体験してみよう。

はい！

0.2.1 プログラミングの準備をしよう

でも… Javaのプログラムを作るためには高価なアプリや最新のコンピュータが要るんじゃないですか？

私も難しい設定って、したことなくて…。

いや、普通のコンピュータがあれば今すぐ作れるよ。

Javaプログラミングを始めるために高価なアプリや特別な機材は必要ありません。しかし、開発に使うソフトウェアのインストールや、やや高度な開発環境の設定など、いくつかの準備作業が必要になります。

実は、その準備作業でつまずく入門者も少なくありません。そこで本書では、インターネットにつながるPC（WindowsやmacOS、Linux）やスマートフォンがあれば今すぐJavaプログラミングを体験できるしくみを用意しました。それが「どこでもJava開発実行環境」、略して**dokojava**です。Webブラウザを起動して次のアドレスにアクセスしてみてください。

dokojavaにアクセスしてみよう

https://dokojava.jp

※ dokojavaの使い方は、p.4でも紹介しています。

dokojavaでは、次の3つの手順でJavaプログラミングを行います。

① プログラムの入力

画面にJavaのプログラム（本書掲載のプログラム）を入力します。

② コンパイル

入力したプログラムをdokojavaが検査し、実行の準備をします。

③ 実行

プログラムが実行されて、結果が画面に表示されます。

コンパイル…？　さっそく難しい言葉が出てきたなあ。

この3ステップはプログラミングの基本手順なんだ。詳しいことは後でまた解説するよ。

column

QRコードでdokojavaにアクセスしよう

次のページから掲載するJavaのプログラムに付いているQRコードをスマホやタブレットのカメラで読み込むと、ブラウザでdokojavaに直接アクセスして実行することができます。

0.2.2 最初のプログラムを動かしてみよう

それじゃさっそく最初のプログラムを動かしてみよう。

初めてのJavaプログラミング… どきどきしますね。

dokojavaにアクセスすると、画面には次のようなプログラムが表示されています。

コード0-1 **HelloWorldプログラム**

Main.java

```
01 public class Main {
02   public static void main(String[] args) {
03     System.out.println("Hello World");
04   }
05 }
```

小文字のエル

このプログラムは画面に「Hello World」という文字を出すだけの単純なものですが、現時点でそのしくみを理解する必要はありません。「コンパイル」ボタンと「実行」ボタンを順に押すと実行できます（図0-3）。

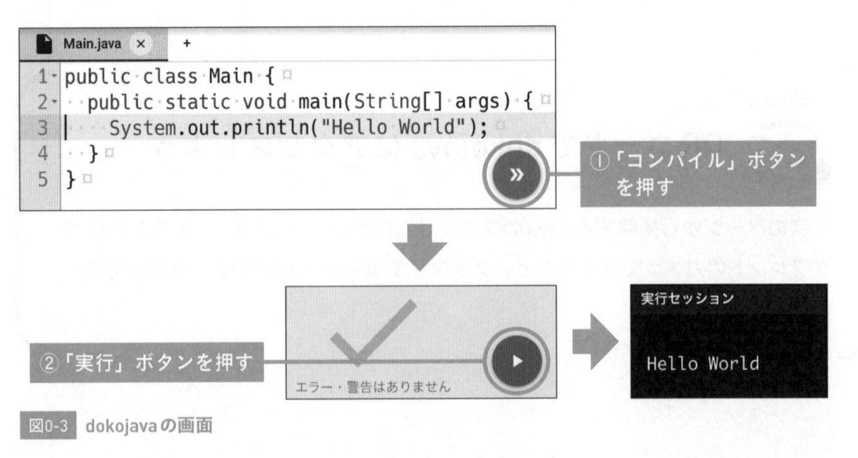

図0-3 dokojavaの画面

0.2.3 画面に好きな文字を表示させてみよう

おおっ…。このプログラムでこの表示が出るってことは、ひょっとしてここを書き換えれば…。

HelloWorldプログラムが実行できたら、今度は好きな文字を画面に表示させてみましょう。先ほどのプログラムの中の `Hello World` の部分を書き換えてください。英文はもちろん日本語でも大丈夫です。書き換え終わったら、コンパイルボタンと実行ボタンを押します。

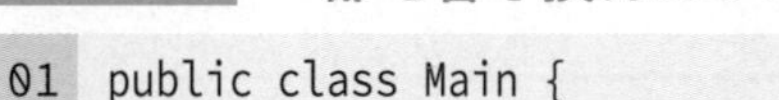

コード0-2 一部を書き換えたプログラム

BJ402

Main.java

```
01 public class Main {
02   public static void main(String[] args) {
03     System.out.println("こんにちは");
04   }
05 }
```

この部分を書き換えた

実行結果が変化する

```
こんにちは
```

よぉし、じゃあさらに書き換えて、コンパイル、実行っと…あれ？　おかしいなぁ…エラーが表示されちゃいます。

プログラムに誤りがあるとコンパイルエラーが報告されます。誤りを取り除かない限り、コンパイルは完了せず、実行もできません。さて、湊くんが書き換えた次のプログラムのどこに誤りがあるかわかりますか？

コード0-3 湊くんが書き換えたプログラム（エラー）

BJ403

Main.java

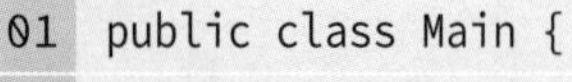

```
01 public class Main {
02   public static void main(String[] args) {
03     System.out.println("湊くんかっこいい！最高！);
04   }
05 }
```

湊はかっこよくも最高でもないから…。

そこは関係ないだろ！　あっ、**最高！**の後ろに**"**がないからかな？

湊くんの推測のとおり、プログラム3行目の終わり付近に**"**がないためエラーが発生しました。プログラムを修正して再びコンパイルと実行をすると、次のような結果が表示されます。

```
湊くんかっこいい！最高！
```

それにしても、たったこれだけでエラーになっちゃうのね。ミスしないようにできるかしら…。

大丈夫！　プログラミングにエラーは付きものだけど、おいおい対応方法も紹介していくから安心していいよ。

0.2.4 たくさんの文章を表示させてみよう

画面に2行以上の文章を表示させることもできます。次のようなプログラムを入力してコンパイル、実行してみましょう。

コード0-4 複数の文章を表示する

Main.java

```
01 public class Main {
02   public static void main(String[] args) {
03     System.out.println("菅原拓真です");
04     System.out.println("31歳です");
05     System.out.println("お酒が好きです");
```

```
06    }
07  }
```

```
菅原拓真です
31歳です
お酒が好きです
```

0.2.5 計算させてみよう

いい調子だね。では、さらに「プログラムらしい」ことにチャレンジしよう。

今度は、コンピュータに計算をさせてみましょう。次のように、さらに2行を書き足して、コンパイルと実行をします。

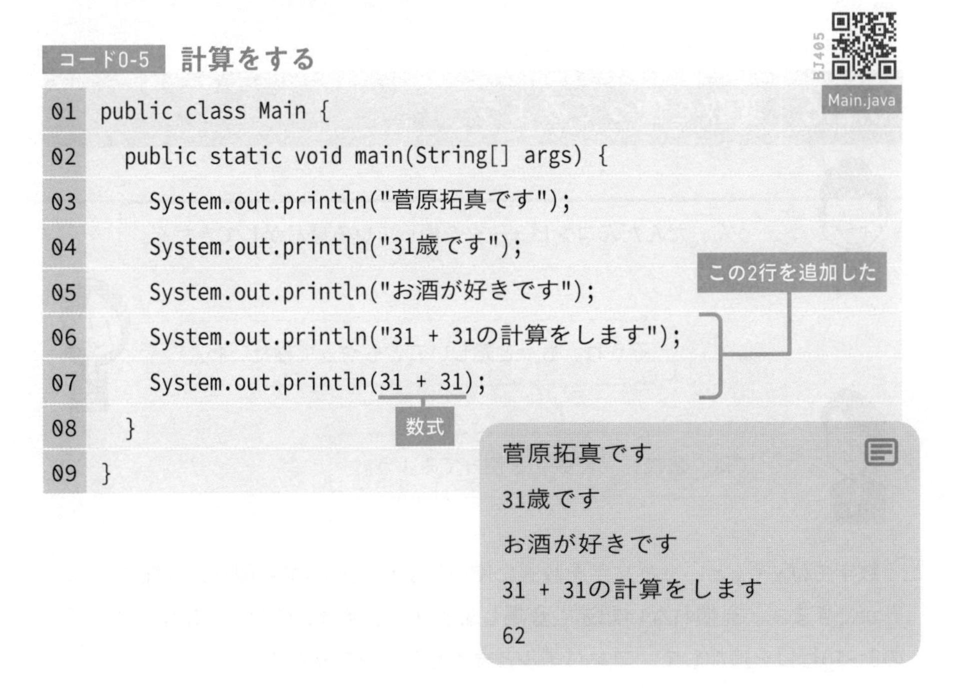

コード0-5 計算をする

```
01  public class Main {
02    public static void main(String[] args) {
03      System.out.println("菅原拓真です");
04      System.out.println("31歳です");
05      System.out.println("お酒が好きです");
06      System.out.println("31 + 31の計算をします");
07      System.out.println(31 + 31);
08    }
09  }
```

```
菅原拓真です
31歳です
お酒が好きです
31 + 31の計算をします
62
```

なるほど！　数式を書いたら、その計算をしてくれるんですね。

+（足し算）や-（引き算）のほかにも、*（掛け算）や/（割り算）などの記号も使えるよ。

もっと数式を複雑にしてみるのもいいでしょう。ぜひコード0-5の7行目と8行目の間に以下の行を追加して動作を確かめてみてください。

コード	結果
`System.out.println(35 - 10);`	25
`System.out.println(-5 * 2);`	-10
`System.out.println(6 * 6 * 3.14);`	113.04
`System.out.println("こたえは" + 64);`	こたえは64

0.2.6 変数を使ってみよう

うん、だんだんコンピュータを操っている感じがしてきたぞ。

そうね。もっと難しいこともやってみたいわ。

では、最後に「変数」を使ってみよう。

数学ではxやyといった文字を数式に使いますが、Javaでも似たようなことができます。見慣れない記述も登場しますが、さきほどのコード0-5に次の8〜10行目を追加して、コンパイルと実行をしてみてください。

コード0-6 変数を使ってみる

BJ406

Main.java

```
01 public class Main {
02   public static void main(String[] args) {
03     System.out.println("菅原拓真です");
04     System.out.println("31歳です");
05     System.out.println("お酒が好きです");
06     System.out.println("31 + 31の計算をします");
07     System.out.println(31 + 31);
08     int x;            変数xを準備する
09     x = 6;            xに6を入れる
10     System.out.println(x * x * 3.14);
11   }
12 }
```

```
菅原拓真です
31歳です
お酒が好きです
31 + 31の計算をします
62
113.04       変数を使った計算結果
```

0.2.7 プログラミング体験を終えて

なんだか、Javaを使えばショッピングサイトとかいろんなプログラムを作れる気がしてきました。

ボクは子どもの頃からずっとゲームを作りたかったんです。いつかJavaでRPGを作りたいなぁ…。

なるほど、ゲームか… 学習の題材としては悪くないね。

初めてのプログラミング体験はここまでです。今回紹介したのはとても簡単なプログラムでしたが、もっと複雑で高度なプログラムの作成ももちろん可能です。実際、世の中では、Javaで開発されたショッピングサイトや業務システム、そしてRPGが動いています。おおよそみなさんが思いつくプログラムの多くがJavaで開発されているか、開発が可能なものです。

みなさんもぜひ、「いつか作ってみたいプログラム」を自由に想像してみてください。

図0-4 学習のロードマップ

「作りたいプログラムがあること」も上達の近道なんだ。

さて、いよいよ次の章からJavaの学習が始まります。湊くんが夢見るRPGの製作には、さまざまなJavaのエッセンスが詰まっています。本書の前半で基本文法をしっかり学習した上で、後半ではRPGを題材に楽しく学習を進めていきましょう。

第Ⅰ部

ようこそJavaの世界へ

chapter 1　プログラムの書き方
chapter 2　式と演算子
chapter 3　条件分岐と繰り返し
chapter 4　配列
chapter 5　メソッド
chapter 6　複数クラスを用いた開発

Java プログラミングことはじめ

まだ1時間も経っていないのに、Java のプログラムを作って動かせちゃったね♪

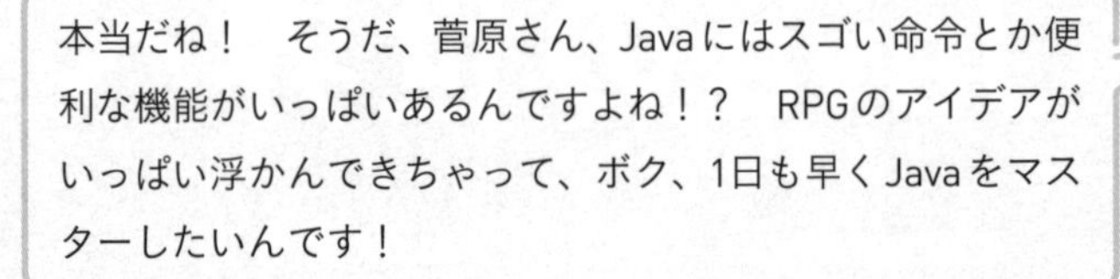

本当だね！　そうだ、菅原さん、Java にはスゴい命令とか便利な機能がいっぱいあるんですよね！？　RPG のアイデアがいっぱい浮かんできちゃって、ボク、1日も早く Java をマスターしたいんです！

まぁあせらずに。せっかくだから、ちゃんと腰を据えて学んでいこう。しっかり基礎を固めれば、立派な RPG が作れるようになるよ。

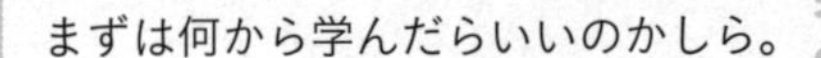

まずは何から学んだらいいのかしら。

基本的な文法と命令を理解して、指示するとおりに Java を操れるようになることから始めよう。学ぶ内容は多いけど、ていねいに1つずつ、着実に理解していけば必ずマスターできるよ。

はい、よろしくお願いします！

私たちは第0章で、実行したい処理を命令として書いておけば、そのとおりに Java が動いてくれることを体験しました。Java が備えるさまざまな命令や定められた文法を理解して使いこなせば、複雑な処理も Java で実現することができます。
第1部では、Java の基本的な文法について紹介します。この部の6つの章を学んで、Java でひととおりの指示ができるようになりましょう。

chapter 1
プログラムの書き方

Javaでは、プログラムの書き方に関するさまざまなルールが
定められています。
特に、プログラムの内容や規模に関わらず、
必ず守る必要のある基本的なルールはとても重要です。
まずはそれらの基本的な文法をしっかり押さえることから
学習を始めましょう。

contents

1.1 Javaによる開発の基礎知識

1.1.1 開発の流れ

では、まずJavaによるプログラム開発の流れを再確認していこう。

はい。3ステップでしたよね。

プログラミング体験で繰り返し行ったように、Javaでのプログラム開発は、①ソースコードの作成、②コンパイル、③実行、この3ステップで行います(図1-1)。それぞれのステップを詳しく見ていきましょう。

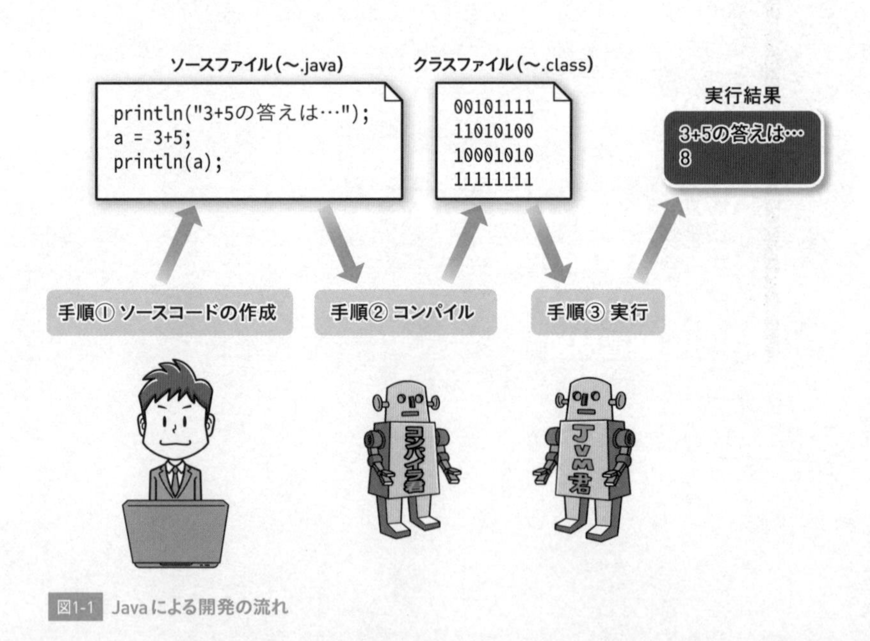

図1-1 Javaによる開発の流れ

手順① ソースコードの作成

Javaが定める文法に従ってコンピュータへの命令を記述します。`public class ～`のような記述で、人が読める状態のプログラムを**ソースコード**（source code）、または単にソースやコードといいます。

また、ソースコードを保存したファイルのことを**ソースファイル**（source file）といい、ファイル名の末尾（拡張子といいます）は、「.java」とする決まりです。

手順② コンパイル

ソースコードはそのままでは実行できません。まず**コンパイル**（compile）という処理を行い、ソースファイルを**クラスファイル**（class file）に変換します。クラスファイルは、ソースコードの各命令をコンピュータが実行できるように変換した**バイトコード**（byte code）で記述されています。また、クラスファイルは拡張子が「.class」で生成されます。

バイトコードは1と0が複雑に並んでいて、人間にはとても読めない言葉なんだ。

なお、コンパイルは**コンパイラ**（compiler）というソフトウェアを用いて行いますが、このときにソースコードの文法チェックも行われます。もし誤りがあればコンパイルは失敗し、誤りの箇所が指摘されます。

手順③ 実行

バイトコードは実行に適した姿ではあるものの、まだ実行することはできません。そこで、**インタプリタ**（interpreter）と呼ばれるソフトウェアに対して、バイトコードの変換と実行を依頼します。インタプリタは内部に**JVM**（Java Virtual Machine）というしくみをもっており、クラスファイル内のバイトコードを少しずつ読み込みながら、コンピュータの心臓部であるCPUが解釈できるマシンコード（マシン語、機械語ともいわれます）に翻訳すると共に、マシンコードをCPUに送って処理を実行させます。

こうしてコンピュータは、ソースコードで指示したとおりに動作します。

ボクたちが書いたソースコードが実行されるまでには、途中で2回も変換されるんですね。

column

バイトコードと仮想マシン

通常、Windowsや macOSなどのPC用に開発されたプログラムは、スーパーコンピュータ（スパコン）では動きません。なぜなら、PCとスパコンでは、CPUが理解できる命令（マシン語）が異なるからです。

しかしJavaで開発したプログラムはPCでもスパコンでも同じように動きます。これは、Javaコンパイラから出力されるバイトコードが、特定のCPUに依存しない汎用的なマシン語であるためです。Windows PCで実行する際にはJavaのインタプリタによってWindows用のマシン語に、スパコンで実行する場合にはスパコン用のマシン語に変換されます。

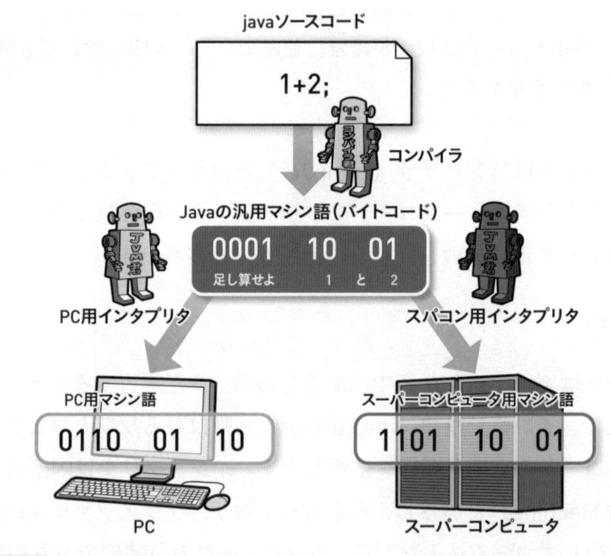

図1-2 動作環境に応じたJVMが実行する

見方を変えれば、PCやスパコンの中にある「汎用マシン語を理解するコンピュータ」がバイトコードを実行しているようにも見えます。これが、「Java仮想マシン」（JVM）という名前の由来です。

1.1.2 開発環境の整備

前項で紹介した流れのように、Javaで開発を行うにはコンパイラとインタプリタを準備する必要があります。その具体的な方法は、大きく分けて次の2つです。

①自分のPCに開発環境を構築する

インターネットからJavaのコンパイラやインタプリタをダウンロードして、それを自分のPCにインストール（導入）します。Java開発者の多くはこの方法を用いますが、初心者にはやや難しい手順が含まれています。

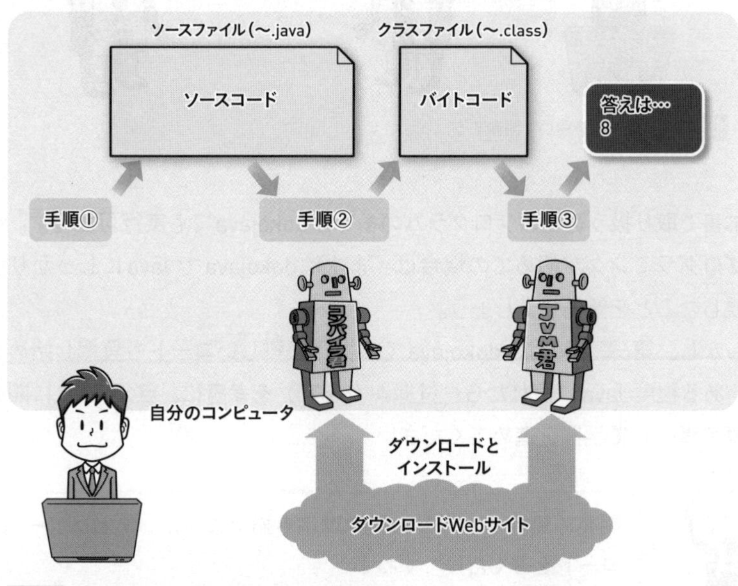

図1-3 自分のPCに開発環境を構築して開発する

②Web上に準備された開発環境を利用する

インターネット上に準備されているdokojavaには、コンパイラとインタプリタがすでに導入されています。ブラウザからソースコードを送れば、サーバ上でコンパイルと実行が行われ、その結果がブラウザに戻されます。

難しいセットアップ作業なしでJavaのプログラミングが可能ですが、技術的な制約やセキュリティ上の理由から、一部のJava機能は利用できません。

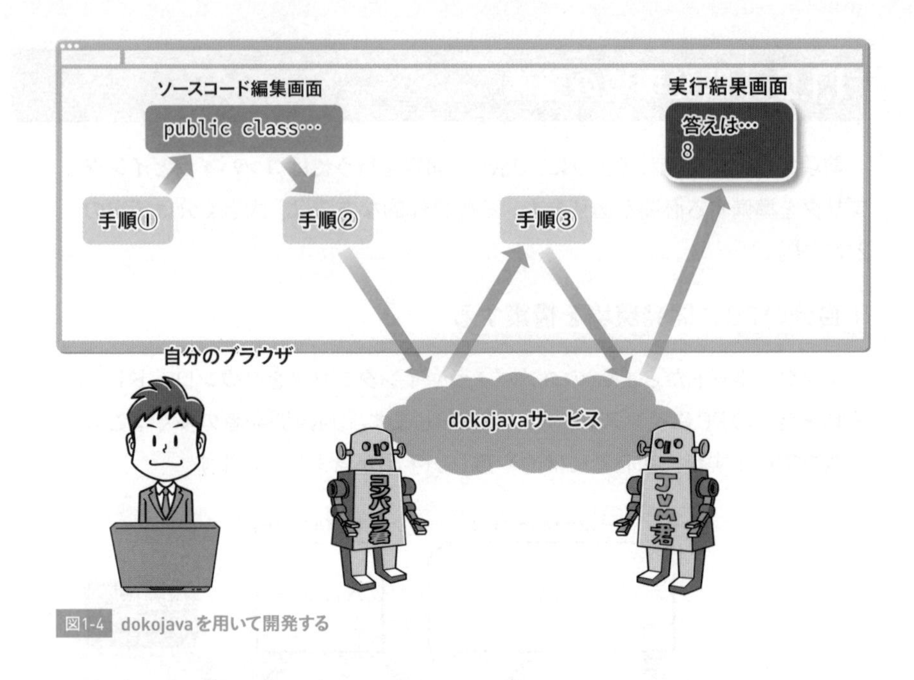

図1-4 dokojavaを用いて開発する

本書で取り扱う範囲のプログラムの多くはdokojavaでも実行可能です。特にプログラミングが初めての場合は、まずはdokojavaでJavaにしっかり慣れ親しむことを優先しましょう。

しかし、第6章以降は、dokojavaでの実行が難しいコードも登場し始めます。ある程度Javaに慣れたら、付録A（p.675）を参考に、自分のPCに開発環境を構築して学習を進めてください。

開発の流れがわかり、開発環境も揃いました。あとはソースコードを書くだけですね！

よし、次節からはソースコードの記述方法を解説していくよ。

1.2 Java プログラムの基本構造

1.2.1 プログラムの骨格

プログラミングを体験して感じましたけど、いろいろな命令を書いていくのはプログラムの「真ん中の部分」だけなんですね。

そのとおり。Javaのプログラムには基本的な構造があるんだ。

どのような構造になっているのか、Javaプログラムの全体像を見てみましょう。

コード1-1 ソースコードの基本構造

BJ411

Main.java

```
01 public class Main {
02   public static void main(String[] args) {
03     System.out.println("RPG:スッキリ魔王征伐");
04     System.out.println("Ver.0.1 by 湊");
05     System.out.println("<ただいま鋭意学習・制作中>");
06     System.out.println("プログラムを終了します");
07   }
08 }
```

命令の部分（03〜06行目）

Javaのソースコードには、波カッコ {…} で囲まれた部分が多く登場します。この波カッコで囲まれた部分を**ブロック**（block）と呼びます。外側のブロックはクラスブロック、内側のブロックはメソッドブロックと呼ばれ、Javaのソースコードは必ずこれらのブロックによる二重構造を持っています（次ページの図1-5）。

```
public class Main {
  public static void main(String[] args){
  }
}
```

クラスブロック

メソッドブロック

図1-5 Javaソースコードのブロック構造

計算や表示などJavaの命令を書いていくのはメソッドブロックの内側です。ソースコードの2行目に `main` が登場することから、この部分は**mainメソッド**とも呼ばれます。それより外側（最初の2行と最後の2行）は、どのようなプログラムを開発する場合でもほとんど変わらない「お決まりのパターン」です。

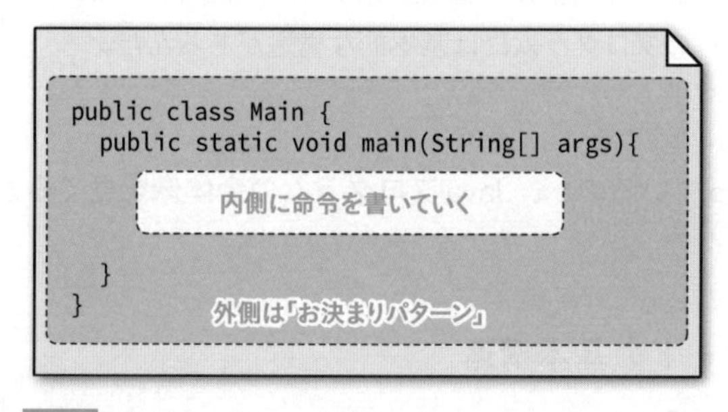

図1-6 内側にコードを記述、外側はお決まりのパターン

お手紙で、本文の前後に「時候の挨拶」と「結語」を書くのと似ていますね。

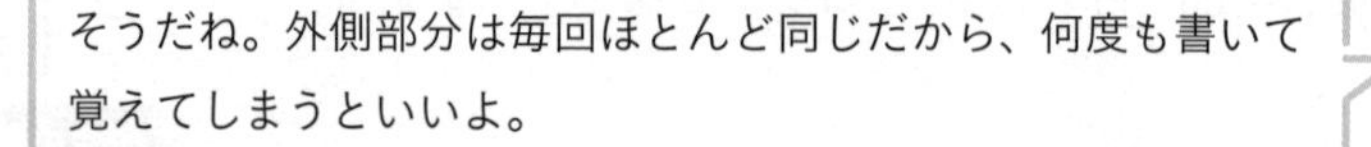

そうだね。外側部分は毎回ほとんど同じだから、何度も書いて覚えてしまうといいよ。

ソースコードの外側部分はお決まりパターンとはいえ、どんなプログラムを開発するときも、毎回まったく同じ記述でいいわけではありません。1行目にある `public class` の直後には、このプログラムの名前を指定する単語を書きます。正式には**クラス名**（class name）といい、大文字のアルファベットで始まる名前を付けるのが一般的です。

```
public class MyDiary {
  public static void main(String[] args) {
    ⋮
```

クラス名の指定

クラス名はとても重要です。なぜならJavaには次のルールがあるからです。

Javaソースファイルの名前

Javaのソースコードを記述したファイル（ソースファイル）を保存するときには、ファイルの名前は「クラス名.java」にしなければならない。

Javaプログラムのクラス名に対するルールを次にまとめました。

MyDiary.java

```
public class MyDiary {
  public static void main(String[] args) {
    ⋮
  }
}
```

クラス名の指定

※ ソースファイル名は「クラス名.java」にする。
※ クラス名はアルファベット大文字で始める。

もしかすると「JAVA勉強コード1-2.java」などの日本語が混ざったファイル名を付けたいと考えるかもしれない。だが、エラーの原因になってしまうから、ファイル名やクラス名などには、漢字やひらがなの全角文字や記号を使わないようにしよう。

1.2.2 プログラムの書き始め方

前項で学んだことをまとめると、私たちは次の流れでソースコードを作っていけばよいとわかります（次ページの図1-7）。

Javaプログラムの書き始め方

① どのようなプログラムを作りたいかを考える。
② プログラムの名前を決める（クラス名が決まる）。
③「クラス名.java」という名前でファイルを作る。
④ ソースコードの外側部分を記述する。
⑤ ソースコードの内側部分に命令を書いていく。

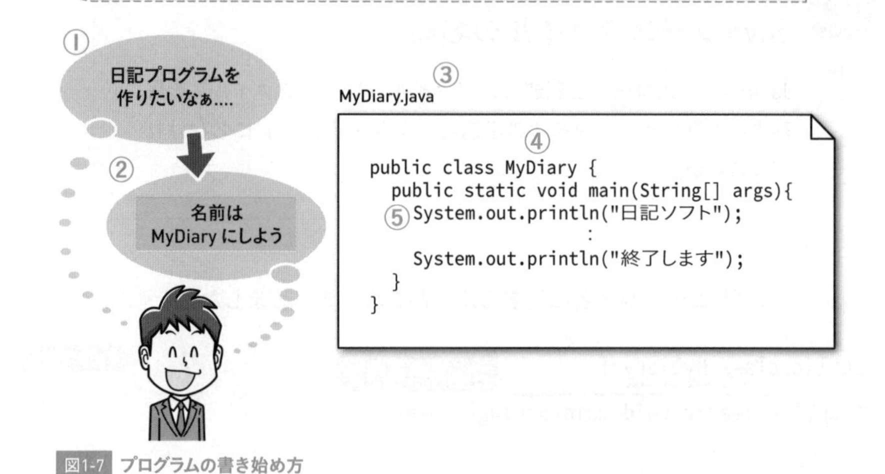
①
日記プログラムを
作りたいなぁ....
②
名前は
MyDiaryにしよう
③
MyDiary.java
④
public class MyDiary {
public static void main(String[] args){
⑤ System.out.println("日記ソフト");
:
System.out.println("終了します");
}
}

図1-7 プログラムの書き始め方

ソースコードの記述に際しては、意識すべき大切なことが3つあります。

大切な意識1　正確に記述する

ソースコードには、さまざまな文字・数字・記号が登場します。見た目が似ていても、間違った文字を入力するとプログラムは正常に動きません。特に次の点に気をつけましょう。

- **英数字は基本的に半角で入力し、大文字／小文字の違いも意識する。**
- **オー（`o`・`O`）とゼロ（`0`）、エル（`l`）と数字のイチ（`1`）、セミコロン（`;`）とコロン（`:`）、ピリオド（`.`）とカンマ（`,`）を間違えない。**
- **カッコ（`( )`、`{ }`、`[ ]`）や引用符（`'`、`"`）の種類を正確に区別する。**

特に正確な記述を求められるのはプログラムの2行目です。`public static void main(String[] args)` を間違えずにスラスラ書けるようになりましょう。

public static void…、うーん覚えられるかなぁ？

リズムよく口に出すと覚えやすいよ。
「パブリック・スタティック・ボイド・メイン。ストリング・カッコカッコ・エーアールジーエス」ってね。

ちょっと恥ずかしいけど、覚えるまでは入力しながら声に出してみます。

column

public static void mainの略記

最新版のJava21では、クラスブロックの省略やmainメソッド宣言の略記が試験的機能として盛り込まれました。この機能を有効にすると、コード0-1（p.20）の内容は、次の3行だけになります。

```
void main() {
  System.out.println("Hello World");
}
```

えっ、あの長い決まり文句を書かなくていいの？
めっちゃラクじゃないですか！

入門時には便利な機能ですが、Javaのバージョンによっては使えないことや、インターネット上の記事や業務に関わるシステムでは従来の記法が多数を占めることに注意しましょう。本書でもこの略記は用いずに解説します。

大切な意識2　「上から下へ」ではなく「外から内へ」

Javaの学習を始めてしばらくは、ブロックの { と } の対応が正しくないというエラーに悩まされがちです。原因は、ブロックの閉じ忘れ（閉じ波カッコ } の書き忘れ）によるものですが、ソースコードを上から記述していると、どうしても書き忘れやすくなります。

ソースコードを上から記述すると、ブロックを開く→中身を書く→ブロックを閉じる、という手順になるので、中身を一生懸命書いている間に「ブロックを閉じる必要があること」を忘れてしまうのです。

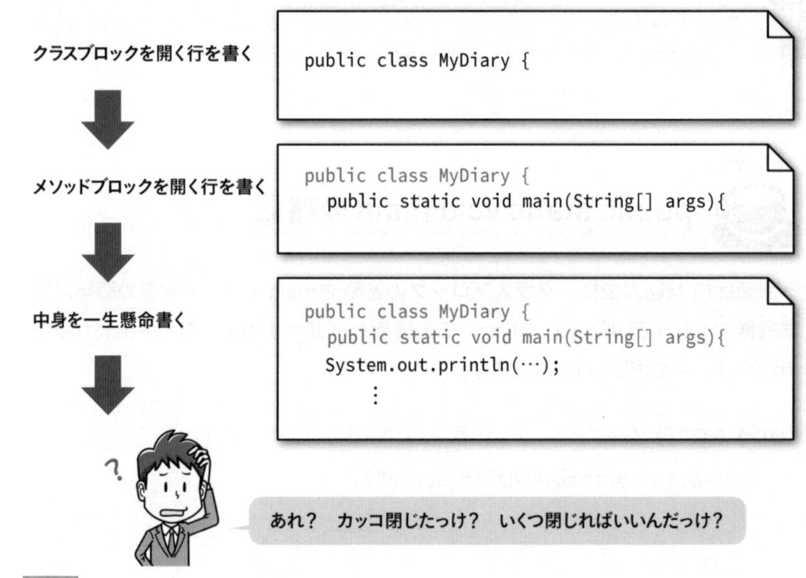

図1-8 ソースコードを上から書いていくと、ブロックを閉じ忘れやすい

「自分は気をつけるから大丈夫！」という人もいるかもしれない。でも、気をつけなくても間違えない方法を選ぶことが大事なんだ。

波カッコの対応の崩れによるエラーを防ぐため、次の図1-9のように、ブロックを**開いてすぐに閉じる**→中身を一生懸命作る、という手順で書くようにするとよいでしょう。

クラスブロックを開いて閉じる

```
public class MyDiary {
}
```

中に入り、メソッドブロックを開いて、閉じる

```
public class MyDiary {
  public static void main(String[] args){
  }
}
```

中身を一生懸命書く

```
public class MyDiary {
  public static void main(String[] args){
    System.out.println(…);
       ⋮
  }
}
```

カッコは必ず
「開いた数だけ閉じられている」はず

図1-9　ソースコードを外から内へ書いていくと、閉じ忘れの失敗が減る

大切な意識3　読みやすいソースコードを記述する

文法に誤りはなくても、「人間が読みにくい煩雑なコード」や「複雑すぎて内容の理解に時間がかかるコード」ではメンテナンスが難しくなります。特に業務でJavaプログラムを作る場合は、同僚や取引先にソースコードを見てもらう場面もあるため、誰が見てもわかりやすい記述をするようにしましょう。

菅原さん、具体的にどういう工夫をしたら読みやすいソースコードを書けるようになりますか？

いい質問だね！　「インデント」と「コメント」を上手に活用するといいよ。

1.2.3 インデント

Javaでは、ソースコードのどこに改行や空白を入れるかは基本的に自由とされています（ただし、「public」などの単語が途中で切れてしまうような改行や空白の挿入は許されません）。極端な例ですが、次の図1-10のように、まったく改行せずにソースコードを記述してもコンパイルは成功します。

```
public class Main {public static void main(String[] args) {System.out.println
("フリーフォーマットの実験");}}
```

図1-10 改行せずに書いたソースコード。これでもプログラムは動くが…

しかし、これではプログラムの構造を把握するのは難しいですね。そこで、適切な場所で改行や空白を入れるようにしましょう。特に**ブロックの開始と終了では正確に字下げを行い、カッコの対応とブロックの多重構造の見通しをよくする**のがポイントです。この字下げを**インデント**（indent）と呼び、キーボードのタブキーで入れるのが一般的です（図1-11）。

```
public class Main {
	public static void main(String[] args) {
		System.out.println("フリーフォーマットの実験");
	}
}
```

図1-11 インデントを入れたソースコード。ブロックの構造がわかりやすくなる

インデントは、でたらめに入れてはいけません。誤ったインデントはプログラム構造の読み間違いを誘発し、致命的なエラーの原因になることもあるからです。

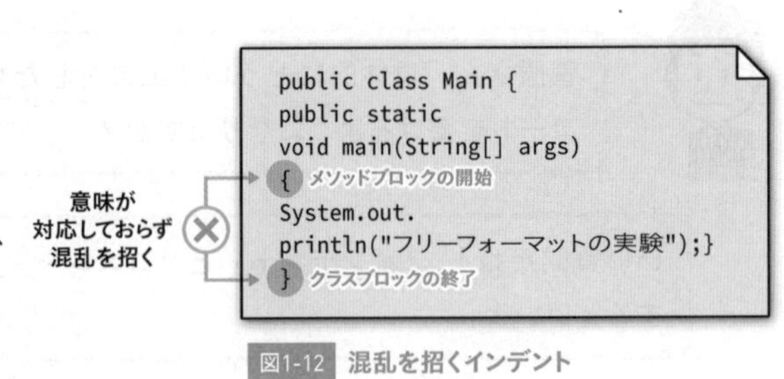
public class Main {
public static
void main(String[] args)
{
メソッドブロックの開始
System.out.
println("フリーフォーマットの実験");}
}
クラスブロックの終了
意味が
対応しておらず
混乱を招く

図1-12 混乱を招くインデント

とはいっても、ちょっとぐらいインデントが変でも動くんだし…まぁいいじゃないですか？

ダメだよ。今後は、ブロックが4重や5重の入れ子構造になる書き方も登場するし、最初によくない書き方で癖がついてしまうと、その後の学習効率にも大きく影響を与えてしまう。今のうちに正確なインデントを入れる習慣を身に付けてほしい。

1.2.4 コメント

今は10行程度だけど、長いコードになるとどこで何をやっているかがわからなくなってしまいそうですね。

大丈夫。ソースコードの中には解説文を書き込めるんだ。もちろん日本語もOKだよ。

プログラムを読みやすくするため、ソースコード中に解説文を書き込むこともできます（次ページの図1-13）。この解説文を**コメント**（comment）といい、プログラムのコンパイルと実行では無視されます。人が読むためだけに書かれるものですから日本語で書いてもかまいません。

コメント文①　複数行コメント

```
/* コメント本文（複数行でも可） */
```

コメント文②　単一行コメント

```
// コメント本文（行末まで）
```

```
/* サンプルプログラム Main
   開発者: 菅原     作成日: 2024年4月
*/
public class Main {

  // ここからmainメソッド
  public static void main(String[] args) {
    int age;  // 年齢を入れる箱
    age = 20;
    System.out.println("私は" + age + "歳");
  }
}
```

/* から */まではコメント

// から 行末まではコメント

図1-13 コメントはソースコードのあらゆるところに記述できる

1.2.5 mainメソッドの内容

読みやすいソースコードの書き方、よくわかりました！　あとはmainメソッドに実行したい内容を書いていくんですよね。

mainメソッドにも書き方のルールがあるのかな？

mainメソッドの中には、**文**（statement）を順番に書いていきます。プログラムの実行時には、文は上から順に1行ずつ処理されていきます。

文の末尾には必ずセミコロン（;）を付けるのがJavaのルールだ。忘れやすいから注意してほしい。

次の図1-14のMyDiaryのソースコードにあるように、mainメソッドの中にはさまざまな文を書くことができます。Javaには、たくさんの種類の文が存在しますが、図1-15に示した3種類に分類すると理解しやすいでしょう。

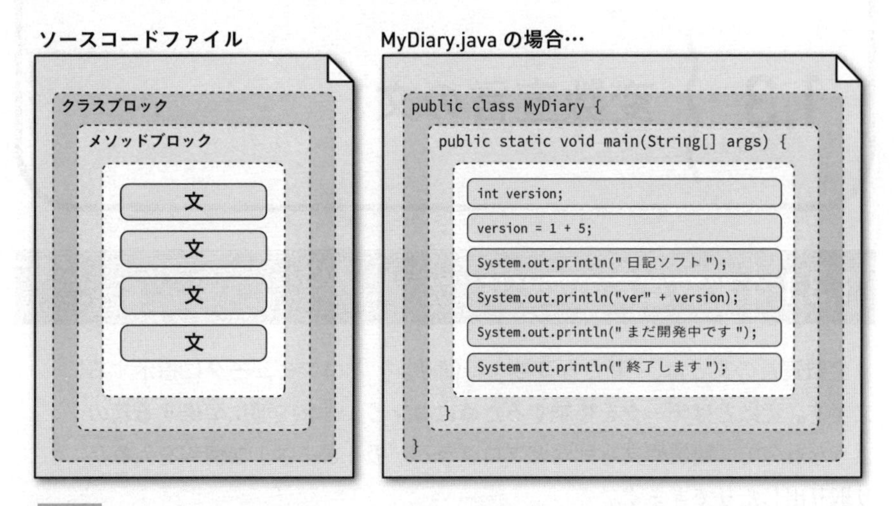

ソースコードファイル
クラスブロック
メソッドブロック
文
文
文
文
MyDiary.java の場合…
public class MyDiary {
public static void main(String[] args) {
int version;
version = 1 + 5;
System.out.println(" 日記ソフト ");
System.out.println("ver" + version);
System.out.println(" まだ開発中です ");
System.out.println(" 終了します ");
}
}

図1-14 ソースコードの構造とmainメソッドに書いた「文」

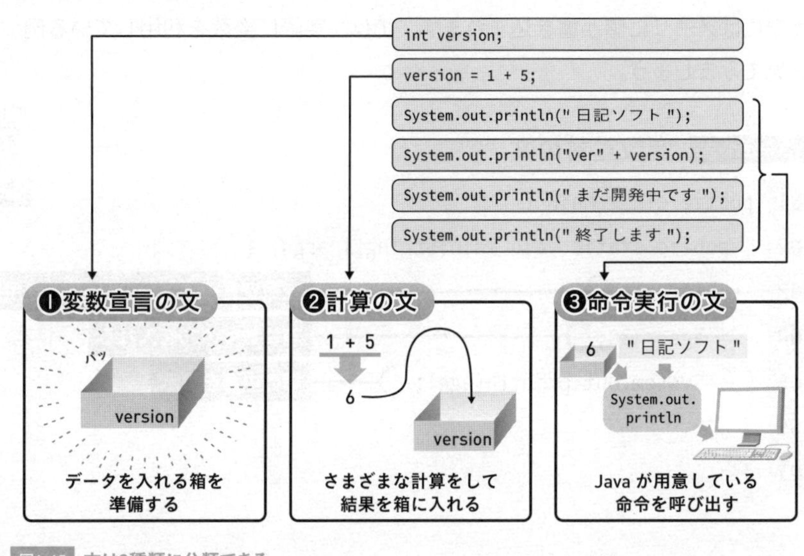

int version;
version = 1 + 5;
System.out.println(" 日記ソフト ");
System.out.println("ver" + version);
System.out.println(" まだ開発中です ");
System.out.println(" 終了します ");
❶変数宣言の文
パッ
version
データを入れる箱を
準備する
❷計算の文
1 + 5
6
version
さまざまな計算をして
結果を箱に入れる
❸命令実行の文
6
" 日記ソフト "
System.out.
println
Java が用意している
命令を呼び出す

図1-15 文は3種類に分類できる

次節では、まず「❶変数宣言の文」について学びましょう。

1.3 変数宣言の文

1.3.1 変数宣言の文とは

変数宣言の文とは、「新たな変数を準備せよ」とコンピュータに指示する文です。**変数とはデータを格納するためにコンピュータ内部に準備する箱**のようなもので、数値や文字列などプログラムが扱うさまざまな情報を入れたり取り出したりできます。

変数の実体はコンピュータのメモリにある区画です。変数に値を入れると、実際にはメモリに値が書き込まれます。では、実際に変数を利用している例を見てみましょう。

コード1-2 変数宣言の文

BJ412

Main.java

```
01 public class Main {
02   public static void main(String[] args) {
03     int age;
04     age = 30;
05     System.out.println(age);
06   }
07 }
```

03 変数宣言の文（ageという箱を用意）
04 箱に数字の30を入れる
05 箱の中身を表示

```
30
```

このプログラムでは、変数ageに値として数字の30を入れ、それを取り出して画面に表示しています。このように、変数に値を入れることを**代入**、取り出すことを**取得**と呼び、どちらも変数を宣言した後にしかできません。

変数を使いたかったら、まずは「変数宣言の文」を使って、これからこの変数を使うよって宣言する必要があるんだね。

chapter 1

変数を宣言するときには、変数名（データを入れる箱の名前）と型（データを入れる箱の種類や大きさ）の2つを必ず指定します。

変数宣言の文

```
型　変数名;
```

「型」は、変数に入れることができるデータの種類です。たとえばコード1-2で使われている `int` は、整数を表す型です。この型で宣言された変数ageには整数しか代入できず、小数や文字列を入れることはできません。

1.3.2 変数の名前

最初に「変数に付ける名前」について見ていこう。

前項のとおり、変数を宣言するときには変数に名前を付ける必要があります。変数以外にも名前を付ける機会がありますが、それらの名前として使える文字や数字の並びを**識別子**（identifier）と呼びます。

名前を何にするかは基本的に開発者の自由ですが、通常はアルファベット、数字、アンダースコア（_）、ドル記号（$）などを組み合わせて作ります。ひらがなや漢字の使用も可能ですが、推奨されません。そのほかにも次に紹介するルールや慣習があるので注意してください。

禁止されている単語は使えない

Javaでは、「そもそも名前として使ってはいけない単語」である**予約語**（keyword）が約50個あります。これまでにも登場したintやvoid、public、 staticなどは予約語ですので、これらを変数名には利用できません。以降、本書のコードでは、予約語を`long`のように色付きで表します。

すでに利用している変数名は使えない

すでに変数nameを宣言しているのに、再び変数nameを宣言してはいけません。2つの変数が区別できなくなってしまうからです。

大文字／小文字、全角／半角は区別される

大文字／小文字、全角／半角の違いは人間にはささいなものですが、Javaでは完全に区別されます。たとえば変数nameと変数Nameは別のものとして扱われますので注意してください。

小文字で始まるわかりやすい名前を付けよう

慣習的に、変数には小文字で始まる名詞形の名前を付けます。また、複数の単語をつなげて変数名にする場合、2つ目以降の単語の先頭を大文字にします（「myAge」など）。

また、変数に保存する情報の内容を想像しやすく、わかりやすい変数名が望ましいでしょう。一部の例外はありますが、「a」や「s」のような1文字の変数名は避けるようにしましょう。なお、本書では紙面の都合により短い変数名を用いる場合があります。

基本的に自由でも、好き放題に名前を付けていいわけではないんですね。

1.3.3 データ型

変数宣言に使う「型」には、どんな種類があるんですか？
いっぱいあったら覚えるのが大変だなぁ…。

まずは次の9つを覚えておけば大丈夫だよ。

プログラムで扱えるデータの種類を、**データ型**（data type）または単に**型**といいます。Javaには多くの型が準備されていますが、一般的には次の9つだけを覚えておけばよいでしょう。

表1-1 代表的な9種類のデータ型

分類	型名	格納するデータ	変数宣言の例	利用頻度
整数	byte	とても小さな整数	byte glasses; // 所持する眼鏡の数	△
	short	小さな整数	short age; // 年齢	△
	int	普通の整数	int salary; // 給与金額	◎
	long	大きな整数	long worldPeople; // 世界の人口	△
小数	float	少しあいまいでもよい小数	float weight; // 体重	△
	double	普通の小数	double pi; // 円周率	○
真偽値	boolean	true か false	boolean isError; // エラーか否か	○
文字	char	1つの文字	char initial; // イニシャル1文字	△
文字列	String	文字の並び	String name; // 自分の名前	◎

それでは、9つの型を4つのグループに分けて1つずつ紹介していきます。

整数を格納できる4つの型（byte、short、int、long）

byte型、short型、int型、long型の変数には整数を代入できます。

```
byte glasses;
glasses = 2;
short age;
age = 18;
int salary;
salary = 152000;
long worldPeople;
worldPeople = 6900000000L;
```

末尾のLは第2章で解説します

これら4つの型は箱の大きさ（コンピュータ内部で準備されるメモリの量）に違いがあります。そのため、代入できる値の範囲には制限があります（次ページの図1-16）。

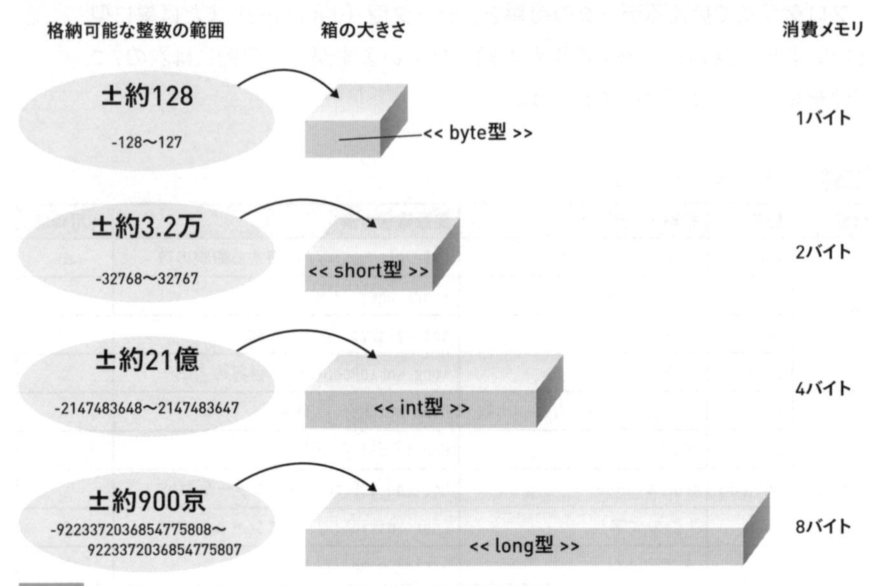

図1-16 byte型、short型、int型、long型に代入できる整数の範囲

たとえばbyte型の変数を宣言した場合、消費するメモリは1バイトで済む代わりに、-128〜127までの整数しか代入できません。

一方、long型の変数を宣言した場合、8バイトのメモリを消費しますが、-9223372036854775808〜9223372036854775807という、とても大きな整数を代入できます。

どれを使うのがベストか迷っちゃいそう。年齢ならbyte型で十分だし…でも一応shortにしておいたほうが安全かしら…。

特殊な場合を除けば、常にintを使っておけば大丈夫だよ。

現代のコンピュータは多くのメモリを搭載しているため、これら4つの型を厳密に使い分ける必要があるケースはまれです。また、shortやbyteよりintのほうが高速に処理できるコンピュータも多いので、**整数を代入したい場合、通常はint型**を使えば問題ありません。

小数を格納できる2つの型（float、double）

floatとdoubleは3.14や-15.2といった小数部を含む数値を代入するための型です。コンピュータの内部では小数を「浮動小数点」という形式で管理していることから、**浮動小数点型**（floating point type）と総称されることもあります。具体的には以下のように用います。

```
float weight;
weight = 67.5F;
double height;
height = 171.2;
```

末尾のFは第2章で解説します

doubleのほうがfloatより多くのメモリを消費しますが、より厳密な計算を行うことができます。そのため、小数を扱いたい場合には、**特別な事情がない限りdouble型を使用**します。

ここで覚えておいてほしいことがあるんだ。忘れると大事故につながる大切なことだよ。

実は、浮動小数点方式には**真に厳密な計算ができない**という弱点があります。つまり、計算を行った際にわずかな差が発生することがあるのです。通常は無視できるほど小さな誤差ですが、それが積み重なると大きな問題になるケースもあります。そのため、誤差が許されない計算、特に金額の計算にfloatやdoubleを使ってはいけません。

YESかNOかを格納できるboolean型

boolean型は、「YESかNOか」「本当か嘘か」「表か裏か」「成功か失敗か」といった二者択一の情報を代入するための型です。肯定的情報を意味する**true**、否定的情報を意味する**false**のどちらかの値のみを代入できます。

```
boolean isError; isError = true;
boolean result; result = false;
```

意味：エラーである

意味：結果は失敗

なお、日本語ではtrueのことを真（しん）、falseのことを偽（ぎ）という用語で表現します。そのため、boolean型を**真偽値型**（しんぎちがた）という場合もあります。

第I部

1文字だけを格納できるchar型、文字列を格納できるString型

char型には全角／半角を問わず1文字だけを代入できます。一方、String型は文字列（0文字以上の文字の集まり）を代入できる型です。具体的には次のように使います。

```
char zodiac;
zodiac = '辰';
String name;
name = "すがわら";
```

このように、ソースコードに文字データを記述する場合は引用符（'）で囲みます。そして文字列データを記述する場合は二重引用符（"）を使います。このため、`char zodiac; zodiac = "辰";` とするとコンパイルエラーになります。

引用符は全角で入力しないように気をつけよう。日本語の入力をした後で、つい後ろの'や"も全角にしてしまいがちだよ。

1.3.4 変数の初期化

ところで、変数宣言は、そもそも変数にデータを入れるのが目的なので、たいていそのすぐ後ろで代入するでしょう。

```
int age;      ← 変数宣言の文
age = 22;     ← ageに22を代入
```

これらの文は次のように1行にまとめて書くこともできます。

```
int age = 22;   ← 変数宣言と代入を1行で行う
```

このように、変数を宣言すると同時に値を代入することを**変数の初期化**と呼びます。

変数の初期化

```
型 変数名 = 代入するデータ;
```


1.3.5 定数の利用

変数には異なる値を何度でも代入できます。変数に値を入れた後、別の値を代入するとどうなるかをコード1-3で見てみましょう。

コード1-3 変数の再代入

Main.java

```
01 public class Main {
02   public static void main(String[] args) {
03     int age = 20;
04     System.out.println("私の年齢は" + age);
05     age = 31;
06     System.out.println("…いや、本当の年齢は" + age);
07   }
08 }
```

変数ageを20で初期化

変数ageに再度代入している

```
私の年齢は20
…いや、本当の年齢は31
```

この実行結果からわかるように、変数の内容は新たな値31で上書きされ、古い値20は消滅します。

変数の上書き

すでに値が入っている変数に代入をすると、古い値は消滅し、内容は新しい値に書き換わる。

しかし、プログラムを開発していると、「絶対に上書きされたくない」「内容が書き換えられたら困る」場合もあります。次のコードを見てください。

コード1-4 書き換えてはいけない変数の値を上書きしてしまう

Main.java

```
01 public class Main {
02   public static void main(String[] args) {
03     double pi = 3.14;    円周率を入れた変数
04     int pie = 5;
05     System.out.println("半径" + pie + "cmのパイの面積は、");
06     System.out.println(pie * pie * pi);
07     System.out.println("パイの半径を倍にします");
08     pi = 10;    誤り！ 代入すべき変数は「pie」
09     System.out.println("半径" + pie + "cmのパイの面積は、");
10     System.out.println(pie * pie * pi);
11   }
12 }
```

```
半径5cmのパイの面積は、
78.5
パイの半径を倍にします
半径5cmのパイの面積は、
250.0
```

半径は変わってないのに、面積はすごく増えちゃってますね。

でも、これが大切なデータの計算処理だったら笑いごとじゃ済まないわよ。私もミスをしちゃいそう…。

8行目で、変数pieに代入すべきところを誤って変数piに代入してしまったため、計算結果がおかしくなってしまいました。そもそも円周率である変数

piは、その**内容がプログラムの動作中に書き換わる必要のない変数**です。このような場合、変数piの宣言に**final**という記述を加えると上書きを防止できます。

final付きで宣言された変数は**定数**（constant variable）と呼ばれ、宣言と同時に初期値が代入された後は、値を書き換えできなくなります。

chapter 1

定数の宣言

```
final 型 定数名 = 初期値;
```

※ 一般的に、定数名にはすべて大文字を用いる。

さきほどのコード1-4を、定数を用いて修正したものが次のコードです。

コード1-5 円周率に定数を利用する（エラー）

BJ415 Main.java

```
01 public class Main {
02   public static void main(String[] args) {
03     final double PI = 3.14;         ← 定数として円周率を宣言
04     int pie = 5;
05     System.out.println("半径" + pie + "cmのパイの面積は、");
06     System.out.println(pie * pie * PI);
07     System.out.println("パイの半径を倍にします");
08     PI = 10;                        ← コンパイルエラーとなり誤りに気づく
09     System.out.println("半径" + pie + "cmのパイの面積は、");
10     System.out.println(pie * pie * PI);
11   }
12 }
```

```
Main.java:8: エラー: final変数PIに値を代入することはできません
```

ちゃんとエラーになりました！　これなら万が一ミスをしても安心ですね。

定数を利用しておけば、もしその値を変更したくなったときでも、定数を初期化する部分だけを修正すればよいというメリットもあるよ。

1.4 第1章のまとめ

開発と実行の流れ

- Javaの文法に従ってソースコードを作成する。
- ソースコードをコンパイラでコンパイルして、バイトコードに変換する。
- インタプリタはバイトコードをマシン語に変換しながらCPUを動かす。

開発の流れと基本構造

- ソースコードはブロックによる二重構造を持っている。
- 外側部分は形式的記述であり、内側に文を並べて書く。
- 読みやすいソースコードを書くためには、コメントとインデントを活用する。

変数宣言の文

- 変数は変数名と型を宣言して利用する。
- 変数名は基本的に自由だが、一定の制約がある。
- 変数には代表的な9つの型があり、用途に合わせて使い分ける。
- finalを付けて宣言された変数は定数として扱われ、値は書き換えられない。

1.5 練習問題

練習1-1

次の文章の［　　　］に入る言葉を答えてください。

Javaでプログラムを開発するためには、［（ア）］と［（イ）］というソフトウェアが必要です。［（ア）］は、私たちがJavaの文法に沿って記述した［（ウ）］を［（エ）］に変換してくれます。［（イ）］は内部に持っている［（オ）］のしくみを使ってこれを解釈し、マシン語に変換してCPUに送り、CPUは命令を実行します。

練習1-2

画面に次のような結果を表示するソースコードを作成してください。このとき、ソースコード内で3を変数aに、5を変数bに入れ、その掛け算の結果を変数cに入れて、最後に変数cを表示してください。

```
縦幅3横幅5の長方形の面積は、15
```

練習1-3

以下に示した5つの値を格納するために適した型を考え、初期化による宣言を行うソースコードを作成してください。変数名は自由としますが、Javaのルールに従ったものにしてください。2つ以上の型が考えられる場合は、どれか1つを選んで使用してください。なお、代入した値を画面に表示する必要はありません。

① true　② '駆'　③ 3.14　④ 314159265853979L
⑤ "ミナトの攻撃！ 敵に15ポイントのダメージを与えた。"

chapter 2 式と演算子

第1章では、Javaの3種類の文のうち、
「変数宣言の文」について学びました。
本章では、さまざまな計算を行うための「計算の文」と、
キーボードから文字を入力したり、画面に文字を出力したり、
さらに乱数を生み出すなどの「命令実行の文」を学んでいきます。

contents

2.1 計算の文

2.1.1 計算の文とは

第1章で登場した3種類の文のうち、「❶変数宣言の文」はもうバッチリです♪　2つ目の文は「❷計算の文」でしたよね？

そうだよ。この文は「電子計算機」であるコンピュータにとって、とても重要な文なんだ。

計算の文とは、変数や値を用いたさまざまな計算処理をコンピュータに行わせるための文です。計算処理といっても、四則演算（いわゆる＋・ー・×・÷）だけではありません。変数に値を代入するのもコンピュータにとっては計算処理の1つです。

コード2-1 **変数宣言の文と計算の文**

BJ421

Main.java

```
01 public class Main {
02   public static void main(String[] args) {
03     int a;
04     int b;
05     a = 20;
06     b = a + 5;
07     System.out.println(a);
08     System.out.println(b);
09   }
10 }
```

03–04：❶変数宣言の文
05：❷計算の文（代入）
06：❷計算の文（足し算して代入）

```
20
25
```

6行目の b = a + 5 のような記述を**式**（expression）と呼びます。見た目は数学の式のようですね。

数学… あぁ、その言葉を聞くだけで寒気がします…。

Javaの式は数学よりずっと簡単だから大丈夫だよ。

2.1.2 式の構成要素

まずは式が何からできているか、分解して見てみよう。

式 b = a + 5 を分解すると、変数aとbや値の5、そして+と=の計算記号に分けることができます。Javaを含む、多くのプログラミング言語では、このa、b、5を**オペランド**（operand）、そして+、=を**演算子**（operator）と呼びます。

より複雑な式であっても同じで、**すべての式はこの2つの要素だけで構成されています。**

+や=といった演算子は式に含まれるオペランドを使って計算を行います。たとえば、+演算子は自分の左右にあるオペランドを加算する機能を持っています（図2-1）。

Javaにどのような演算子があり、それがどのような機能を持つかについてはあとで解説するとして、まずは次節でオペランドについての理解を深めていきましょう。

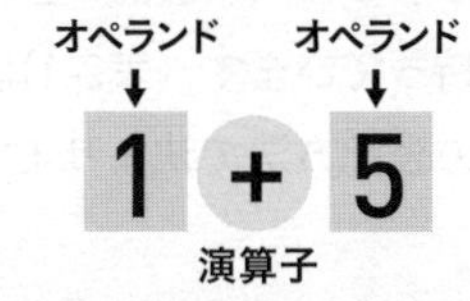

（機能：左右のオペランドを足す）

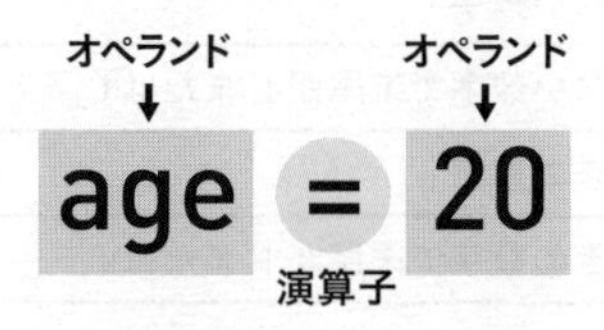

（機能：右オペランドの内容を左オペランドに代入する）

図2-1 式は演算子とオペランドで構成されている

2.2 オペランド

2.2.1 リテラル

オペランドって難しそうな響きだけど、aとか3とかってことは、変数や値と考えておけばいいのかな？

だいたい合っているよ。でも、より明確に理解するために、特に重要なオペランドである「リテラル」を紹介しよう。

前項のとおり、オペランドとは演算子によって計算処理されるすべてのものを指します。具体的には、変数や定数、命令の実行結果、「リテラル」があります。変数や定数はすでに学習しましたね。命令の実行結果はのちほど簡単に触れますので、本節では、残りの「リテラル」について見ていきます。

ソースコードに記述されている数値5や文字列 `"Hello World"` などの具体的な値を**リテラル**（literal）といいます。そして、それぞれの**リテラルはデータ型を持っています**（表2-1）。あるリテラルが、どの型の情報を表すかはリテラルの表記方法で決まります。

表2-1 代表的なリテラルの表記方法とデータ型

リテラルの種類	表記例	型
小数点がない数字	30	int
小数点がない数字で末尾が L または l	300000L	long
小数点付きの数字	30.5	double
小数点付きの数字で末尾が F または f	30.5F	float
true または false	true	boolean
単一引用符で囲まれた文字	'雅'	char
二重引用符で囲まれた文字列	"Java"	String

一見、'A' と "A" は同じものに見えるが、引用符の違いによって別のデータ型として扱われるので注意しよう。前者はchar型の**文字**「A」で、後者はString型の**文字列**「A」だ（p.54）。

1と '1' と "1" は、どれも別物なんですね。気をつけなきゃ。

column

整数リテラルに関する応用記法

整数リテラルの先頭に0xを付けると16進数、0を付けると8進数、0bを付けると2進数として解釈されます。たとえば、`int a = 0x11; int b = 0b0011;` と書くと、変数aには17、変数bには3が代入されます。

また、リテラル中の任意の場所にアンダースコア記号（_）を含めることが許されています。金額を「2,000,000円」などと表記するように、`long price = 2_000_000;` と記述すれば、大きな数値もわかりやすく表示できます。

2.2.2 エスケープシーケンス

String型やchar型のリテラルを記述する際に、ときどき用いられるものが**エスケープシーケンス**（escape sequence）と呼ばれる特殊な文字です。これは表2-2のような、¥記号とそれに続く1文字からなる表記で、この2文字で特殊な1文字を表現します。

表2-2 代表的なエスケープシーケンス

表記	意味
¥"	二重引用符記号 (")
¥'	引用符記号 (')
¥¥	円記号 (¥)
¥n	改行 (制御文字)

※ 付録Cのエスケープシーケンスの一覧を参照（p.718）。

な、なにこれ？　どうしてこんなものが必要なんですか？

文字列の途中で改行するときや、記号を画面に表示するときなどに必要なんだよ。

たとえば「私の好きな記号は二重引用符（"）です」という文字列を画面に表示するプログラムを考えてみましょう。次のコード2-2のようにすると、コンパイルエラーになってしまいます。

コード2-2　エスケープシーケンスを用いていない例（エラー）

Main.java

```
01 public class Main {
02   public static void main(String[] args) {
03     System.out.println("私の好きな記号は二重引用符（"）です");
04   }
05 }
```

この部分だけが文字列と見なされエラーになる

Javaは**2つの二重引用符に囲まれた部分**を文字列リテラルと見なします。そのため、3行目に記述した文字列は最後の `）です"` の直前までと見なされます。文字列リテラルの後ろに存在する `）です"` の部分は正しく解釈されず、コンパイルエラーとなります。

Javaは気がきかないなぁ。途中の " は文字列の終わりを表す記号じゃなくて、画面に出す文字としての " なのに…。

このような場合、エスケープシーケンスを用いれば、2つ目の " について、画面に出す文字であることをJavaに対して伝えられます（コード2-3）。

コード2-3 エスケープシーケンスを用いた例

Main.java

```
01 public class Main {
02   public static void main(String[] args) {
03     System.out.println("私の好きな記号は二重引用符（¥"）です");
04   }
05 }
```

¥" によってこの部分はすべて文字列と見なされる

このコードをコンパイルして実行すると、画面には次のように表示されます。

```
私の好きな記号は二重引用符（"）です
```

金額を表示するとき、たとえば「¥1200」と表示したい場合は、¥¥1200 というリテラル表記で正しく¥マークが表示されるよ。

column

円記号とバックスラッシュ

本書では、エスケープシーケンスを¥（円記号）で紹介していますが、世界的には\（バックスラッシュ）が標準です。日本国内でコンピュータが使われ始めた頃、世界標準であった\記号の文字コードに¥記号を割り当てたため、日本では¥記号として広まりました。

PCの環境やフォントの設定によっては、¥の入力で\が表示されることもありますが、コンピュータ内部では同じ記号として扱うため問題ありません。ただし、一部のLinuxやmacOSなどでは、¥と\を明確に区別しています。¥記号でエラーになってしまうときには、\記号（macOSでは Option ＋ ¥ キーで入力可能）を使ってみてください。

2.2.3 テキストブロック

ってことは… やっぱり！ `System.out.println("朝香¥nあゆみ");` としたら、ちゃんと2行で表示されました！

改行のエスケープシーケンスを試してみたんだね。

表2-2（p.65）の¥nを使えば、文字列リテラルの中で改行する位置をJavaに伝えられます。朝香さんのように、名字と名前を2行で表示したい場合も、`System.out.println` を2回書く必要がなくなり便利ですね。

しかし、1つの文字列の中でたくさんの改行を¥nを使って表そうとすると、コードが煩雑になってしまいます。そのような場合は、次のように3連続の二重引用符を用いれば、より直感的な文字列情報を表現できます（コード2-4）。

コード2-4 テキストブロックを用いた複数行の文字列

```
01 public class Main {
02   public static void main(String[] args) {
03     String prof1 = "名前：朝香あゆみ¥n      （あさかあゆみ）";
04     String prof2 = """
05                    名前：湊雄輔
06                          （みなとゆうすけ）
07                    """;
08     System.out.println(prof1);
09     System.out.println(prof2);
10   }
11 }
```

改行を含めて表記したままの文字列情報として解釈される

```
名前：朝香あゆみ
      （あさかあゆみ）
名前：湊雄輔
      （みなとゆうすけ）
```

このリテラル表記法は**テキストブロック**（text block）と呼ばれ、ソースコード中の改行に¥nが自動的に適用されます。4行目のように、開始の """ の後ろには文字列情報を書いてはならず、すぐに改行しなければならない点に注意しましょう。

あら？　5行目の 名前：湊雄輔 の左に空白がありますね。

いいところに気づいたね。コードブロックに関して、Javaは賢く空気を読んでくれるんだ。

朝香さんは、5行目の先頭に空白があるため、実行すると次のような結果になるのではと考えたようです。

```
名前：朝香あゆみ
  （あさかあゆみ）
        名前：湊雄輔
          （みなとゆうすけ）
```

5〜6行目の左側にある空白がここに表示されるのでは？

しかし、実際にはこのような結果とならないのは、Javaが次のルールで空気を読んでくれるためです。

テキストブロックの実質的な左端

2つの"""とそれに挟まれた各行のうち、最も左側に文字を記述した部分を、複数行リテラルの左端と見なす。

このルールによって、左側におかしな空白が入らないように、開始と終了の"""のインデントは常に揃えておくのをオススメするよ。

2.3 評価のしくみ

2.3.1 評価の結果

式の構成要素を理解できたら、次はJavaがどのような手順で式を計算しているかを見ていこう。

Javaが式に従って計算処理をすることを、式の**評価**（evaluation）といいます。Javaは3つの単純な原則に従いながら、式を少しずつ部分的に処理してゆき、最後には式全体の計算処理が完了します。

評価の3つの原則って何ですか？

まず最も重要な「評価結果への置換の原則」を紹介しよう。これは必ず理解してほしい。

原則①　評価結果への置換の原則

演算子は周囲のオペランドの情報を使って計算を行い、それら**オペランドを巻き込んで結果に化ける（置き換わる）**。

たとえば、`1 + 5`という式の場合、+演算子はオペランドである1と5を使い、それらを足した計算結果として、6に化けます。

図2-2　演算子はオペランドを巻き込んで結果に「化ける」

より複雑な式`1 + 5 - 3`の場合には、段階的に評価が行われていきます。まず、`1 + 5`の部分が6に化けて`6 - 3`という式に変形されます。次に、それが処理された結果の3に化けて計算は終了です。

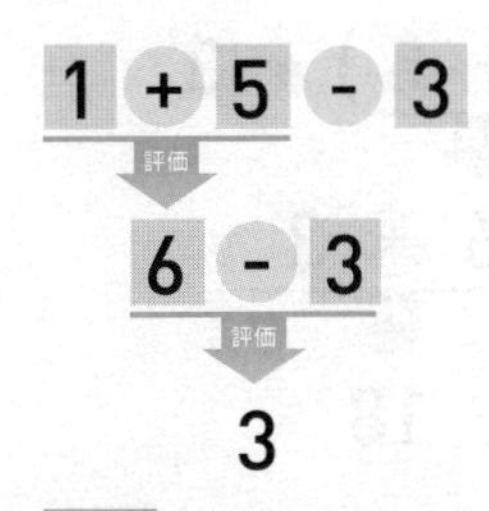

図2-3　段階的に評価される

2.3.2 優先順位

もし式に2つ以上の演算子があったら、どの部分から評価していくんですか？　左の演算子から順番にかな？

いや、そうとは限らないよ。演算子には「優先順位の原則」があるんだ。

原則②　優先順位の原則

式に演算子が複数ある場合は、**Javaで定められた優先順位の高い演算子から順に**評価される。

Javaには多くの演算子がありますが、それらには**優先順位**（15段階）が定められています（優先順位は次節で紹介）。たとえば「5番目に優先」の演算子グループに属している+演算子よりも、「4番目に優先」のグループに属する*演算子のほうが先に評価されます。`1 + 5 * 3`という式があれば、先に掛け算が行われるのです。もし、`1 + 5`の部分の評価を優先したい場合は、丸カッコ()で評価順位を引き上げることができます。

+より * のほうが優先順位が
高い演算子なので…

1 + 5 * 3
評価
1 + 15
評価
16

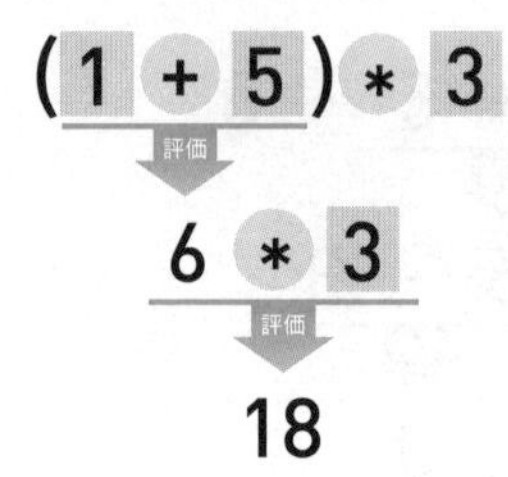

図2-4　優先度が高い演算子から評価される

演算子の優先順位を全部がんばって覚えなきゃ！

いや、そんな必要はないよ。プログラムを書いていれば自然に覚えられるから、必要なときに調べれば十分だよ。

2.3.3 結合規則

もし同じ優先順位の演算子が2つ以上あったら、どっちが優先されるんですか？

そのルールは「結合規則の原則」で決められているんだ。

原則③　結合規則の原則

式の中に同じ優先順位グループに属する演算子が複数ある場合、**演算子ごとに決められた「方向」から順に**評価される。

すべての演算子には、左から評価をするか、または右から評価をするかという「方向」が**結合規則**として定められています。たとえば+演算子は左から右へ評価しますので `10 + 5 + 2` は次のようになります。

① `10 + 5` を評価して結果は15
② `15 + 2` を評価して結果は17

一方、=演算子は右から左へ評価しますので、`a = b = 10` という式の場合は次のようになります。

① 最も右の=演算子に関する `b = 10` が評価され、bに10が代入された結果、式自体は10に化ける。
② 次に `a = 10` が評価され、aに10が代入される。

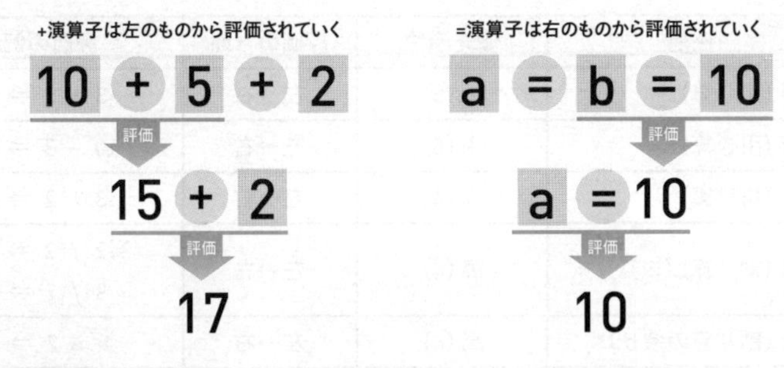

図2-5　結合規則に従って評価される

それぞれの演算子に定められている「優先順位」と「結合規則」については次節で紹介するよ。

2.4 演算子

+や*といった演算子が出てきましたが、ほかにはどんな演算子があるんですか？

Javaには多くの演算子が定められているよ。その中から代表的なものを紹介していこう。

2.4.1 算術演算子

左右の数値オペランドを使って四則計算を行うための演算子は、**算術演算子**と総称されています。以下の5つを覚えておきましょう。

表2-3 代表的な算術演算子

演算子	機能	優先順位	評価の方向	評価の例
+	加算（足し算）	中（5）	左→右	`3 + 5` ⇒ 8
-	減算（引き算）	中（5）	左→右	`10 - 3` ⇒ 7
*	乗算（掛け算）	高（4）	左→右	`3 * 2` ⇒ 6
/	除算（割り算）（※）	高（4）	左→右	`3.2 / 2` ⇒ 1.6 `9 / 2` ⇒ 4
%	剰余（割り算の余り）	高（4）	左→右	`9 % 2` ⇒ 1

※ 整数演算では商

注意が必要なのは除算演算子（/）です。この演算子は割り算を行いますが、**整数同士の割り算に用いると「商」**を計算します。`9 / 2`が4と評価されてしまうと困る場合は、`9.0 / 2`のようにどちらかのオペランドを小数にしましょう。

2.4.2 文字列結合演算子

左右の文字列オペランドを結合して1つの文字列にする演算子で、加算と同じ記号を用います。文字列同士でない場合は注意が必要です（2.5.4項）。

chapter 2

表2-4 文字列結合演算子

演算子	機能	優先順位	評価の方向	評価の例
+	文字列の連結	中（5）	左→右	`"こん" + "にちは"` ⇒ "こんにちは" `"ベスト" + 3` ⇒ "ベスト3"

2.4.3 代入演算子

右オペランドの内容を左オペランドの変数に代入する演算子です。

表2-5 代入演算子

演算子	機能	優先順位	評価の方向	評価の例
=	右辺を左辺に代入	最低（15）	左←右	`a = 10` ⇒ a（中身は10）

ではここでクイズだよ。ある数値が入っている変数aの値を、現在の値から3だけ増やすにはどう書けばいい？

ええっと、まず `a + 3` を計算して、それをaに代入すればいいのよね？

…ってことは、`a = a + 3;` かな。あれ？　この数式、変じゃない？

湊くんが予想したように、変数aの値を3増やすには、a = a + 3; と記述します。数学の式として捉えてしまうと、「aはa + 3と等しい」と読めてしまい違和感がありますが、Javaの=演算子はあくまでも、右辺の結果を左辺に入れる機能であるため、問題ありません。

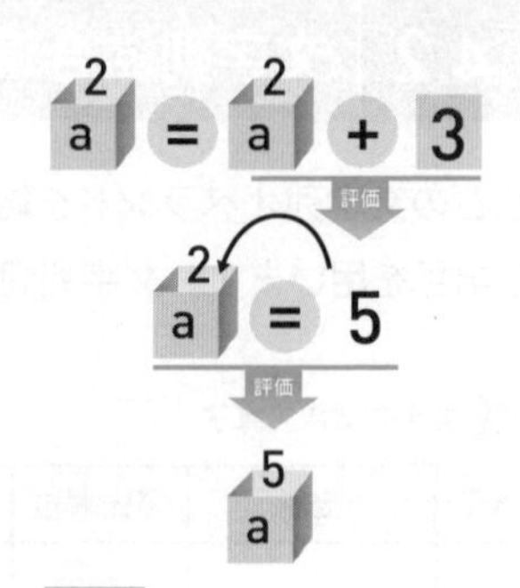

図2-6 「a = a + 3」の評価の流れ

なるほど、評価の流れを考えたら納得できました。

このような値を増減させる計算には、専用の演算子が用意されています。

表2-6 複合代入演算子

演算子	機能	優先順位	評価の方向	評価の例
+=	左辺と右辺を加算して左辺に代入	最低（15）	左←右	a += 2 ⇒ a（a = a + 2 と同じ）
-=	左辺から右辺を減算し左辺に代入	最低（15）	左←右	a -= 2 ⇒ a（a = a - 2 と同じ）
*=	左辺と右辺を乗算し左辺に代入	最低（15）	左←右	a *= 2 ⇒ a（a = a * 2 と同じ）
/=	左辺と右辺を除算し左辺に代入	最低（15）	左←右	a /= 2 ⇒ a（a = a / 2 と同じ）
%=	左辺と右辺を除算し、その余りを左辺に代入	最低（15）	左←右	a %= 2 ⇒ a（a = a % 2 と同じ）
+=	左辺の後に右辺を連結して代入	最低（15）	左←右	a += "風" ⇒ a（a = a +"風" と同じ）

たとえば、変数aの値に3を足したい場合は、 a += 3 と a = a + 3 の2種類の書き方があり、どちらを用いても同じ処理が行われます。

なお、=や+=などの代入演算子は、いずれも優先順位が最低と定められています。基本的に代入は最後に行われると覚えておきましょう。

2.4.4 インクリメント／デクリメント演算子

変数aの値に1だけを足したり引いたりする場合には、さらに便利な記述方法が用意されています。

chapter 2

表2-7 インクリメント／デクリメント演算子

演算子	機能	優先順位	評価の方向	評価の例
++	値を１増やす	最高（1）	左→右	a++ ⇒ a （a = a + 1 や a += 1 と同じ）
--	値を１減らす	最高（1）	左→右	a-- ⇒ a （a = a - 1 や a -= 1 と同じ）

コード2-5 インクリメント演算子

Main.java

```
01 public class Main {
02   public static void main(String[] args) {
03     int a;
04     a = 100;
05     a++;        ← aの値が1増える
06     System.out.println(a);
07   }
08 }
```

```
101
```

この演算子は左右両方にはオペランドを持たないんですね。

そうだね。1つしかオペランドを持たない演算子はほかにもあって、**単項演算子**と呼ばれているよ。

column

++や--は、ほかの演算子と一緒に使わない！

インクリメント／デクリメント演算子は `++a` のようにオペランドの前に付けることもできます。前または後、どちらの表記法を利用しても変数aの中身が1増えることには違いありません。しかし、ほかの演算子と一緒に利用すると、`++a` と `a++` では微妙な違いが生じます。

Main.java

```
01 public class Main {
02   public static void main(String[] args) {
03     int a = 10;
04     int b = 10;
05     System.out.println(++a + 50);
06     System.out.println(b++ + 50);
07   }
08 }
```

```
61
60
```

変数aも変数bも初期値は10です。これに1を足し、50を加えた値を表示するよう指示していますが、結果が異なっている点に注意してください。この動作の違いを理解するために、5行目と6行目がどのように実行されるかを見てみましょう。

●5行目の実行のされ方
① 変数aの値が1増える。
② それに50を加えたものが画面に表示される。

●6行目の実行のされ方
① 変数bに50を加えたものが画面に表示される。
② 変数bの値が1増える。

このようにほかの演算と組み合わせた場合、インクリメント／デクリメント演算子がオペランドの前にあるか後にあるかで「1増える（1減らす）タイミング」が変わってきます。バグの原因になりやすいため、原則として、コード2-5のように単独で使うようにしましょう。

2.5 型の変換

2.5.1 3種類の型変換

前節で学んだ演算子の多くは、原則として左右のオペランドが同じ型であることを要求します。しかし、実際には、違う型に代入したり、違う型同士で計算したりしても文法エラーにならないケースがあります。

```
double d = 3;
String s = "ベスト" + 3;
```

double型変数にint型の3を代入できてしまう

String型とint型を連結できてしまう

Javaのデータ型って、結構いいかげんなんですね。

ははは。「いいかげん」なんじゃなくて、空気を読んでくれる「しくみ」があるんだよ。

上記のコードがエラーにならないのは、**Javaが式を評価する過程で自動的に型を変換している**からです。Javaには型を変換するしくみが3つ備わっていて、特に次の①と③は開発者が気にしなくても自動的に機能します。

① 代入時の自動型変換
② 強制的な型変換
③ 演算時の自動型変換

次項から型変換のしくみについて1つずつ紹介していきます。

2.5.2 代入時の自動型変換

第1章の変数の解説で触れたように、**ある型で宣言された変数には、その型の値しか代入できません**（1.3.1項）。int型変数にはint型の整数だけ、String型の変数にはString型の文字列だけしか代入できない、これが原則です。

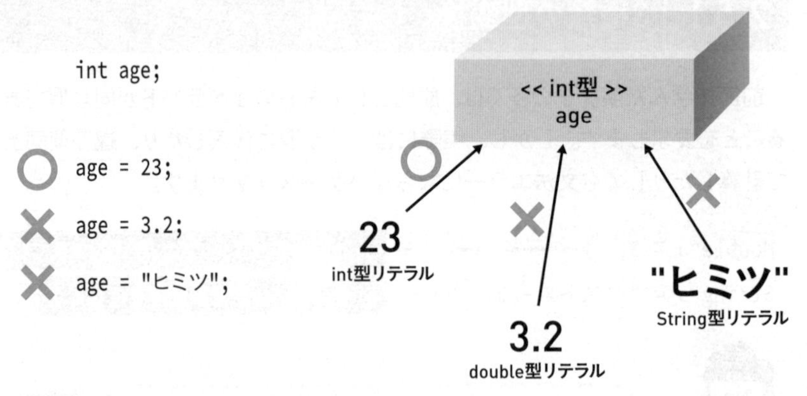

図2-7 変数の型と値の型が一致しないと代入できない

たとえばlong型の値はint型変数には代入できない。値が大きすぎて、箱に入りきれないかもしれないからね。

それなら、逆にint型の値をlong型変数に入れるのは、intよりもlongの箱のほうが大きいから大丈夫なんじゃないですか？

いいことに気づいたね。そのとおりだよ。

Javaの数値型は次の図2-8のように意味的な大小関係が定められています。そして、「小さな型」の値を「大きな型」の変数に代入する場合に限って、**値を箱の型に自動的に変換してから代入**します。

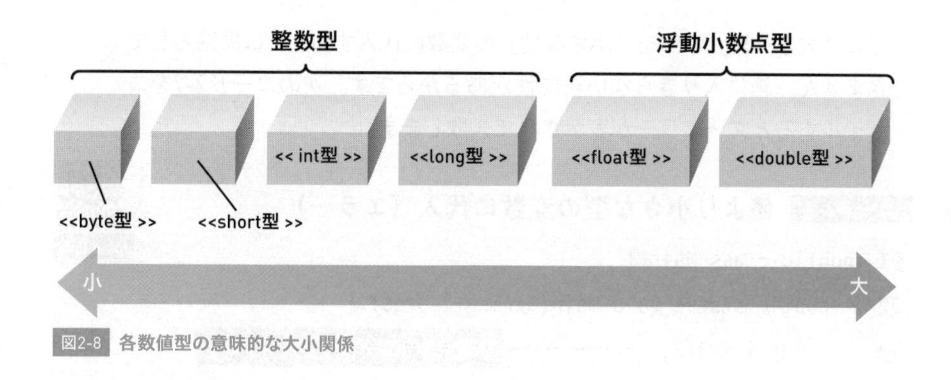

図2-8 各数値型の意味的な大小関係

このしくみがあるため、次のコード2-6のような代入が可能です。

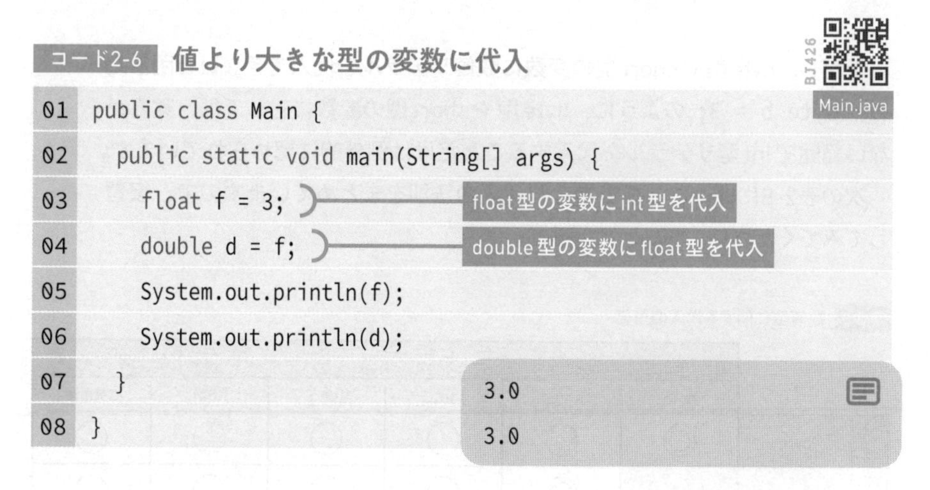

コード2-6 値より大きな型の変数に代入

BJ426

Main.java

```
01 public class Main {
02   public static void main(String[] args) {
03     float f = 3;
04     double d = f;
05     System.out.println(f);
06     System.out.println(d);
07   }
08 }
```



```
3.0
3.0
```

コード2-6の3行目では、リテラルの`3`（int型）を`3.0F`（float型）に自動的に変換してから変数fに代入します。同様に4行目も、float型の変数fをdouble型に変換してから変数dに代入します。このように、代入しようとする値の型よりも代入先の型が意味的に大きい場合には、代入時の自動型変換が行われるため、問題なく動作します。

代入時の自動型変換

意味的に「小さな型」の値を「大きな型」の箱に代入する場合、代入する値を代入先の変数の型に自動的に変換してから代入が行われる。

逆に「大きな型」の値を「小さな型」の変数に代入することは原則としてできません。箱に入りきらない可能性があるからです。次のコード2-7をコンパイルすると文法エラーが表示されて失敗します。

コード2-7 **値より小さな型の変数に代入（エラー）**

BJ427 Main.java

```
01 public class Main {
02   public static void main(String[] args) {
03     int i = 3.2;        小数点以下はどうなっちゃうの？
04   }
05 }
```

ただし、byte型やshort型の変数に数値リテラルを代入できないと困るため、`byte b = 3;` のように、**byte型やshort型の変数に対しては、実害がない範囲でint型リテラルを代入すること**だけは例外的に認められています。

次の表2-8には、ここまで学んだ代入の法則をまとめていますので、復習してみてください。

表2-8 数値型に関する代入の可否

代入する値の型 ＼ 代入先の変数の型	byte	short	int	long	float	double
byte	◎	○	○	○	○	○
short	×	◎	○	○	○	○
int	△	△	◎	○	○	○
long	×	×	×	◎	○	○
float	×	×	×	×	◎	○
double	×	×	×	×	×	◎

◎…そのまま代入可能　○…自動型変換により代入可能　△…例外的・限定的に可能　×…代入できない

column

整数型としてのchar型

char型は文字を扱う型ですが、内部では0〜65535の範囲の数値として情報を管理しています。厳密にはintやshortなどのような整数型の一種であるため算術演算も行えますし、型変換も行われます。しかし、一部の用途を除いてchar型を数値として利用する場面はほとんどないため、本書では、数値型としてのchar型は解説していません。

2.5.3 強制的な型変換

すでに説明したように「大きな型」の値を「小さな型」の変数に代入することは原則としてできません。しかし、プログラム中で明示的に「ムリヤリ押し込め！」と指示をすればJavaは変換と代入を強行します。

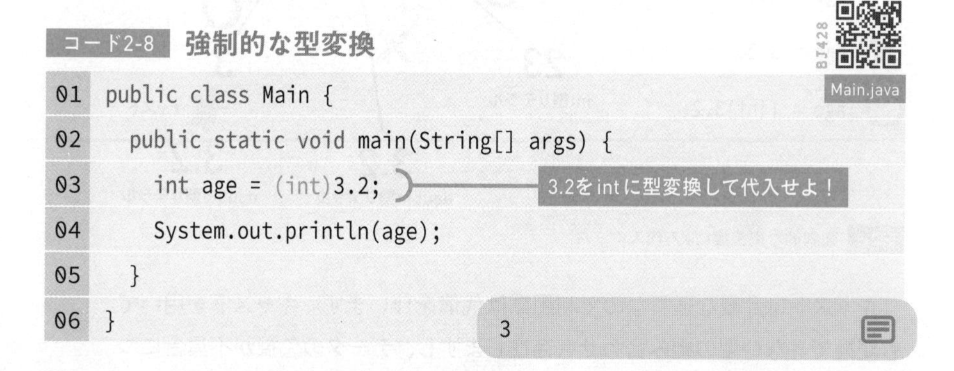

コード2-8 強制的な型変換

```
01 public class Main {
02   public static void main(String[] args) {
03     int age = (int)3.2;
04     System.out.println(age);
05   }
06 }
```

```
3
```

`3.2`というdouble型リテラルの前に記述された`(int)`が、強制的な型変換を指示する**キャスト演算子**（cast operator）です。

キャストによる強制的な型変換

```
(変換先の型名)式
```

大丈夫なんですか？　そんなことして。

もちろん大丈夫じゃない。代償を払う必要があるよ。

キャスト演算子は、**元のデータの一部を失ってでも**データを強制的に変換しようとします。「子ども用の小さなお弁当箱に、36cmの大判ピザを無理矢理詰め込む」ようなものですから、入りきれない部分（情報）ははみ出て捨てられてしまい、情報の欠損が発生します。先ほどのコード2-8では、`3.2`を強引にint型へ変換したために小数点以下の情報が失われてしまいました。

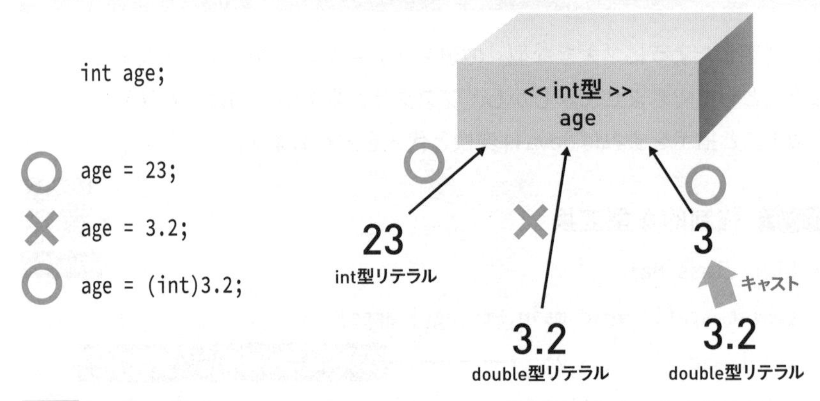

図2-9　強制的な型変換による代入

キャストは乱暴な道具なので利用には代償を伴います。キャストを用いても変換できない型の組み合わせも存在しますし、データの欠損が不具合につながることもありますので、積極的に利用するものではありません。最終手段として、どうしても必要なケースもありますが、**よほどの理由がない限り使わない**と覚えておいてください。

一般的な開発では、キャストを使う必要はほとんどないはずだ。使いたくなったときは、そもそもプログラムの作りに問題がないかを確認しよう。

2.5.4 演算時の自動型変換

残るは、3つ目の型変換のしくみですね。

代入だけではなく算術演算子などによって計算が行われる場合も、左右のオペランドは同一の型であるのが原則です。たとえば、除算演算子（/）による割り算のようすを見てみましょう。

算術演算の結果は、計算で使用されたオペランドの型となります。つまり、int型同士で計算した場合はint型の結果、double型同士で計算した場合はdouble型の結果になります。

図2-10 同じ型同士で演算を行った場合

では、異なる型で演算を行った場合はどうなるでしょうか？　その場合には図2-8における**「意味的に大きな型」に統一されてから演算**が行われます。

たとえば、片方のオペランドがdouble型ならもう一方もdouble型に自動的に型変換され、型を揃えてから演算します（図2-11）。

double型　5.0　/　int型　2
型変換
double型　5.0　/　double型　2.0
評価
2.5
double型

図2-11 異なる型同士で演算をした場合

代入にしても演算にしても、Javaはきっちりと型を揃えてから処理するんですね。

そうだよ。実際に演算時に型変換を行う例も見ておこうか。

コード2-9 **異なる型同士の算術演算**

BJ429

Main.java

```
01 public class Main {
02   public static void main(String[] args) {
03     double d = 8.5 / 2;
04     long l = 5 + 2L;
05     System.out.println(d);
06     System.out.println(l);
07   }
08 }
```

03行目：2（int型）を2.0（double型）に変換

04行目：5（int型）を5L（long型）に変換

```
4.25
7
```

column

byteとshortの演算時強制型変換

代入時の型変換では、byte型とshort型は特別扱いを受けると紹介しました(p.82)。この2つの型は、演算時にも無条件で強制的にint型に変換されます。たとえば、byte型の変数b1とb2を足す場合、`byte a = b1 + b2`ではなく`int a = b1 + b2`としなければなりません。

ところで、`22 + "歳の湊さん"`のように「数値型と文字列型」の組み合わせでは、別のルールで自動的に型が変換されるので、これも紹介しておこう。

オペランドが数値型とString型の場合は、次のような型変換が自動的に行われます。

文字列を含む演算時の型変換

片方のオペランドがString型なら、もう一方もString型に変換してから連結する。

BJ42A

コード2-10 文字列の連結

Main.java

```
01 public class Main {
02   public static void main(String[] args) {
03     String msg = "私の年齢は" + 23;
04     System.out.println(msg);
05   }
06 }
```

23（int型）が"23"（String型）に変換されて連結される

```
私の年齢は23
```

おめでとう、これで「❷計算の文」はすべてマスターしたよ。最後の「❸命令実行の文」に進もう。

column

Java言語仕様をのぞいてみよう

本書では初めてJavaを学ぶ人にも理解しやすいように文を3種類に分類して解説しています。しかし、Javaにおける文の厳密な分類はとても複雑です。正式な決まりは、Java言語仕様（The Java Language Specification）にまとめられています。書籍やWebサイトで閲覧できますので、ぜひ参考にしてください。

2.6 命令実行の文

2.6.1 命令実行の文とは

「❷計算の文」は演算子とか型変換とか、たくさん出てきて複雑でした…。

お疲れさま。でも喜んでほしい。最後の1つ「❸命令実行の文」はとてもカンタンで、しかも楽しいよ。

ここまででJavaにおける3種類の文（p.47）のうち2種類を解説してきました。最後に残っているのは「❸命令実行の文」です。

命令実行の文は**Javaが準備してくれているさまざまな命令を呼び出すための文**です。この文を使えば、足し算や代入より、ずっと高度な処理を実行できます。

最も代表的なものとして、おなじみの `System.out.println` があります。

コード2-11 命令実行の文（画面に表示する）

Main.java

```
01 public class Main {
02   public static void main(String[] args) {
03     String name = "すがわら";
04     String message;
05     message = name + "さん、こんにちは";
06     System.out.println(message);
07   }
08 }
```

（03〜04行目：❶変数宣言の文、05行目：❷計算の文、06行目：❸命令実行の文）

すがわらさん、こんにちは

ちなみに、コード2-11は5行目と6行目を1つの文にまとめて、`System.out.println(name + "さん、こんにちは");` にもできるよ。

命令実行の文の中で式を使うこともできるんですね。

命令実行の文は、必ず丸カッコで囲まれた部分が登場するのが特徴です。

命令実行の文

```
呼び出す命令の名前(引数);
```

※ 命令実行によって何らかの結果が得られる場合は、`型 変数名 = 呼び出す命令の名前(引数);` と書く。

カッコの中に記述するのは**引数**（ひきすう）や**パラメータ**と呼ばれるもので、その命令を呼び出すにあたって必要となる追加情報です。System.out.println()であれば画面に表示する情報を引数で指定する決まりです。

Javaで利用できる命令は数多くありますが、引数を2つ指定するものや、1つも指定しなくてもよいものなど、それぞれで引数の種類や数が異なります。

ほかにはどんな命令があるんですか？　もしかして、一発でゲームが作れちゃうような命令とかあるんですか！？

はは、少しずつ紹介していくから、楽しみにしていてほしい。

使える命令がSystem.out.println()だけでは楽しくありませんね。Javaには、「音を鳴らす」「ファイルに書き込む」「キーボードから入力を受け付ける」「プリンタに印刷する」「ネット通信を行う」など、数多くの命令が準備されています。しかし、現時点の私たちには、それらすべてを使いこなすのは難しいので、ここでは使いやすい命令を少しずつ紹介していきます。

なお、紹介する命令の書き方を丸暗記する必要はありません。後から使いたくなったときに「そういえばこういう命令があったはず」と思い出して本書を読み返せば大丈夫です。気楽に読み進めてください。

2.6.2 画面に文字を表示する命令

まずは基礎中の基礎、画面に文字を表示する命令からいこう。System.out.println()と似た命令をもう1つ紹介するよ。

改行せずに画面に文字を表示する

```
System.out.print(①);
```

※①には画面に表示したい値や式を指定する。

System.out.println()とよく似た命令にSystem.out.print()があります。この命令は画面に①の内容を表示しますが、表示後に改行しません。このため、連続して呼び出すと指定した内容が連続して表示されます。

コード2-12 改行なし画面出力の命令

Main.java

```
01 public class Main {
02   public static void main(String[] args) {
03     String name = "すがわら";
04     System.out.print("私の名前は");
05     System.out.print(name);
06     System.out.print("です");
07   }
08 }
```

私の名前はすがわらです 

2.6.3 大きいほうの数値を代入する命令

2つの値を比較して大きいほうの数値を代入する

```
int m = Math.max(①, ②);
```

※ ①および②には比較したい値や式を指定する。

Math.max()は、2つの引数を指定して呼び出す命令です。引数として与えた①と②のうち、大きいほうの値が変数に代入されます（代入する変数名はmではないほかの名前でもかまいません）。

コード2-13 大きいほうの数値を代入する命令

Main.java

```
01 public class Main {
02   public static void main(String[] args) {
03     int a = 5;
04     int b = 3;
05     int m = Math.max(a, b);
06     System.out.println("比較実験：" +
         a + "と" + b + "とで大きいほうは…" + m );
07   }
08 }
```

比較実験：5と3とで大きいほうは…5 

aとbがそれぞれ5と3だから…。あ、5行目は、`Math.max(5, 3)`の結果が5になって、それが変数mに代入されるんですね。

`Math.max(5, 3)`が5に化ける…。これ、ひょっとして「評価」ですか？

鋭いね。実は「命令の実行」も式の一種なんだ。タネあかしは先の章で登場するから、楽しみにしててほしい。

2.6.4 文字列を整数に変換する命令

文字列を整数に変換する

```
int n = Integer.parseInt(①);
```

※①には数値として解釈させたい文字列を指定する。

String型変数に「10」が入っていたとしても、それは文字列なので、そのままでは四則演算に使えません。文字列の「10」を整数の10に変換して計算を行いたい場合には、この命令を使いましょう。

命令の①に、整数として解釈できる文字列が入ったString型の変数やリテラルを指定すると、int型の整数に変換してnに代入してくれます。

コード2-14 String型をint型に変換する命令

Main.java

```
01 public class Main {
02   public static void main(String[] args) {
03     String age = "31";
04     int n = Integer.parseInt(age);
05     System.out.println
         ("あなたは来年、" + (n + 1) + "歳になりますね。");
06   }
07 }
```

あなたは来年、32歳になりますね。

もし①に「こんにちは」のような整数でない文字列を指定すると、プログラム実行中にエラーが起きて異常終了するよ。

2.6.5 乱数を生み出して代入する命令

湊くんが大好きなゲームに不可欠なのが乱数だ。

ランスウ……？

サイコロみたいなものよ。不規則に違う値が取り出せるの。

乱数を発生させる

```
int r = new java.util.Random().nextInt(①);
```

※①には発生させる乱数の上限値（指定値自体を含まない）を指定する。

①に1以上の整数を指定してこの命令を呼び出すと、0以上かつ①で指定した数未満のランダムな整数がrに代入されます。rに何が代入されるかは実行するまでわかりません。たとえば、①に10を指定するとrには0～9のいずれかが代入されます。

コード2-15 ランダムな数を生成する命令

Main.java

```
01 public class Main {
02   public static void main(String[] args) {
03     int r = new java.util.Random().nextInt(90);
04     System.out.println("あなたはたぶん、" + r + "歳ですね？");
05   }
06 }
```

あなたはたぶん、31歳ですね？

実行するたびに結果は変わる

2.6.6 キーボードから1行の入力を受け取る命令

あとゲーム作りに必要なのは「キーボードから文字を入力する」命令だね。

キーボードから1行の文字列の入力を受け付ける

```
String s = new java.util.Scanner(System.in).nextLine();
```

キーボードから1つの整数の入力を受け付ける

```
int input = new java.util.Scanner(System.in).nextInt();
```

これらの文を実行すると、プログラムは一時停止状態になり、利用者がキーボードから文字を入力できるようになります。利用者が文字列をキーボード入力してEnterキーを押すと、その内容が変数に代入されます。nextLine()は文字列を、nextInt()は数値の入力を受け取るために使います。

コード2-16 キーボードから入力を受け付ける命令

Main.java

```
01 public class Main {
02   public static void main(String[] args) {
03     System.out.println("あなたの名前を入力してください。");
04     String name = new java.util.Scanner(System.in).nextLine();
05     System.out.println("あなたの年齢を入力してください。");
06     int age = new java.util.Scanner(System.in).nextInt();
07     System.out.println
           ("ようこそ、" + age + "歳の" + name + "さん");
08   }
```

```
09  }
```

よし、実行っと…あれ？ 「あなたの名前を入力してください。」という表示が出て、プログラムが止まっちゃいましたよ。

止まってるんじゃなくて、朝香さんの入力を待ってるんだよ。

プログラムの実行がキーボードから入力を受け付ける命令にさしかかると、Javaはユーザーからの入力を黙って待ち続けます。実行が止まってしまったわけではないので、何らかの入力をすれば処理は続行されます。

```
あなたの名前を入力してください。
あさか⏎        キーボードから名前を入力
あなたの年齢を入力してください。
24⏎            キーボードから年齢を入力
ようこそ、24歳のあさかさん
```

よっしゃ！　乱数生成もキーボード入力もできるようになりました。簡単な占いゲームならボクにも作れるかも！

そうだね！　ほかにも、これまで習った命令・式・演算子を使って、ぜひ自分なりにプログラムを書いてほしい。それが上達の近道だからね。

2.7 第2章のまとめ

式

- 式は演算子とオペランドで構成されている。
- 演算子が評価されると、その演算子とオペランドは結果に化ける。
- 演算子は優先順位と結合規則に従って評価される。

リテラル

- リテラルにも型があり、記述方法で型は決まる。
- 文字列リテラル内に改行や引用符を表現したい場合、エスケープシーケンスを用いる。
- テキストブロックを使うと、複数行にわたる文字列情報を直感的に表記できる。

型変換

- 大きい変数に小さなデータを代入すると、自動的に型が変換され代入される（代入時の型変換）。
- キャストは、小さな変数に大きなデータを強制的に代入するが、情報の欠損が発生する（強制的な型変換）。
- 式が評価されるとき、大きなデータに合わせて自動的に型が変換される（演算時の自動型変換）。

命令の実行

- Javaに用意されているさまざまな命令を実行できる。

2.8 練習問題

練習2-1

次のようなプログラムがあります。

Main.java

```
01 public class Main {
02   public static void main(String[] args) {
03     int x = 5;
04     int y = 10;
05     String ans = "x+yは" + x + y;
06     System.out.println(ans);
07   }
08 }
```

このプログラムを実行すると以下の結果が表示されます。

```
x+yは510
```

x+yは15 と表示させたいのですが、意図どおりに動きません。正しく動作するように修正してください。

練習2-2

次の中で文法として正しいものを、すべて選んでください。

① int x = 3 + 5.0;
② double d = 2.0F;
③ int number = "5";
④ String s = 2 + "人目";
⑤ byte b = 1;
⑥ double d = true;
⑦ short s = (byte)2;

練習2-3

次の動作を順に行う1つのプログラムを作成してください。

① 画面に「ようこそ占いの館へ」と表示します。
② 画面に「あなたの名前を入力してください>」と表示します（改行なし）。
③ キーボードから入力を受け付け、String型の変数nameに格納します。
④ 画面に「あなたの年齢を入力してください>」と表示します（改行なし）。
⑤ キーボードから入力を受け付け、String型の変数ageStringに格納します。
⑥ 変数ageStringの内容をint型に変換し、int型の変数ageに代入します。
⑦ 0から3までの乱数を生成し、int型の変数fortuneに代入します。
⑧ fortuneの数値をインクリメント演算子で1増やし、1から4の乱数にします。
⑨ 画面に「占いの結果が出ました！」と表示します。
⑩ 画面に「(年齢）歳の（名前）さん、あなたの運気番号は（乱数）です」と表示します。その際、(年齢）には変数ageを、(名前）には変数nameを、そして（乱数）には⑧で作った数を表示します。
⑪ 画面に「(1: 大吉 2: 中吉 3: 吉 4: 凶)」と表示します。

```
ようこそ占いの館へ
あなたの名前を入力してください>湊雄輔⏎
あなたの年齢を入力してください>22⏎
占いの結果が出ました！
22歳の湊雄輔さん、あなたの運気番号は1です
（1:大吉 2:中吉 3:吉 4:凶）
```

chapter 3
条件分岐と繰り返し

私たちは日々、条件に応じた行動の分岐や繰り返しをしています。
たとえば「もしも天気予報が雨だったら傘を持っていく」という分岐や、「正解するまで何度も問題を解く」という繰り返しです。
プログラムも、これと同じように条件分岐と繰り返しを行いながら処理を進めていきます。
この章では、条件分岐や繰り返しの構文を学びましょう。

contents

3.1 プログラムの流れ

3.1.1 代表的な制御構造

第1章と第2章では、変数や型・リテラル・演算子などを使用した文の書き方を学習しました。そして、それらの文は「上から順に1つずつ」実行されるのがルールでした（1.2.5項）。文を実行する順番を**制御構造**（または制御フロー）といい、代表的なものとして**順次**、**分岐**、**繰り返し**（**ループ**）の3つがあります。

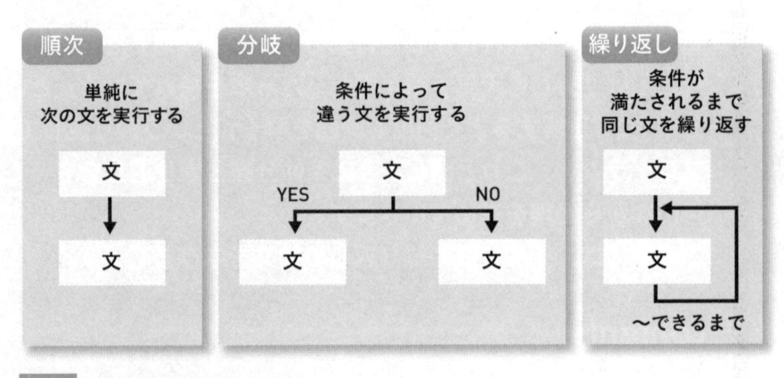

図3-1 代表的な制御構造

今までに出てきたプログラムの「上から順に1つずつ」の流れは、「順次」なんですね。

そうだよ。そして、この章では残りの2つを学ぶんだ。

世の中には、ゲームや業務システムなど、複雑な動作をするプログラムが多数存在しますが、それらも順次、分岐、繰り返しの制御構造を組み合わせてできています。そして、この3つの制御構造を使えば、どんなに複雑なプログラムでも作成可能であることが、構造化定理として理論的に証明されています。

プログラムを作るには、順次・分岐・繰り返しを覚えれば何とかなる、ということですね。

そうだね。逆に言えば、この3つの制御構造をうまく使えなければ本格的なプログラムは作れないんだ。

3.1.2 分岐を体験する

まずはシンプルな例を見て、雰囲気をつかんでおこう。

私たちは日常生活で、条件によって行動を変化させています。

もし、明日が晴れなら、洗濯してから散歩にいこう。
でも、明日が雨だったら、部屋で映画を見ていよう。

これは、「洗濯する」「散歩する」「映画を見る」などの行動の流れを「晴れ」または「雨」という**条件によって変化させている**わけです。この行動をフローチャートで表現したのが右の図3-2です。

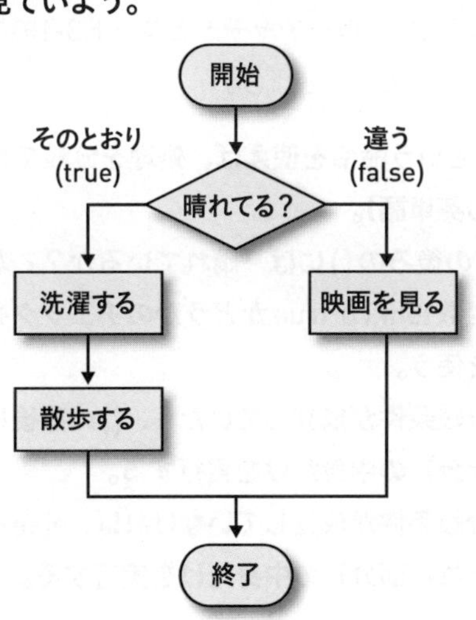

図3-2 天気による行動の変化をフローチャートで表現

この分岐をJavaのコードで表現すると、次のようになります。

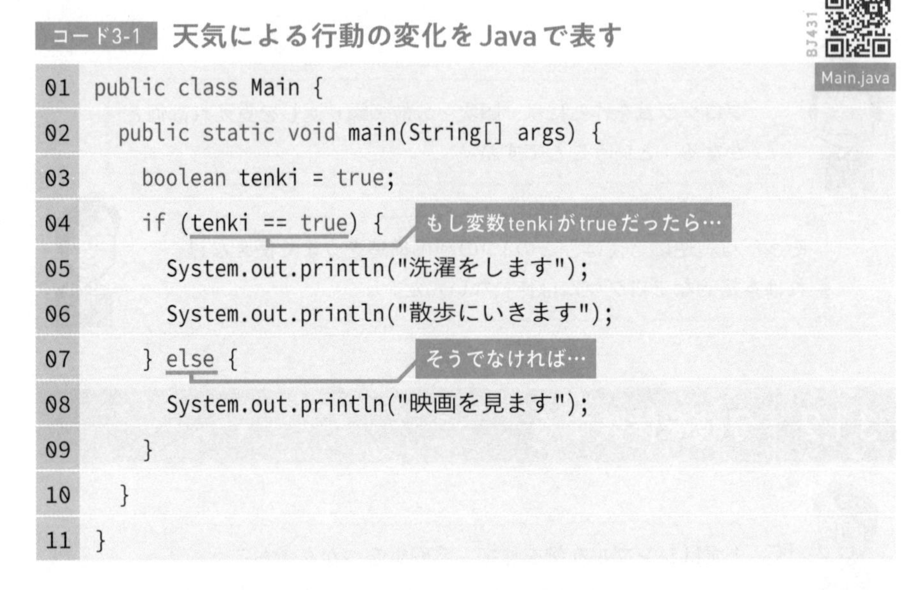

コード3-1 天気による行動の変化をJavaで表す

```
01 public class Main {
02   public static void main(String[] args) {
03     boolean tenki = true;
04     if (tenki == true) {
05       System.out.println("洗濯をします");
06       System.out.println("散歩にいきます");
07     } else {
08       System.out.println("映画を見ます");
09     }
10   }
11 }
```

3行目でtrueを代入したとき

```
洗濯をします
散歩にいきます
```

3行目でfalseを代入したとき

```
映画を見ます
```

図3-2のフローチャートとコード3-1のコードを見比べて、コードの意味を読み取ってみましょう。

- **ifという命令を使えば、処理を分岐できる（「if」は「もしも」という意味の英単語）。**
- **ifの後ろの()には「晴れているか？」などの分岐条件を書く。**
- **変数tenkiがtrueかどうかのチェックを行うには == （イコール記号2つ）を使う。**
- **分岐条件が成立していたら、()の直後にあるブロック（{ と } で囲まれた部分）の中身だけを実行する。**
- **分岐条件が成立していなければ、elseの後ろにあるブロック（{ と } で囲まれた部分）の中身だけを実行する。**

このように「if」を使用した文のことを「if文」というんだ。

if文

```
if (分岐条件) {
    条件成立のときに実行する処理
} else {
    条件不成立のときに実行する処理
}
```

3.1.3 繰り返しを体験する

今度は繰り返しを見てみましょう。

もし、トイレに誰か入っていたら「扉をノックして1分待つ」を繰り返す。

この行動は右のフローチャートで表すことができます。

これをJavaのコードにすると、次ページのコード3-2のようになります。もし、3行目でtrueを代入して実行すると無限ループが発生します。JDKを利用している場合はCtrl + Cキーで、統合開発環境を利用している場合は停止ボタンなどを押して強制終了してください。dokojavaの場合は、しばらく待つと自動的に処理が停止されます。

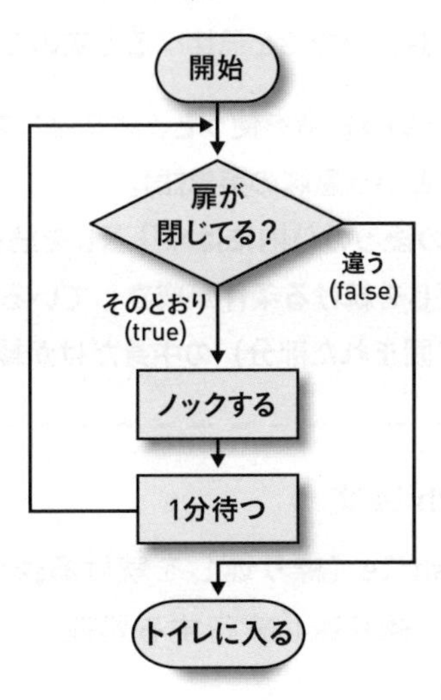

図3-3 トイレを待つ行動をフローチャートで表現

コード3-2 トイレの空きを待つ繰り返し

BJ432

Main.java

```
01 public class Main {
02   public static void main(String[] args) {
03     boolean doorClose = true;     // ここでtrueかfalseを代入
04     while (doorClose == true) {
05       System.out.println("ノックする");
06       System.out.println("1分待つ");
07     }
08   }
09 }
```

ドアが閉まっている間は…

3行目がtrueの場合、このプログラムを実行すると無限ループが発生します。

3行目でtrueを代入したとき

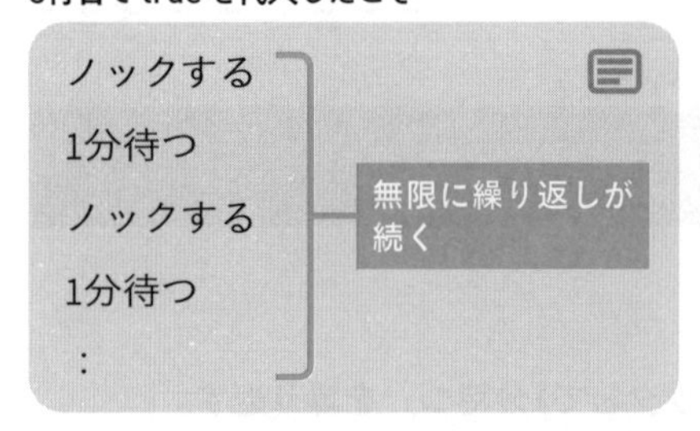

3行目でfalseを代入したとき

コード3-2と図3-3を見比べると次のことに気づくでしょう。

- **whileという命令を使うと、繰り返しを行うことができる（whileは「〜の間は」という意味の英単語）。**
- **whileの後ろの()内には繰り返しを続ける条件を書く。**
- **繰り返しを続ける条件が成立している限り、何度でも直後のブロック（{と}で囲まれた部分）の中身だけが繰り返し実行される。**

---

while文

```
while (繰り返しを続ける条件) {
  繰り返し実行する処理
}
```

3.1.4 制御構文の構成要素

「分岐」のif文と「繰り返し」のwhile文は違う文法なのに、コードの雰囲気は似てますね。

それは両方の構文が共に「条件式」と「ブロック」から構成されているからだよ。

ここまで見てきたif文やwhile文のような制御構造を表す文のことを、**制御構文**といいます。制御構文は次の2つの要素から成り立っています。

制御構文の構成要素

条件式　分岐条件や繰り返しを続ける条件を示した式
ブロック　分岐や繰り返しで実行する一連の文の集まり

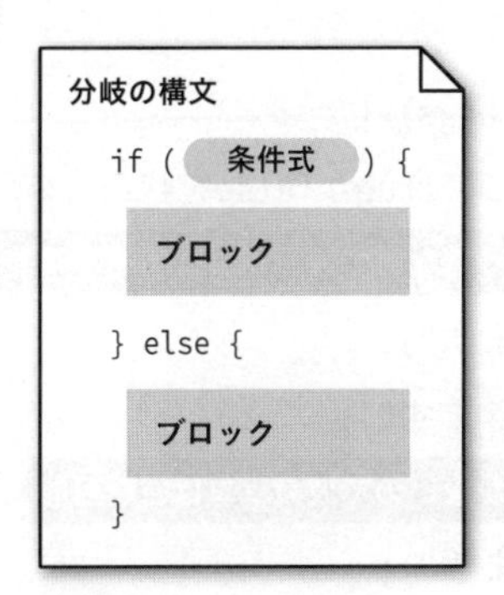

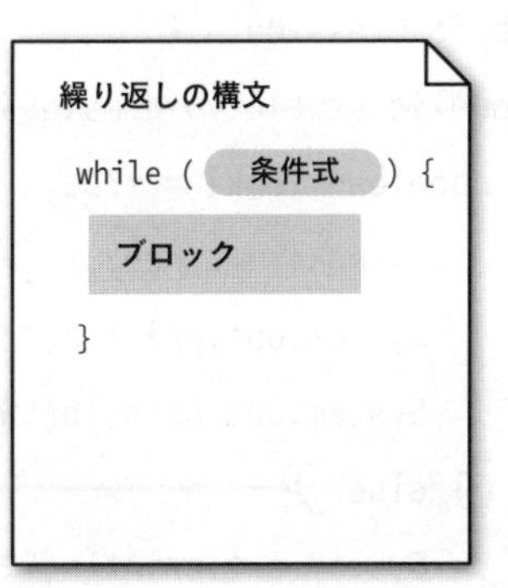

図3-4 制御構文は条件式とブロックから成り立つ

このように、制御構文は条件式とブロックの2つの要素で成り立っているため、制御構文を身に付けるためには、これら2つの要素の書き方を理解する必要があります。

次節では、まずブロックの書き方を学んでいきましょう。

3.2 ブロックの書き方

3.2.1 ブロックとは

ブロックとは、複数の文をひとまとまりとして扱うためのものです。ブロック中には複数の文を記述できます。ただし、次に紹介するブロックにまつわる2つのルールを守る必要があるので、必ず覚えましょう。

ルール1　波カッコの省略

ブロックとは通常、波カッコ {…} で囲まれた部分を指していますが、**内容が1文しかなければ、波カッコを省略できる**というルールがあります。たとえば、コード3-1（p.102）は次のように記述しても同じ意味になります。

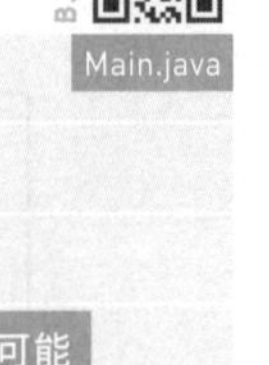

コード3-3　波カッコを省略した記述

```
01 public class Main {
02   public static void main(String[] args) {
03     boolean tenki = true;     // ここでtrueかfalseを代入
04     if (tenki == true) {  ← 内容が2行なので波カッコは省略不可能
05       System.out.println("洗濯をします");
06       System.out.println("散歩にいきます");
07     } else  ← 1行しかないので波カッコは省略可能
08       System.out.println("映画を見ます");
09   }
10 }
```

ただし、実務の現場では、プログラミングのミスを防止するため、このような**ブロックの波カッコの省略は推奨されない**ことを、あわせて覚えておきましょう。

波カッコの省略が推奨されない理由は、章末の練習問題を解けばわかる。ぜひチャレンジしてほしい。

ルール2　ブロック内で宣言した変数の寿命

ブロックの中で、新たに変数を宣言することもできます。しかし、**ブロック内で宣言した変数は、そのブロックが終わると同時に消滅**します。たとえば、if文のブロック内で宣言した変数は、そのブロックの外側では利用できません。このような、変数が利用可能な場所の範囲を**スコープ**（scope）といいます。

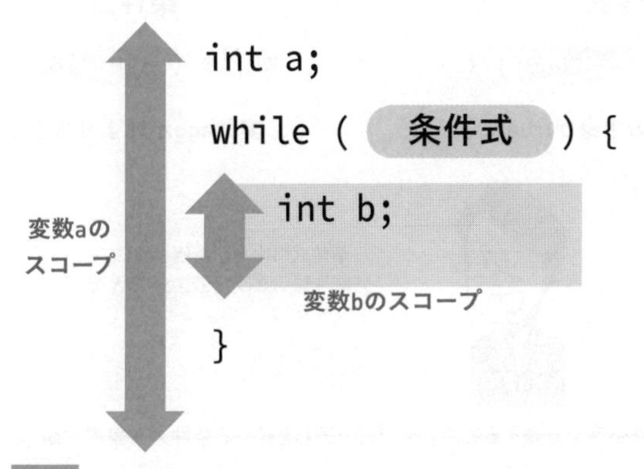

図3-5　ブロック内で宣言された変数のスコープの利用は、そのブロック内に限られる

図3-5のようなコードで、while文のブロックが終わった後で変数bを利用しようとすると「シンボルを見つけられません。シンボル：変数b」というコンパイルエラーが発生します。これは「変数bを見つけられません」という意味のエラーです。

変数を宣言しているはずなのに「シンボルが見つかりません」というエラーが出たら、変数名のつづりとスコープを確認しよう。

3.3 条件式の書き方

3.3.1 条件式とは

条件式とは、if文やwhile文で利用される式の1つで、「処理を分岐する条件」や「繰り返しを続ける条件」を表現するためのものです（図3-6）。

条件式

```
if ( tenki == true ) {
```

もし変数tenkiの中身がtrueなら

条件式

```
while ( age >18 ) {
```

もし変数ageが18より大きいなら

条件式の中身が評価されて、
分岐や繰り返しが処理されるんだ

図3-6 条件式で「処理を分岐する条件」や「繰り返しを続ける条件」を表現する

ここで注目してほしいのは、条件式の中で用いられる==や>などの記号です。これらの記号は**関係演算子**と呼ばれ、表3-1の種類があります。

表3-1 関係演算子の種類と意味

演算子	意味
==	左辺と右辺が等しい
!=	左辺と右辺が異なる
>	左辺が右辺より大きい
<	左辺が右辺より小さい
>=	左辺が右辺より大きいか等しい
<=	左辺が右辺より小さいか等しい

関係演算子を使うと、たとえば、次のような条件式を表現できます。

- `sw != false` **変数swがfalseでなかったら…**
- `deg - 273.15 < 0` **変数degから273.15を引いたものが0未満なら…**
- `initial == '雅'` **変数initialに入っている文字が「雅」だったら…**

特に、**「等しい」を表現する関係演算子はイコールを2つ並べた==**であることに注意してください。誤ってイコールを1つしか書かないと代入演算子を意味し、まったく異なる動作をしてしまいます。

うっかりイコール1つにしてしまいそうだから、気をつけなきゃ。

そうだね。これは初心者がやってしまいがちなミスの代表格だよ。

条件式では==を使う

条件式に登場するイコールは2つ。
イコール1つの演算子を使うケースはほとんどない。

3.3.2 if文やwhile文の正体

菅原さん、関係演算子も演算子なんですよね？　第2章で「演算子は評価されて別のものに化ける」と習ったのを思い出しました。`1 + 2`が3に化けるように、条件式の`age > 18`も別のものに化けるんですか？

そのとおりだよ。よく思い出したね。

第2章で学んだように、そもそも演算子とは、前後の値と一緒に評価され、別のものに化ける記号のことでした。そして、関係演算子の==や>も、算術演算子+や代入演算子=と同じ演算子の仲間であるため、評価されて化ける特性を持っています。具体的には、**関係が成立するならtrue（真）に、そうでないならfalse（偽）に化ける**のです。

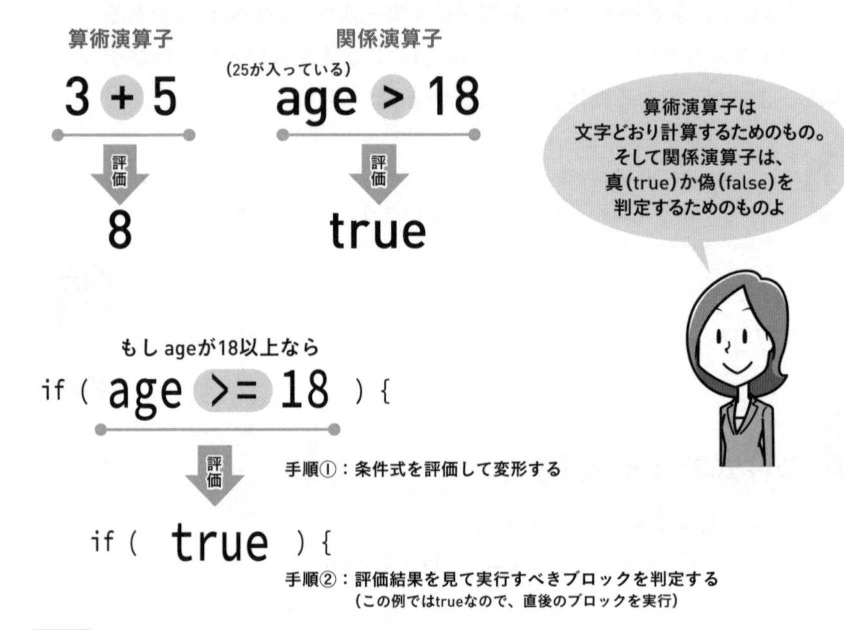

図3-7 関係演算子は評価されてtrueまたはfalseに化ける

従って、if文やwhile文は次のように捉えることができます。

- **if文とは、条件式の評価結果がtrueなら第1ブロックを、falseなら第2ブロックを実行する文である。**
- **while文とは、条件式の評価結果がtrueならブロックを繰り返し実行する文である。**

この本質が理解できていれば、たとえば `if (isHappy) {…}` といった表記を見かけても動作を理解できるはずだ。isHappyはboolean型なのがヒントだよ。

isHappyがboolean型ということは…、この文は `if (isHappy == true) {…}` と同じ意味なんですね！

なお、if文やwhile文は()の中の条件式の評価結果がtrueかfalseかで処理の流れを決定するため、`a + 3` のような算術演算子の式や、`b = 10` のような代入式を条件式に利用することはできません。なぜなら、これらの式は評価結果がtrueまたはfalseになる式ではないからです。

条件式のルール

if文やwhile文で用いる条件式は、評価結果がtrueまたはfalseになる式でなければならない。

3.3.3 文字列の比較

関係演算子の意味を理解できれば、条件式を記述するのは難しくありません。しかし、初心者のほぼ全員が落ちてしまう落とし穴があります。

実はJavaでは、条件式の中でString型の変数や文字列を比較する場合、**ある特別な書き方**をする必要があります。

たとえば、「変数strの内容が『スッキリ』という文字列だったら…」という条件式を考えてみましょう。ここまで学習した内容を踏まえれば、次のように書きたくなるのではないでしょうか。

```
if (str == "スッキリ") {…
```

間違い！

えっ？　等しいかどうかを比較したいんだから、これでいいんじゃないですか？

一見、正しいように見えますが、Javaのルールでは**文字列は `==` では正しく比較できない**ことがあるのです。その理由については第III部で説明しますが、今のところは文字列の比較を行うときには必ず次の書き方をすると覚えてください。

```
if (str.equals("スッキリ")) {…
```
正しい文字列の比較

文字列の比較

文字列型の変数.equals(比較相手の文字列)

※「比較相手の文字列」には、文字列のリテラルや変数を指定できる。
※「文字列型の変数」と「比較相手の文字列」が等しい内容であれば、この式全体がtrueに化ける。

文字列が等しいか調べるときだけは「==」ではなくて「equals」なんですね。間違えないか不安です…。

そうだね。実は経験が豊富な開発者でも、うっかり間違うことがある。しかも「==」を使ってもコンパイルエラーは起きず、実行できるけどときどき変な動きをするというタチの悪い不具合が起きるんだ。

3.3.4 論理演算子を用いた複雑な条件式

「年齢が18歳以上、かつ5月生まれ」のように2つ以上の条件を組み合わせた条件式を使いたいことがあります。その場合には**論理演算子**を使います。

表3-2 論理演算子の種類と意味

演算子	意味
&&	かつ（両方の条件が満たされた場合にtrue）
||	または（どちらか片方の条件さえ満たされればtrue）

では実際に、論理演算子を用いた例を見てみましょう。

```
if (age >= 18 && month == 5) {…
if (name.equals("斉藤") || name.equals("斎藤")) {…
```

&&の例

もしageが18以上で　かつ　monthが5なら

```
if ( age >= 18 && month == 5 ) {
         評価         評価
if ( true && false ) {
           評価
if ( false ) {
```

||の例

もしnameが斉藤　または　nameが斎藤なら

```
if ( name.equals ("斉藤") || name.equals("斎藤") ) {
            評価                    評価
if ( true || false ) {
                 評価
if ( true ) {
```

&&は左辺と右辺の両方が満たされたときtrueになる。
それに対して||はどちらか片方が満たされればtrueだ

図3-8　&&は両方の条件が満たされなければfalse、||はどちらか片方の条件が満たされればtrueになる

&&と||を組み合わせて、さらに複雑な条件式を作ることも可能です。以下は「hpが100未満、かつpoisonがfalse」または、「hpが100以上、かつpoisonがtrue」のときにブロックの中身が実行されます。

```
if ((hp < 100 && poison == false) || (hp >= 100 && poison == true)) {…
```

関係演算子と論理演算子を組み合わせれば、どんな条件でも作れるわね！

なお、**もし〜でないならば**のような否定形の条件式を作りたい場合は、条件式の前に**否定演算子！**を付けます。

```
if (!(age == 10)) {…
```

ageが10に等しくない（10以外）ならtrue

！は論理演算子の1つですが、直後の条件式や値のtrueとfalseを反転させる機能を持っています。

もしageが18以上で　ないならば

```
if (!( age >= 18 )) {
        ↓ 評価
if ( ! true ) {
        ↓ 評価
if ( false ) {
```

!は、その右にあるtrueやfalseを
反転させる演算子だよ

図3-9　!は、それに続く評価式の結果を反転する役割を持つ

おめでとう！　これで2人はブロックと条件式の両方をマスターしたよ！　これでどんな制御構造も書けるはずだ。

それじゃ、この章の残りでは何をするんですか？

if文やwhile文をより便利に使うために、さまざまな書き方のバリエーションを紹介するよ。難しくないから気楽にいこう。

column

条件式の短絡評価

Javaは複雑な条件式を評価する際、少し賢い動作をします。たとえば図3-8左の条件式で変数ageの内容が1の場合、前半部分（age>=18）を評価した時点で、条件式全体の結果はfalseになることが確定します。そのため、Javaは続く後半部分（month==5）については無視して評価を行いません。このようなJavaのふるまいを、**短絡評価**（minimal evaluation）といいます。

3.4 分岐構文のバリエーション

3.4.1 3種類のif構文

if文には3つのバリエーションがあります。最も基本的なものは、すでに紹介したif-else構文です。さらにifのみの構文や、if-else if-else構文があり、条件式の評価結果がfalseになった場合の流れが異なります。

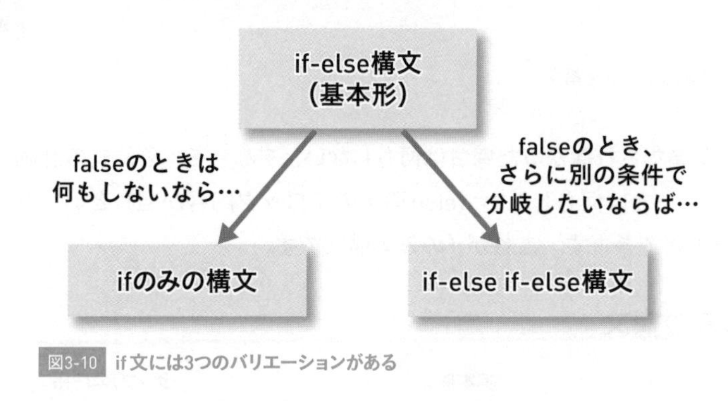

図3-10 if文には3つのバリエーションがある

まずは基本形となるif-else構文を確認しておきましょう。次ページの図3-11は、左から順にif-else構文をフローチャートで表したもの、それを基本構文に置き換えたもの、そしてJavaのコードで表したものです。

column

数学の表現とJava条件式の表現

数学で「xは10より大きく、20より小さい」という条件は「10 < x < 20」と表現します。しかし、Javaの条件式としては `10 < x && x < 20` と表記する必要がありますので注意してください。

if-else構文（基本形）

フローチャート

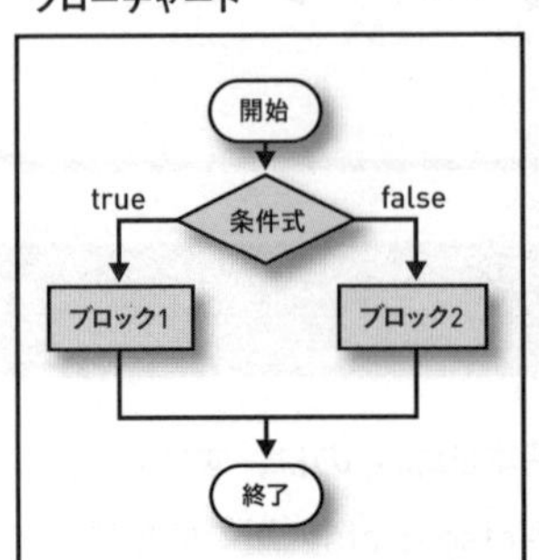

基本構文

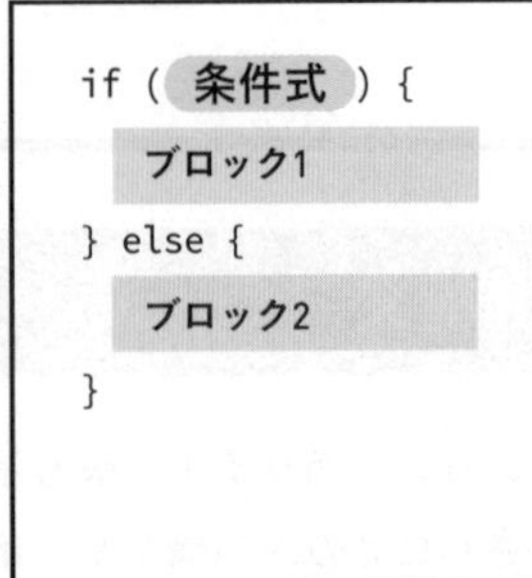

サンプルコード

```
if (age >= 20) {
  canDrink = true;
} else {
  canDrink = false;
}
```

これがif-else構文の基本形だよ。
trueとfalseで別々の処理ができるね

図3-11 基本的なif-else構文

もし条件が満たされなかった場合は何もしない、すなわち、条件式の評価結果がfalseのときは何もしない（else直後のブロック内容が空）という場合はelseを省略できます。これがifのみの構文です。

ifのみの構文

フローチャート

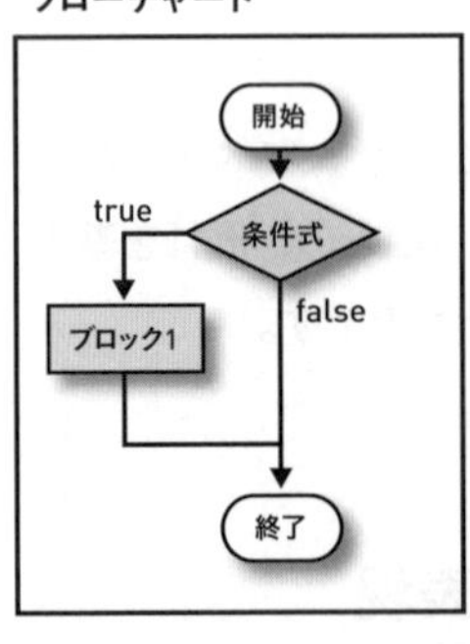

基本構文

サンプルコード

```
if (age >= 20) {
  canDrink = true;
}
```

else文がないので、
条件式がfalseのときは何もしないのよ

図3-12 ifのみの構文

一方、**もし条件が満たされなかった場合、別の条件で評価したい**ときには、else ifで始まるブロックをelseの前に挿入した**if-else if-else構文**を使用します。

if-else if-else構文

フローチャート

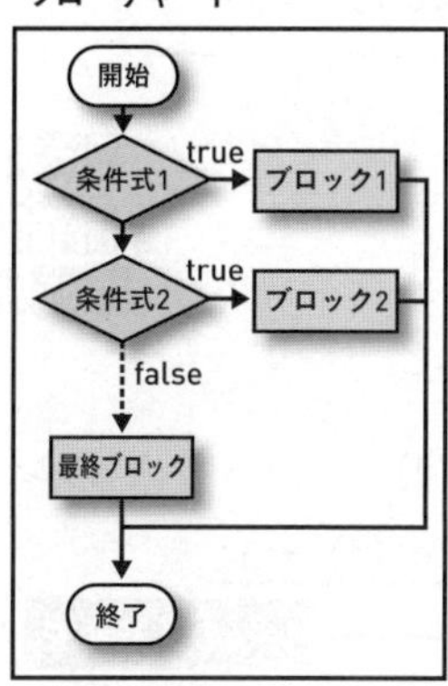

基本構文

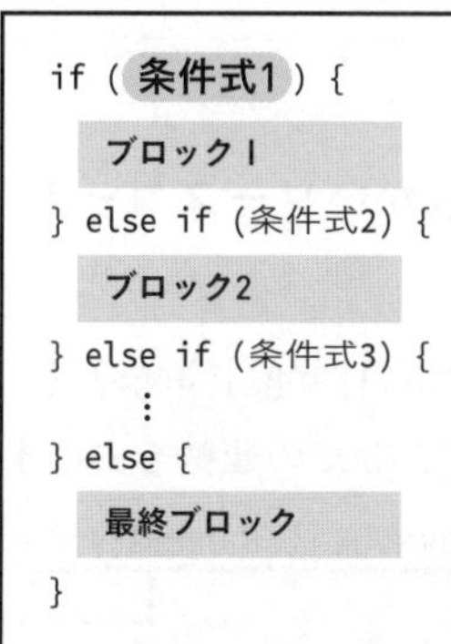

サンプルコード

```
if ( height >= 170 ){
  size = 'L';
} else if(height >= 155) {
  size = 'M';
} else if(height >= 140) {
  size = 'S';
} else {
  size = '?';
}
```

if-else if-else… うーん、
条件式がたくさんで目が回りそうだよ〜

図3-13 if-else if-else構文

if-else if-else構文は、if-else構文（図3-11）や、ifのみの構文（図3-12）とは異なり、**1つのif文で3つ以上のルートに分岐できる**特徴を持っています。とても便利な構文なのですが、次のようなルールを覚えておいてください。

if-else if-else構文のルール

① else ifブロックは複数記述できるが、ifブロックより後ろ、elseブロックより前にだけ記述できる。
② 最後のelseブロックは、中身が空ならばelseごと省略が可能。

「else if」って、「それがだめならこれならどう？」って何度も粘ってくる人みたいですね。

3.4.2 switch文による分岐

菅原さん、if-else if-else構文を使って、おみくじのプログラムを書きました！　ですが…冗長でスッキリしないんです。

コード3-4 冗長でスッキリしないソースコード

Main.java

```
01 public class Main {
02   public static void main(String[] args) {
03     System.out.println("あなたの運勢を占います");
04     int fortune = new java.util.Random().nextInt(4) + 1;
05     if (fortune == 1) {
06       System.out.println("大吉");
07     } else if (fortune == 2) {
08       System.out.println("中吉");
09     } else if (fortune == 3) {
10       System.out.println("吉");
11     } else {
12       System.out.println("凶");
13     }
14   }
15 }
```

1〜4の乱数発生

同じような条件式を繰り返し書く必要があったんだね。これならもっとシンプルに記述できるよ。

　このコードには条件式が3つ含まれ、いずれも `fortune ==（整数）`の形になっています。このように同じ変数を繰り返し比較し、かつ次の2つの条件も満たすなら、**switch文**でスッキリと書き換えられます。

switch文に書き換えることができる条件

① すべての条件式が==で左辺と右辺が一致するかを比較する式になっており、それ以外の>、<、!=などが使われていない。

② 比較する対象が整数（byte型、short型、int型のいずれか）、文字列（String型）または文字（char型）であり、小数や真偽値ではない。

では、switch文の構文と湊くんのおみくじプログラムを書き換えたコードを見てみましょう。

switch構文

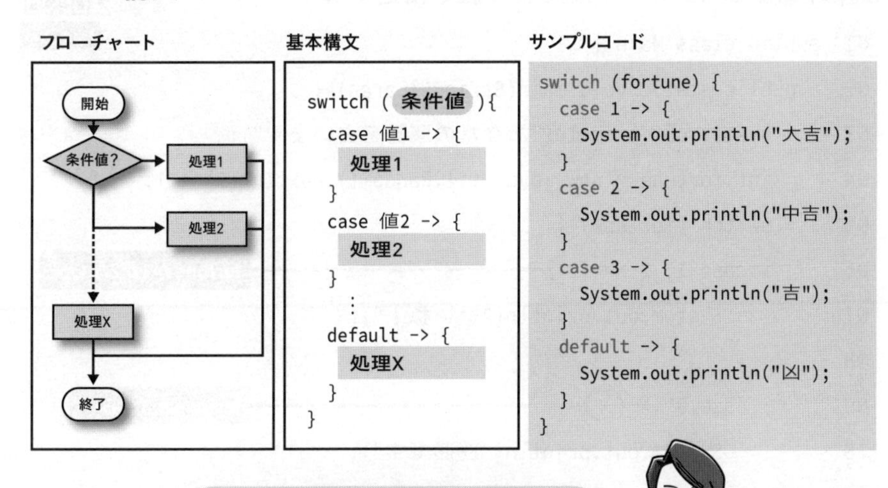

フローチャート
開始
条件値？
処理1
処理2
処理X
終了
基本構文
switch (条件値){
case 値1 -> {
処理1
}
case 値2 -> {
処理2
}
default -> {
処理X
}
}
サンプルコード
switch (fortune) {
case 1 -> {
System.out.println("大吉");
}
case 2 -> {
System.out.println("中吉");
}
case 3 -> {
System.out.println("吉");
}
default -> {
System.out.println("凶");
}
}
if-else if-elseの条件式が何重にもなる場合には、
switch文に置き換えたほうがスッキリするよ

図3-14 switch構文

switch文を記述する場合には、次の点に注意が必要です。

switch文の注意点

- switchの直後には、条件式（`fortune == 1`など）ではなく、変数名（今回はfortune）を書く。
- case（「〜の場合は」という意味の英単語）の横には値を書き、その後ろには`-> {処理内容}`を記述する。
- `default -> {処理内容}`の部分は、条件に合致しないときの処理が不要な場合は省略可能である。

なお、caseの右に複数の値をカンマ区切りで記載すると、そのいずれかに該当するときには同じ処理を実行できます（コード3-5）。

コード3-5 caseラベルに複数の値を指定する

BJ435

Main.java

```
01 public class Main {
02   public static void main(String[] args) {
03     System.out.println("あなたの運勢を占います");
04     int fortune = new java.util.Random().nextInt(5) + 1;
05     switch (fortune) {
06       case 1, 2 -> {
07         System.out.println("いいね！");
08       }
09       case 3 -> {
10         System.out.println("普通です");
11       }
12       case 4, 5 -> {
13         System.out.println("うーん…");
14       }
15     }
16   }
17 }
```

fortuneが1か2なら…

fortuneが3なら…

fortuneが4か5なら…

3.4.3 伝統的なswitch文

前項で紹介したとおり、switch文のcaseやdefaultのブロックは、`値 -> { 処理内容 }`と記述します。しかし、実務の現場では、次のような伝統的な記法を見かけるかもしれません。

コード3-6 伝統的なswtich文の利用

BJ436

Main.java

```
01 public class Main {
02   public static void main(String[] args) {
03     System.out.println("あなたの運勢を占います");
04     int fortune = new java.util.Random().nextInt(5) + 1;
05     switch (fortune) {
06       case 1, 2:
07         System.out.println("いいね！");
08         break;
09       case 3:
10         System.out.println("普通です");
11         break;
12       case 4, 5:
13         System.out.println("うーん…");
14     }
15   }
16 }
```

case 1:
case 2:

と2行で記述してもよい

ブロックを`{}`ではなく、`:`と`break;`で囲むってだけの違いに見えますが…。

見た目はね。でも、実は大きな落とし穴があるんだ。

伝統的なswitch文では、caseやdefaultのブロックは {} で囲まれず、その代わりに `break;` で終わる必要があります。しかし、`break;` **を書き忘れると、コンパイルエラーにはならず、すぐ下の別のcase部分も続けて実行されてしまう**というトラブルに見舞われます。

たとえば、コード3-6において8行目のbreak;を書き忘れると、fotuneが1や2の場合に「いいね！」「普通です」の両方が表示されてしまうので十分に注意しましょう。

伝統的なswitch文のbreakに注意！

break文を書き忘れると不具合の原因になることがある。

column

式としても利用できるswitch文

switch文は、条件によって多数のルートに処理を分岐させる制御構文です。しかし、条件によって多数のルートに処理を分岐させた上で、全体が異なる結果に化けるという使い方（**switch式**）も可能になりました（Java12以降）。

```
String s = switch (fortune) {
  case 1 -> "大吉";
  case 2 -> "中吉";
  case 3 -> "吉";
  default -> "凶";
};
System.out.println("運勢は" + s);
```

この範囲が"大吉"などに化けて変数sに代入される

また、分岐が2つの場合は、**三項条件演算子**で同様の処理を手軽に実現できます。

```
String s = age >= 18 ? "成人" : "未成年";
```

三項条件演算子は、？と：の2つの記号から成り立つ

3.5 繰り返し構文のバリエーション

3.5.1 2種類のwhile文

分岐のif文に3種類のバリエーションがあったように、繰り返しのwhile文にも2種類のバリエーションがあります。まずは、while文の基本形を見ておきましょう。while文では**ブロックを実行する前に条件式を評価する**のでしたね（図3-15）。

while構文（基本形）

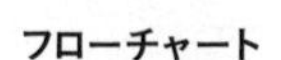

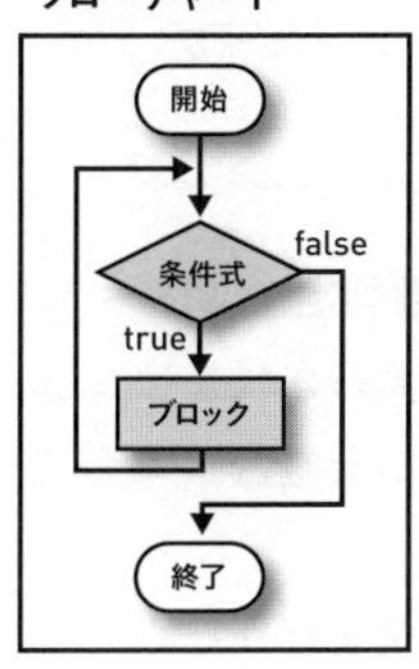

基本構文

サンプルコード

```
while (temp > 25) {
  temp--;
  System.out.println
      ("温度を1度下げました");
}
```

図3-15 while構文

ところが、さまざまなプログラムを書いていると、「まずは無条件に処理を行って、その後、条件によっては繰り返したい」というケースがあります。そのようなときは、do-while文を使うと、**ブロックを実行した後に条件式を評価する**ことができます（次ページの図3-16）。

do-while構文

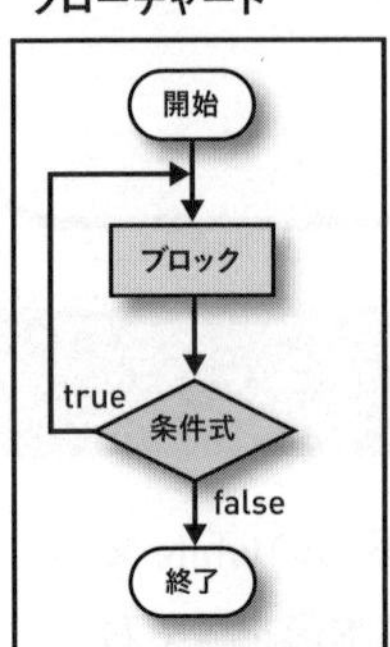

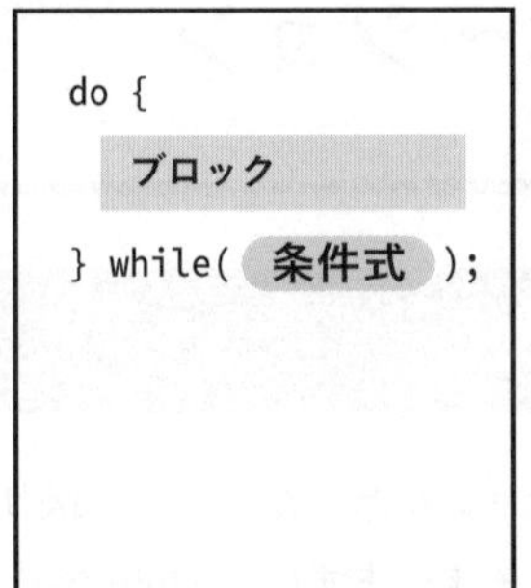

サンプルコード

```
do {
  temp--;
  System.out.println
      ("温度を1度下げました");
} while(temp > 25);
```

図3-16 do-while構文

while文とdo-while文の違いでいちばんのポイントは「ループの最低回数」だよ。

while文はブロックを実行する前に条件判定を行うため（**前置判定**）、初めから条件式の判定結果がfalseだった場合は**一度もブロックが実行されません**。たとえば、図3-15のサンプルコードでtempの内容が10だった場合、一度もブロックは実行されず、tempの内容も10のままです。

一方、do-while文は、ブロックを一度実行した後に条件判定を行うため（**後置判定**）、**最低1回はブロックを実行します**。図3-16のサンプルコードでtempが10だった場合でも1回はブロックが実行され、その結果tempは9になります。

whileとdo-whileの違い

do-while文　ブロックが最低1回は実行される
while文　ブロックが実行されないことがある

3.5.2 for文による繰り返し

先輩。計算を「10回だけ繰り返したい」のですが、while文を使っていたら、とてもわかりづらくなっちゃいました。

繰り返し回数が決まっている場合は、while文よりもスマートに書く方法があるんだ。それを紹介しよう。

繰り返しには「ある条件が成立している間は繰り返す」という方法と、「○回だけ繰り返す」という方法があります。そして、後者のような決まった回数の繰り返しは、while文やdo-while文でも記述できなくはありませんが、**for文**を使ったほうが、よりシンプルなコードになります。

さっそく、for文を利用して「こんにちは」の表示を10回繰り返すプログラムを見てみましょう（コード3-7）。

コード3-7 基本的なfor文

BJ437 Main.java

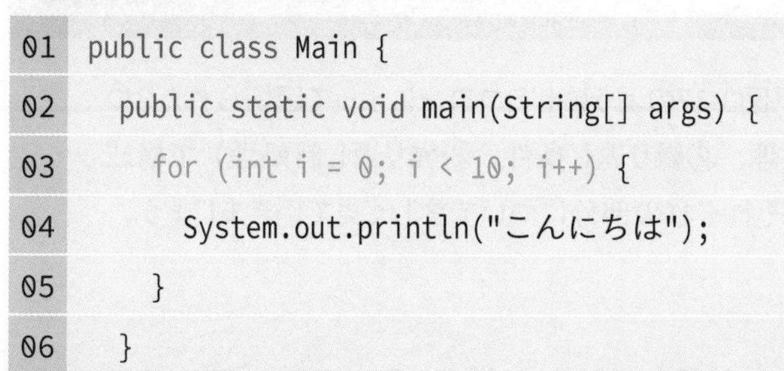

```
01 public class Main {
02   public static void main(String[] args) {
03     for (int i = 0; i < 10; i++) {
04       System.out.println("こんにちは");
05     }
06   }
07 }
```

なんだかfor文って難しそうですね。

決して難しくはないんだけれど、とっつきにくいね。まずは基本形の丸暗記から始めよう。

for文の文法は少し複雑です。そこで、文法の細かい解説は後にして、まずは「for文の基本形」を見てみましょう。

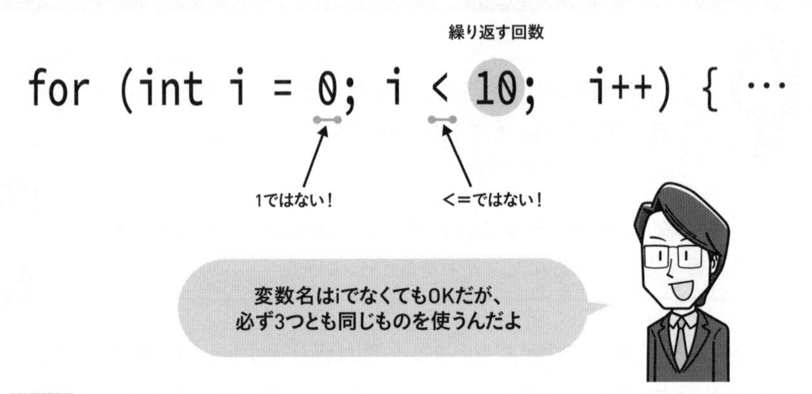
繰り返す回数
for (int i = 0; i < 10; i++) { …
1ではない！
<=ではない！
変数名はiでなくてもOKだが、
必ず3つとも同じものを使うんだよ

図3-17 for文の基本形（10回繰り返す例）

この基本形を完全に覚えてしまえば、「100回繰り返したい」「256回繰り返したい」など、さまざまな場合に対応できます。なぜなら、この基本形の「10」の部分を「100」や「256」に変えるだけだからです。

3.5.3 for文の各部の意味

forに続くカッコの中は、図3-17のようにセミコロンによって区切られた3つの部分（左から①初期化処理、②繰り返し条件、③繰り返し時処理）で構成されています。それでは、それぞれの部分について詳しく見ていきましょう。

①初期化処理

forによる繰り返しの前に、**最初に1回だけ実行される文**です。通常、ここでは「何周目のループかを記録しておく変数」を定義します。このような変数を**ループ変数**といいます。

②繰り返し条件

ブロックの内容を実行する前に評価される、ループを継続するか否かを判定する条件式です。評価結果がtrueの間は、ブロックが繰り返し実行されます。なお、for文はwhile文と同じ前置判定の繰り返し構文であり、後置判定はできません。

③繰り返し時処理

for文内のブロックを最後まで処理して、**ブロックを閉じる波カッコまで到達した直後に自動的に実行される文**です。通常は、`i++` のようにループ変数の値を1だけ増やす文を書きます。

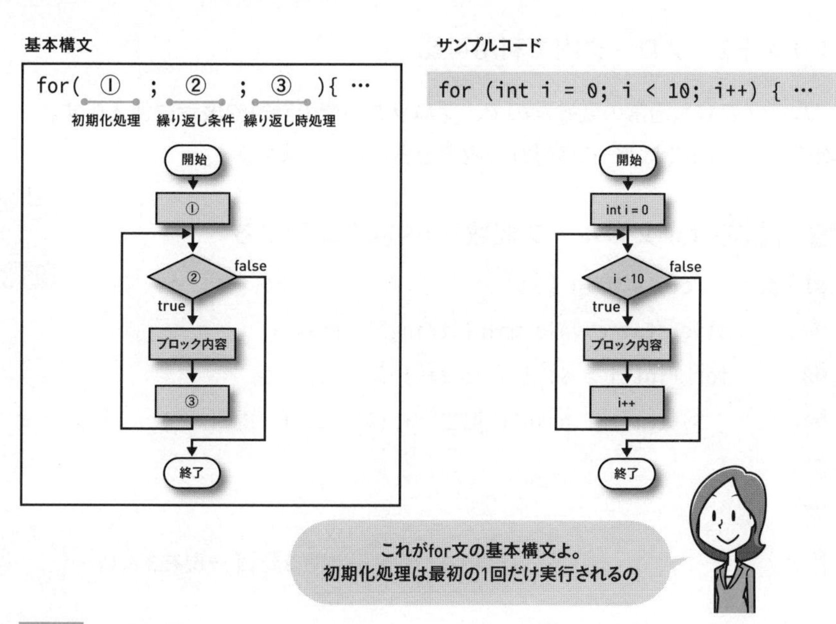

図3-18 for文の基本構文

3.5.4 ループ変数

「①初期化処理」の中で宣言するループ変数って、普通の変数と同じと考えていいんですか？

そうだね。いくつかの注意点を除けば普通の変数だよ。

ループ変数に関しては次の3つのポイントがあります。

ポイント1　ループ変数の名前は自由

ループ変数の名前は、iに限らず自由に決められます。ただし、for文より前にすでに宣言されている変数名は使えません。一般的には、iやjなどの1文字の変数名が選ばれることが多いようです。

ポイント2　ブロック内で利用可能

ループ変数も通常の変数なので、ブロック内での計算や表示に使えます。次のコード3-8ではループ変数iの内容を表示しています。

コード3-8　for文のループ変数iの内容を表示する

BJ438

Main.java

```
01 public class Main {
02   public static void main(String[] args) {
03     for (int i = 0; i < 3; i++) {
04       System.out.print("現在" + (i + 1) + "周目→");
05     }
06   }
07 }
```

現在1周目→現在2周目→現在3周目→

ポイント3　ブロック外では利用不可能

ifブロック内で宣言した変数がブロック外では使えないように、ループ変数もfor文のブロック内でのみ有効です。for文を抜けるとループ変数は消失してしまうので注意が必要です。

3.5.5 複雑なfor文

for文の「①初期化処理」「②繰り返し条件」「③繰り返し時処理」の3つ（3.5.3項）を工夫すると、単に「○回だけ繰り返す」という単純な繰り返しではなく、より高度な繰り返しを実現できます。

次に、for文のさまざまなバリエーションの例を示します。

```
// ループ変数を1からスタートする
for (int i = 1; i < 10; i++) {…}
// ループ変数を2ずつ増やす
for (int i = 0; i < 10; i += 2) {…}
// ループ変数を10から1ずつ1まで減らしていく
for (int i = 10; i > 0; i--) {…}
// ループ変数を初期化しない
for (; i < 10; i++) {…}
// 繰り返し時の処理を行わない
for (int i = 0; i < 10;) {…}
```

column

複雑なfor文をあえて避ける

for文は、1から1ずつ増やしながら繰り返すだけでなく、「2ずつ増加」や「0まで減らす」など、多様な繰り返しを実現できる道具です。しかし、凝ったループを作ろうとすると、バグの原因になりやすい点には注意が必要です。

一般的なプログラムでは、できるだけ図3-17（p.126）に紹介した基本形を利用しましょう。たとえば、次のように工夫すると、基本形を使いながらも「2ずつ増加」を表現できます。

```
for (int i = 0; i < 10; i++) {
  int j = i * 2;
  /* ここでjを使った処理 */
}
```

ただし、資格試験では複雑なループのバリエーションを使った問題がよく出されるから、受験前にはしっかり対策しておこう。

3.6 制御構文の応用

3.6.1 制御構造のネスト

分岐や繰り返しの制御構造は、その中に別の制御構造を含むことができます。たとえば「分岐の中に分岐」や「繰り返しの中に分岐」などの構造にでき、このような多重構造を**入れ子**や**ネスト**といいます。

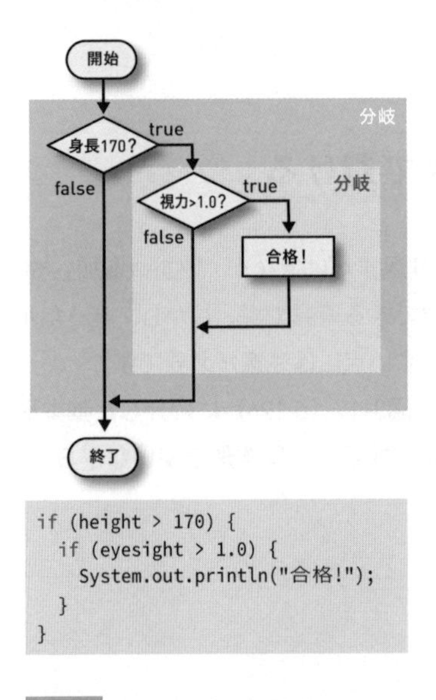

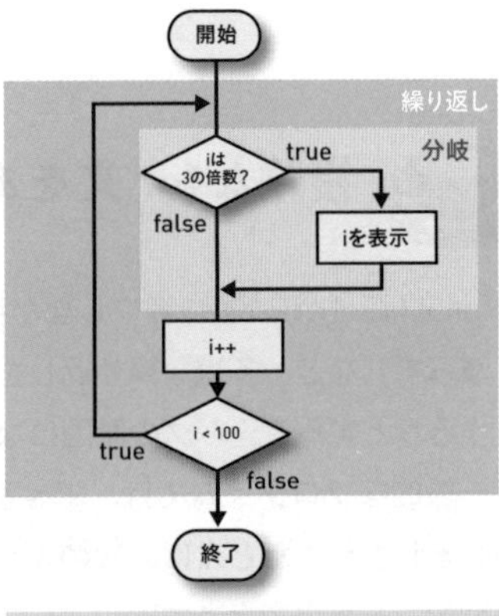


```
do {
  if (i % 3 == 0) {
    System.out.println(i);
  }
  i++;
} while (i < 100);
```

図3-19 ネストされた制御構造

それでは、for文による繰り返しをネストさせて、「九九の表」を出力してみましょう。

コード3-9 for文のループを2重にして九九の表を出力する

Main.java

```
01 public class Main {
02   public static void main(String[] args) {
```

```
03     for (int i = 1; i < 10; i++) {      ← iは1から9まで繰り返し
04       for (int j = 1; j < 10; j++) {    ← jも1から9まで繰り返し
05         System.out.print(i * j);  // 掛け算の結果を出力
06         System.out.print(" ");    // 空白を出力
07       }
08       System.out.println("");     // 改行を出力
09     }
10   }
11 }
```

```
1 2 3 4 5 6 7 8 9
2 4 6 8 10 12 14 16 18
3 6 9 12 15 18 21 24 27
 ：
```

内側のループが1周するたびに、掛け算の結果が空白を挟みながら右へと表示されていきます。内側のループが終了する（1つの段の掛け算の結果が出力される）と改行が出力されて、外側のループの1周が終了します。これを外側のループが終了するまで繰り返しています。

外側のループが1周目のときはiが1だから、内側のループでは「1×1、1×2…1×9」が、2周目のときはiが2だから「2×1、2×2…2×9」が実行されるのね。

3.6.2 繰り返しの中断

for文やwhile文を用いた繰り返しの途中で、ときにはその繰り返しを中断したい場面があります。このようなときは、**break文**と**continue文**という2種類の中断方法を利用しましょう。

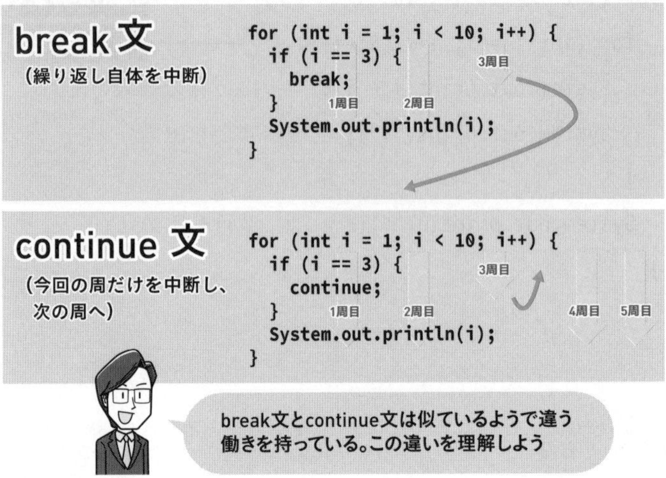

break 文
（繰り返し自体を中断）

```
for (int i = 1; i < 10; i++) {
  if (i == 3) {
    break;
  }
  System.out.println(i);
}
```

1周目　2周目　3周目

continue 文
（今回の周だけを中断し、次の周へ）

```
for (int i = 1; i < 10; i++) {
  if (i == 3) {
    continue;
  }
  System.out.println(i);
}
```

1周目　2周目　3周目　4周目　5周目

break文とcontinue文は似ているようで違う働きを持っている。この違いを理解しよう

図3-20　2つの中断方法

break文は、breakを囲んでいる最も内側の繰り返しブロックが即座に中断されるため、while文やfor文による**繰り返しをすぐに中断**したい場合に利用します。一方のcontinue文は、今の周回を中断して、**同じ繰り返しの次の周回に進む**場合に利用します。

3.6.3 無限ループ

コード3-2（p.104）で発生した**無限ループ**は、強制停止されない限り**永久に繰り返しを続ける制御構造**です。プログラミングに慣れない間は、for文やwhile文の条件式を間違えて、意図せず無限ループに陥ってしまうことがあるため注意が必要です。

なお、意図的に無限ループを作りたい場合には、次の2つの記述方法が一般的です。

無限ループの作成方法

① while (true) {処理}

② for (;;) {処理}

3.7 第3章のまとめ

制御構文

- 文の実行順序は、順次、分岐、繰り返しの3つの制御構造を組み合わせてコントロールできる。
- 分岐と繰り返しは「条件式」と「ブロック」から構成されている。
- 条件式の評価結果はtrueまたはfalseでなければならない。
- 文字列を比較するときは「==」ではなく「equals」を使用する。
- ブロック内で定義した変数はブロック終了とともに消滅する。
- 制御構文はネストできる。

分岐

- if文またはswitch文を使用して分岐を実現する。
- if文には「if-else構文」「ifのみの構文」「if-else if-else構文」の3種類がある。
- switch文のブロックはbreak文で抜けることができる。

繰り返し

- while文、do-while文またはfor文を使用して繰り返しを実現できる。
- while文のブロックは最低0回以上、do-while文のブロックは最低1回以上実行される。
- for文はループ変数を用いて繰り返す回数を指定できる。
- break文を実行すると繰り返し自体を中断し、continue文を実行すると繰り返しの次の周回へ進むことができる。
- 永久に繰り返しを続ける制御構造を無限ループという。

3.8 練習問題

練習3-1

次の日本語で記載された条件式をJavaで記述してください。

① 変数weightの値が60に等しい。
② 変数age1とage2の合計を2倍したものが60を越えている。
③ 変数ageが奇数である
④ 変数nameに代入された文字列が「湊」と等しい。

練習3-2

次に挙げるAからFの式のうち、条件式として適切なものを選んでください。

A. `cost = 300 * 1.05`
B. `3`
C. `age != 30`
D. `true`
E. `b + 5 < 20`
F. `isNumeric = true`

練習3-3

次の動作を順に行うプログラムを作成してください。

① int型の変数isHungryを定義し、任意で0か1を代入する。また、String型の変数foodを定義し、適当な食べものの名前を代入する。
② 画面に「こんにちは」と表示する。
③ もし変数isHungryが0であれば「お腹がいっぱいです」、そうでなければ「はらぺこです」と表示する。

④ もし変数isHungryが空腹を示すならば、変数foodを利用して「○○をいただきます」と表示する（○○には食べものの名前が入る）。
⑤ 最後に「ごちそうさまでした」と表示する。

練習3-4

次のようなプログラムがあります。

Main.java

```
01 public class Main {
02   public static void main(String[] args) {
03     boolean tenki = true;
04     if (tenki == true) {
05       System.out.println("洗濯をします");
06       System.out.println("散歩にいきます");
07     } else
08       System.out.println("映画を見ます");
09   }
10 }
```

BJ43a

3行目の tenki が false の場合、「映画を見ます」の後に「寝ます」を表示させるため、9行目として次の行を追加しました。

```
06       System.out.println("散歩にいきます");
07     } else
08       System.out.println("映画を見ます");
09       System.out.println("寝ます");   ← この行を追加した
10   }
11 }
```

しかし、このプログラムは意図したように動きません。どの部分に誤りがあり、どのように動作しているかを答えてください。そして、誤りを修正するには、どうすればよいかを考えてください。

練習3-5

switch文を用いて次の条件を満たすプログラムを作成してください。

① 画面に「[メニュー] 1：検索 2：登録 3：削除 4：変更>」と表示する。表示後は改行しないこと（改行しない表示は2.6.2項を参照）。
② 数字を入力し、変数selectedに代入する（数字の入力は2.6.6項を参照）。
③ もし変数selectedが1なら「検索します」、2なら「登録します」、3なら「削除します」、4なら「変更します」と表示する。
④ selectedが1から4のいずれでもない場合は何もしない。

練習3-6

次の動作を順に行うプログラムを作成してください。

① 画面に「【数あてゲーム】」と表示する。
② 0から9までの整数の中からランダムな数を1つ生成して変数ansに代入する（乱数の生成は2.6.5項を参照）。
③ for文を用いた「5回繰り返すループ」を作り、次の④～⑦をループの中に記述する。
④ 画面に「0～9の数字を入力してください」と表示する。
⑤ 数字を入力し、変数numに代入する（数字の入力は2.6.6項を参照）。
⑥ もし変数numが変数ansと等しかったら「アタリ！」と画面に表示して繰り返しを終了する。
⑦ もし変数numが変数ansと等しくない場合は「違います」と表示する。
⑧ 繰り返しのブロックの外側で、「ゲームを終了します」と画面に表示する。

column

エラーが解決できないときは

第3章では作成するプログラムも複雑になり、エラーをなかなか解決できずに悩む場面も増えてくるでしょう。本書の付録B（p.689）には、エラーへの向き合い方や、よくあるエラーの原因と解決方法などを収録していますので、ぜひ活用してください。

chapter 4
配列

第1章では、さまざまな値を入れたり取り出したりできる
変数について学びました。
プログラムが大きくなると、扱う変数の数も増えていきます。
たくさんの変数をまとめて処理したい場面も登場するでしょう。
この章では、変数をまとめて便利に扱うしくみを学びます。

contents

4.1 配列のメリット

4.1.1 変数が持つ不便さ

菅原さん、第1章で学んだ変数を使って、テストの点数の合計や平均を計算するプログラムを作りました！　我ながらよくできてますよ！

確かによくできているね。でも、もっとラクに作れる方法があるんだ。いい題材だから考えてみよう。

第1章では、数値や文字列などのデータを格納して扱う変数のしくみを学びました。そして第2章では変数を用いた計算、第3章では条件式で処理の流れを制御できるようになりました。これまでの学習を通して、変数という道具を活用してさまざまなプログラムを書けるようになりましたが、活用すればするほど時に不便さを感じる場面もあります。湊くんが作成したプログラムを見て考えてみましょう。

コード4-1 点数管理プログラム

Main.java

```
01 public class Main {
02   public static void main(String[] args) {
03     int sansu = 20;        算数は20点
04     int kokugo = 30;       国語は30点
05     int rika = 40;         理科は40点
06     int eigo = 50;         英語は50点
07     int syakai = 80;       社会は80点
08
```

```
09        int sum = sansu + kokugo + rika + syakai + eigo;
10
11        int avg = sum / 5;
12        System.out.println("合計点:" + sum);
13        System.out.println("平均点:" + avg);
14    }
15 }
```

合計の算出（09行目）／平均の算出（11行目）／合計と平均の表示（12〜13行目）

一見、問題なさそうに見えますが、このコードには不便なことが2つあります。

テストの科目が増えるたびに追加しなければならない

新しい科目を加えるには、taiiku（体育）などの変数を宣言した後に、9行目にその変数を追加したり、11行目の科目数を修正したりする必要があります。

まとめて処理できない

たとえば、点数の高い科目から順に並び替えるなど、点数に対して同じ処理を行う場合、長く複雑なコードになってしまいます。

これらの原因は、5つの科目の変数を「個々の独立したデータ」として扱っていることにあります。私たち人間は、この5つの変数は「各科目のテストの点数を格納している変数で、**1組のもの**として処理（合計の算出など）することがある」と無意識に考えています。しかし、コンピュータにとって変数は「何の関係もないバラバラの5つの箱」でしかなく、1組のものとして扱うことができないのです。

この例に限らず、現実世界では1つのグループに属するデータをまとめて扱うことがよくあるんだ。

同じサークルに所属している人の名前、社員番号、あ、みんなのボーナスの額なんかもそうですね。

そこで、ほとんどのプログラミング言語では、いくつかの関係あるデータをグループにして、まとめて1つの変数に入れるしくみが用意されています。1つの変数に複数のデータを入れるといっても、雑多に放り込むわけではなく、きちんとした構造に整理して、後から特定の値を取り出せるように格納することができます。

このような、ある一定のルールに従ってデータを格納する形式を**データ構造**（data structure）といい、その代表的なものが本章で学ぶ**配列**です。

配列以外にも「マップ」や「スタック」と呼ばれるデータ構造もあるんだ。そのうち紹介するよ。

4.1.2 配列とは

配列（array）とは、1つの種類の複数データを並び順で格納するデータ構造です。配列の中には、変数のような箱が連続して並んでいて、その1つひとつを**要素**（element）といいます（図4-1）。要素は通常の変数のように型を持ち、1つのデータを格納できます。

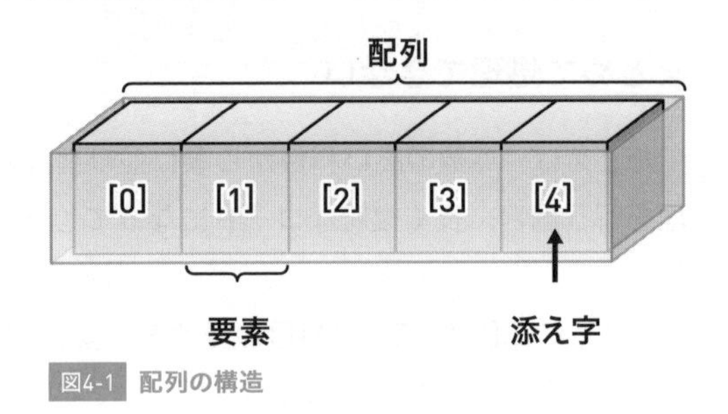

図4-1 配列の構造

各要素には同じ種類のデータしか保存できないのが配列の重要な特徴だ。

1つ目には数値、2つ目には文字列みたいにいろんな種類の情報を保存することはできないんですね。

配列では、それぞれの要素に値を代入して1つ1つのデータを別々に取り扱えるだけでなく、すべての要素のデータをひとまとめに扱うことができます。

たとえば、「配列のすべての要素を合計せよ」「配列のすべての要素の中身を大きい順に並び替えよ」といった処理も、通常の変数を用いるよりはるかに簡単に行うことができます。

便利な配列だが、使う時には特有のルールに従う必要があるんだ。

図4-1にあるように、配列内の各要素には0、1、2…と番号が付いています。この番号を**添え字**または**インデックス**（index）といい、**0から始まる**決まりになっています。たとえば、要素が5つある配列の場合、先頭から順に0番の要素、1番の要素…、4番の要素と表現されます。5番という添え字の要素はありません。このように、最後の添え字は要素の数よりも1つ小さい値になります。

添え字は0から始まる

配列の添え字は0から始まり、最後の添え字は要素数より1小さい。

配列を使うには、どうすればいいんですか？

変数と同じで、使う前に準備が必要なんだ。ただし、変数より少しだけ複雑な準備が必要だから、次節でしっかり解説するよ。

4.2 配列の書き方

4.2.1 配列の作成

配列を作成するには、以下の2ステップが必要です。

Step1　配列変数の宣言
Step2　要素の作成と代入

まず、Step1で**配列変数**を作成します。この変数はこれまで登場した変数と異なり、代入できるのは値ではなく配列の要素です。そしてStep2で要素を作成し、それをStep1で作成した配列変数に代入することで配列が完成します。

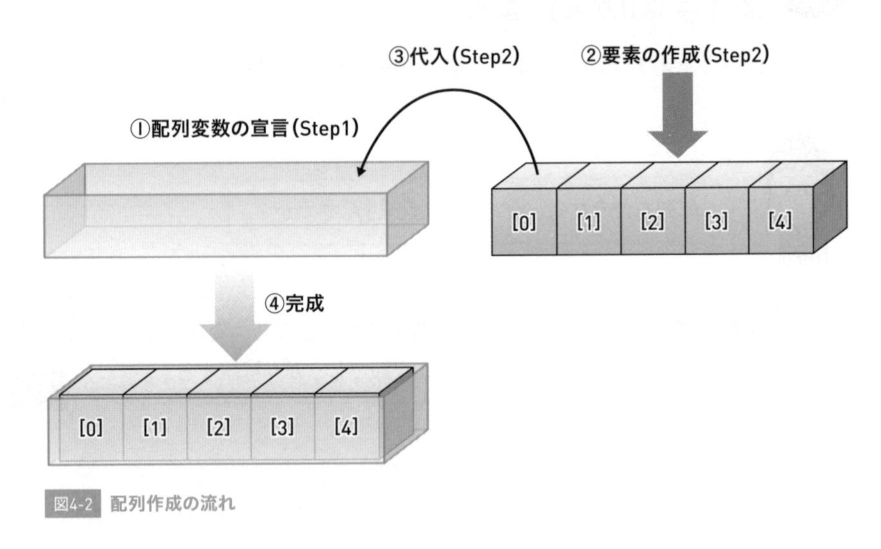

図4-2 配列作成の流れ

それぞれのステップを具体的なコードで見ていきましょう。

Step1　配列変数の宣言

配列変数を作成するには、これまで同様に宣言が必要です。配列変数の型は、代入する要素のデータ型の後に[]を付けて記述します。たとえば、int型の要素を代入する配列の場合、次のように宣言します。

```
int[] scores;
```

この宣言で使われているint[]型は、見た目はint型と似ていますが、まったく別の異なる型です。詳しくは後で解説しますので、ここでは、int型の要素を代入できる型なのだと理解してください。

ということは、代入する要素がdouble型の場合は`double[]`、Stringのときは`String[]`になるんですね。

配列変数の作成（宣言）

要素の型[] 配列変数名

Step2　要素の作成と代入

次に要素を作成してStep1で宣言した配列変数に代入します。たとえば「int型の要素を5個作り、配列変数scoresに代入する」には、次のようにします。

```
scores = new int[5];
```

newは**new演算子**と呼ばれるもので、指定された型の要素を[]内に指定された数だけ作成します。作成された要素は、代入演算子（=）で配列変数に代入することができます。

うーん。配列は変数と違って、手順がややこしいなあ。

そうだね。ここまでの内容をコードでまとめて見てみよう。

コード4-2 配列の作成手順

Main.java

```
01 public class Main {
02   public static void main(String[] args) {
03     int[] scores;
04     scores = new int[5];
05   }
06 }
```

int型の要素を代入できる配列変数scoresを用意（角カッコが必要！）

int型の要素を5つ作成してscoresに代入し、配列scoresの完成

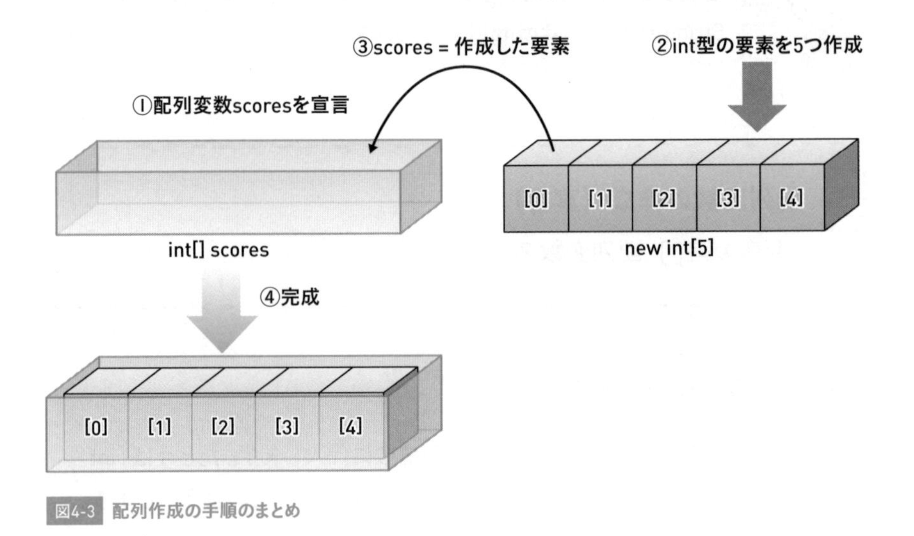

図4-3 配列作成の手順のまとめ

「Step1の配列変数の宣言」と「Step2の要素の作成と代入」を同時に行うこともできます。配列に慣れてきたら、次のコード4-3のように記述するとよいでしょう。

コード4-3 配列の作成手順（Step1とStep2を同時に行う）

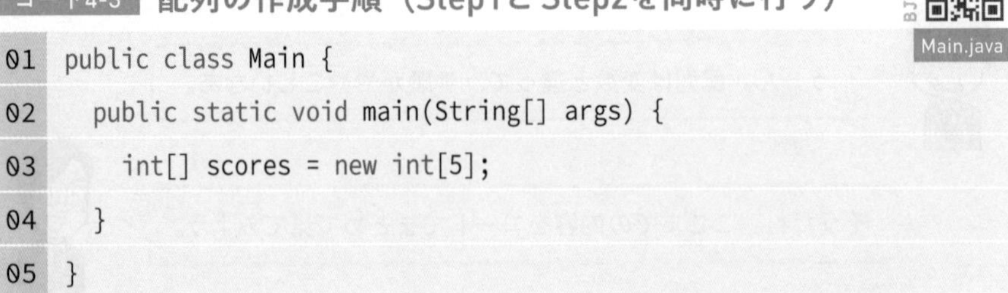

```
01 public class Main {
02   public static void main(String[] args) {
03     int[] scores = new int[5];
04   }
05 }
```

作った要素の数（配列の要素数）は自分で覚えておく必要はありません。次のようにプログラム内で調べることができます。

コード4-4 配列の長さを調べる

BJ444 Main.java

```
01 public class Main {
02   public static void main(String[] args) {
03     int[] scores = new int[5];
04     int num = scores.length;   5になる
05     System.out.println("要素の数: " + num);
06   }
07 }
```

配列の要素数の取得

```
配列変数名.length
```

点数管理プログラム（p.138）の平均を求める処理に使えるわね。

なるほど！　そうすれば科目の数が増えても、いちいちプログラムを修正しなくていいね。

4.2.2 配列の利用

配列に含まれるそれぞれの要素は変数と同じように扱えますが、どの要素に値を出し入れするかを指定するため、`scores[1] = 10;` のように添え字を用いて利用します。ここで、**配列の最初の要素は0番である**というルールを思い出してください。`scores[1] = 10;` は、配列scoresの**先頭ではなく、先頭から2つ目の要素**に10を代入しています。

同様に、次のコードの5行目では、配列scoresの2つ目の要素に30を代入し、それを6行目で表示しています。

コード4-5 **配列の要素に値を代入**

BJ445　Main.java

```
01 public class Main {
02   public static void main(String[] args) {
03     int[] scores;
04     scores = new int[5];
05     scores[1] = 30;
06     System.out.println(scores[1]);
07   }
08 }
```

2つ目の要素scores[1]に代入

2つ目の要素scores[1]の中身を表示

4.2.3 配列の初期化

ところで、変数の値を取り出す前には、必ず値を代入して初期化しなければなりません。初期化をしていない変数を利用するとコンパイルエラーが発生します。

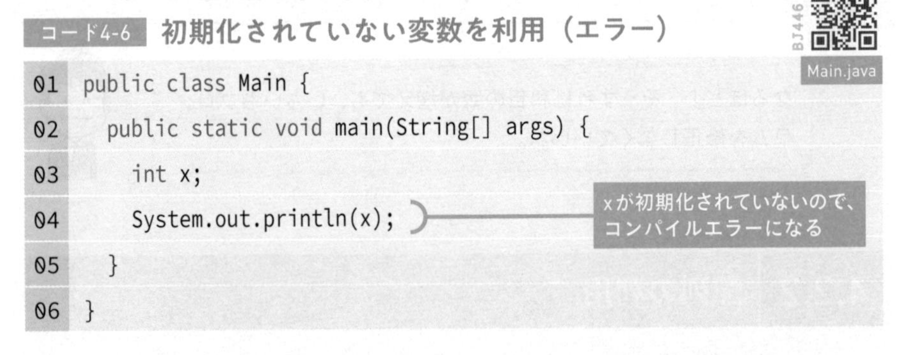

コード4-6 **初期化されていない変数を利用（エラー）**

BJ446　Main.java

```
01 public class Main {
02   public static void main(String[] args) {
03     int x;
04     System.out.println(x);
05   }
06 }
```

xが初期化されていないので、
コンパイルエラーになる

しかし、**配列の要素は自動的に初期化される**ので、いきなり利用してもコンパイルエラーにはなりません。たとえば、次のコード4-7のようにint型の要素を持つ配列を用意した場合、5つの要素はすべて0で初期化されます。

コード4-7 配列は自動的に初期化される

BJ447

Main.java

```
01 public class Main {
02   public static void main(String[] args) {
03     int[] scores = new int[5];
04     System.out.println(scores[0]);
05   }
06 }
```

0が出力される（エラーにならない）

要素が初期化される値は、要素の型によって決められています。

intやdoubleなどの数値の型	0
boolean型	false

なお、String型の要素は、のちほど紹介するnull（ヌル）という特殊な値で初期化されます。

4.2.4 省略記法

配列の作成から初期値の代入までをまとめて行うこともできます。

配列作成と初期化の省略記法

```
① 要素の型[] 配列変数名 =
        new 要素の型[] {値1, 値2, 値3, …};
② 要素の型[] 配列変数名 = {値1, 値2, 値3, …};
```

省略記法の具体例を次に示します。

```
int[] scores1 = new int[] {20, 30, 40, 50, 80};
int[] scores2 = {20, 30, 40, 50, 80};
```

省略記法①

省略記法②

4.3 配列と例外

4.3.1 範囲外要素の利用による例外の発生

菅原さん、コンパイルできて実行もできたんですけど、英文が表示されて止まっちゃいました。これって何ですか？

これは例外が発生したんだね。配列の使い方を間違うと表示されるエラーメッセージだよ。

コード4-8 配列を用いた点数管理プログラム（エラー）

BJ448

Main.java

```
01 public class Main {
02   public static void main(String[] args) {
03     int[] scores = {20, 30, 40, 50, 80};
04     int sum = scores[1] + scores[2]
           + scores[3] + scores[4] + scores[5];
05     int avg = sum / scores.length;
06     System.out.println("合計点:" + sum);
07     System.out.println("平均点:" + avg);
08   }
09 }
```

04：合計の算出
05：平均の算出
06〜07：合計と平均の表示

```
java.lang.ArrayIndexOutOfBoundsException:
Index 5 out of bounds for length 5
  at Main.main(Main.java:4)
:
```

湊くんが、どこで間違えたかわかりましたか？　配列scoresの要素数は5つなので要素の添え字は0から4までですね。しかし、このコードは4行目で `scores[5]` を使おうとしています。

このように、存在しない要素をコード内で使っていてもコンパイルは成功します。しかし、プログラムを実行すると、その行を処理しようとした際にArrayIndexOutOfBoundsExceptionというエラーメッセージが表示され、プログラムが中断してしまいます。このようなエラーを、特に**例外**（エクセプション）(exception)といいます。

例外については、詳しくは第17章で解説します。現時点では、実行中に「〜Exception」と表示されて中断したら、例外というエラーが発生したと判断できるようにしておきましょう。

あれほど、先頭の要素の添え字は[0]だと注意されていたのに…。

これは経験者でもうっかりやってしまうミスだよ。ArrayIndexOutOfBoundsExceptionが発生したら、「エラーの原因は存在しない要素を使おうとしたからだ」と判断しよう。

Arrayは配列、Indexは添え字、OutOfBoundsは範囲外という英単語の意味を考えれば覚えやすそうですね。

そうだね。英語が表示されたからといって慌てる必要はない。落ち着いて、エラーメッセージから逃げずに読むことが実は上達への近道だよ。付録Bにもエラーと付き合うコツをまとめておいたから、ぜひ参照してほしい。

4.4 配列のデータをまとめて扱う

4.4.1 配列とfor文

湊の作ったコード4-8（p.148）だと、科目が増えるたびに4行目の合計処理を修正しなければならないのが面倒よね…。

いいところに着目したね！　実は、配列はfor文と組み合わせることで、その面倒も解決できるんだ。

これまで見てきたように、配列の要素を1つひとつ指定して単独で使うこともできますが、第3章で学んだfor文を用いれば、よりスマートな記述で便利に扱えます。まずは次のコード4-9を見てみましょう。

コード4-9　for文を使って配列を扱う

Main.java

```
01 public class Main {
02   public static void main(String[] args) {
03     int[] scores = {20, 30, 40, 50, 80};
04     for (int i = 0; i < scores.length; i++) {
05       System.out.println(scores[i]);
06     }
07   }
08 }
```

ループのたびにiの値が0〜4で変化する

えっ！　`scores[i]` っていう書き方ができるんですか！

そうだよ。この書き方で配列の真の実力を引き出せるんだ。

これまで、配列の添え字には`0`や`2`といった固定の値（リテラル）だけを記述してきました。しかし、添え字には変数を指定することもできます。たとえば、変数pに3という値が入っている状態で `scores[p]` とすると、前から4番目の要素に対するアクセスを意味します。

配列は、添え字に変数を用いることでその威力と真価を発揮する道具です。むしろ実際の開発では、固定の値を添え字に指定する機会のほうが少ないでしょう。特に、配列と繰り返しを組み合わせた次の3つの処理は、配列を活用するためにぜひ押さえておきたい定石パターンです。

覚えておきたい配列活用の定石

パターン1　ループによる全要素の利用
パターン2　ループによる集計
パターン3　添え字に対応した情報の利用

ここからは、これら3つのパターンについて詳しく見ていきましょう。

4.4.2 パターン1　ループによる全要素の利用

最もよく用いられるパターンが、コード4-9で紹介した、配列の最初から最後までの全要素を順にアクセスするというものです。

添え字にはループ変数を指定しているため、ループのたびに0→1→2→3→4と変化し、結果として先頭のscores[0]から最後のscores[4]までを順にアクセスすることになります。そして、もし科目が増減して要素の数が変わったとしても、for文の記述には一切影響がないことにも注目してください。

forループで配列を回す

```
for (int i = 0; i < 配列変数名.length; i++) {
  配列変数名[i]を使った処理
}
```

※ ループ変数名は任意で指定可能。

このように、配列の要素を順に取り出して何らかの処理を行う機会は非常に多いので、必ず身に付けておきましょう。

4.4.3 パターン2　ループによる集計

湊くんが作成したコード4-8（p.148）を、繰り返しを用いて改良したのが次のコード4-10です。

コード4-10 点数管理プログラム（for文の利用）

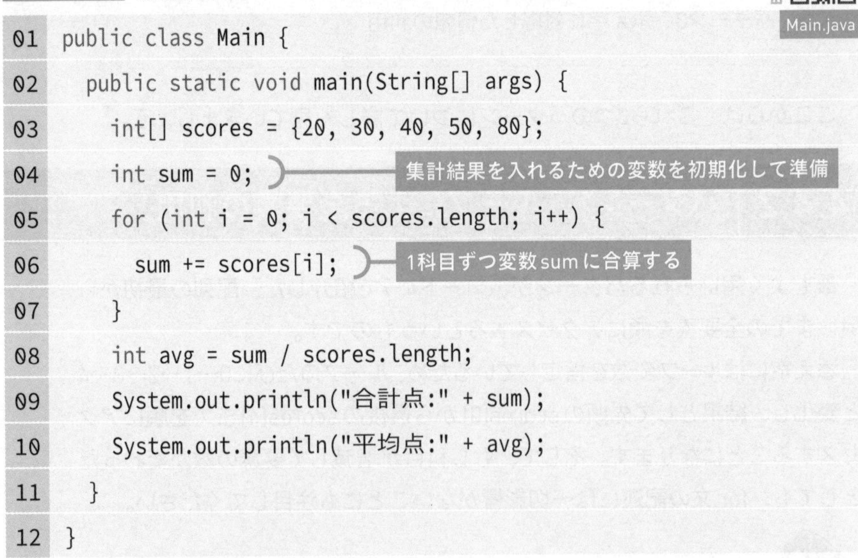


```
01 public class Main {
02   public static void main(String[] args) {
03     int[] scores = {20, 30, 40, 50, 80};
04     int sum = 0;                        ← 集計結果を入れるための変数を初期化して準備
05     for (int i = 0; i < scores.length; i++) {
06       sum += scores[i];                 ← 1科目ずつ変数sumに合算する
07     }
08     int avg = sum / scores.length;
09     System.out.println("合計点:" + sum);
10     System.out.println("平均点:" + avg);
11   }
12 }
```

ループに入る前に、集計結果を入れるための変数sumを0で初期化して準備しておきます（4行目）。そして、for文で配列を回して要素を1つずつ足していきます。ループが終了した段階で、変数sumには配列scoresの全要素の値が合算されているというしくみです。

科目の数や点数を変更したいときは3行目だけを修正すればいいんだね。

なお、このパターンは、合計や平均を求める集計のほかに、ある条件と一致する要素の数を数えるカウント集計という処理にもよく用いられます。

コード4-11 **50点以上の科目の数を調べる**

Main.java

```
01 public class Main {
02   public static void main(String[] args) {
03     int[] scores = {20, 30, 40, 50, 80};
04     int count = 0;
05     for (int i = 0; i < scores.length; i++) {
06       if (scores[i] >= 50) {
07         count++;
08       }
09     }
10     System.out.println("50点以上の科目の数は:" + count);
11   }
12 }
```

条件に合致する要素があればカウントする（6〜8行目）

4.4.4 パターン3　添え字に対応した情報の利用

3つ目に紹介するのは、少し複雑なパターンだ。パターン1や2とはかなり毛色が違うが、知っておくと配列活用の幅がぐっと広がるよ。

0〜3の整数がランダムに格納された10個の要素を持つ配列seqがあるとします。各要素の整数は、実はDNAを構成する4種類の塩基を意味していて、画面には0、1、2、3という数字ではなく、それぞれの整数に対応させたA、T、G、Cという塩基記号で表示したいとしましょう。

これを実現するにはさまざまな方法がありますが、まずは通常の方法によるコードを見てみましょう（コード4-12）。

BJ44C

コード4-12 DNAの記号をランダムに表示する

Main.java

```
01 public class Main {
02   public static void main(String[] args) {
03     int[] seq = new int[10];
04 
05     // 塩基配列をランダムに生成
06     for (int i = 0; i < seq.length; i++) {
07       seq[i] = new java.util.Random().nextInt(4);
08     }
09 
10     // 生成した塩基配列の記号を表示
11     for (int i = 0; i < seq.length; i++) {
12       switch (seq[i]) {
13         case 0 -> {
14           System.out.print("A ");
15         }
16         case 1 -> {
17           System.out.print("T ");
18         }
19         case 2 -> {
20           System.out.print("G ");
21         }
22         case 3 -> {
23           System.out.print("C ");
24         }
25       }
```

```
26        }
27    }
28 }
```

```
G C T G A C T T T G
```
実行するたびに結果は変わる 

この書き方でも悪くはありませんが、12〜25行目のswitch文が長く、やや冗長です。実はこの部分に配列を用いると、次のようなたった2行のシンプルなコードで書き直すことができます。

```
char[] base = {'A', 'T', 'G', 'C'};
System.out.print(base[seq[i]] + " ");
```

えぇ！　14行がたった2行になっちゃった！　一体どうなってるの！？

`base[seq[i]]` という記述は一見するととっつきにくく感じますが、配列baseの[ ]の中に `seq[i]` が指定されているだけだと見破ることができれば、あとは時間をかけて処理の意味を解読するのみです。

もしわかりにくい場合は、処理を分解して考えてみるといいよ。

書き直した2行目の処理は、分解すると次の3つの処理に分けることができます。1つずつ順番に理解してみましょう。

```
int baseType = seq[i];                 // i番目の数値を取得
char baseChar = base[baseType];        // 数値に対応する記号を取得
System.out.print(baseChar + " ");   // 記号を画面に表示
```

4.4.5 拡張for文

よくあるパターンの紹介は以上だよ。あとは、配列を回すための専用のfor文を紹介しておこう。

Javaには、配列の要素を1つずつ取り出すループを簡単に書くための特殊なfor文（**拡張for文**）が準備されています。

拡張for文で配列を回す

```
for (要素の型 任意の変数名 : 配列変数名) {
  :
}
```

拡張for文では、ループが1周するたびに、「任意の変数名」に指定した変数に配列の要素の内容が格納されます。これまでに紹介した従来のfor文と比較しながら見てみましょう。

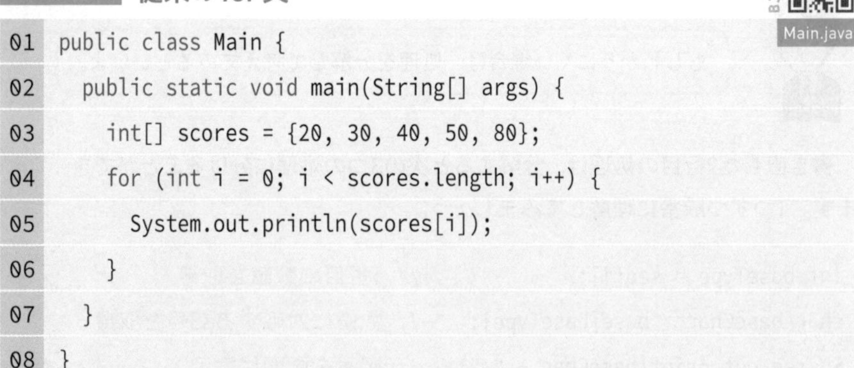

コード4-13 従来のfor文

BJ44D

Main.java

```
01 public class Main {
02   public static void main(String[] args) {
03     int[] scores = {20, 30, 40, 50, 80};
04     for (int i = 0; i < scores.length; i++) {
05       System.out.println(scores[i]);
06     }
07   }
08 }
```

コード4-14 **拡張for文**

BJ44E

Main.java

```
01 public class Main {
02   public static void main(String[] args) {
03     int[] scores = {20, 30, 40, 50, 80};
04     for (int value : scores) {
05       System.out.println(value);
06     }
07   }
08 }
```

ループ変数や添え字を書かなくていいんですね！　ボクはこっちのほうが好きだな。

　このように、拡張for文では、**ループ変数や配列の添え字を記述する必要がなくなる**ため、バグが混入する可能性を低く抑え、スッキリとしたソースコードを書くことができます。

4.5 配列の舞台裏

4.5.1 配列を理解する

配列も回せるようになったし、これで配列は完璧ですね！

うん、普通に使うなら大丈夫だろう。でも、配列の「裏側」も知っておいてほしいんだ。次のコード、何が出力されると思う？

BJ44F

コード4-15 実行結果は？

Main.java

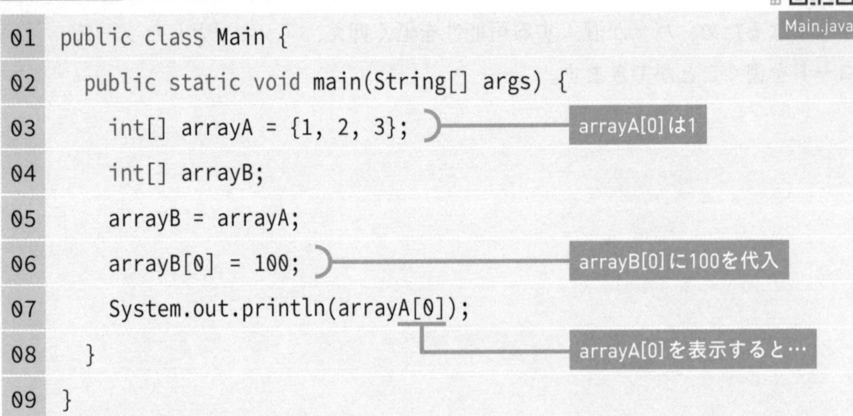

```
01 public class Main {
02   public static void main(String[] args) {
03     int[] arrayA = {1, 2, 3};
04     int[] arrayB;
05     arrayB = arrayA;
06     arrayB[0] = 100;
07     System.out.println(arrayA[0]);
08   }
09 }
```

arrayA[0]は1
arrayB[0]に100を代入
arrayA[0]を表示すると…

1が出力されると考える人も少なくないはずですが、実際に出力されるのは100です。

なぜ100が表示されるかを理解するために、この節では、配列を利用しているとき、コンピュータの中では何が起きているか、その舞台裏を解説します。この節の内容を十分理解できているかどうかで、今後の章における理解や応用力に格段の差が付きます。やや高度な内容ですが、ぜひ理解してください。

4.5.2 メモリと変数

これまで、図4-2（p.142）のように、配列は、○○[]型の配列変数に○○型の要素を入れて作成するイメージを示してきました。実は、これはあくまでも私たち人間が理解しやすいイメージ図であって、実際にコンピュータの中でこのような構造になっているわけではありません。

コンピュータは使用するデータをメモリに記録します。メモリの中は碁盤の目のように区画整理されており、各区画には住所（アドレス）が振られています。変数を宣言すると、空いている任意の区画を変数のために確保します（使用する区画の数は変数の型によって異なります）。そして、変数に値を代入すると、確保しておいた区画に値が記録されます。

0001番地	0002番地	0003番地	……	……
……	……	……	……	……
0A02番地	0A03番地	0A04番地	……	……
……	……	……	……	……
……	……	……	……	FFFF番地

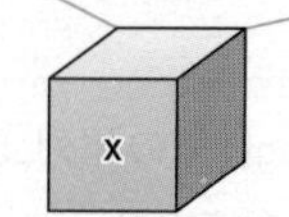

int型は1つの変数で4バイト消費する(p.52)

図4-4 メモリと変数

4.5.3 メモリと配列

では、int型の5つの要素を格納する配列を作成したとき、メモリの中ではどのようなことが起きているのでしょうか。

配列変数の宣言によりint[]型変数が、new演算子により配列の実体（要素の集まり）がメモリ上の区画に作成されます。そして、配列変数には5つの要素まるごとではなく、**「最初の要素のアドレス」が代入**されます（図4-5）。

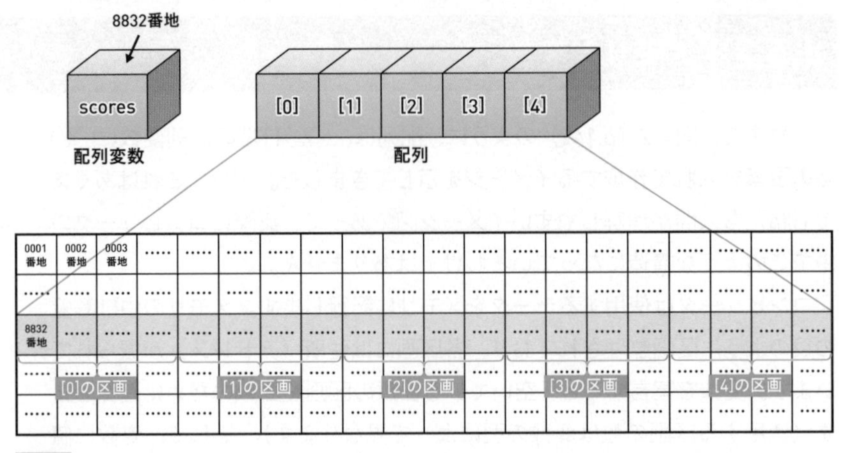

図4-5 メモリと配列のようす

int[] scores = new int[5]; を実行したときのメモリ上のようす

① int型の要素を5つ持つ配列がメモリ上に作成される。
② int[]型の配列変数scoresがメモリ上に作成される。
③ 配列変数scoresに配列の先頭要素のアドレスが代入される。

int[]型だけじゃなくて、double[]型やString[]型の配列変数も配列の先頭要素のアドレスが代入されるんですか？

そうだよ。ただし、int[]型の配列変数に、要素がdouble型の配列の先頭要素アドレス は代入できない。int[]型の配列変数には、要素がint型の配列の先頭要素アドレスしか代入できないんだ。

　このようなメモリの状況に従って、Javaは次のようなしくみで配列の要素を利用しています。

プログラムからscores[n]と指定されたら

① scoresから番地（8832）を取り出し、配列（先頭要素）を見つける。
② 見つけた配列の先頭要素からn個後ろの要素の区画を読み書きする。

配列変数scoresは、「配列の実体は8832番地にあります」と指し示す動作をします。これを**参照**と呼び、メモリ上の番地を代入する変数のことを**参照型**（reference type）変数といいます。int型やboolean型は**基本型**（primitive type）変数といい、参照型の変数とは区別して考えます。

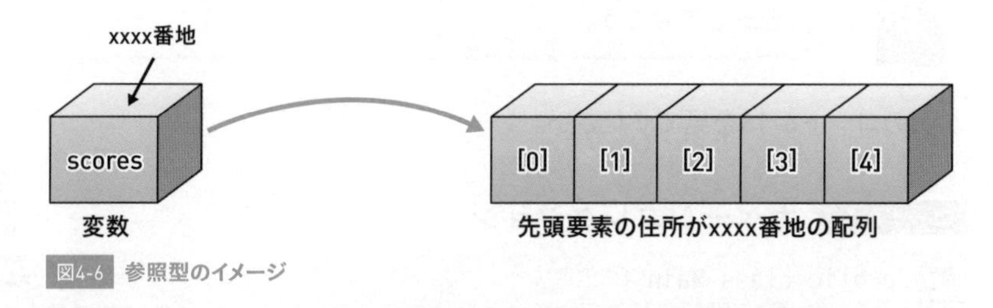

図4-6　参照型のイメージ

4.5.4 配列を複数の変数で参照する

ここまでの内容を十分に理解すれば、先ほどのコード4-15で「100」が出力された理由もわかるでしょう。5行目で配列変数arrayBにコピーされるのは、arrayAに入っている先頭番地です。その結果、**変数arrayBは変数arrayAと同じ配列を参照する**ことになります。この状態で `arrayB[0] = 100;` を実行するのは `arrayA[0]=100;` と同じであるため、7行目では100が出力されるというわけです。

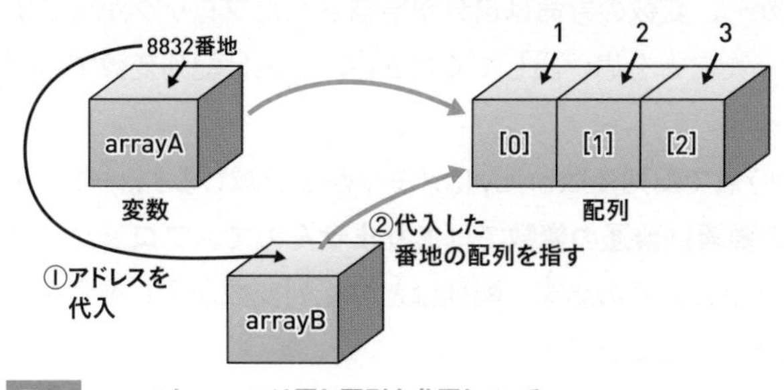

図4-7　arrayAとarrayBは同じ配列を参照している

4.6 配列の後片付け

4.6.1 ガベージコレクション

配列の舞台裏がわかったところで、配列の後片付けについても理解しておこう。

次のコード4-16を見てください。

コード4-16 ガベージコレクション

BJ44G

Main.java

```
01 public class Main {
02   public static void main(String[] args) {
03     boolean judge = true;
04     if (judge == true) {
05       int[] array = {1, 2, 3};
06     }
07   }
08 }
```

ifブロック内で配列を作成

new int[] {1, 2, 3}; の省略記法（p.147）

5行目で、配列変数arrayが宣言され、同時に3つの要素を持つ配列が生成されています。しかし、変数の寿命は自分が宣言されたブロックが終了するまで（3.2.1項）だったことを思い出してください。これは配列変数でも同じです。

つまり、6行目の時点で配列変数arrayはメモリから消滅します。一方、**newで確保された3つの要素は普通の変数ではありませんので、ブロックが終了しても寿命は迎えません。**その結果、配列はどの配列変数からも参照されない状態でメモリに残ってしまいます。

残った配列は、Javaのプログラムからどのような方法を使っても読み書きできず、事実上メモリ内のゴミ（garbage）となります。ゴミとなってしまった配列を放置し続けると、こういったゴミが溜まり続け、メモリを圧迫してしまう可能性があります。

本来ならば、「使用できなくなった配列は、もう使いませんから、破棄して（区画から取り除いて）メモリ領域をお返しします」という**メモリの後片付け**をプログラムで明示的に指示しなければなりません。

しかし、Javaには**ガベージコレクション**（GC: garbage collection）というしくみが常に動いており、実行中のプログラムが生み出したメモリ上のゴミ（どの変数からも参照されなくなったメモリ領域）を自動的に探し出して片付けてくれます。

勝手にゴミを探して片付けてくれるなんて自動掃除機みたい。楽でいいわね♪

4.6.2 null

前項では変数の寿命によって配列変数が配列を参照しなくなる例を紹介しましたが、nullを使用して、意図的に配列を参照されないようにすることができます。次のコード4-17を見てください。

コード4-17 **nullの利用（エラー）**

Main.java

```
01 public class Main {
02   public static void main(String[] args) {
03     int[] array = {1, 2, 3};
04     array = null;          配列変数arrayにnullを代入
05     array[0] = 10;
06   }
07 }
```

4行目で配列変数にnullという特別な値を代入しています。nullとは「何もない」状態を表す値で、配列変数arrayのような参照型の変数に代入できます。nullが代入されると、参照型の変数はどこも参照しない状態になります。このように、ある番地を参照していた配列変数にnullを代入し、参照しない状態にすることを「参照を切る」ともいいます。

nullとは？

① int[]型などの参照型変数に代入すると、その変数は何も参照しなくなる。

② int型などの基本型変数には代入できない。

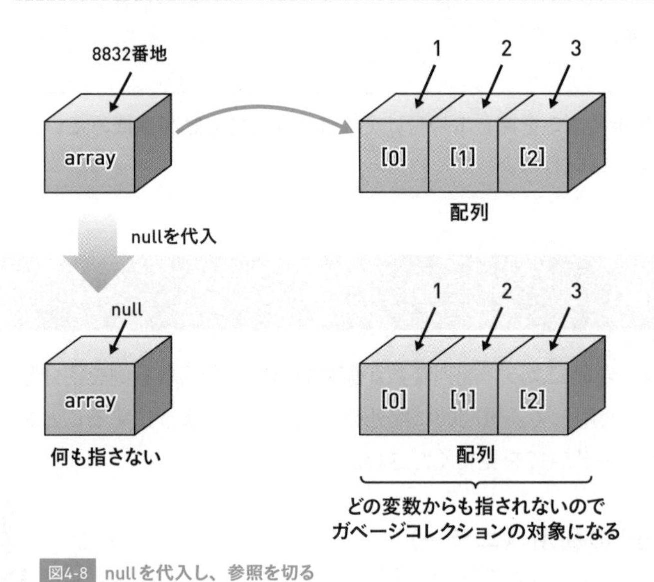

図4-8 nullを代入し、参照を切る

4.6.3 NullPointerException

菅原さん、さっきのコード4-17、最終的にarrayはどこも参照していないけどコンパイルは成功しますね。

そのとおりだよ。では、実行するとどうなるかな？

あっ、エラーになりましたよ！　NullPointerException…例外ですね！

コード4-17を実行すると、次のようなエラーが画面に表示されます。

```
Exception in thread "main" java.lang.NullPointerException
  at Main.main(Main.java:5)
```


この例外は、nullが格納されている配列変数を利用しようとしたときに発生します。先ほど紹介したArrayIndexOutOfBoundsException（4.3節）とともに、配列関連の処理で見かけることの多い例外です。

column

配列のlengthと文字列のlength()

この章では、配列の要素数を取得できる`配列変数名.length`という書き方を学びましたが（p.145）、これと似たものに`文字列変数名.length()`があります。

String型の変数の後に`.length()`を付けると、その文字列型変数に格納されている文字列の長さ（文字数）を取得できます。この処理では、全角／半角を問わず1文字としてカウントされますので、たとえば次のコードを実行すると、画面には7が表示されます。

```
String str = "Javaで開発";
System.out.println(str.length());
```

配列のlengthと文字列型のlength()は、どちらも長さを取得するためのものですが、「文字列のときは()を付ける、配列のときは()を付けない」と覚えておきましょう。

4.7 多次元の配列

4.7.1 多次元配列とは

この章でこれまで学習してきた配列は1次元配列といいます。1次元配列に縦の並びを加えると**2次元配列**になります。

2次元配列は図4-9のように要素が縦横に並んだ表のようなものです。データを表のような形で扱いたいときに使用すると便利です。

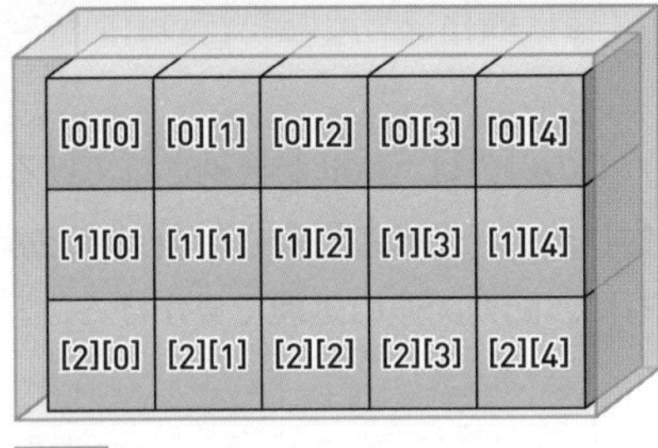

図4-9 2次元配列のイメージ

なお、2次元以上の配列を多次元配列と呼びます。業務システムの開発では多次元配列を使う機会は少ないですが、科学技術計算などではよく利用されます。

2次元配列の宣言

```
要素の型[][] 配列変数名 = new 要素の型[行数][列数];
```

2次元配列の要素の利用

```
配列変数名[行の添え字][列の添え字]
```

たとえば、兄弟2人の3科目のテスト結果を格納する2次元配列は、次のように書くことができます。

コード4-18 2次元配列の利用

BJ44I

Main.java

```
01 public class Main {
02   public static void main(String[] args) {
03     int[][] scores = new int[2][3];      2行3列の配列
04     scores[0][0] = 40;
05     scores[0][1] = 50;
06     scores[0][2] = 60;
07     scores[1][0] = 80;
08     scores[1][1] = 60;
09     scores[1][2] = 70;
10     System.out.println(scores[1][1]);
11   }
12 }
```

このコードの2次元配列を図にすると下の図4-10のようなイメージです。

2次元配列では1次元配列と異なり、角カッコを2つ使用します。最初の [] で行、次の [] で列を指定します。

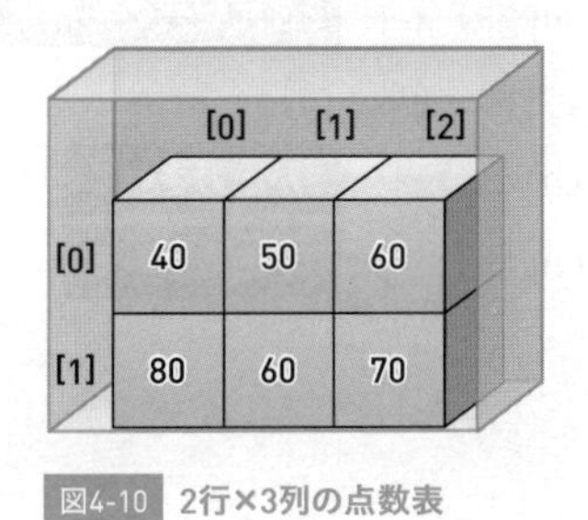

図4-10 2行×3列の点数表

しかし、図4-10はあくまでもイメージです。Javaにおける2次元配列は、正確には「表」ではなく、「配列の配列」です。先ほどの「表」のイメージを「配列の配列」というイメージに変化させてみましょう。2行×3列の表の場合、要素数2の行配列（親配列）の中に、それぞれ要素数3の列配列（子配列）が入ります。実際のメモリ上では、次ページの図4-11のようになっています。

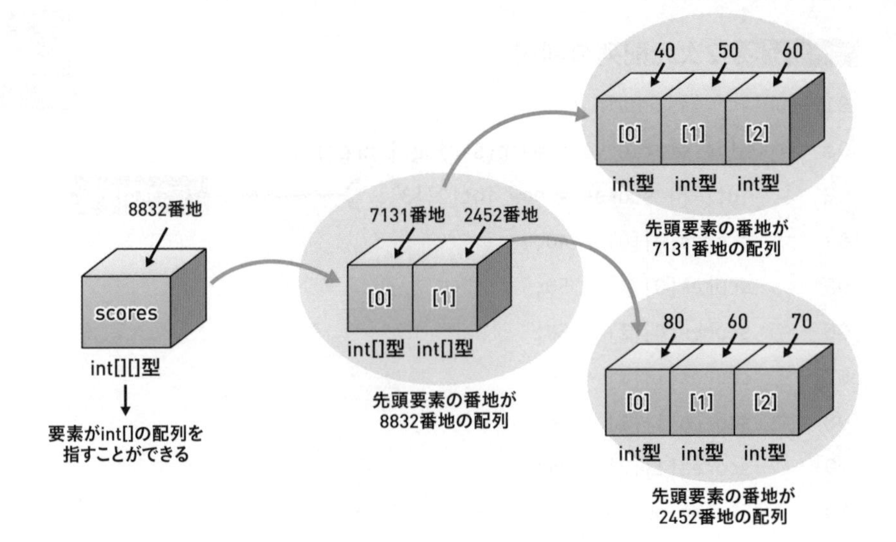

図4-11 メモリ上の2次元配列

この図4-11の状態は次のプログラムで確認できます。

コード4-19 親配列と子配列の要素数を表示

BJ44J

Main.java

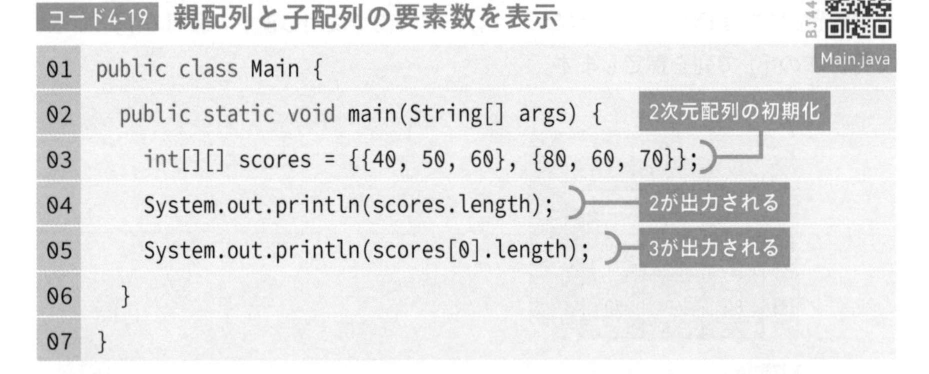

```
01 public class Main {
02   public static void main(String[] args) {
03     int[][] scores = {{40, 50, 60}, {80, 60, 70}};
04     System.out.println(scores.length);
05     System.out.println(scores[0].length);
06   }
07 }
```

配列を使う頻度は非常に高いから、ぜひいろいろな配列を作って回してマスターしておこう。

4.8 第4章のまとめ

配列の基礎

- 配列とは、同じ型の複数の値をまとめて扱うデータ構造である。
- 配列を構成するそれぞれの箱を要素、何番目の箱であるかを示す数字を添え字またはインデックスという。配列の添え字は0から始まる。

配列の準備

- 配列を利用するには、「配列変数の宣言」「要素の作成」という2つのステップで準備する。
- 配列変数の型には 要素の型 [] を指定する。
- 要素を作成するには、 new 要素の型 [要素数] とし、配列変数に代入する。

配列の利用

- 配列変数名 [添え字] でそれぞれの要素を読み書きできる。
- for文や拡張for文を用いて配列要素に1つずつ順番にアクセスする。

配列と参照

- 配列変数は、配列の実体（newで確保されたメモリ領域）を参照している。
- 特別な値nullが代入された配列変数は、どの実体も参照しない。
- 何らかの理由で参照されなくなったメモリ領域は、ガベージコレクションによって自動的に解放される。

4.9 練習問題

練習4-1

次の条件を満たす各配列を準備するプログラムを作成してください。なお、以下の4つの配列を1つのプログラムの中に記述してかまいません。また、値の初期化は不要です。

① int型の値を4個まとめて格納できる配列 points
② double型の値を5個まとめて格納できる配列 weights
③ boolean型の値を3つまとめて格納できる配列 answers
④ String型の値を3つまとめて格納できる配列 names

練習4-2

次に示す3つの条件を満たすプログラムを作成してください。

① 3つの口座残高「121902」「8302」「55100」が格納されているint型配列moneyListを宣言する。
② moneyListの要素を1つずつfor文で取り出して画面に表示する。
③ moneyListの要素を拡張for文で1つずつ取り出して画面に表示する。

練習4-3

次のコードを実行すると、5行目と6行目で例外が発生します。それぞれの行で発生する例外の名前を答えてください。

Main.java
```
01 public class Main {
02   public static void main(String[] args) {
03     int[] counts = null;
04     float[] heights = {171.3F, 175.0F};
```

```
05        System.out.println(counts[1]);
06        System.out.println(heights[2]);
07    }
08  }
```

BJ44a

練習4-4

次の動作を順に行う「数あてクイズ」のプログラムを作成してください。

① int型で要素数3の配列numbersを準備する。初期値は3・4・9とする。

② 画面に「1桁の数字を入力してください」と表示する。

③ 次のコードを用いてキーボードから数字の入力を受け付け、変数inputに代入する。

```
int input = new java.util.Scanner(System.in).nextInt();
```

④ 配列をループで回しながら、いずれかの要素と等しいかを調べる。もし等しければ「アタリ！」と表示する。

chapter 5
メソッド

プログラムが長くなるにつれて
全体を把握しにくくなったり、同じようなコードを
繰り返し書いたりする必要が出てきます。
そのような場合にはコードを機能ごとに分割すると、
全体がスッキリとして見通しのよいプログラムになります。
この章ではコードを部品化するしくみの1つである
「メソッド」について学びます。

contents

5.1 メソッドとは

5.1.1 メソッドを利用するメリット

これまでの章では、mainメソッドの中にすべての文を並べてプログラムを作ってきました。登場したコードの行数は長くても30行程度でしたので、あまり問題はありませんでしたが、業務で開発するシステムでは、プログラムが数千〜数万行に及ぶことも珍しくありません。

もしも、mainメソッドだけでこのような巨大なプログラムを作るとどうなるでしょうか？　たとえば開発中に「表示内容を修正してほしい」と頼まれてソースコードの修正が必要になったとしたら、修正箇所を探すだけでも大変な作業になるのは容易に想像できますね。

Javaをはじめとする多くのプログラミング言語では、このような不便がないように1つのプログラムを複数の部品に分けて開発できる、**部品化**のしく

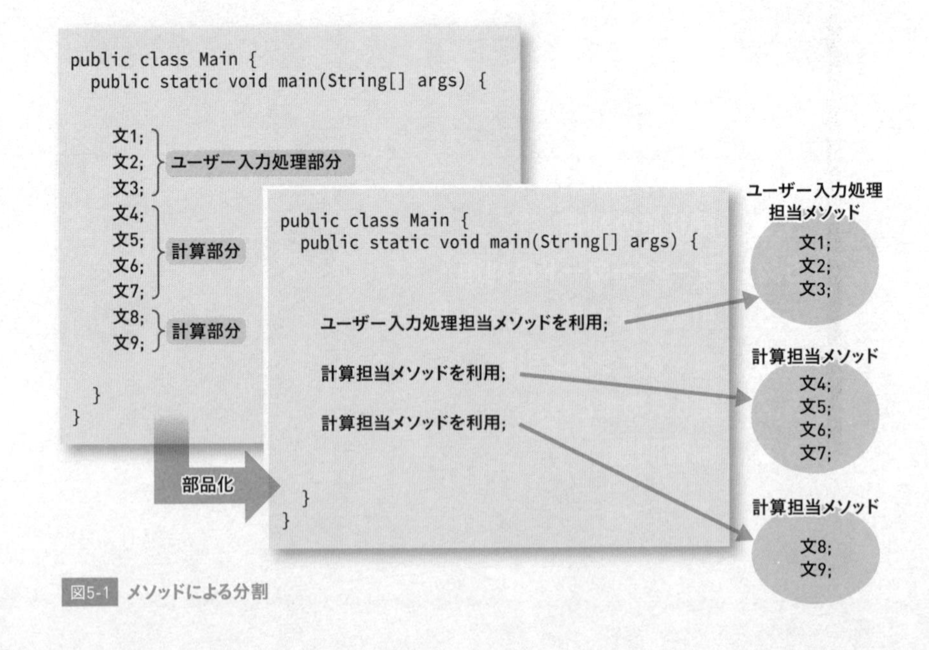

図5-1　メソッドによる分割

みを備えています。本章で学ぶ**メソッド**（method）とは、複数の文をまとめ、それを1つの処理として名前を付けたもので、部品の最小単位です。

たとえば、図5-1のようにmainメソッド内の処理を複数のメソッドに分割して処理を担当させることができます。mainメソッドは分割したメソッドを呼び出すだけなので、コードがスッキリと見通しよくなります。つまり、機能単位でメソッドに分割すれば、プログラムの「大局」を見渡せるため、全体の把握がラクになるのです。

また、メソッドに分割しておくと、「表示がおかしい」など不具合が出た場合には、それを担当するメソッドを調べればよいため、修正範囲を限定しやすいというメリットもあります。さらに、メソッドは繰り返し使用できるので、同じ処理を何度も書く必要がなくなり、コードを書く手間を省くこともできます。

メソッド利用のメリット

・プログラムの見通しがよくなり、全体を把握しやすくなる。
・機能単位に記述するため、修正範囲を限定できる。
・同じ処理を1つのメソッドにまとめることで、作業効率が上がる。

なんだかmainメソッドが上司で、その他のメソッドは部下みたいですね。上司が部下に仕事を振っているみたい。

図5-2 メソッドのイメージ

5.1.2 メソッドの定義

メソッドを使用するには、まず「メソッドを作成」し、次に「作成したメソッドを使用する」という2つのステップが必要です。メソッドを作成することを**メソッドの定義**といい、クラスブロックで以下の構文を使用します。

メソッドの定義

```
public static void メソッド名()  {
  メソッドが呼び出されたときの処理
}
```

mainメソッドの書き方とほとんど同じように見えますね。

うん、今のところはね。まずはこのいちばんシンプルなメソッドの定義から始めよう。

コード5-1 **シンプルなメソッドの定義**

Main.java

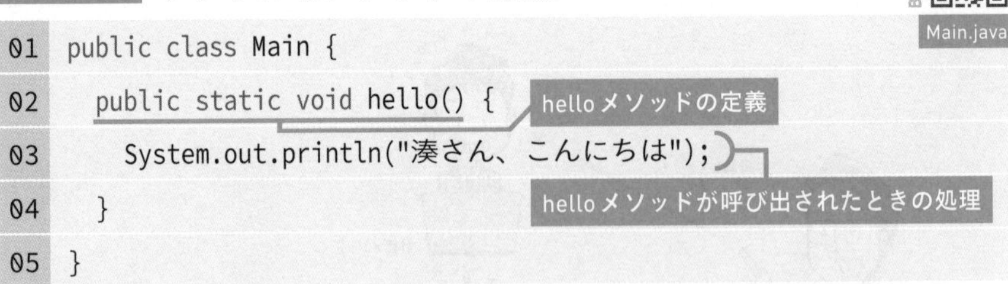


```
01 public class Main {
02   public static void hello() {
03     System.out.println("湊さん、こんにちは");
04   }
05 }
```

コード5-1の2行目から4行目でメソッドを定義しています。ここでは、mainメソッドと同様に、`public static void` は決まり文句と思っておきましょう。

まずは2行目の `hello` に注目しましょう。これは**定義するメソッドの名前**（**メソッド名**）です（メソッド名の後ろの `()` については後で解説します）。

そして、2〜4行目の{}の中を**メソッドブロック**と呼び、helloメソッドを呼び出したときに実行される具体的な処理です。コード5-1では、画面に「湊さん、こんにちは」と表示する処理を1行だけ記述していますが、必要に応じて複数行の処理を記述できます。

```
メソッド名
public static void hello () {
    System.out.println("湊さん、こんにちは");   実行内容   メソッドブロック
}
```

図5-3 シンプルなメソッド定義

まずは、メソッド名と処理内容を書く場所を覚えよう。そのほかは毎回繰り返す呪文のようなものなので、今のところは暗記しておけばOKだ。

なお、コード5-1はmainメソッドが定義されていないため、コンパイルは通りますが実行はできません。このまま次の項へ進みましょう。

5.1.3 メソッドの呼び出し

先ほど定義したhelloメソッドを使ってみましょう。メソッドを使用することを**メソッドを呼び出す**といい、次の構文を使います。

メソッドの呼び出し

```
メソッド名()
```

では、先ほどのhelloメソッドを呼び出してみましょう。

コード5-2 メソッドの呼び出し

BJ452

Main.java

```
01 public class Main {
02   public static void main(String[] args) {
03     System.out.println("メソッドを呼び出します");
04     hello();
05     System.out.println("メソッドの呼び出しが終わりました");
06   }
07   public static void hello() {
08     System.out.println("湊さん、こんにちは");
09   }
10 }
```

mainメソッド

helloメソッドを呼び出す

helloメソッドの本体

Mainクラスの中にmain（2行目）とhello（7行目）の2つのメソッドが定義されています。このコードを実行すると、まずmainメソッドが自動的に開始します。そして、mainメソッドの中に書かれた `hello();` でhelloメソッドを呼び出します。実行した結果は次のようになります。

メソッドを呼び出します
湊さん、こんにちは
メソッドの呼び出しが終わりました

このように、メソッドは定義しただけでは実行されず、呼び出されて初めて、メソッドに定義した処理が実行されます。たとえば、コード5-2の4行目を削除すると、「湊さん、こんにちは」という行は表示されなくなります。

メソッドは自動的には動かないんですね。

そうだよ。利用するには必ず呼び出す必要があるんだ。呼び出し方は **メソッド名()** が基本だよ。

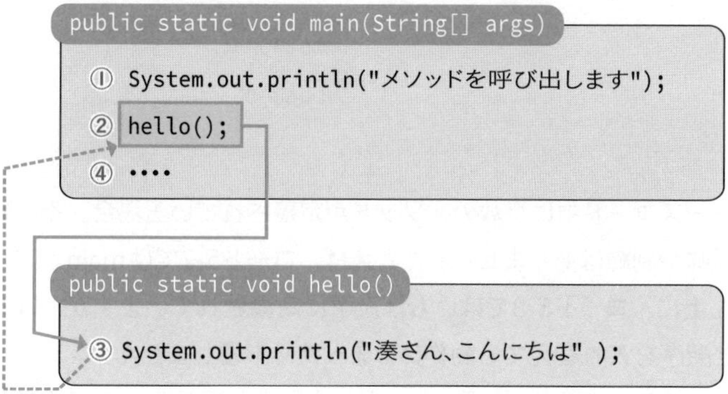

```
public static void main(String[] args)
① System.out.println("メソッドを呼び出します");
② hello();
④ ....

public static void hello()
③ System.out.println("湊さん、こんにちは" );
```

図5-4 メソッド呼び出し時の処理の流れ

また、図5-4のように、呼び出されたメソッドの処理が終了すると、呼び出し元に戻って処理の続きが実行されていく点もおさえておきましょう。

5.1.4 mainメソッド以外からのメソッドの呼び出し

メソッドは、mainメソッド以外のメソッドからも呼び出すことができます。次のコード5-3ではmethodA()がmethodB()を呼び出しています。処理の流れとしては、main()→methodA()→methodB()の順に実行されます。

コード5-3 mainメソッド以外からメソッドを呼び出す

BJ453

Main.java

```
01 public class Main {
02   public static void methodA() {
03     System.out.println("methodA");
04     methodB();                      methodBメソッドの呼び出し
05   }
06   public static void methodB() {
07     System.out.println("methodB");
08   }
09   public static void main(String[] args) {
10     methodA();                      methodAメソッドの呼び出し
```

```
11     }
12  }
```

```
methodA
methodB
```

なお、ソースコード中に複数のメソッドが定義されている場合、その順序には特に意味や制約はありません。たとえば、コード5-2ではmainメソッドがいちばん上に、コード5-3ではいちばん下に定義されていますが、ほかのメソッドと順序を入れ替えても動作にはまったく影響しません。

ソースコード内に定義された各メソッドは同列の存在であって、「上に記述したメソッドが先に動く」というようなことはありません。各メソッドの動作する順序は、mainメソッドを起点にどう呼び出されていくかで決まります。

mainメソッドより上に別のメソッドが定義されていても、**プログラムは必ずmainメソッドから動き始める**んだ。

5.1.5 メソッドにまつわる2つの立場

メソッドの定義と呼び出しを体験したところで、みなさんにしっかりとイメージしておいてほしい重要なことがあります。

メソッドにまつわる2つの立場

立場1　メソッドを定義する立場
立場2　メソッドを呼び出す立場

5.1.3項のコード5-2（p.178）では、main()とhello()の2つのメソッドを自分ひとりで作成しました。しかし、「helloメソッドを定義する自分」と「mainメソッドの中でhelloメソッドを呼び出す自分」とをあたかも別の人物として捉え、プログラムを書くことが、Javaプログラミング上達への近道です。

実際、本格的な業務システムを開発する大規模プロジェクトでは、何百人もの開発者が手分けして作業するため、メソッドを定義する人とそのメソッドを呼び出して利用する人は、まったくの別人であることがほとんどです。

2つの立場をしっかりイメージできると、メソッドの定義で本当に重要なことが見えてくるんだよ。

メソッドを定義する人は、**メソッドを呼び出す人のことを考えて**メソッドを作成するべきです。たとえば、aaa()やkeisan()のような名前をメソッドに付けるべきではありません。なぜなら、メソッドの内容を想像しにくくなるばかりでなく、そのメソッドを呼び出す側のプログラムも、何の処理をしているのか読み取れなくなってしまうからです。処理内容のわかりにくさは、メソッドからそれを利用する側の処理へと波及し、やがてプログラム全体へと拡大してしまいます。

```
public class Main {
  public static void main(String[] args) {
    hello();
    saveToFile();
    aaa();
  }
}
```

hello(); ─ 挨拶を表示している、と推測できる

saveToFile(); ─ ファイルに保存している、と推測できる

aaa(); ─ 何をしているのか推測できない！

aaaの内容に見当がつかないため、このmain自体もどんな動きをするメソッドか想像がつかない

メソッド名は、メソッドを定義する人だけでなく、メソッドを呼び出す人にも大きな影響を与えます。**自分ひとりだけではなく、同じチームの仲間の開発効率をも左右する**という意味で、非常に重要な意味を持ちます。

仲間に影響を与える「メソッド名」って、メソッドの1行目に書くもの（5.1.2項）ですよね。

そうだよ。1行目の内容こそ、メソッド定義のキモなんだ。

helloメソッドのようなシンプルなメソッドでも、今後登場する複雑なメソッドでも、メソッド定義は図5-5のように必ず2つの部分から構成されています。

```
public static void hello() {             } ① 重要事項の表明
  System.out.println("こんにちは");       } ② 処理内容
}
```

図5-5 メソッドの定義

メソッド定義の1行目は、メソッドを定義する人と呼び出す人の双方に関わる重要な情報が記述されるため、特に大切な部分です。メソッドを定義する側は、「この名前でこのように呼び出してほしい」と表明します。メソッドを呼び出す側は、1行目に記述された情報を見て、「この名前でこのような形式で呼び出せばよい」と理解します。

つまり、メソッドを定義する人、メソッドを呼び出す人の2つの立場の接点にあたるのが、このメソッド定義の1行目であるというわけです。

メソッド定義の1行目は人と人との接点

メソッド定義の1行には、定義する人と呼び出す人の接点となる重要な情報が書かれる。

メソッド定義の2行目以降に記述するメソッドブロックは、1行目ほどの重要性はありません。なぜなら、この部分の詳細を気にしなければならないのは、メソッドを定義する人だけだからです。メソッドを呼び出す人は、「正しい形式で呼び出しさえすれば、きちんと仕事をしてくれる」という前提のもとにメソッドを呼び出します。メソッドが内部でどのように処理をしているかまではいちいち気にする必要がないのです。

メソッド定義の1行目は、呼び出す人の立場に立って書くことが大切なんだね。

5.2 引数の利用

5.2.1 引数とは

菅原さん。さっきのhelloメソッドですが、「朝香さん、こんにちは」というように別の名前を表示させるにはどうすればいいんですか？　helloMinatoやhelloAsakaみたいに、表示させたい名前の数だけメソッドを作る必要があるんですか？

それだとプログラムが同じようなメソッドだらけになってしまうね。そういった場合には「引数」を使えば解決するよ。

メソッドを呼び出す際に、呼び出し元から値を渡すことができます。このときに渡される値のことを**引数**（argument）といいます。呼び出されたメソッド側では、渡された値を受け取って処理に利用できます。引数には数値や文字列などを指定でき、その値や型、渡す引数の数は開発者が自由に決めることができます。

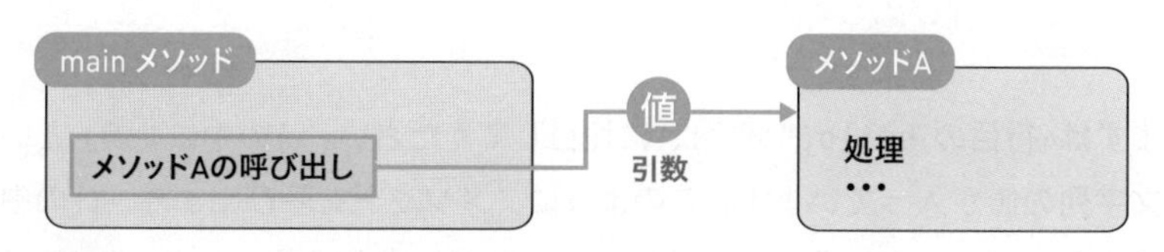

図5-6　メソッド呼び出しと同時に値を引き渡すことができる

5.2.2 1つの引数を渡す

次のコード5-4は、コード5-2（p.178）のhelloメソッドに引数を渡せるように書き換えたものです。

コード5-4 引数を1つだけ渡す

BJ454

Main.java

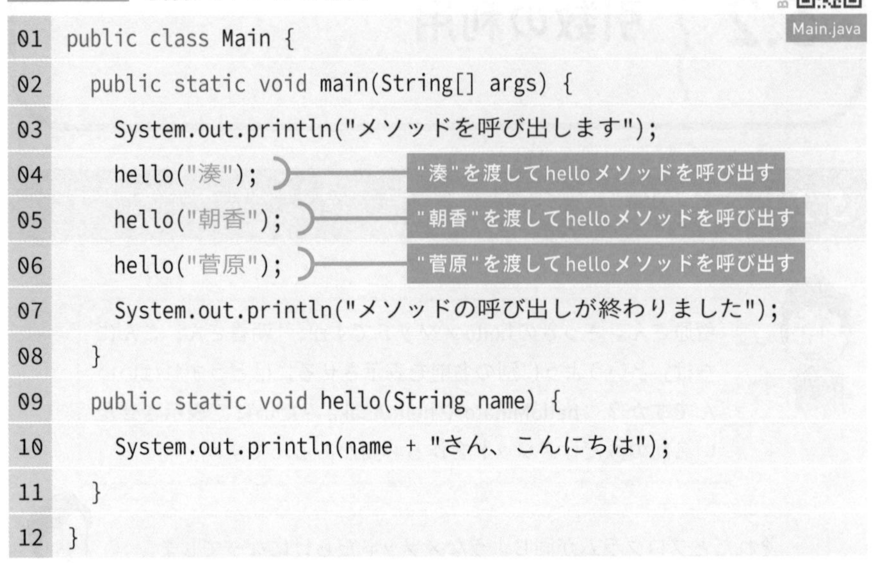

```
01 public class Main {
02   public static void main(String[] args) {
03     System.out.println("メソッドを呼び出します");
04     hello("湊");
05     hello("朝香");
06     hello("菅原");
07     System.out.println("メソッドの呼び出しが終わりました");
08   }
09   public static void hello(String name) {
10     System.out.println(name + "さん、こんにちは");
11   }
12 }
```

"湊"を渡してhelloメソッドを呼び出す
"朝香"を渡してhelloメソッドを呼び出す
"菅原"を渡してhelloメソッドを呼び出す

コード5-4を実行した結果は次のようになります。

```
メソッドを呼び出します
湊さん、こんにちは
朝香さん、こんにちは
菅原さん、こんにちは
メソッドの呼び出しが終わりました
```

まずは4行目の `hello("湊");` に注目してください。()の中に「湊」という文字列の値が入っています。このように、メソッドを呼び出す際、()の中に値を入れておくと、その値が引数として呼び出される側のhelloメソッドに渡されます（同じく5行目と6行目でも、それぞれ引数として「朝香」と「菅原」がhelloメソッドに渡されます）。

次に9行目のhelloメソッドの定義に注目してください。メソッド名の後ろにある()の中で、「String name」として文字列変数nameを宣言しています。helloメソッドが呼び出されると、変数nameに呼び出し元から引数として渡された値「湊」が自動的に代入され、メソッドブロック内で使用できるようになります。この例では画面への出力に使用されており、その結果「湊さん、こんにちは」と表示されます。

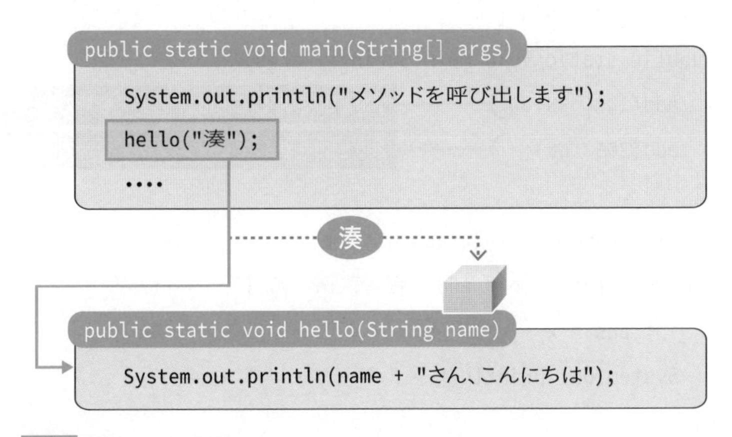
public static void main(String[] args)
System.out.println("メソッドを呼び出します");
hello("湊");
....
湊
public static void hello(String name)
System.out.println(name + "さん、こんにちは");

図5-7 引数が1つの場合のイメージ

コード5-2のhelloメソッドの場合は()の中に何も書いてないから値は渡していないんですね。

そのとおり。何も渡さないときでも()は絶対に書く必要があるから気をつけよう。()は「何も渡さない」ということを意味しているよ。

これで表示する名前を自由に変えられるようになりました。引数が使えるようになると便利ですね！！

5.2.3 複数の引数を渡す

渡す値は1つだけじゃなく複数の値を渡すこともできるんだ。それができると、もっと便利になるよ。

次は引数が2つになった例を見てみましょう。

コード5-5 **複数の引数を渡す**

BJ455

Main.java

```
01 public class Main {
02   public static void main(String[] args) {
03     add(100, 20);
04     add(200, 50);
05   }
06   // 複数の値を受け取るaddメソッド
07   public static void add(int x, int y) {
08     int ans = x + y;
09     System.out.println(x + "+" + y + "=" + ans);
10   }
11 }
```

100と20を渡してaddメソッドを呼び出す（03行目）

200と50を渡してaddメソッドを呼び出す（04行目）

コード5-5を実行した際のイメージは図5-8のようになります。

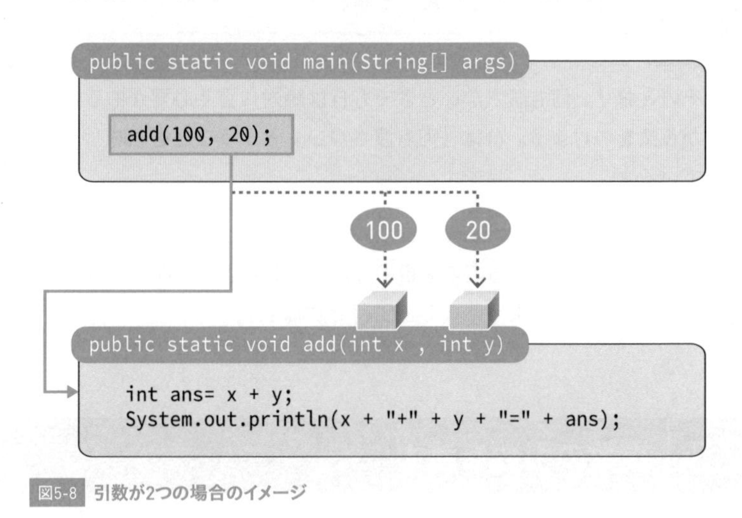

図5-8 引数が2つの場合のイメージ

引数として渡す値が複数ある場合、コード5-5の3、4行目のように、**値をカンマで区切って使用**します。また、値を受け取るメソッド側でも、受け取る変数をカンマで区切って宣言します（コード5-5の7行目）。このとき、引数として渡される値と、メソッド側で宣言する変数の型と順番を合わせておく必要があります。たとえば、図5-9にあるように、文字列型の値を整数型変数で受け取るなど、引数と変数の型が合致しない場合にはコンパイルエラーが発生します。

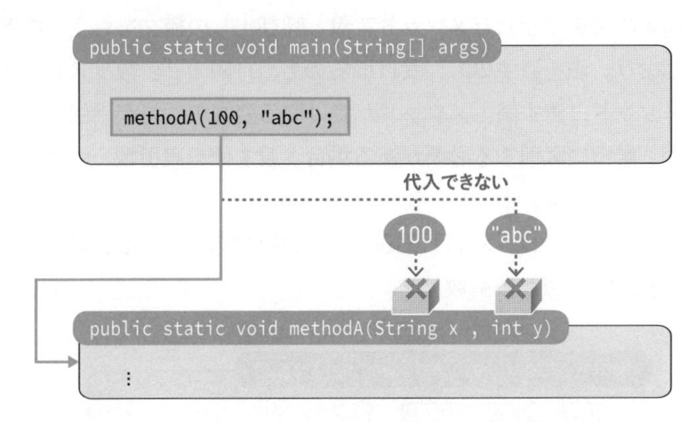

図5-9 引数と受け取る側の変数で型が異なると代入できずエラーになる

渡すほうも受け取るほうも、カンマで区切って指定するんですね。

それに、メソッドで定義されているとおりに引数を渡してあげる必要があるのね。

引数を利用したメソッドの定義

```
public static void メソッド名(引数リスト) {
  メソッドの処理
}
```

引数を利用したメソッドの呼び出し

```
メソッド名(引数リスト)
```

※ 値には、変数名を指定することもできる。
※ 複数の引数を渡すときはカンマで区切って指定する。

5.2.4 仮引数と実引数

ここで、前項の最後に示したメソッド定義と呼び出しの構文をもう一度確認してみましょう。値を渡すのも、受け取るのも、()内の「引数リスト」で行います。メソッドに渡す値、メソッドが受け取る変数の両方が「引数」と呼ばれますが、厳密に区別する必要がある場合、渡す値を**実引数**、受け取る変数を**仮引数**と呼びます。

コード5-5（p.186）では、3行目の100と20、4行目の200と50が実引数です。そして7行目のxとyが仮引数です。

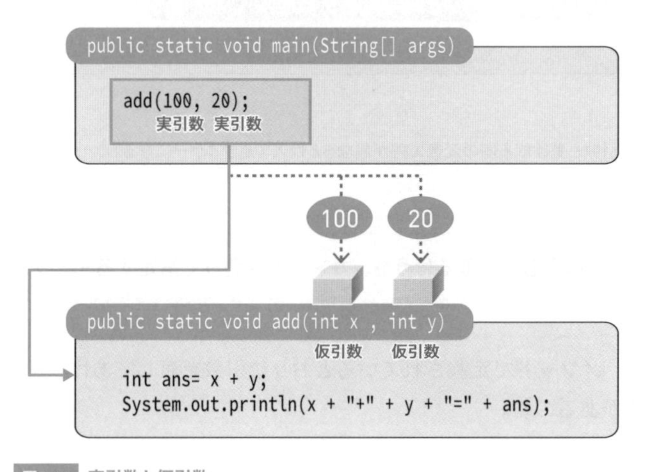

図5-10 実引数と仮引数

5.2.5 変数のスコープとローカル変数

うーん。引数って便利だけど、ルールが多くてややこしいですね。そんなことしなくてもmainメソッドで用意した変数を使えばいいんじゃないんですか？

湊くんが言っているのは、次のコード5-6のようなことです。

コード5-6 引数を使わずに値を渡せないのか？（エラー）

Main.java

```
01 public class Main {
02   public static void main(String[] args) {
03     int x = 100;        ← addメソッドで使用するつもり
04     int y = 10;
05     add();              ← addメソッドを呼び出す
06   }
07   public static void add() {
08     int ans = x + y;    ← ここで使用するつもり（エラー）
09     System.out.println(x + "+" + y + "=" + ans);
10   }
11 }
```

確かに引数はややこしいね。でも、このコードだとコンパイルエラーになるよ。

あっ！　本当だ。コンパイルしたらaddメソッド内で「xとyが見つけられません」って怒られちゃいました。

これは変数のスコープが原因なんだよ。

スコープ？　前に教わったような…。

変数のスコープとは、その変数が利用できる有効範囲のことです（3.2.1項）。ブロック内で宣言された変数のスコープは、そのブロック内に限定されるのがルールでしたね。このような変数の性質を**ローカル変数の独立性**といいます。そのため、**mainメソッド内で宣言した変数xとyは、mainメソッドのブロックの中でしか使用できません**。

```
public static void main(String[] args) {

  int x = 100;

  for (int i=0; …) {
    int y = 200;

  }
  methodA(x);

}

public static void methodA(int x) {
  int y = 10;

}
```

yの有効範囲

iの有効範囲

xの有効範囲

yの有効範囲

xの有効範囲

図5-11 変数のスコープ（有効範囲）

なるほど。だからmainメソッドで宣言したxとyをaddメソッドで使おうとしたらエラーになったわけですね。

なお、main()やadd()といったメソッド内で宣言した変数を**ローカル変数**と呼び、仮引数もその一種です。

ローカル変数は、その変数が属するメソッド内だけで有効な存在であって、**別のメソッドに属する同名のローカル変数とはまったくの別物**です。たとえば、図5-11のコードにある「mainメソッド内の変数y」と「methodA内の変数y」の2つは、名前は同じですが無関係です。methodAの変数yにどんな値を代入しても、mainメソッドの変数yには影響は一切ありません。

ローカル変数の独立性

異なるメソッドに属するローカル変数は、お互いに独立していて無関係である。

5.3 戻り値の利用

5.3.1 戻り値とは

呼び出されたメソッドから、呼び出し元のメソッドへ値を返すことを**値を戻す**（または値を返す）といいます。また、戻される値のことを**戻り値**（または「返り値」）といいます。

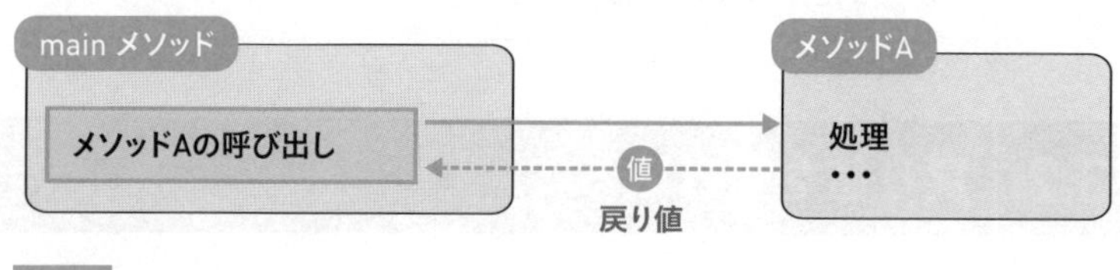

図5-12　戻り値のイメージ

メソッドから値を戻す場合、以下の構文を使用します。

戻り値を利用したメソッドの定義

```
public static 戻り値の型 メソッド名(引数リスト) {
  メソッドの処理
  return 戻り値;
}
```

まず、メソッドブロックの最終行に登場したのは**return文**といいます。この文は、「return」の後ろに書かれた値を呼び出し元に戻す役割を担っています。変数に入っている値を戻すには、`return 変数名;` のように変数名を指定します。`return 100;` や `return "hello";` のようにリテラルを指定することもできます。

次に、メソッド名の左側は、「void」ではなく「戻り値の型」となっています。ここには、returnによって戻される値と同じ型を指定します。たとえば、`100`のような整数を戻す場合は「int」、`"hello"`のような文字列型を戻す場合は「String」、変数に入っている値を戻す場合は、その変数の型を書きます。**何も戻さない場合は「void」を指定**します。voidは「何もない」という意味です。

ということは、たとえば変数ansに入っている整数の計算結果を戻したい場合は、`return ans;`をメソッド内に書き足して「戻り値の型」を「void」から「int」にすればいいのね。

今まで見てきたのが「void」だったのは、メソッドから何も戻していなかったからなんだね。

5.3.2 戻り値を受け取る

メソッド側の書き方はわかったけど、メソッドを呼び出す側はどうやって戻り値を受け取ればいいんだろう？

戻り値は引数と同様に、変数を用意して受け取る必要があります。受け取るには、メソッドの呼び出し元で次の構文を使用します。

戻り値を利用したメソッド呼び出し

```
型 変数名 = メソッド名(引数リスト);
```

文に代入演算子「=」がある場合、常に右辺から先に評価されるので（2.4.3項）、まずはメソッドの呼び出しが実行されます。呼び出されたメソッドがreturn文によって値を戻す場合、**「メソッド名（引数リスト）」の部分は評価されて戻ってきた値に置き換わります。**それによって`型 変数名 = メソッドの戻り値;`という状態になり、戻り値が変数に代入されます。

```
public static void main(String[] args)
    int returnValue= methodA() ;

①                    100 ③

public static int methodA()
  ② int x = 100;
    return x;
```

図5-13 戻り値の受け取り

戻り値は1つしか使えないんですか？

そうだよ。引数みたいに複数用意できないから注意しよう。

はい、さっそく戻り値を使うようにaddメソッドを作り直してみました（コード5-7）。

コード5-7 戻り値の例

Main.java

```
01 public class Main {
02   public static int add(int x, int y) {
03     int ans = x + y;
04     return ans;
05   }
06   public static void main(String[] args) {
07     int ans = add(100, 10);        ← addメソッドの呼び出し（110に化ける）
08     System.out.println("100 + 10 = " + ans);
09   }
10 }
```

コード5-5のadd()は計算のあとに表示までしてしまうメソッドだったけど、コード5-7のadd()は計算だけをして結果を呼び出し元に返しているね。

mainメソッド側ではこの戻り値をほかの計算や表示に自由に利用できますね。

なお、初心者のうちは、7行目で以下のような誤った書き方をしてしまうことがあるので十分に注意しましょう。

よくある間違い①　add(100, 10) = int ans;

「まずaddを呼び出さなきゃ！」という思いから `add(100, 10)` と書き、「次にansに代入しなきゃ！」という思いから `= int ans;` と書いてしまうパターンです。構文として間違っているのでコンパイルエラーになります。

よくある間違い②　add(100, 10);

「addを呼び出さなきゃ！」という思いが強すぎて、`int ans =` の部分を忘れています。add()は正しく実行されて結果の110が戻ってきているのですが、呼び出し元で受け取っていないため、mainメソッド内で戻り値を利用できません。

5.3.3 戻り値をそのまま使う

メソッドの戻り値を変数で受けずに、そのまま使うこともできます。ちょっと極端な例ですが、次のコード5-8を見てください。

BJ458

コード5-8 戻り値をそのまま使う

Main.java

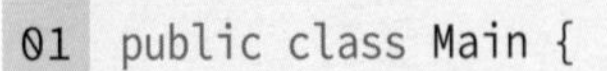

```
01 public class Main {
02   public static int add(int x, int y) {
03     int ans = x + y;
```

```
04        return ans;
05    }
06    public static void main(String[] args) {
07        System.out.println(add(add(10, 20), add(30, 40)));
08    }                          30に化ける      70に化ける
09 }
```

コード5-8の7行目にはaddメソッドの呼び出しが3つあります。順に見ていきましょう。まず `add(10, 20)` と `add(30, 40)` が実行され、それぞれの計算結果である「30」と「70」が戻り値として呼び出し元に返されます。これによりカッコの外側のaddメソッドは `add(30, 70)` という状態になります。そして、「30」と「70」の引数を持ってaddメソッドが再び呼び出され、「100」がaddメソッドより戻されます。最終的に `System.out.println(100);` という状態になり、画面には「100」が出力されます。

呼び出したメソッドに戻り値があっても、絶対に変数で受け取らないといけないわけではないんですね。

5.3.4 return文の注意点

return文は値を戻すだけでなく、**メソッドの終了**も行います。そのため、return文の後に処理を書いても実行されません。このようなメソッドを記述するとコンパイルエラーが発生します。うっかりコード5-9のようなコードを書かないようにしましょう。

コード5-9 **return文の後に処理は書けない（エラー）**

BJ459

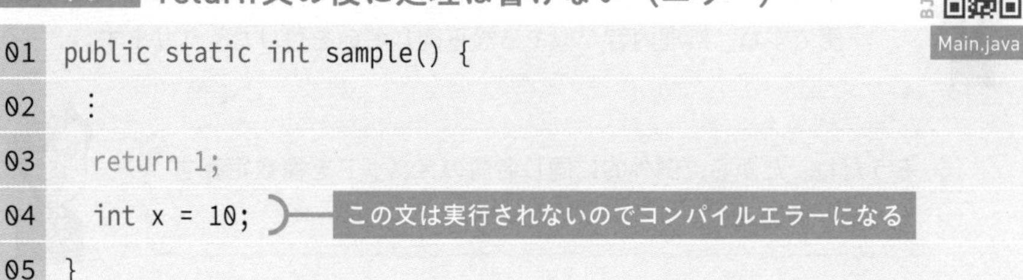

Main.java

```
01 public static int sample() {
02    ⋮
03    return 1;
04    int x = 10;
05 }
```

この文は実行されないのでコンパイルエラーになる

5.4 オーバーロードの利用

5.4.1 類似する複数のメソッドを定義する

プログラムが大きくなってくると、「似たような処理を行うメソッドを複数作る」必要に迫られることがあります。しかし、処理内容が似ているからといって、**メソッドに同じ名前は付けられません**。同じ名前のメソッドが複数あると、JVMはどれを実行してよいか判断できないのでコンパイルエラーになります（図5-14）。

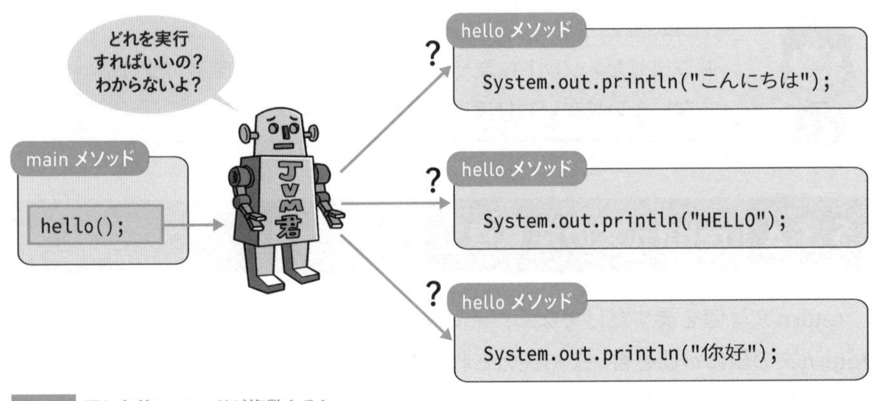

図5-14 同じ名前のメソッドが複数あると…

でも、処理内容が似ているのに名前を同じにできないなんて不便ですね。処理内容が似てるなら同じ名前を付けたくなります。

そうだね。だから、例外的に同じ名前のメソッドを複数定義する方法があるんだ。

同じ名前のメソッドを定義することをオーバーロード（overload）または多重定義といいます。次のコード5-10を見てください。

コード5-10 オーバーロード（引数の型が異なる場合）

BJ45A

Main.java

```
01 public class Main {
02   // 1つ目のaddメソッド
03   public static int add(int x, int y) {
04     return x + y;
05   }
06   // 2つ目のaddメソッド
07   public static double add(double x, double y) {
08     return x + y;
09   }
10   // 3つ目のaddメソッド
11   public static String add(String x, String y) {
12     return x + y;
13   }
14   public static void main(String[] args) {
15     System.out.println(add(10, 20));
16                 1つ目のaddメソッドが呼び出される
17     System.out.println(add(3.5, 2.7));
18                 2つ目のaddメソッドが呼び出される
19     System.out.println(add("Hello", "World"));
20                 3つ目のaddメソッドが呼び出される
21   }
22 }
```

```
30
6.2
HelloWorld
```

addメソッドが3つ定義されていることに注目してください。それぞれの仮引数の型を見ると、1つ目は「int, int」、2つ目は「double, double」、3つ目は「String, String」と、それぞれ異なっています。

このように、**仮引数が異なれば同じ名前のメソッドを複数定義することが許されています**。同じ名前のメソッドが複数あったとしても、仮引数の型が異なっていれば、JVMが呼び出し元の引数（実引数）を見て、その引数の型に一致するメソッドを呼び出してくれるのです（図5-15）。

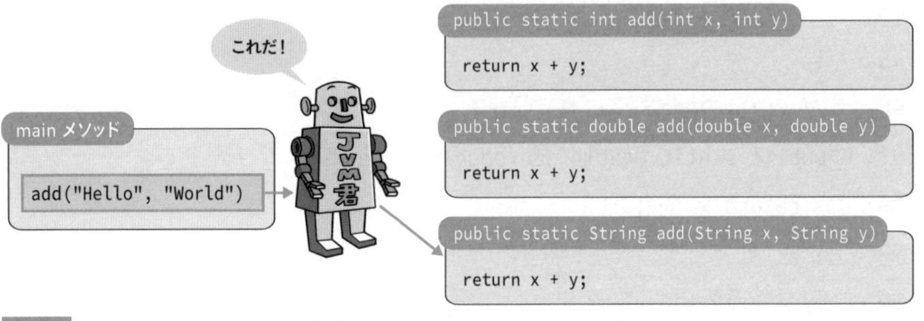

図5-15 オーバーロードされたメソッドの呼び出し

また、仮引数の型だけでなく、個数が違う場合もオーバーロードできます。次のコード5-11にはaddメソッドが2つありますね。1つ目はint型の仮引数が2つ、2つ目はint型の仮引数が3つあります。addメソッドが呼び出される際に、JVMは引数の型と個数を比較して一致するほうのaddメソッドを呼び出してくれます。

コード5-11 オーバーロード（引数の数が異なる場合）

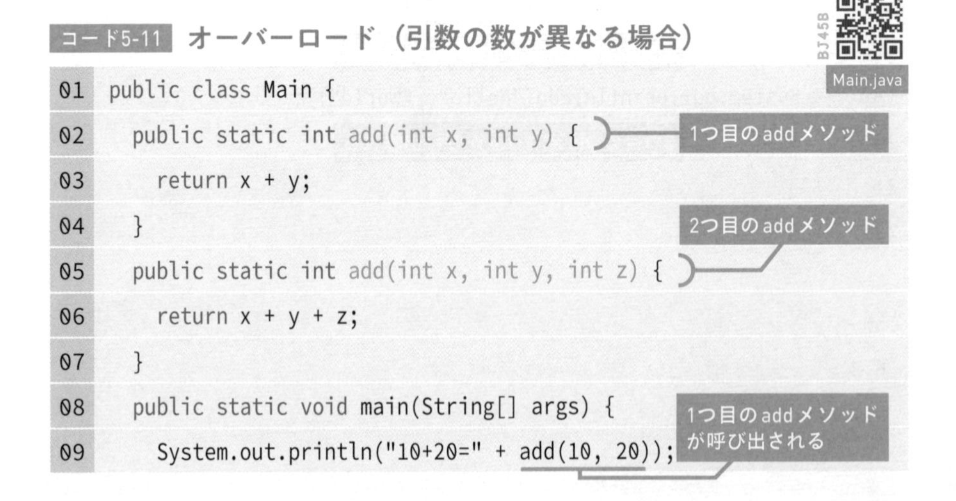

```
01 public class Main {
02   public static int add(int x, int y) {
03     return x + y;
04   }
05   public static int add(int x, int y, int z) {
06     return x + y + z;
07   }
08   public static void main(String[] args) {
09     System.out.println("10+20=" + add(10, 20));
```

```
10        System.out.println("10+20+30=" + add(10, 20, 30));
11    }
12  }
```

2つ目のaddメソッドが呼び出される

次の実行結果を見ると、2つのaddメソッドが区別され、正しく呼び出されていることがわかります。

```
10+20=30
10+20+30=60
```

オーバーロード

仮引数の個数か型が異なれば、同じ名前のメソッドを複数定義できる。引数は同じで、戻り値の型だけが異なるものは定義できない。

column

メソッドのシグネチャ

下記のようなメソッド宣言に記述するメソッド名、引数の個数や型とその並び順の情報をまとめて、メソッドの**シグネチャ**（signature）といいます（戻り値の型は含まれない）。

```
public static int add(int x, int y) {
```

オーバーロードは「シグネチャが重複しない場合のみ許される」と覚えておいてもよいでしょう。

5.5 引数や戻り値に配列を用いる

5.5.1 引数に配列を用いる

メソッドの引数にはint型やString型などの変数だけでなく、コード5-12のように配列も使うことができます。

コード5-12 引数に配列を受け取るメソッド

BJ45C

Main.java

```
01 public class Main {
02   // int型配列を受け取り、すべての要素を表示するメソッド
03   public static void printArray(int[] array) {
04     for (int element : array) {
05       System.out.println(element);
06     }
07   }
08   public static void main(String[] args) {
09     int[] array = {1, 2, 3};
10     printArray(array);     // 配列を渡す
11   }
12 }
```

引数に配列型を指定

5.5.2 値渡しと参照渡し

第4章で紹介したように、int[]型のような配列型の変数には、配列の実体を指し示すメモリの番地が格納されています（4.5.3項）。従って、コード5-12でprintArrayメソッドに引数として渡しているのは、「配列まるごと」ではなく**アドレス情報のみ**であることに注意してください。

引数に値ではなくアドレスを渡すと、ちょっと不思議な現象が起こるので、ここで紹介しておこう。

引数として通常の変数を指定した場合、メソッドに渡されるのは変数ではなく、変数に入っている値です（正確には、メソッドを呼び出した時点で変数に代入されている値が、メソッドの仮引数にコピーされます）。このように、**値そのものが渡される呼び出しを値渡し**（call by value）と呼びます。

たとえば次の図5-16の場合、methodAが呼び出される際にmainメソッドの変数xの内容（100）が仮引数xにコピーされるため、2つの変数の中身は同じ100になります。しかし、この2つのxは「まったく別の存在」ですので、methodAの中で仮引数xにどんな値を代入しようとも、呼び出し元であるmainメソッド内の変数xの中身は100のまま変わることはありません。

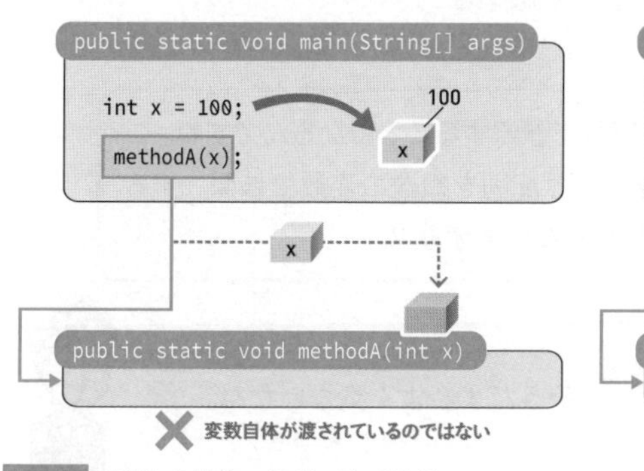

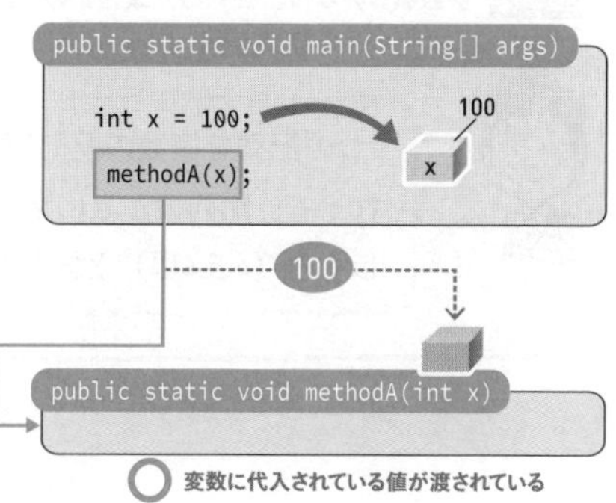

図5-16 値渡しの場合、値がコピーされる

基本型の変数をメソッド呼び出しで渡すと

- 呼び出し元の変数の内容が、呼び出し先の引数にコピーされる。
- 呼び出し先で引数の内容を書き換えても、呼び出し元の変数は変化しない。

しかし、メソッド呼び出しで基本型変数ではなく配列を渡すと不思議なことが起こります。そのしくみを次ページの図5-17で順に見ていきましょう。

まず、メソッド呼び出しの際にコピーされるのは、配列の内容（1、2、3）ではなく配列の先頭要素のアドレス（8832番地）です。すると、mainメソッド内の変数arrayとprintArrayメソッド内の引数arrayはどちらも8832番地以降にある配列の実体を参照した状態になります。

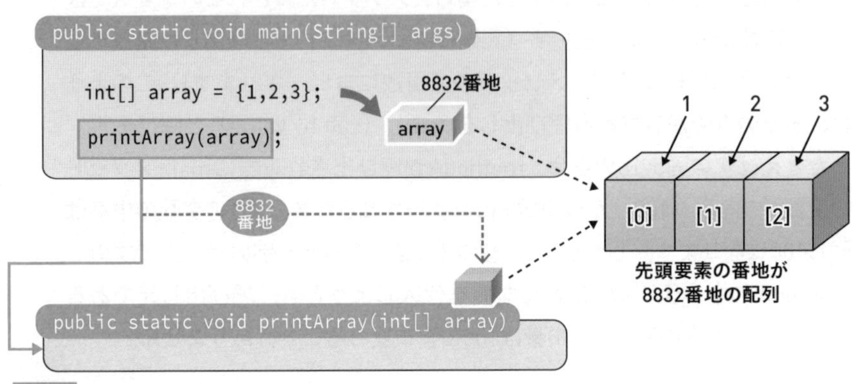

図5-17 参照渡しの場合、配列の先頭要素のアドレスが渡される

1つの配列を複数の配列変数で参照することになるんですね。これって、配列のときに学んだ「配列を複数の変数で参照」するしくみ（4.5.4項）と同じじゃないですか？

そうだよ。よく気づいたね。

この状態で、printArrayメソッド内でarray[0]に100を代入したらどうなるでしょうか？　もちろん、8832番地にある要素が100に書き換わりますね。ではprintArrayメソッドが終了した後、mainメソッド内でarray[0]を取り出したらどうなるでしょうか？　8832番地にある要素の値、つまり100を取り出すことになるのです。

今回の配列の例のように、引数としてアドレスを渡すことを**参照渡し**（call by reference）といいますが、参照渡しを行うと**呼び出し先で加えた変更が呼び出し元にも影響する**ようになります（なお、Javaのこのしくみは、厳密には「参照の値渡し」といわれるもので、狭義の参照渡しと区別することがあります）。

配列をメソッド呼び出しで渡すと

- 呼び出し元の配列のアドレスが、呼び出し先の引数にコピーされる。
- 呼び出し先で配列の実体を書き換えると、呼び出し元にも影響する。

参照渡しによって発生するこの不思議な現象を体験するために、ぜひコード5-13を実行し、「2」「3」「4」と表示されることを確認してみてください。

chapter 5

コード5-13 同じ配列を参照している状態を確認する　BJ45D　Main.java

```
01 public class Main {
02   // int型配列を受け取り、
03   // 配列内の要素すべてに1を加えるメソッド
04   public static void incArray(int[] array) {
05     for (int i = 0; i < array.length; i++) {
06       array[i]++;
07     }
08   }
09   public static void main(String[] args) {
10     int[] array = {1, 2, 3};
11     incArray(array);
12     for (int i : array) {
13       System.out.println(i);
14     }
15   }
16 }
```

（04〜08行目：結果をreturnで返していない）
（11行目：メソッド実行）
（12〜14行目：arrayの全要素を出力）

これは、配列などの参照型変数の特徴だよ。よく覚えておこう。

5.5.3 戻り値に配列を用いる

引数と同様に、戻り値に配列を使用することができます（コード5-14）。

BJ45E

コード5-14 戻り値が配列の場合

Main.java

```
01 public class Main {
02   public static int[] makeArray(int size) {
03     int[] newArray = new int[size];
04     for (int i = 0; i < newArray.length; i++) {
05       newArray[i] = i;
06     }
07     return newArray;
08   }
09   public static void main(String[] args) {
10     int[] array = makeArray(3);
11     for (int i : array) {
12       System.out.println(i);
13     }
14   }
15 }
```

int型配列を作成して戻すメソッド（02行目）

配列を戻す（07行目）

arrayの全要素を出力（11〜13行目）

int型を戻す場合は戻り値の型はint、int型配列を戻す場合はint[]ですね。

そうだよ。これも引数と同様で、実際には配列そのものを戻しているわけではなくて、図5-18のように配列のアドレスを戻しているんだ。

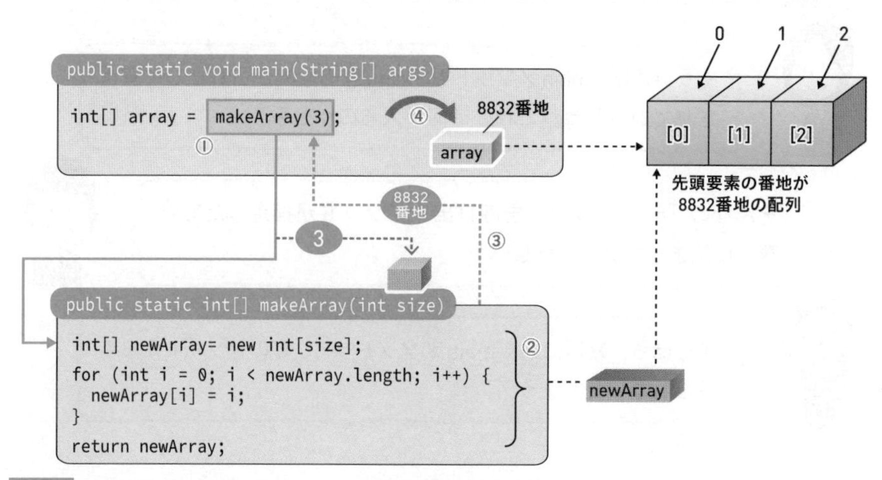

図5-18 戻り値が配列型変数の場合、配列の先頭要素のアドレスが戻される

コード5-14の7行目 `return newArray;` によって配列の先頭要素のアドレスがmainメソッドに戻されます。mainメソッドでは、それを自身で宣言した配列変数arrayに代入します。その結果、makeArrayメソッドで作成された配列を参照できるようになります。

戻り値で配列を返せば、複数の値を呼び出し元に返すことも可能になる。テクニックの1つとして覚えておくといいよ。

5.6 コマンドライン引数

そういえば、mainメソッドもString型の配列が引数として宣言されているわね。これには何が入るのかしら？

そんなの「mainメソッドを呼び出すメソッドが指定した実引数」に決まっているじゃないか。

でもほら、最初に動くmainメソッドって、どのメソッドからも呼ばれないでしょう？

5.6.1 コマンドライン引数

朝香さんが気づいたように、mainメソッドは文字列配列を引数として受け取るように定義されています。

```
public static void main(String[] args) {
```

通常のメソッドの場合、仮引数に入ってくる値は「呼び出し元のメソッド」が指定した実引数です。しかし最初に動くmainメソッドには「呼び出し元のメソッド」がありません。mainメソッドには、いったい「誰」が、「どんな」引数を渡してくるのでしょうか。

実は、私たちがJavaのプログラムを起動する際、さまざまな「追加情報」を指定して起動することができます。このプログラム起動時の追加情報を**コマンドライン引数**（command line argument）といいます。JDKのjavaコマンドを使ってプログラムを実行する方法（付録A、p.675）では、次ページのようにプログラム名の後ろにコマンドライン引数を指定できます。

コマンドライン引数を利用したJavaプログラムの起動

```
java プログラム名 引数リスト
```

※ 引数リストは()で囲まずに、半角スペースで区切って入力する。

たとえば、`java Main ミナト 勇者`のように主人公の名前と職業を指定して起動するようなRPGプログラムなども作れるのです。

そして、いざプログラムが起動すると、JVMは半角スペースで区切られた情報の1つ1つを配列に詰め込んで実引数とし、mainメソッドを起動します。

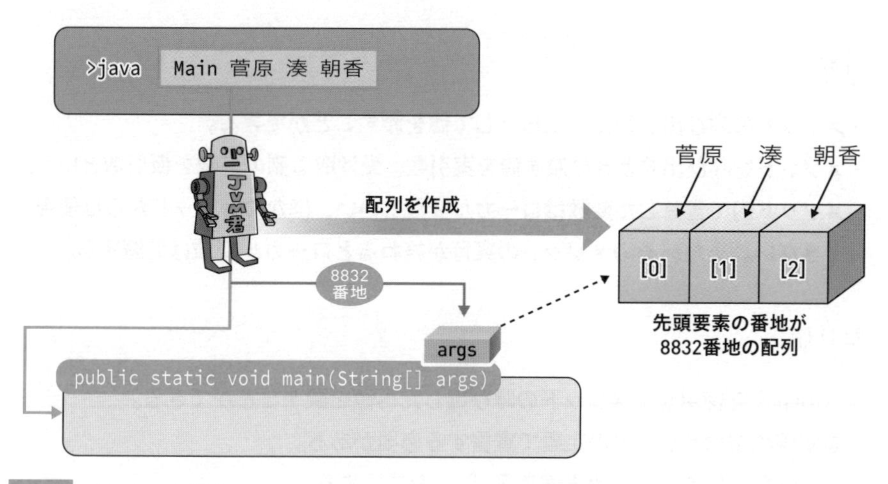

図5-19 コマンドライン引数

図5-19では、起動時のコマンドライン引数として「菅原 湊 朝香」を指定しています。よって、args[0]には「菅原」が、args[1]には「湊」が、そしてargs[2]には「朝香」が格納され、args.lengthは3になります。

コマンドライン引数

プログラム起動時に指定したコマンドライン引数が、JVMによって配列に変換され、mainメソッド起動時に渡される。

5.7 第5章のまとめ

メソッド

- メソッドを使ってプログラムを部品化できる。
- クラスブロックの中にメソッド定義を宣言できる。

引数

- メソッドの呼び出し時に、引数として値を渡すことができる。
- メソッドを呼び出すときに渡す値を実引数、受け取る側の変数を仮引数という。
- メソッド内で宣言した変数はローカル変数といい、ほかのメソッドからは使用できない。また、そのメソッドの実行が終わるとローカル変数は消滅する。

戻り値

- return文を使用してメソッドの呼び出し元へ値を戻すことができる。
- 戻す値の型はメソッドの定義で宣言する必要がある。
- 戻り値を受け取るには代入演算子「=」を使用する。

メソッドの活用

- 仮引数の数と型が異なれば同名のメソッドを定義できる（オーバーロード）。
- 配列を渡すとき、あるいは戻すときは、配列そのものではなく配列のアドレスを渡している（参照渡し）。
- コマンドライン引数を利用して、さまざまな追加情報を指定してJavaプログラムを起動できる。

5.8 練習問題

練習5-1

以下の仕様を参考にメソッド「introduceOneself」を定義してください。さらに、定義したメソッドをmainメソッドから呼び出してください。

メソッド名	introduceOneself
戻り値の型	なし
引数リスト	なし
処理内容	名前（文字列）、年齢（整数）、身長（浮動小数点）、十二支（1文字）を格納する4つの変数を定義し、適切な値を代入する。次に、その4つの変数を用いて、次のような自己紹介メッセージを画面に表示する。 私の名前は湊雄輔です。歳は22歳です。身長は169.9cmです。 十二支は辰です。

練習5-2

以下の仕様を参考にメソッド「email」を定義してください。さらに、定義したメソッドをmainメソッドから呼び出してください。

メソッド名	email
戻り値の型	なし
引数リスト	String title String address String text
処理内容	以下の形式で表示を行う（色文字の箇所は引数を使用すること）。 メールの宛先アドレスに、以下のメールを送信しました 件名：メールのタイトル 本文：メールの本文

練習5-3

以下の仕様を参考にして、練習5-2のコードにメソッド「email」をオーバーロードし、mainメソッドから呼び出してください。

メソッド名	email
戻り値の型	なし
引数リスト	String address String text
処理内容	以下の形式で表示を行う（色文字の箇所は引数を使用すること）。 メールの宛先アドレスに、以下のメールを送信しました 件名 ： 無題 本文 ： メールの本文

練習5-4

以下の仕様を参考に2つのメソッドを作成してください。

メソッド名	calcTriangleArea
戻り値の型	double
引数リスト	double bottom double height
処理内容	引数として受け取った底辺長と高さから、三角形の面積を求めて戻す。

メソッド名	calcCircleArea
戻り値の型	double
引数リスト	double radius
処理内容	引数として受け取った半径から、円の面積を求めて戻す。

mainメソッドからそれぞれのメソッドに適当な引数を渡して呼び出し、戻り値を出力して正しい面積が表示されるかを確認してください。

（例）・三角形の底辺の長さが10.0cm、高さが5.0cmの場合、面積は25.0平方cm
・円の半径が5.0cmの場合、面積は78.5平方cm

chapter 6
複数クラスを用いた開発

第5章で学習したメソッドを上手に使えば、
ある程度大きなプログラムも1人で作ることができます。
しかし大規模なソフトウェアの開発になると、
自分以外の開発者と手分けしてプログラミングする必要があります。
この章では、複数の開発者が分担して部品を作り、
それを組み合わせるJavaのしくみを紹介します。

contents

6.1 ソースファイルを分割する

6.1.1 1つのソースファイルによる開発の限界

菅原さん！　はりきって開発をしていたら、クラスの中に35個もメソッドができてしまって、ワケがわかんなくなっちゃいました！

ははは、ずいぶんがんばったね。そんなときにはクラスを分割すればスッキリするよ。

第5章では、長く複雑になってしまったmainメソッドを複数のメソッドに分割する方法を学びました。しかし、1つのソースファイルの中に含まれるメソッドの数が増えると、やはりソースコードの全体を把握するのは難しくなり、開発しにくくなっていきます。

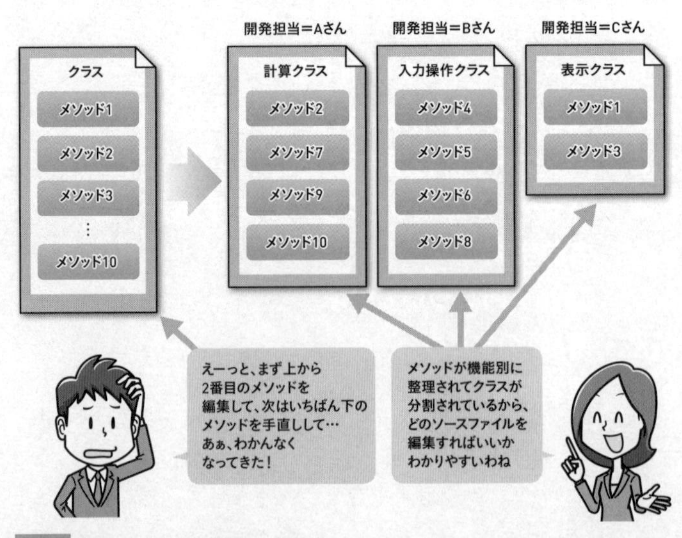

図6-1　複数の開発者が分担して開発する

そこでJavaでは、1つのソースファイルにすべてのメソッドを書くのではなく、複数のソースファイルに分割して記述できるしくみが準備されています。**複数のソースファイルに分けて開発するのは、複数のクラスに分けて開発する**と捉えることもできます。

たくさんのメソッドを複数のクラスに分けて記述すると、整理されてわかりやすくなるだけではなく、**ファイルごとに開発を分担し、それぞれが並行して開発を進められる（分業しやすい）**というメリットもあります。

6.1.2 計算機プログラムを分割しよう

では、コード6-1の計算機プログラム（Calcクラス）を、2つのクラスに分割してみましょう。現状の計算機プログラムはmain()、tasu()、hiku()の3つのメソッドから構成されています。

コード6-1 **計算機プログラム**

Calc.java

```
01 public class Calc {
02   public static void main(String[] args) {
03     int a = 10; int b = 2;
04     int total = tasu(a, b);
05     int delta = hiku(a, b);
06     System.out.println("足すと" + total + "、引くと" + delta);
07   }
08   public static int tasu(int a, int b) {
09     return (a + b);
10   }
11   public static int hiku(int a, int b) {
12     return (a - b);
13   }
14 }
```

さぁ、この3つのメソッドのうち、どれを別のクラスに切り出そうか。

tasu()とhiku()の2つは数学的な計算処理をするメソッドであり、main()はtasu()やhiku()を呼び出して画面に表示する役割を持つ、全体の流れを司るメソッドです。よってmain()とそれ以外のメソッドを2つのクラスに分けて整理しましょう。

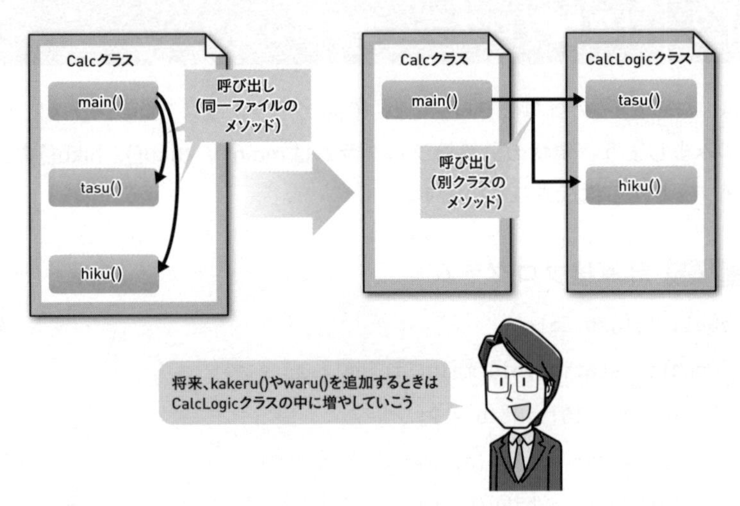

図6-2 Calc.javaを分割して2つのクラスに分ける

Step1　計算処理メソッドを記述するためのソースファイルを作る

まず、tasu()やhiku()といった計算ロジックのメソッドを入れるソースファイルを作ります。新たなファイル名はCalcLogic.javaにします。そして、CalcLogic.javaの書き始めは `public class CalcLogic` とします。これは、ソースファイル名とクラス名を同じにする必要があるためです（1.2.1項）。

Step2　tasu()とhiku()を移動する

現在Calc.javaの中にあるtasu()とhiku()を、新たに作ったCalcLogic.javaへ移動します。すると、CalcLogic.javaは次のコード6-2のようになります。

BJ462

コード6-2　CalcLogic.javaに計算処理を追加する

CalcLogic.java

```java
public class CalcLogic {
  public static int tasu(int a, int b) {
    return (a + b);
  }
  public static int hiku(int a, int b) {
    return (a - b);
  }
}
```


Step3　メインメソッド内の呼び出しを修正する

一方で、Calc.javaには次のようにmain()だけが残されているはずです。

BJ463

コード6-3　mainメソッドだけが残されたCalc.java

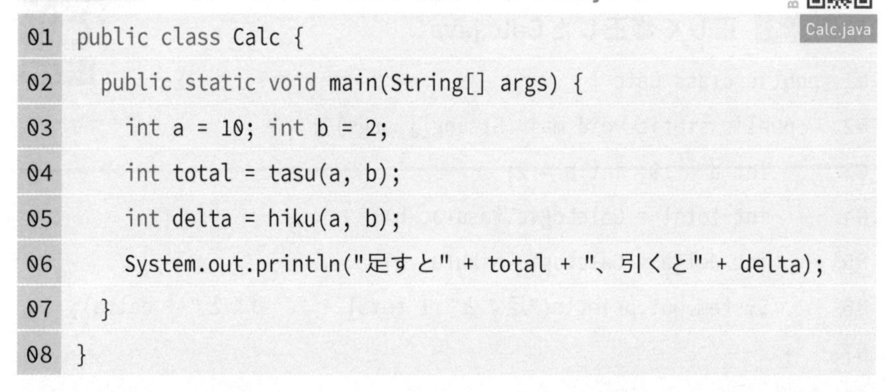

Calc.java

```java
public class Calc {
  public static void main(String[] args) {
    int a = 10; int b = 2;
    int total = tasu(a, b);
    int delta = hiku(a, b);
    System.out.println("足すと" + total + "、引くと" + delta);
  }
}
```

4行目と5行目でtasu()やhiku()を呼んでいますが、このままでは「tasu()やhiku()がないので呼び出せません」という意味のコンパイルエラーが出てしまいます。**Calc.javaにはtasu()やhiku()は存在しない**ので当然です。

これまで、main()の中で `tasu(a, b)` と記述すればtasu()を呼び出せていたのは、**tasu()やhiku()が、main()と同じCalcクラスに属していたから**です。しかしソースファイルの分割によって、tasu()やhiku()はCalcLogicクラスに属するようになったため、main()から呼び出すときには、「CalcLogic

のtasu()」「CalcLogicのhiku()」のように、明示的に所属を示す必要があります。これには、main()の中で次のように呼び出せば対応できます。

```
int total = CalcLogic.tasu(a, b);
int delta = CalcLogic.hiku(a, b);
```

ドット（.）は次の章以降でも頻繁に登場するけど、日本語でいう「〜の」という意味だよ。

同じ部署の私たちは先輩を普段「菅原さん」と呼びますけど、別部署の人は「開発部の菅原さん」と呼ぶのと似ていますね。

ここまでで無事、計算機プログラムは2つのクラス（コード6-2、コード6-4）に分割することができました。

コード6-4　正しく修正したCalc.java

```
01 public class Calc {
02   public static void main(String[] args) {
03     int a = 10; int b = 2;
04     int total = CalcLogic.tasu(a, b);
05     int delta = CalcLogic.hiku(a, b);
06     System.out.println("足すと" + total + "、引くと" + delta);
07   }
08 }
```

6.2 複数クラスで構成されるプログラム

6.2.1 JDKで開発をしてみよう

分割した計算機プログラムをコンパイルする前に、2人に提案があるんだ。ここからは、自分のPCにコンパイラとインタプリタ（1.1.2項）をインストールして開発をしてみないかい？

ええ〜。今までも特に問題はなかったんだし、このままでいいじゃないですか。

前節では、1つの計算機プログラムを分割して、2つのソースファイルを作成しました。dokojavaなどの開発ツールを利用すれば、難しいことは考えずにこの2つのソースファイルをすぐにコンパイルできます。しかし、ここであえてJavaの動く基本的なしくみに触れておけば、複数クラスで構成される本格的なプログラム開発にスムーズに取り組めるのです。

統合開発環境（p.678）を使っている場合も、この機会にJDKにも触れてみると、Javaプログラムが動作するしくみをより深く理解できるよ。将来、「ビルドオートメーション」など、より高度な開発をするときにも必要になる知識なんだ。

JDKで開発してみよう

このあとの解説に進む前に、付録A（p.675）を参照してJDKをインストールしてみよう。また、本章をとおしてJDKを使ったコンパイルと実行に慣れておこう。

6.2.2 複数クラスのコンパイル

JDKをインストールしてHelloWorldプログラムのような単純なものなら、コンパイルと実行ができるようになりました！　でも、複数のソースファイルのときはどうやるんですか？

前節で分割した計算機プログラムは、Calc.javaとCalcLogic.javaのそれぞれをコンパイルする必要があります。複数のソースファイルをjavacコマンドでコンパイルするには、次のような指定をおすすめします。

```
>javac Calc.java CalcLogic.java
```

無事コンパイルが終了すると、それぞれのソースファイルに対応したクラスファイルが生成されているのが確認できるでしょう。

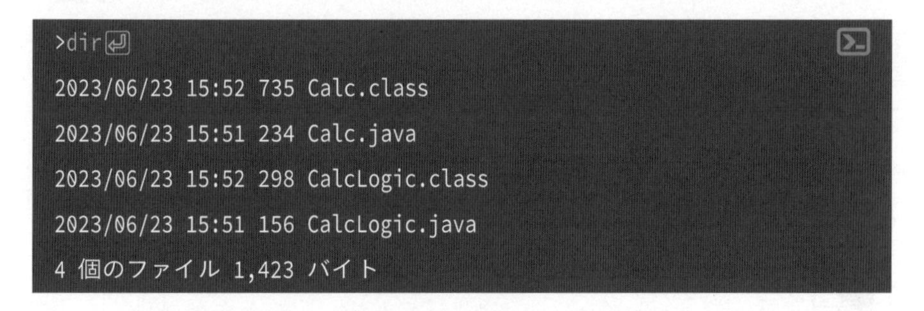

```
>dir
2023/06/23 15:52 735 Calc.class
2023/06/23 15:51 234 Calc.java
2023/06/23 15:52 298 CalcLogic.class
2023/06/23 15:51 156 CalcLogic.java
4 個のファイル 1,423 バイト
```

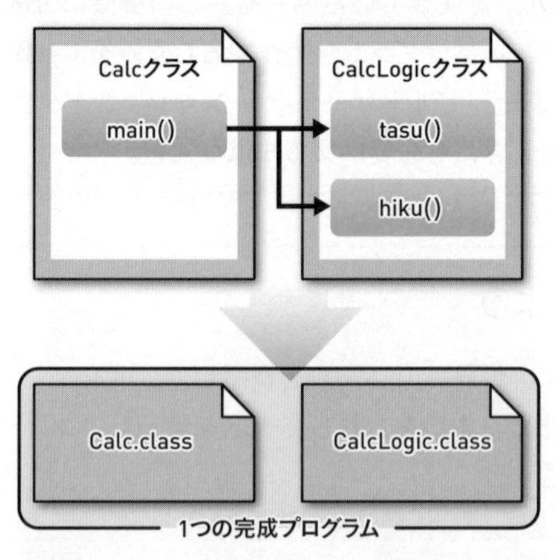

図6-3　Calc.javaの分割により、Calc.javaとCalcLogic.javaの2つで1つの完成プログラムを構成

6.2.3 Javaプログラムの完成品

この2つのクラスファイルが計算機プログラムの最終完成品だ。誰かに渡す際には、この2つのクラスファイルが必要なんだよ。

えっ？　2つのファイルを渡すんですか？　なんだか完成品じゃないような気がするなあ…。

普段使っているPCのアプリケーションに慣れ親しんでいると、「Javaプログラムの完成品」のちょっと変わった姿を意外に思うかもしれません。通常のアプリケーションでは、たいていファイルは1つだけだからです。たとえば、Windowsにおけるメモ帳プログラムは、notepad.exeのような単独のファイルであって、これをダブルクリックすれば起動します。

しかし、Javaで開発されたプログラムは「複数のクラスファイルの集まり」であることが多く、ダブルクリックで起動させるのではなく、javaコマンドで起動します。ですからJavaプログラムを誰かに渡す、あるいは納品する場合には、**複数のクラスファイルが入っているフォルダをまるごと「1つの完成品」として渡す**ことになります。

Javaプログラムの完成品

- Javaプログラムの完成品は、複数のクラスファイルの集合体。
- 誰かに配布する場合には、すべてのクラスファイルを渡す必要がある。

6.2.4 プログラムの実行方法

でも、「クラスファイルがたくさん入ったフォルダをまるごと」受け取ったら、どうやって起動すればいいのかしら？

クラスファイルが入ったフォルダをまるごと受け取った場合は、クラス名を指定して実行する必要があります。

```
>java クラス名↵
```

JVMは**起動時に指定されたクラスの中にあるmainメソッド**を呼び出してプログラムの実行を開始します。よって、Javaのプログラムを実行する人は**「渡された複数のクラスファイルのうち、mainメソッドが含まれているクラスの名前」を指定する必要**があります。たとえば、計算機プログラムの場合は `java Calc` と起動すべきであって、`java CalcLogic` では正常に動作しません。

今回の計算機プログラムの場合、私たちは、Calcの中にmainメソッドがあって、CalcLogicの中にはない事実を知っているので `java Calc` で起動できると判断できました。

しかし、他人が作ったJavaプログラムの場合は、**mainメソッドが存在するクラスの名前がわからないと起動できない**ことに注意しましょう。

複数の完成クラスファイルを渡す場合の注意点

すべてのクラスファイルを渡すだけではなく、「mainメソッドが含まれるクラス名」も伝える必要がある。

column

JARファイル

プログラムの完成品が複数のクラスファイルになった場合、そのままではメールで送る際などに不便です。そこでJavaでは、「複数のクラスファイルを1つにまとめるファイル形式」として**JAR**（Java ARchive）が定められています。JARファイルはZIPファイルとよく似たアーカイブファイルで、JDKに付属するjarコマンドでも作成することができます。

6.3 パッケージを利用する

6.3.1 クラスが増えすぎたら…どうしよう？

菅原さ〜ん！

今度はクラスの数が増えすぎて、わかりにくくなっちゃった…だね？

Javaを学習し始めて日も浅い段階では想像がつかないかもしれませんが、大規模なプロジェクトになると、数百個ものクラスからなる1つのプログラムを開発することもあります。しかし、クラスの数も20個を超える規模になると、さすがに管理が大変になってきます。

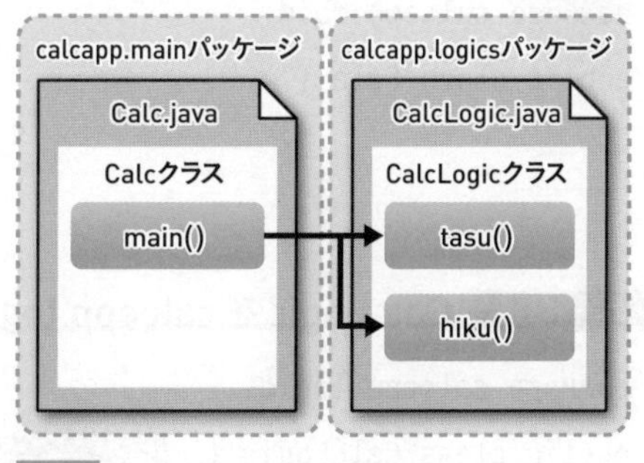

図6-4 2つのパッケージに分割された計算機プログラム

そこでJavaには、各クラスを**パッケージ**（package）と呼ばれるグループに所属させて、分類・管理できるしくみが準備されています。

main()の行数が増えたら複数メソッドに分割 → メソッド数が増えたら複数クラスに分割 → クラス数が増えたら複数パッケージに分割、というわけね。

Javaには部品化のしくみがいくつも準備されているんだね。

それでは、前節でも登場した計算機プログラムを題材にして、パッケージを利用してみましょう。クラスをパッケージに所属させるためには、そのクラスの**ソースコードの先頭にpackage文を記述**します。

クラスをパッケージに所属させる

```
package 所属させたいパッケージ名;
```

※ package文はソースコードの先頭に記述する必要がある。

たとえば計算機プログラムの2つのクラスを、前ページの図6-4のようにそれぞれのパッケージに所属させるには、次のように記述します。

コード6-5 Calcをcalcapp.mainに所属させる

BJ465

Calc.java

```
package calcapp.main;
public class Calc {
  ⋮
```

※ このコードは、現時点ではコンパイルエラーが発生します。

コード6-6 CalcLogicをcalcapp.logicsに所属させる

BJ466

CalcLogic.java

```
package calcapp.logics;
public class CalcLogic {
  ⋮
```

※ このコードは、次の6.4節で紹介する方法を用いて実行する必要があります。現状ではコンパイルまでできればOKです。

パッケージの名前は、Javaの識別子（1.3.2項）のルールに従っていれば自由に定めることができますが、アルファベットは小文字にするのが一般的です。また、「calcapp.main」や「calcapp.logics」のように、ドットで区切ったパッケージ名も多く用いられます。

なお、「calcapp.main」と「calcapp.logics」という2つのパッケージ名を見て、「共通のcalcappパッケージに所属するmainとlogicsという子パッケージで、同じグループである」という感覚を抱いてしまうかもしれませんが、両者は相互にまったく関係がない、独立した2つのパッケージです。パッケージの中にパッケージを入れることはできませんし、**パッケージに親子関係や**

階層関係はありません。

正しくないパッケージのイメージ

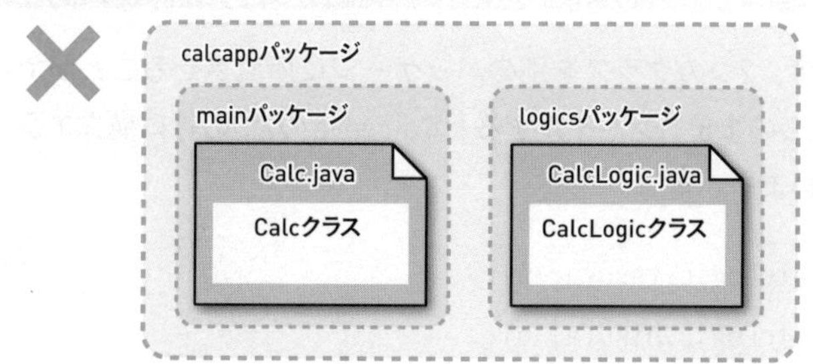

正しいパッケージのイメージ

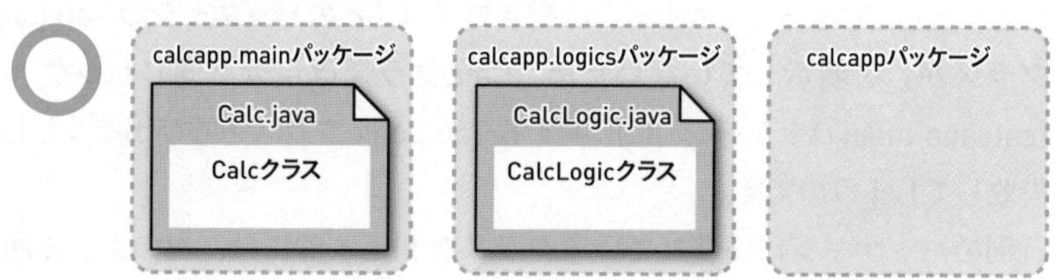

図6-5 パッケージ名の一部が同じであっても、それぞれのパッケージに関連性はない

開発の現場では、便宜上、「親パッケージ」「子パッケージ」と表現されることもあるんだが、importのルールには合致しないと覚えておいてほしい。

column

デフォルトパッケージ

前節まで作成してきたクラスにはpackage文がなく、どのパッケージにも所属していませんでした。どのパッケージにも所属していない状態を「**無名パッケージ**に属している」または「**デフォルトパッケージ**に属している」と表現する場合もあります。

なお、デフォルトパッケージに属するクラスは後述のimport文でインポートすることはできません。

6.3.2 パッケージを含むクラス名を指定する

ここまでで無事、2つのクラスを別のパッケージに所属させることができました。しかし、このままコンパイルするとCalc.javaの2つの行に構文エラーが発生してしまいます。

```
int total = CalcLogic.tasu(a, b);
int delta = CalcLogic.hiku(a, b);
```

Calcクラスの中にあるこの2行では、それぞれ「CalcLogic」クラスを利用しようとしています。しかし、この書き方では**「どのパッケージのCalcLogicクラスか」を明示していない**ため、Calcクラスは自分と同じパッケージ(calcapp.mainパッケージ)に所属するCalcLogicクラスを呼び出そうとして失敗してしまうのです。

別のパッケージに所属しているクラスを利用するには、次のように**所属パッケージ名を添えたクラス名**を指定する必要があります。

コード6-7 別のパッケージにあるクラスを呼び出す

Calc.java

```
01 package calcapp.main;
02
03 public class Calc {
04   public static void main(String[] args) {
05     int a = 10; int b = 2;
06     int total = calcapp.logics.CalcLogic.tasu(a, b);
07     int delta = calcapp.logics.CalcLogic.hiku(a, b);
08     System.out.println("足すと" + total + "、引くと" + delta);
09   }
10 }
```

※ このコードは、次の6.4節で紹介する方法を用いて実行する必要があります。現状ではコンパイルまでできればOKです。

クラス名の前に、所属パッケージ名を付けてあげればいいんですね。

そうだね。厳密に、「calcapp.logicsパッケージ」の「CalcLogicクラス」の「tasu()」と指定するんだよ。

このように、あるクラスから別パッケージのクラスを利用する場合、「パッケージ名を頭に付けた完全なクラス名」を使う必要があります。この完全なクラス名のことを、**完全限定クラス名**や**完全修飾クラス名**（full qualified class name）、または略して**FQCN**といいます。

完全限定クラス名(FQCN)

パッケージ名.クラス名

あまり一般的ではないけど、「同じパッケージに所属する別のクラス」を利用するときに、わざわざFQCNを使っても文法違反にはならないんだ。

同じ部署にいる私が先輩のことを「ミヤビリンクの、開発部の、菅原さん」と呼んでも、一応間違いではないのと同じですね。

そうだね。でも実際に社内でそんな呼ばれ方をしたら、「熱でもあるんじゃないのか？」と心配するよ。

6.3.3 完全限定クラス名の入力を省略する

別パッケージのクラスを使うためにFQCNが必要なのはわかりましたけど、長すぎて入力が面倒ですよ…。

そんなキミにピッタリの構文があるよ。

再度、コード6-7（p.224）のCalc.javaを見て、FQCNを利用している部分を確認してください。

Calc.java

```
01 public class Calc {
02   public static void main(String[] args) {
03     ⋮
04     int total = calcapp.logics.CalcLogic.tasu(a, b);
05     int delta = calcapp.logics.CalcLogic.hiku(a, b);
06     ⋮
07   }
08 }
```

FQCNの利用

`calcapp.logics.CalcLogic` という長い完全限定クラス名（FQCN）を2か所に記述しています。現時点では2か所で済んでいますが、将来プログラムが大きくなったら、この長いFQCNを何度もコードの随所に入力する必要が出てくるかもしれません。このような場合は、**import文**を使うことによって、FQCN入力の手間を軽減できます。

FQCN入力の手間を省くための宣言

```
import パッケージ名.クラス名;
```

※import文はソースコードの先頭に、ただしpackage文より後に記述する。

では、Calc.javaのpackage文の下にimport文を記述してみましょう。

コード6-8　calcapp.logics.CalcLogicをインポートする

BJ468

Calc.java

```
01 package calcapp.main;
02 import calcapp.logics.CalcLogic;
03
04 public class Calc {
05   public static void main(String[] args) {
06     ⋮
07     int total = CalcLogic.tasu(a, b);
08     int delta = calcapp.logics.CalcLogic.hiku(a, b);
09     ⋮
10   }
11 }
```

FQCNでなくてもエラーにならない

FQCNを指定してもよい

※このコードは、次の6.4節で紹介する方法を用いて実行する必要があります。現状ではコンパイルまでできればOKです。

2行目のimport文に注目してください。この文は、「このソースコードでCalcLogicという表記があったら、それはcalcapp.logics.CalcLogicのことだと解釈しなさい」という指示です。頻繁に利用するクラスはimport文を使ってインポートしておくと、完全限定クラス名を毎回指定する必要がなくなります。

もし、calcapp.logicsパッケージに所属するすべてのクラスをインポートしたい場合には、次のような記述も可能です。

コード6-9　calcapp.logicsの全クラスをインポートする

BJ469

Calc.java

```
01 package calcapp.main;
02 import calcapp.logics.*;
03
04 public class Calc {
05   ⋮
06 }
```

ただし、`import calcapp.*;` と記述すると、calcapp.mainとcalcapp.logicsに所属するすべてのクラスを一度にインポートできない点に注意してください。なぜなら図6-5（p.223）にあるように、「calcapp.main」と「calcapp.logics」、そして「calcapp」はまったく異なるパッケージであり、親子の関係にないためです。従って、この指定では、calcappパッケージに所属するすべてのクラスがインポートされます。

calcapp.mainとcalcapp.logicsに所属するすべてのクラスをインポートしたい場合には次のように記述する必要があります。

```
import calcapp.main.*;
import calcapp.logics.*;
```

column

import宣言はあくまでも「入力軽減機能」

import宣言には、プログラミング経験者に特有の注意点があります。Java以外の言語では、「include命令」や「require命令」などで新しい機能を有効化する命令がありますが、Javaのimport文は、これらとはまったく異なる働きをします。

Javaは、特別な宣言をせずとも**JVMが扱えるすべてのクラスを最初から使うことができます**。ただし、その利用には必ずFQCNの指定が必要です。**import文はあくまでもFQCNの記述を省略して手間を軽減する**ため（開発者がラクをするため）の構文にすぎません。importしたからといって利用できるクラスやメソッド、そのほかの機能が増えることはないのです。

6.4 パッケージに属したクラスの実行方法

6.4.1 実行クラス名の正しい指定

パッケージにしたコード6-8の計算機プログラム（p.227）、コンパイルはできましたが、実行しようとするとエラーがたくさん表示されちゃいますよ。

何が原因なのかはエラーメッセージにちゃんと書いてあるよ。わかりにくいかもしれないけれど、しっかり読んでごらん。

前節では、package文を使ってクラスをパッケージに所属させる方法を学びました。Calcクラスと CalcLogic クラスはそれぞれ「calcapp.main」と「calcapp.logics」という別々のパッケージに所属させることができましたし、コード6-8はコンパイルも正常に通ります。

しかし、完成したCalcクラスをいざ実行しようとすると、次のようなエラーに直面してしまいます。

```
>java Calc⏎
エラー: メイン・クラスCalcを検出およびロードできませんでした
原因: java.lang.NoClassDefFoundError: calcapp/main/Calc (wrong
name: Calc)
```

湊くんが入力したjavaコマンド

「NoClassDefFoundError」は直訳すると「クラス定義が見つからない」というエラーです。実は、湊くんが入力したjavaコマンドには2つの問題点があるため、JVMは正しくプログラムを起動できません。

1つ目の問題点は、そもそも**起動しようとしているクラスの指定が誤っていること**（図6-6「問題点①」）です。これまで、javaコマンドにはソースファイル名から「.java」を取ったもの（たとえば、CalcやMainなど）を指定してきましたが、パッケージを利用するようになった今、javaコマンドのより正確な構文を理解する必要があります。

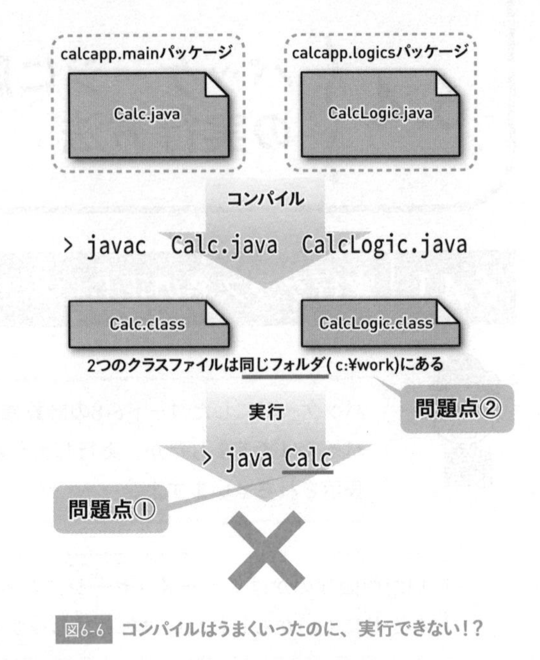

図6-6 コンパイルはうまくいったのに、実行できない！？

javaコマンドの正確な構文

```
>java　起動したいクラスの完全限定クラス名（FQCN）
```

たとえば、計算機プログラムの場合は、次のように起動しなければなりません。

```
>java calcapp.main.Calc
```

なるほど、`java Calc` ではデフォルトパッケージにあるはずのCalcクラスを実行しようとしてしまうんですね。これで問題点①は解決ですね！

6.4.2 クラス名だけでクラスファイルを探し出すためのしくみ

あれ、ちゃんとFQCNを指定して起動しているのに、また別のエラーが出て動かないや…。

私も。それに、javaコマンドでクラス名を指定するっていうのがしっくりこなくて…。

朝香さん同様の違和感を覚える人も少なくないはずです。javacコマンドではコンパイルしたいソースファイル名を指定するのに、javaコマンドでは実行したいクラスファイル名ではなく、あえてクラス名（FQCN）を指定するのは、そのほうが「いいこと」があるからです。それは何なのか、そしてそれがどうやって実現されているのかを理解したとき、私たちはコード6-8を動かせるようになるでしょう。

2人の抱えるエラーと違和感を一挙に解決すべく、ここはひとつ、急がば回れで「JVMがクラスを使う舞台裏」を見ていこう。

疑問解決の鍵となるのが、JVMが内部に持っている**クラスローダー**（class loader）という機構です。クラスローダーは、完全限定名を指定されたら、その名前を持つクラスのクラスファイルをPC内から検索し、JVMに読み込んで利用可能にするという役割を担っています。たとえば、クラスローダーに対してJVMが「calcapp.main.Calcを利用するから、読み込んで利用可能にしなさい」という指示を出すと、クラスローダーはコンピュータのハードディスク内のどこかのフォルダに置いてあるCalc.classを探し出して、それを読み込みます。

ここで、**JVMは使いたいクラス名を指定しているだけ**であって、**クラスファイルが置いてあるフォルダの場所をいっさい指定していない**点に着目してください。

Calc.classという目的のクラスファイルは、c:¥にあるかもしれませんし、c:¥Program Files¥MyCalc¥libにあるかもしれません。しかし、クラスローダーは膨大な容量を持つハードディスクの中から一瞬でCalc.classファイルを探し出して読み込んでくれます。

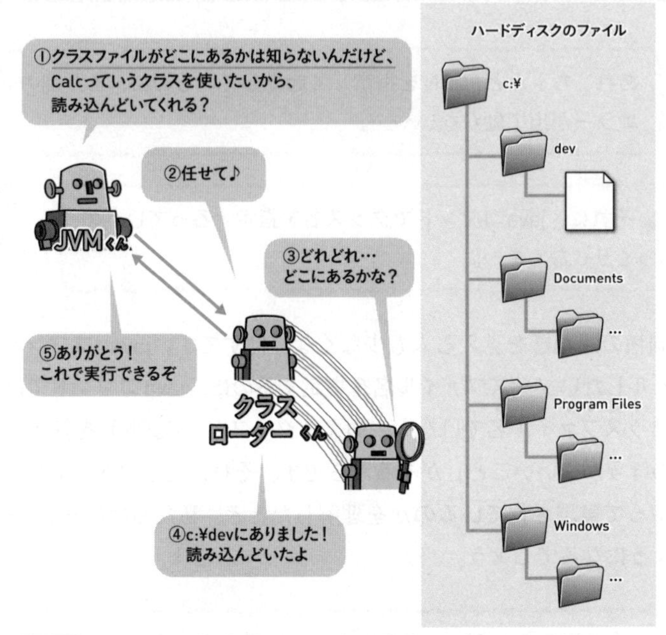

図6-7 JVMはクラスローダーに依頼してクラスファイルを読み込んでもらう

どうして一瞬で見つけられるんですか？　数百GBもあるハードディスクを検索していたら、数秒…いえ数分はかかってしまいそうです。

確かにそうだね。でもクラスローダーはハードディスクの内容をすべて検索したりはせず、賢い方法で探し出すんだ。

クラスローダーは**クラスパス**（classpath）と呼ばれるヒント情報を使って、極めて高速に目的のクラスファイルを探し出します。クラスパスとは、クラスローダーがクラスファイルを探す際に、見にいくべきフォルダの場所です。あらかじめ1つ以上のクラスパスを指定しておきます。

たとえばクラスパスとしてc:¥workが指定してある場合、クラスローダーはc:¥workの中にCalc.classがあるかを探しにいくだけでよいため、高速に検索できます。

このようなクラスローダーの働きによって、私たちはjavaコマンドにクラス名だけを指定してJavaプログラムを実行することができるのです。

6.4.3 クラスパスの指定方法

でも、今までボクはクラスパスなんて指定してなかったですよ？

そうだね。そのタネあかしをしようか。

クラスパスを指定するには、次の3つの方法があります。

方法1　起動時にjavaコマンドで指定する

javaコマンドでJVMを起動する際に、-cpオプションまたは-classpathオプションで指定する方法です。次のように指定します。

```
>java -cp c:¥work Calc
```

方法2　検索場所をOSに登録しておく

javaコマンドを入力するたびに、いちいち-cpオプションを指定するのは面倒ですね。そこで、OSの「環境変数」という設定にクラスパスを登録しておくことができます。javaコマンドは、この環境変数を自動的に読み込んでクラスファイルの検索に利用します。

なお、環境変数の設定方法はOSによって異なりますので、詳細はsukkiri.jp（p.5）を参照してください。

方法3　特に指定しない

環境変数に指定がなく、-cpオプションの指定もない場合、通常はjavaコマンドが実行されたフォルダがクラスパスとなります。たとえばc:¥workでjavaコマンドを実行すれば、c:¥workがクラスパスに設定されます。

今までクラスファイルを保存したフォルダで単に`java クラス名`と入力するだけで実行できていたのは、方法3のおかげだったのね。

6.4.4 クラスパスで指定できる対象

クラスパスとして指定することができるものは、次の3つから選べます。

対象1　フォルダの場所

最も一般的なのは、クラスファイルが置かれているフォルダの場所（絶対パス）です。たとえば、「c:¥work」と指定すると、workフォルダ内のクラスファイルが検索対象となります。

対象2　クラスファイルが入ったJARファイルやZIPファイル

クラスファイルが入っているJARファイルやZIPファイルがあれば、そのファイルの場所（絶対パス）をクラスパスとして指定できます。クラスローダーは指定されたファイルの中を検索し、もしクラスファイルが見つかれば読み込みます。

たとえば、Calc.classが入ったcalcapp.jarというファイルがc:¥work¥jarsにある場合、「c:¥work¥jars¥calcapp.jar」をクラスパスに指定すると、Calc.classを読み込むことができます。

対象3　複数のフォルダ、JAR／ZIPファイル、それらの組み合わせ

複数のフォルダやJARファイル、ZIPファイルをデリミタ文字で区切ってクラスパスに指定できます。デリミタ文字は、Windowsの場合はセミコロン（;）、macOSやLinuxの場合はコロン（:）です。クラスローダーは、指定された場所を前から順に探していきます。

Windowsの例

```
c:¥work;c:¥work¥jars¥calcapp.jar
```

Linux や macOS の例

```
/var/javadev:/var/javadev/jars/calcapp.jar
```

クラスパスで指定された場所以外にクラスファイルを置いても、JVMはそのクラスを読み込めないんですね。

そのとおり。クラスは作ったのにプログラムがうまく起動できない場合は、まずクラスパスを確認しよう。

6.4.5 クラスファイルの正しい配置

クラスローダーやクラスパスはわかったつもりなんですが、どうしてコード6-8は動かせないんだろう…。

実はクラスローダーの働きについて、1つ大事なルールがあるんだ。

FQCNを指定してjavaコマンドを実行しても、まだコード6-8（p.227）を動かすことはできません。実行すると次のようなエラーメッセージが表示されてしまいます。

```
>java calcapp.main.Calc⏎
エラー: メイン・クラスcalcapp.main.Calcを検出およびロードできませんでした
原因: java.lang.ClassNotFoundException: calcapp.main.Calc
```

さきほどと似ていますが、今度は「ClassNotFoundException」というエラーが表示されています。どうやら、**クラスローダーが目的のクラスファイルを探し出せない**ようです（図6-6「問題点②」、p.230）。

ここまで解説したとおり、クラスローダーは**クラスパスで指定されたフォ**

ルダを対象に、探しているクラスファイルを調べます。このとき、次のようなルールでパッケージに属しているクラスのクラスファイルを探します。

パッケージに対するクラスローダーの動作

パッケージx.y.zに属するクラスCが対象なら、「クラスパスで指定されたフォルダ¥x¥y¥z¥C.class」を探そうとする。

つまり、パッケージに属したクラスファイルをクラスローダーに読み込んでもらうには、**現在のクラスパスを基準として、パッケージ階層に対応したフォルダ階層を作り、その中に必要なクラスファイルを配置しておく**必要があるのです。

たとえばc:¥workをクラスパスとする場合、コンパイルによって生成されたCalc.classとCalcLogic.classは次のようなフォルダを作成し、その中に配置しておかなければなりません。

```
Calc.class        →    c:¥work¥calcapp¥mainフォルダへ
CalcLogic.class   →    c:¥work¥calcapp¥logicsフォルダへ
```

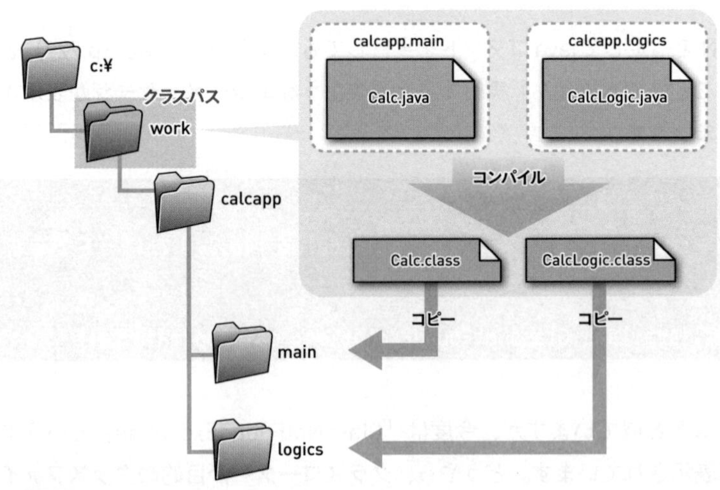

図6-8 パッケージ階層に対応したクラスファイルの配置

クラスファイルを適切なフォルダに置いた上で実行すれば、次のような順序を経て、無事にプログラムは動作するでしょう。

① JVMは起動させるクラス名（calcapp.main.Calc）を受け取る。
② JVMはクラスローダーにcalcapp.main.Calcの読み込みを指示する。
③ クラスローダーはクラスパスを確認する。
④ クラスローダーは、クラスパスを基準として「calcapp」→「main」とフォルダを降りていき（すなわち、c:¥work¥calcapp¥mainの中）、そこにCalc.classというファイルを発見する。
⑤ クラスローダーは発見したCalc.classを読み込む。
⑥ JVMは読み込んだCalcクラスのmainメソッドを実行する。

やった！　やっと動きました！　これで問題点②（図6-6、p.230）も解決ですね！

column

似ているようで異なるjavacとjavaの引数

javacコマンドとjavaコマンドの引数には、次のような違いがあります。

- **javacコマンドは「どのソースファイルをコンパイルするか」をファイル名で指定して実行する。**
- **javaコマンドは「どのクラスのmainメソッドを起動するか」をクラス名（FQCN）で指定して実行する。**

このように、よく似たこの2つのコマンドには、まったく別の引数を指定する必要があるのです。

今まではjavaコマンドに「.class」を付けないだけでうまくいってたのは、パッケージを使ってなかった（FQCNにパッケージ名が含まれなかった）からなのね。

6.5 名前空間

6.5.1 パッケージを使うもう1つのメリット

パッケージには、クラスをグループ化して整理し、プログラムをわかりやすくする目的のほかに、もう1つ重要な役割があります。それは、**自分が作るクラスに対して、開発者が自由に名前を付けられるようにする**ことです。

え？　今までも自由にクラス名を付けてきたし、不自由は感じませんでしたけど…。

そうだね。では、200個ぐらいのクラスを20人で分担して開発する場面を考えてみようか。

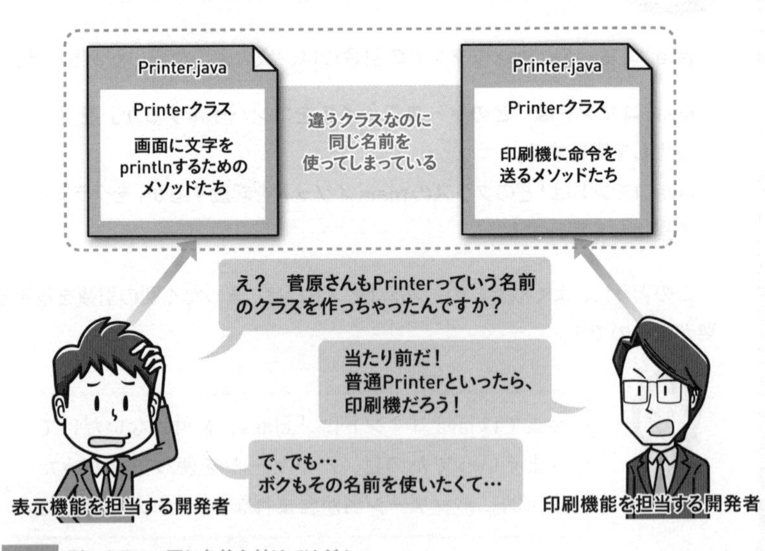

図6-9　別のクラスに同じ名前を付けてはダメ

大規模な開発現場では、複数の開発者が分担して各自が受け持ったクラスを開発します。すると、それぞれの開発者が偶然「同じクラス名を使ってしまう」可能性が出てきます（図6-9）。

このように、内容が異なる別々のクラスで同じ名前を取り合うことを**名前の衝突**といいます。

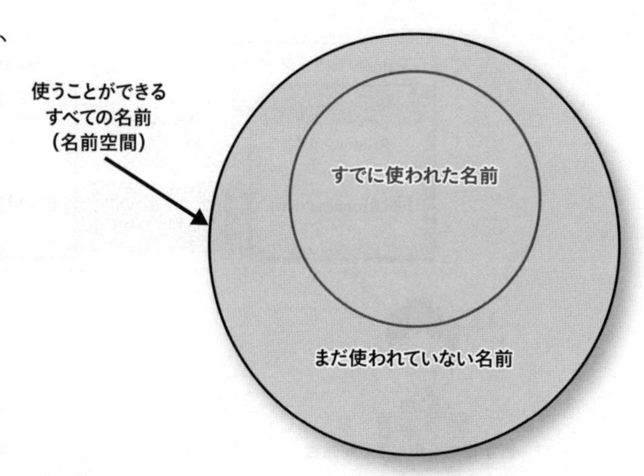

図6-10 新しいクラスを作るごとに、使えるクラス名が減っていく

異なるクラスで同じクラス名を使うと区別が付かなくなってしまうため、Javaではクラス名の衝突は原則として許されません。使うことができる名前の総量（**名前空間**）は限られていて、新しくクラスを作ると、そのクラス名は使えなくなり、使えるクラス名は減っていくのです（図6-10）。

現実世界で子どもの名前を付けるとき、もし「過去に使われた名前はダメ」という規則があったとしたら大変ですね！

確かに！　でも、どうして現実世界では名前が衝突しても問題ないんだろう？

現実世界で人名が重複しても問題が起きないのは、ほかの手段によって正しく区別できるからです。たとえば、同じ会社に同姓同名の人がいたとしても、「部署」や「役職」などによって区別がつきます。

Javaでも、**パッケージが異なれば同じクラス名を使ってよい**ルールになっています。なぜなら、クラス名が同一でも、パッケージ名が異なれば**完全限定クラス名（FQCN）が異なるので両者を区別できる**からです。

つまり、パッケージの利用によって、それぞれのパッケージの中ではにクラス名を自由に決められるわけです。

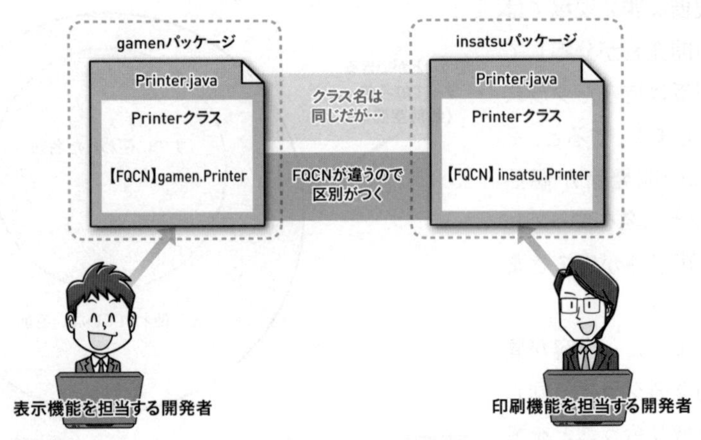

図6-11 パッケージ名が異なれば完全限定クラス名（FQCN）が異なるので区別がつく

6.5.2 パッケージ名の衝突を避ける方法

でも、パッケージ名が衝突しちゃうと困るんじゃないですか？

そうなんだ。だからパッケージ名の付け方には「あるルール」が推奨されているんだよ。

パッケージ名さえ異なればクラス名は重複してもよく、自由にクラス名を決められることがわかりました。しかし、**パッケージ名が衝突すると、これらの前提はすべて崩れてしまいます。**

自社の開発プロジェクトなら、誰がどのようなパッケージ名を使うかを事前に決めておけば衝突を回避できます。しかし、他社のパッケージを利用する場合にはどうでしょう？　パッケージ名が衝突しないように事前にコントロールするのは困難です。

たとえば、A社がmyappパッケージを使ってプログラムを開発しているとしましょう。画面表示を担当するPrinterクラスはA社内で開発しましたが、印刷機能はイギリスのC社が無料でインターネット上に公開しているPrinterクラスを利用すればA社内で開発せずに済みそうです。

しかし、C社も偶然そのプログラムでmyappパッケージを使っており、このままではA社が作成したmyapp.Printerと完全限定クラス名が重なってしまいます。これでは2つのクラスを区別できません。

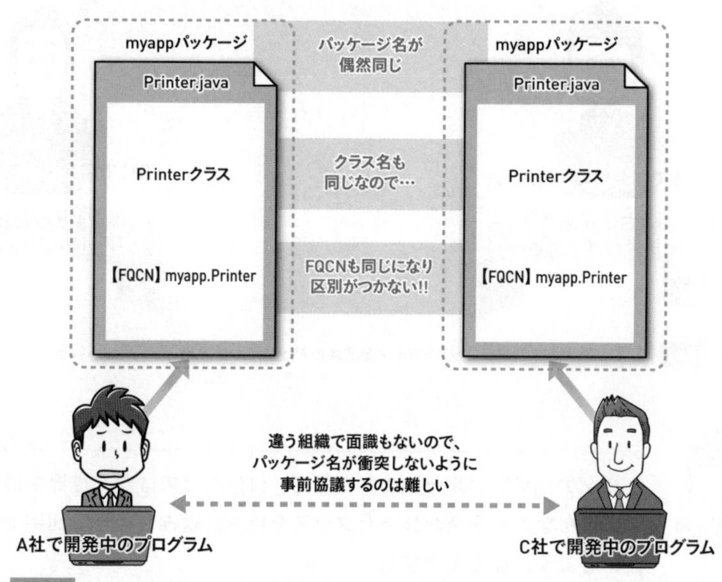

図6-12 まったく面識がない開発者とはパッケージ名とクラス名の調整ができない!

そこでJavaでは、自分（自社）が保有するインターネットドメインを前後逆順にしたものから始まるパッケージ名の使用を推奨しています。

たとえば、foo.example.comというインターネットドメインを取得している企業であれば、com.example.fooで始まるパッケージ名を使うのです。インターネットドメインはそれぞれの組織ごとに世界に1つだけですから、これでパッケージ名が衝突することはありません。com.example.fooより後は、企業や組織内部でパッケージ名が衝突しないよう調整を行えばよいのです。

えっと…うちの会社のURLがhttps://miyabilink.jp/だから…。

jp.miyabilink.から始まるパッケージ名を使えばいいんだよ。

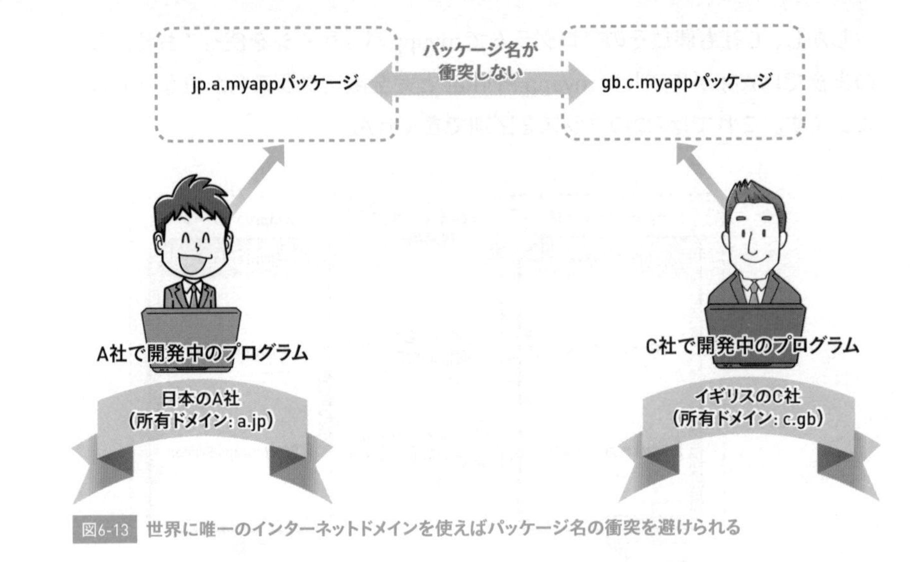

図6-13 世界に唯一のインターネットドメインを使えばパッケージ名の衝突を避けられる

パッケージ名のルールのおかげで、自分だけではなく世界中のいろんな人や企業が作ったクラスを自由に組み合わせて利用できるようになるんですね。

そうだよ。Javaのプログラムは「世界中のさまざまな人が作ったクラス」を組み合わせることで効率よく開発できるんだ。

テストプログラムなどでは簡易的なパッケージ名を付けていてもよいのですが、正式なプログラムのクラスには、この節で紹介した命名規則に従ったパッケージ名を付けましょう。みなさんが作って公開するクラスも、世界中の誰かが利用する日が来るかもしれません。

なお、本書掲載のコードは解説しやすくするために、今後も簡単なパッケージ名を使っていくよ。

6.6 Java APIについて学ぶ

6.6.1 世界中の人々の協力で完成していたHelloWorld

「パッケージの命名規則を守れば、世界中のいろんな人が作ったクラスと自分のクラスを一緒に動かせる」（6.5.2項）ってことでしたけど…ちょっと想像できません。

そうですよ。ボクが作るプログラムなんて、しょせん社内の数人で作るものばかりで、世界をまたにかけた開発だなんて、そんな大げさな…。

何を言っているんだ。君たちは、この本の冒頭から「世界をまたにかけたプログラム」を作ってきたじゃないか。

この本の冒頭で私たちが初めて開発したプログラムは、たった1つのクラスで画面に「HelloWorld」という文字を表示するだけのとてもシンプルなプログラムでしたね（コード0-1、p.20）。

しかし、このHelloWorldプログラム、**実は1つのクラスだけでできているわけではありません**。私たちが作成したクラスは1つだけですが、実際には多くのクラスから成り立っています。試しに、javaコマンドに特殊なオプションを指定してHelloWorldプログラムを実行してみます。

```
>java -verbose:class Main
[0.004s][info][class,load] opened: …
[0.011s][info][class,load] java.lang.Object source: …
[0.012s][info][class,load] java.io.Serializable source: …
```

```
[0.012s][info][class,load] java.lang.Comparable source: …
[0.012s][info][class,load] java.lang.CharSequence source: …
    ⋮
[0.039s][info][class,load] Main source: file: …
    ⋮
```


実行する環境やJVMのバージョンによって多少の違いはありますが、数百行の `[class,load] 〜.〜.〜` が表示されることでしょう。表示されたのは、HelloWorldプログラムが動作するためにJVMに読み込まれたクラスの完全限定クラス名です。

つまりHelloWorldプログラムとは、**私たちが作った1つのクラスがほかの数百個のクラスと連携して動く、多数のクラスからなるプログラム**だったわけです。

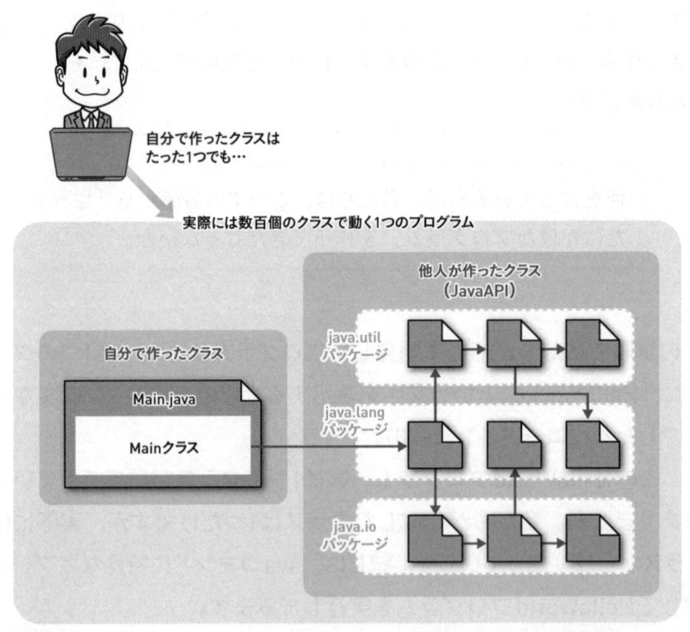

図6-14 自分で作ったクラスは1つでも、たくさんのJavaAPIクラスと連携して動作する

私たちが作った1つのクラスを除くほかの数百個のクラスは、Javaに初めから存在するクラスであり、それらは**API**（Application Programming Interface）と総称されます。

Javaでは、APIとしておよそ200を越えるパッケージ、3,500を越える多くのクラスが標準提供されていて、私たちプログラム開発者は、それらのクラスをいつでも自由に利用できます。

たとえば、「5つの要素を持つint型配列」に入っている5つの整数を並び替えるプログラムを開発する場面を想定してみます。並び替えのロジックを自力で開発するのは少し大変ですが、わざわざ自分たちで開発しなくても、APIとして準備されている命令を呼び出せばすぐさま解決できるのです。

コード6-10 **API利用の例**

BJ46A

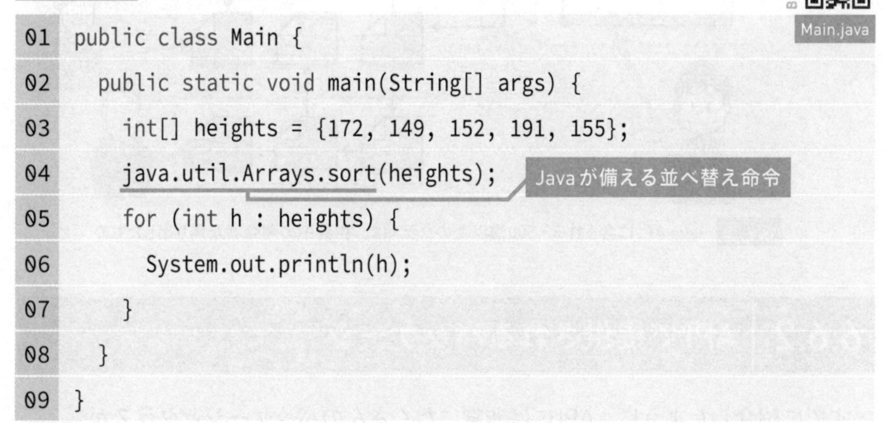


```
01 public class Main {
02   public static void main(String[] args) {
03     int[] heights = {172, 149, 152, 191, 155};
04     java.util.Arrays.sort(heights);
05     for (int h : heights) {
06       System.out.println(h);
07     }
08   }
09 }
```

たった1行で並び替え完了なんて、なんてラクチンなんだ！

しかもラクなだけじゃない。このAPIは数学の専門家が作ったものだから、自分で作るより高速で動くし、バグもないんだよ。

本章まで学んできた今のみなさんであれば、このコードが「java.utilパッケージのArraysクラスにあるsortメソッド」を呼び出していること、そして「java.util.ArraysはJavaが標準で提供するAPIの一部であること」をすぐに理解できるでしょう。

実際に、APIに含まれる3,500を越えるクラスは、それぞれクラスファイルの形（Arrays.classなど）で、JDKをインストールしたときにコンピュータに保存されています。これらのクラスファイルも、みなさんがHelloWorldプログラムを作ったときと同じように、Java言語を作った人たち（その多くが海外の技術者）がソースコードを書き、コンパイルして作ったものです。

みなさんは、自分でも気づかないうちに、世界中の人たちが作った数百個のクラスと連携するクラスを作って動かすという、世界をまたにかけた開発をしていたのです。何ともスケールの大きい話だと思いませんか？

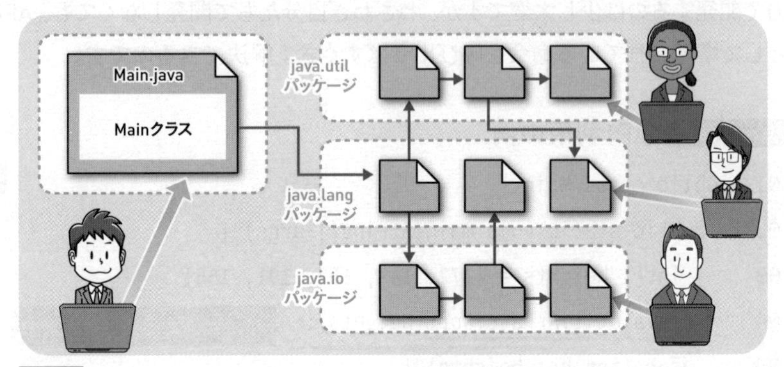

図6-15 Java APIに含まれる3,500個以上のクラスは、世界中の開発者が作り出したもの

6.6.2 APIで提供されるパッケージ

すでに紹介したように、APIには非常にたくさんのパッケージとクラスが含まれていますが、APIのクラスには「java.」または「javax.」で始まるパッケージ名が利用されています。以下は代表的なAPIパッケージです。

表6-1 Java APIに含まれる代表的なパッケージ

java.lang	Java プログラミングに欠かせない重要なクラス群
java.util	Java プログラミングを便利にするさまざまなクラス群
java.math	数学に関するクラス群
java.net	ネットワーク通信などを行うためのクラス群
java.io	ファイル読み書きなど、データを逐次処理するためのクラス群

特に、java.langパッケージに属するクラスは頻繁に利用するものが多いので、**import文を記述しなくても自動的にインポートされる**という特別扱いを受けることになっています。java.langパッケージに属する代表的なクラスには、System、Integer、Math、Object、String、Runtimeなどがあります。

今までずっと画面に表示するために使ってきた `System.out.println()` の「System」は、実は「java.lang.System」クラスだったんだよ。

6.6.3 APIリファレンスの読み方

APIにはどんなクラスがあるんだろう？　呼び出すだけで簡単にゲームが作れちゃうようなクラスとかがあったらいいな。

それじゃあどんなAPIがあるか、自分たちで調べる方法を紹介しよう。

Javaが提供する膨大な数のAPIクラスにどのようなクラスが含まれていて、どのようなメソッドを持っているか、興味がわいてくるかもしれませんね。

それを調べるには、**APIリファレンス**（API reference）と呼ばれるAPIの説明書を読む必要があります。「Java API 仕様」などのキーワードで検索すると、「Java SE 17 API仕様」といったタイトルのWebページが見つかるはずです。数字はJavaのバージョンを示していますので、自分が利用しているバージョンのページを探して閲覧しましょう。

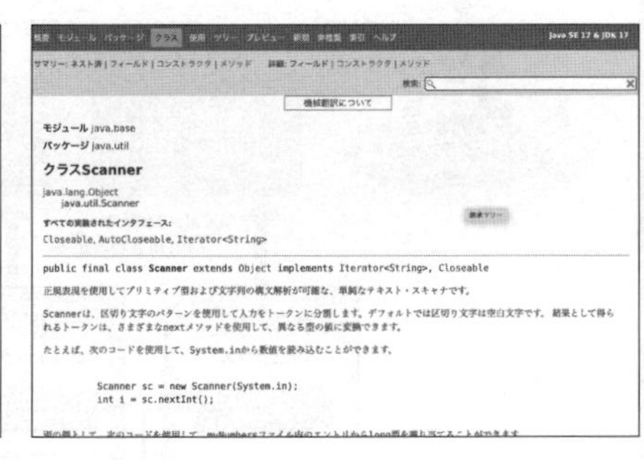

図6-16　APIリファレンス（Java17）

APIリファレンスのトップページは、図6-16左のような作りになっています。画面右上にある検索ボックスでキーワード検索もできます。もし、一覧を辿りながらクラスを探したい場合は、まずは「java.base」モジュールを選択し、その後、パッケージおよびクラスを選んでいきましょう。クラスの説明には、概要のほか、そのクラスが持つメソッドやその引数、戻り値などが詳細に解説されています。

試しにjava.utilパッケージのScannerクラスを調べてみてください。解説を下の方にスクロールすると、nextIntやnextLine、ほかにも数多くのメソッドを持っていることがわかります（図6-16右）。

column

クラスロードは必要なときに必要なものだけ

私たちが作った1つのクラスが、裏で3,500以上のAPIクラスと動いていた事実を知ると、「起動するたびに3,500ものクラスをロードすると動作が遅くなるのではないか、メモリがパンクするのではないか」と不安になるかもしれません。しかし、Javaのクラスローダーは**必要なクラスだけを、必要になったときにロードする**しくみなので、その心配は無用です。

たとえば、Calcクラスの実行を考えましょう。最初にJVMはCalc.classを読み込みます。そして、その内容を見て、Calcクラスの中でCalcLogicクラスを呼び出す必要があると気づきます。そこでJVMは初めてCalcLogic.classファイルを読み込みます。もしCalcクラスの内部でCalcLogicクラスを使っている部分をすべて削除すると、Calcクラスを実行してもCalcLogicクラスはロードされません。

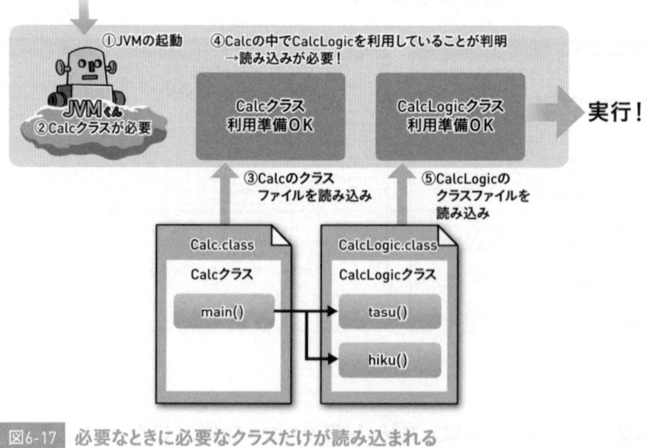

図6-17　必要なときに必要なクラスだけが読み込まれる

column

Javaの進化の歴史

Javaが公開された1996年頃はC言語などが主流で、Javaはマイナーな言語の1つにすぎませんでした。その後、バージョンアップのたびに改良され、現在のように広く使われるようになりました。

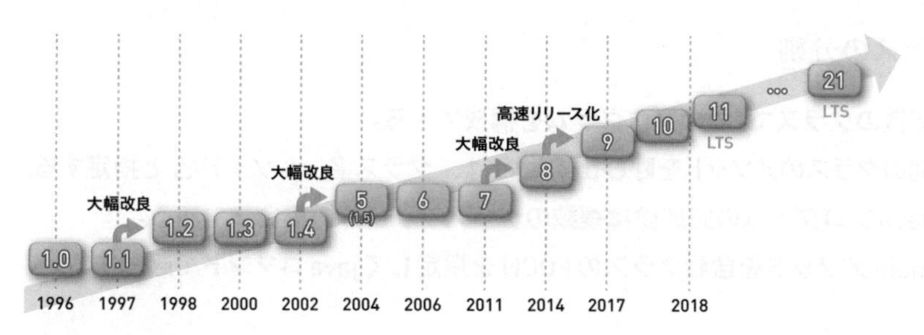

① 3度の大幅改良

Javaの歴史の中では3度の「大幅改良」がありました。1度目はバージョン1.1から1.2への改良です。1.2は現在普及しているJavaの基礎を築いたバージョンです。2度目は1.4から5.0への改良で、バージョン番号の振り方が変化したと共に、より利用しやすく敷居の低い言語にするために、文法の拡張やAPIの追加が行われました。そして2014年、ラムダ式などの近代的な言語機能を取り入れたJava8がリリースされました。

② 高速リリース方式への移行

それまで数年に1度、不定期でバージョンアップを行ってきたJavaは、2017年のバージョン9以降、毎年3月と9月の年2回リリースされることになりました。また、長期サポートが提供されるLTS版は、バージョン11, 17, 21とリリースされており、今後も4リリースごとに提供される予定です。最新のJavaのリリースと新機能については、sukkiri.jp（p.5）で随時紹介していますので、ぜひ参考にしてください。

6.7 第6章のまとめ

クラスの分割

- 複数のクラスで1つのプログラムを構成できる。
- 別のクラスのメソッドを呼び出す場合は、クラス名.メソッド名と指定する。
- Javaプログラムの完成像は複数のクラスファイルの集合体である。
- mainメソッドを含むクラスのFQCNを指定してjavaコマンドで起動する。

パッケージ

- package文を用いて、クラスをパッケージに所属できる。
- import文を使うと、コード中のFQCN指定を省略できる。

クラスローダーの動作

- クラスローダーは、読み込み対象クラスのFQCNに基づき、クラスパスを基準としてパッケージ階層に従ったフォルダ構造を探し、読み込む。
- コンパイルして生成したクラスファイルは、実行時にクラスローダーが見つけられるように、適切なフォルダに配置しなければならない。

API

- Javaにあらかじめ添付されている多数のクラス群をAPIという。
- APIは通常「java.」や「javax.」で始まるパッケージ名を用いている。
- java.langパッケージに属するクラスは自動的にインポートされる。
- APIに用意されているクラスは、APIリファレンスで調べることができる。

6.8 練習問題

練習6-1

次のソースコードがあります。

Main.java

```
01 public class Main {
02   public static void main(String[] args) throws Exception {
03     doWarusa();         ┐
04     doTogame();         ┘── 前半
05     callDeae();         ┐
06     showMondokoro();    ┘── 後半
07   }
08   public static void doWarusa() {
09     System.out.println("きなこでござる。食えませんがの。");
10   }
11   public static void doTogame() {
12     System.out.println("この老いぼれの目はごまかせませんぞ。");
13   }
14   public static void callDeae() {
15     System.out.println
         ("えぇい、こしゃくな。くせ者だ！であえい！");
16   }
17   public static void showMondokoro() throws Exception {
18     System.out.println("飛車さん、角さん。もういいでしょう。");
19     System.out.println("この紋所が目にはいらぬか！");
20     doTogame();    // もう一度、とがめる
21   }
22 }
```

BJ46a

次のルールに従い、このクラスを3つのクラスに分割してください。

① commentパッケージに属するZenhanクラスを作成し、前半に実行される2つのメソッドを移動する。
② commentパッケージに属するKouhanクラスを作成し、後半に実行される2つのメソッドを移動する。
③ デフォルトパッケージに属するMainクラスにはmainメソッドだけを残す。そして、このクラスの先頭ではZenhanクラスだけをインポートする。

なお、2つのメソッド宣言に書かれている `throws Exception` は、ここでは考えないものとします（第17章で解説）。

練習6-2

練習6-1で分割した各ソースファイルをコンパイルし、完成した3つのクラスファイルを適切なフォルダにコピーしてください。その上で、javaコマンドを実行し、プログラムを正常に動作させてください。

練習6-3

showMondokoroメソッドについて、「この紋所が目にはいらぬか！」の表示後に3秒間の待ち時間を入れます。APIリファレンスでjava.lang.Threadクラスを調べ、実行を一時的に止めるメソッドを呼び出すよう修正してください。

練習6-4

Windowsの環境変数CLASSPATHとして、「c:¥work¥ex64」が設定されているとします。このとき、現在のフォルダ（カレントディレクトリ）によらず `java Main` というコマンドで練習6-3のプログラムが動作するには、Main.class、Zenhan.class、Kouhan.classを、どのフォルダに配置すればよいか答えてください。

練習6-5

`java Main` というコマンドを実行すると、練習6-3のプログラムが動作するWindowsコンピュータがあります。また、このコンピュータのZenhan.classは、「c:¥javaapp¥koumon¥comment」というフォルダの中に存在しています。このとき、環境変数CLASSPATHとして設定されている内容を答えてください。

第Ⅱ部

スッキリ納得オブジェクト指向

Javaの本当のおもしろさ

ここまでお疲れさま。どうだい、Javaとはいい友だちになれそうかい？

はい！　ちょっと迷うこともあるけど…。でも、基本的にはmainメソッドの中に処理を書いていけばいいんですよね？

専門家も使うJavaって、超ムズかしくて、完全に意味不明なんじゃないかって想像してたので、安心したっていうか、ちょっと拍子抜けっていうか…。

はは、それはよかった。でも、2人はまだJavaの本当の姿、本当の魅力にほとんど触れていないんだよ？

えっ？

Javaはここからが大事だし、おもしろいんだ。学習のレベルは少し上がるけど、Javaの本当の魅力に触れれば、2人のプログラミング観がきっと変わると思うよ。

第I部で学習した文法だけでもJavaのプログラムを書くことはできます。しかし、これまで学んだ内容だけでは、Javaの真の実力を使うことにはなりません。
第II部では、Javaというプログラミング言語の真価を発揮するために必要不可欠である「オブジェクト指向プログラミング」について、一歩ずつ、ていねいに学んでいきます。

chapter 7 オブジェクト指向をはじめよう

Javaの根幹をなす「オブジェクト指向」を
ラクに理解するためには、準備体操が必要です。
そこで本章では、オブジェクト指向に本格的に取り組む前に、
その全体像と学び方のコツを多くのイラストを交えて
やさしく解説していきます。

contents

7.1 オブジェクト指向ことはじめ

7.1.1 ソフトウェア開発の新たな問題

菅原さん……助けてください！

どうしたんだい？　先週までは、「ボクはもうどんな大きなプログラムだって書けるんです！」と自信満々だったじゃないか。

はい、文法はすべてわかりますし、必要な命令も自分で調べられます。「RPG：スッキリ魔王征伐」の開発も順調でしたが、ソースコードが400行を超えたあたりで、何というか……どこに何の処理を書いたのかわからなくなって、自分でも頭が混乱してしまいました。機能を修正しようとするたびに**頭がパンクしそうになって、開発が進まない**んです。

「わからないことはないのに書けない」んだね。それじゃ、その悩みの原因を解きほぐしていこうか。

第Ⅰ部を通して、私たちはJavaの基本文法をひととおり学習しました。また、APIリファレンスを自ら調べて、Javaに用意されたさまざまな命令を利用できるようになりました。つまり、一部の特殊な例を除けば、理論上どのように大きなプログラムでも作れるようになったはずです。

しかし、実際に本格的なプログラムを開発し始めると、湊くんのように**ソースコードが長く複雑になりすぎて、開発者自身がその内容を把握しきれなくなる**という問題に直面します。

この問題は、第6章で学習した方法を用いてソースコードを複数のクラスやメソッドに分割することで、多少は緩和されるでしょう。しかし、それでもソースコードが数千行、数万行を越えると、結局は同じ問題に悩まされるはずです。

実は、この問題は50年ほど前に世界中のプログラマたちがぶつかった壁そのものです。1970年代、さまざまなプログラム言語が登場し、これにより大規模なプログラムの作成が理論上は可能となっていました。

ですが、いざ大きなプログラムを記述しようとすると、開発に時間がかかったり、完成しても不具合だらけのプログラムになったりしてしまうことが少なくありませんでした。なぜなら、その原因はコンピュータの演算性能や記憶容量ではなく、図7-1にあるように、人間の頭が追いつかないために**人間自身がプログラム開発のボトルネックになってしまっている**ことにあったからです。

あ〜！ ワケわからん！！
早くプログラムくれよ
処理してやるからさ…

図7-1 人間自身が巨大なプログラムを把握できなくなり「ボトルネック」になってしまった

7.1.2 オブジェクト指向プログラミングをマスターしよう

そこで、誕生したのが**オブジェクト指向プログラミング**（Object Oriented Programming = OOP）という考え方です。この考え方に従ってプログラムを書くと、前述のような問題に悩むことなく、**大規模なプログラムもラクに開発できる**ようになったのです。

第Ⅱ部（第7章〜第13章）では、このオブジェクト指向の考え方を学んでいきます。オブジェクト指向をマスターすることで、業務などで携わる大規模で複雑なプログラムも、スッキリと開発できるようになるでしょう。

オブジェクト指向の目的

「人間が把握しきれない複雑さ」を克服するためにオブジェクト指向は生まれた。

7.1.3 オブジェクト指向を学ぶコツ

あぁ、もうダメだぁ！　ボク「オブジェクト指向」って聞いたことがあるんです。とにかく難しくて、挫折してしまう人が多いって……。

その半分は正解だが、半分は間違っているよ。確かにオブジェクト指向をマスターできずに挫折する人はいるし、その本質を理解せずに使っている人もいる。ただ、**オブジェクト指向の難しさは「学び方」によって大きく変わるんだ。**

ということは、うまく勉強すれば難しさを感じずにマスターできるってことですか？

そうだよ。君たちの先輩には「オブジェクト指向って、思っていたより簡単ですね」と話す人もいたよ。しかも、その人はプログラミングの経験がまったくない人だったんだ。

オブジェクト指向を学ぶ人々からは、「学習が難しい」あるいは「挫折してしまった」、「理解できていない部分もあるが、なんとなく使っている」という声を聞くことも少なくありません。しかし安心してください。Javaの基本文法は理解できたのにオブジェクト指向はとても難しく感じる人には共通点があって、彼らは次に示す、**たった1つの簡単な予備知識を得ずに、いきなりオブジェクト指向の学習を始めてしまっているだけ**なのです。

学習意識の切り替え

基本文法とオブジェクト指向とでは、そもそも**学ぶものも学び方もまったく違う**。

本書の第I部で学んだ内容は、「こう書けば、こう動く」「こう書かないと正しく動かない」といった文法や記述方法のルールでした。書き方の**正解そのものを学ぶ**のですから、単に丸暗記して習ったとおりに使えばよいだけです。算数にたとえれば計算問題（足し算や引き算の方法を知る）、料理でいうならレシピ（カレーの材料と作る手順を知る）のようなものです。

一方、この第II部では、「プログラムを作るときには、このようにプログラム全体を捉えて、こういう文法の組み合わせ方をすると、ラクにプログラムを作れる」といった考え方を学びます。つまり、**正解に辿り着くための考え方を学ぶ**のです。算数ならば文章題（どう問題を捉えてどう計算していくと答えが出るかという考え方を学ぶ）、料理ならもてなし方（どのような状況で、どのような料理を組み合わせて出せば喜ばれるかという考え方を学ぶ）に相当するでしょう。

このように、第II部では「捉え方」「考え方」を学んでいきます（図7-2）。まとめると、**オブジェクト指向の学習においては、概念の理解やイメージを、より重要視する必要がある**のです。

本書の部・学ぶ趣旨	第I部 基本文法 （定義・ルールなど）	第II部 オブジェクト指向 （考え方）
算数にたとえると？	計算問題を学ぶ （四則演算の意味、書き方など）	文章題を学ぶ （文章の内容を、どう捉えるか）
料理にたとえると？	料理のレシピを学ぶ （いつ、何の材料を、どれだけ入れるか）	料理での「もてなし方」を学ぶ （状況をどのように捉え、 料理の食材で表現していけばよいか）

図7-2　第I部では「Javaの基本文法」、第II部では「オブジェクト指向の考え方」を学ぶ

丸暗記やひたすら練習みたいな「計算問題の学び方」でがんばっても、文章題はなかなか解けるようにならないですもんね。

そうだね。オブジェクト指向本来の「考え方」を理解する前に、いきなり小難しい文法を覚えようとするから挫折しちゃうんだ。

オブジェクト指向を学ぶにあたり、まず必要なのは、その「考え方」の概要や全体像を理解することです。この第7章はそのためだけにあります。

しかし、オブジェクト指向という「考え方」には形がなく、把握しづらいところがあるのも事実です。たとえるなら「出世する人の仕事に対する考え方」や「恋も仕事もうまくいく人の考え方」などと似ていて、教わったからといってすぐに隅々まで100%理解できるようなものではありません。

完璧主義の人にはやや気持ちが悪いかもしれませんが、初めは「こういう感じで考えるんだな」という、多少あいまいでぼんやりとした理解でかまいません。繰り返し学習したり、たくさんプログラムを組んだりしていくうちに、徐々に明瞭なイメージになっていくでしょう。

むしろ、一部の章だけを切り出して完璧に理解しようとしても、思ったように理解は進みません。なぜなら、私たちがこれから学ぼうとしているオブジェクト指向には、さまざまな「発想」「着眼点」「テクニック」そして「関連する文法」が含まれており、それらは相互に、しかも密接に関係しているからです。第Ⅱ部の学習は、図7-3のように少しずつ繰り返し学んでいくのがコツなのです。

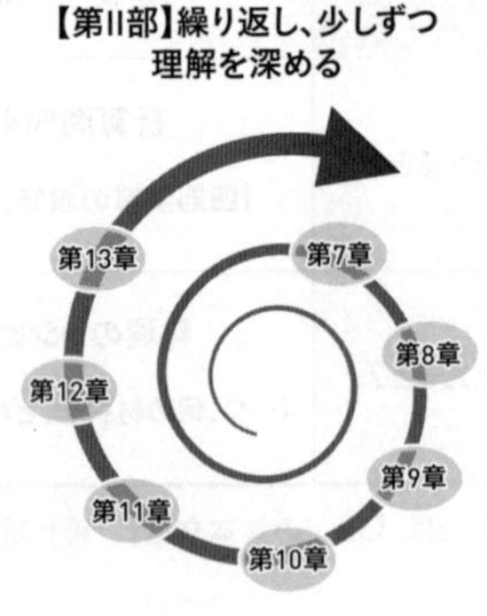

図7-3 基本文法とオブジェクト指向の学び方の違い

7.2 オブジェクト指向の定義と効果

7.2.1 オブジェクト指向の定義

オブジェクト指向を初めて学ぶ人が最初にぶつかる壁があります。それは**「オブジェクト指向とは何か？」**という問いに明確な答えが得られないことです。学校や職場の先輩に質問しても、それぞれ答えが異なり、あいまいで長くてわかりづらい説明をされることもあるでしょう（図7-4)。正確な答えを知ろうとして、教科書的な定義を持ち出されると、ますます混乱していきます。

オブジェクトを中心に捉えた
プログラミング方法なんだよ。
オブジェクトっていうのはな、
プログラムで表現したい「何か」であって、
たとえば車とか社員とか…
オブジェクト指向っていうのはねぇ、
そうだなぁ…うーん、まぁ「継承」とか
いろいろ使えて便利なプログラミングが
できる感じなのよ
継承？ オブジェクト？ 中心？
余計にわかんないよぉ…。
いったい何なの？

図7-4 「オブジェクト指向とは」という質問がいちばん難しい？

オブジェクト指向を初めて学ぶ私たちには、小難しい学問的な定義よりも、次のようなシンプルな定義のほうが理解しやすいでしょう。

オブジェクト指向の定義

オブジェクト指向とは、**ソフトウェアを開発するときに用いる部品化の考え方**のこと。

「部品化」の考え方は第5章と第6章を通じて学びましたね。1つの巨大なmainメソッドを作る代わりに、複数のメソッドやクラス（ソースファイル）に分割したり、複数の部品を組み合わせたりして、全体として1つのプログラムを作る手法のことでした（図7-5）。

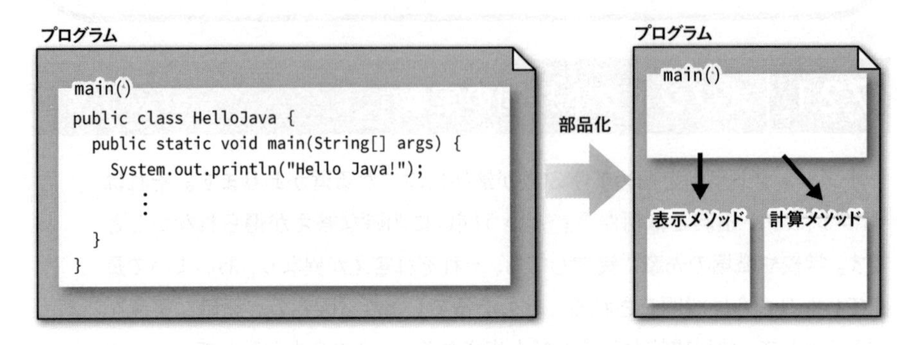

図7-5　巨大な1つのmainメソッドを複数のメソッドやクラスに分割してプログラムを作る

しかし、以前の章では、「どのような基準で部品を分けるべきか」という**部品化のルールについては触れていません**。プログラムを開発していて、ある程度大きくなって読みづらくなってきたから分割する、なんとなく意味が似ている単位で分割するなど、その程度の主観的な判断にすぎず、このように分割したほうが良いプログラムが作れるという確固たる根拠に基づいた部品化ではありませんでした。

しかし、これから学習するオブジェクト指向という考え方に沿って1つのプログラムを複数に部品化すると、その内容が把握しやすくなり、**「人間の頭が追いつかない状況」を避けることができる**ようになるのです。

7.2.2 オブジェクト指向のメリット

先輩、私、オブジェクト指向の目的やメリットはインターネットで読んだことがあります。大規模なプログラムを作る際に、「柔軟性が上がる」「再利用性が上がる」「保守性が上がる」と書いてありました。賢い部品化で「複雑なプログラムを人間が把握しやすくなる」から、その結果、柔軟で保守や再利用がしやすいプログラムが作れるんですね。

確かにそのような説明が書いてある本やサイトもあるね。でも、今の朝香さんにとって、その理解でいいのかな？

いいも何も、オブジェクト指向って、そういうものじゃないんですか？

オブジェクト指向とは「何のため」にある考え方なのでしょうか。利用すると「何か嬉しいこと」があるのでしょうか。

その根底にある目的は、**人間が内容を把握しやすいプログラム開発を実現する**というものです。この考え方を利用した「賢い部品化」を行うと、把握しやすさが向上するほかにも次のようなメリットが生まれるといわれます。

- **プログラムの変更が容易になる（柔軟性・保守性の向上）**
- **プログラムの一部を簡単に転用できる（再利用性の向上）**

しかし、Javaを学び始めたばかりのみなさんは、このメリットを**一度忘れてください**。これら柔軟性・保守性・再利用性のメリットは、厳しい予算や納期の中で大規模なプログラムを何度も開発したり修正したりするようになって初めて実感できるものです。

本書を学習しているみなさんは、先ほど述べた「保守性」や「再利用性」の必要性や大切さを心の底から理解し、**「保守性や再利用性のために、オブジェクト指向を絶対マスターするぞ！」とは思えないはず**です。

オブジェクト指向は「一度マスターしてしまえば、二度と手放せないぐらい便利な一生モノの技術」です。しかし、「鼻歌交じりにナメてかかって理解できる」ほど生やさしいものではありません。これからオブジェクト指向を学ぶみなさんは、まさに今、この章を読んでいる段階で**「マスターできたら嬉しい！」「絶対マスターしたい！」と心底思えるようなメリットをイメージしなければなりません。**

Javaの入門者である今の私たちが抱くべき「オブジェクト指向のメリット」は、次のひとことで十分です。

オブジェクト指向を用いるメリット

「ラクして、楽しく、良いものを」作れる

同じ開発をするのなら、毎晩のように徹夜をしたり休日出勤したりして開発するのと、毎日定時に帰れるよう効率的に開発するのと、どちらがよいでしょうか？　頭をかきむしりながら画面とニラメッコして開発するのと、まるで絵でも描くように創造力を発揮しながらプログラムを作っていくのでは、どちらがよいでしょうか？

聞くまでもありませんね。みなさんはこの第Ⅱ部の内容をマスターすることによって「ラクして、楽しく、良いものを」作れるようになるのです。

column

「考え方」「捉え方」の違いが世界を変えることもある

私たちは日常生活でも「考え方」を変えることによって生活を便利にしています。たとえば「ゼロ」や「マイナス（負の数）」の考え方です。

天気予報では「○○地方の最低気温はマイナス10度」などと表現されます。日常では当然のように見かけるマイナスの数字ですが、原始時代の人類にとって、自然界の何かを数える場合は常に1以上でした（そのため1以上の整数を「自然数」といいます）。

「なにもないこと（ゼロ）」や「なさすぎること（負の数）」を数字として扱う「考え方」を導入したのは、人類の長い歴史の中でもわずか1400年ほど前からです。ゼロや負の数という考え方を導入する前と後で世界が変わったわけではありません。**人間が「考え方」「捉え方」「概念」を変えただけ**なのです。

しかし、この新たな「考え方」の導入によって、人間は世界のさまざまなものを数字として把握し、制御することが可能になり、ITのみならず社会生活を発展させる基盤となっています。

7.3 オブジェクト指向の全体像と本質

7.3.1 オブジェクト指向と現実世界

でも菅原さん、「ある考え方」を利用するだけで、なぜラクして楽しく良いものが作れてしまうんでしょうか？　その「なぜ」がわからないとスッキリしません。

そうだね。それはオブジェクト指向の全体像と、その本質を知れば理解できるよ。

オブジェクト指向という考え方を採用し、部品化をするだけで、「ラクして楽しく良いもの」が実現できてしまうなんて、何だか悪徳商法の宣伝文句のような印象を持つ人もいるかもしれません。この節では、その根拠となるオブジェクト指向の本質を探っていきましょう。

そもそも、我々は何のためにプログラムを開発するのか、考えたことはあるかな？

普段あまり考えることはないかもしれませんが、私たちが開発するプログラムやシステムの多くは、**現実世界における何らかの活動を自動化するためのもの**です。さらにわかりやすく言うなら、「人がやってきたことを機械にやらせて人がラクをするためのもの」と言い換えることもできるでしょう。

たとえば、銀行のATMシステム（ATMの機械と、その中で動いているプログラム）を想像してください（次ページ図7-6）。江戸時代のように、コンピュータがなかった頃には人間が行っていた作業（依頼の受け付け、残高の検査、引き出し、記帳、受け渡し）を、機械に肩代わりさせていると考えることができます。

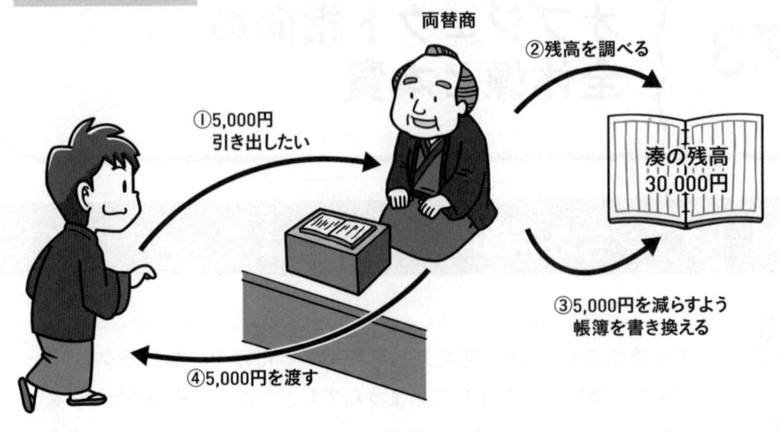

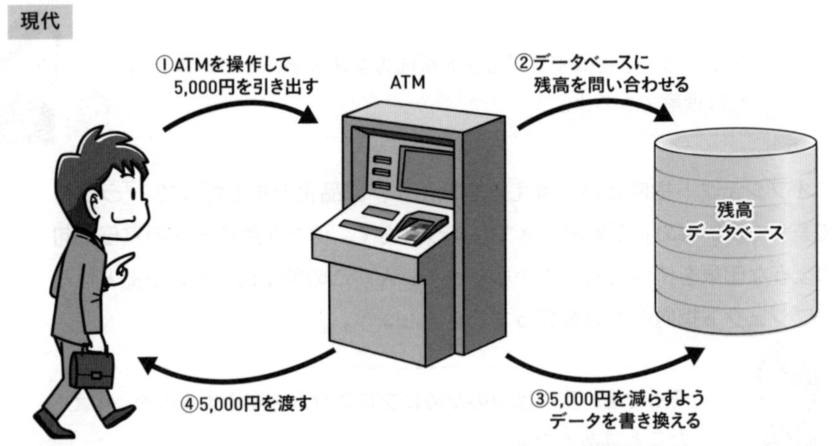

図7-6 ATMシステムは、江戸時代における「両替商」の代わりであり、人間がやっている作業をプログラムに置き換えたもの

同様に、現実世界での「切符販売の仕事」を機械とプログラムに置き換えたものが、「自動券売機とそのプログラム」です。現実世界での「みんなに公開する日記帳」をプログラムにしたものが「ブログ」です。また、本書の湊くんが作っているRPGも現実世界ではありませんが、ファンタジーの世界のさまざまな人物の冒険や戦いをコンピュータ上で実現しているものです。

このようにプログラムやシステムは、現実世界のある活動を人間に代わって機械にやらせるために作られるものであって、**現実世界とは無関係に単独で存在しているものは、ほとんどありません。**

7.3.2 手続き型プログラミングとの違い

第Ⅰ部で私たちが行ってきた従来のプログラミング手法は、**手続き型プログラミング**（procedural programming）と呼ばれています。開発者が頭を捻り、コンピュータがどのように動けばよいかという手順を考え、プログラムの先頭から順番に命令として記述していく方法です。

一方、オブジェクト指向で開発を行う場合、プログラマはいきなりコードを書き始めることはしません。まず、プログラムで実現しようとする部分の「現実世界」を観察します。たとえば銀行振込の手続きをプログラム化する際には、銀行窓口での取り扱いを観察して図7-7のようなイメージ図（設計図）を描きます。

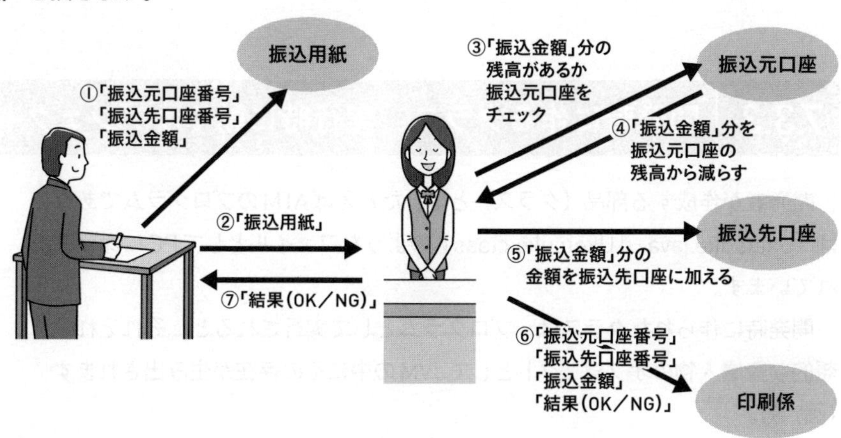

図7-7 オブジェクト指向では、まず現実世界を観察し、それを設計図に落とし込んでいく

ここで着目してほしいのは、この設計図はITの知識がない一般の人に見せても理解できる「現実世界における銀行取引の構図そのもの」である点です。そして、設計図の中の登場人物や物の1つひとつを部品と捉え、それを「クラス」というJavaにおける部品で記述していくのです（次ページ図7-8）。

オブジェクト指向による部品化のルール

現実世界に出てくる登場人物の単位で、プログラムをクラスに分割する。

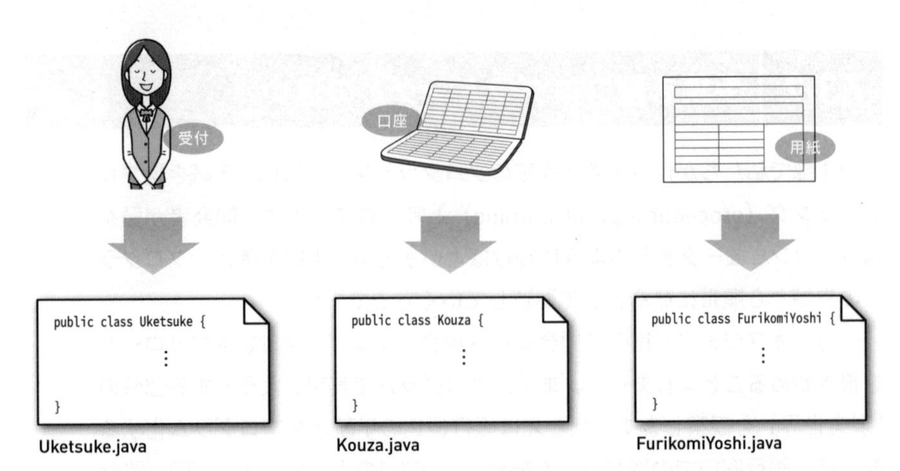

図7-8 設計図の部品をJavaのクラスとして記述していくことで、現実世界の定義や行動をプログラム化できる

7.3.3 開発時に作るクラス、実行時に動くオブジェクト

開発者が作成する部品（クラス）とは、たとえばATMのプログラムであれば「Uketsuke.java」「Uketsuke.class」のようなファイルとしてPCに保存されています。

開発時に作られたクラスは、プログラムとして実行されると、それぞれ**仮想的な登場人物**のオブジェクトとしてJVMの中にその存在が生み出されます(図7-9)。

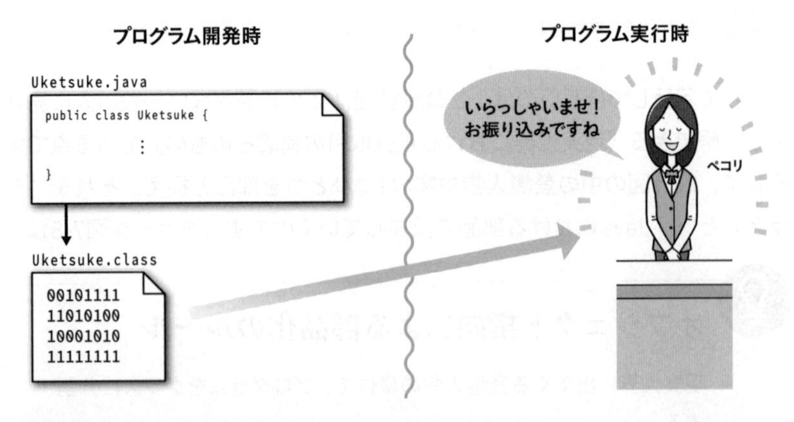

図7-9 Javaで作られたUketsukeクラスから、JVM内に「仮想的な受付係」が生み出され、現実世界の動作をまねて動き出す

そして「仮想的な口座」「仮想的な受付」「仮想的な印刷担当」などが、コンピュータ（JVM）という「電子的な仮想世界」の中に作られ、現実世界をそっくりまねた**Java仮想世界**とでもいえるような世界を形成します。

図7-10 ATMは銀行の各種業務をプログラムに置き換えた「電子的な仮想世界」

7.3.4 オブジェクト指向における開発者の役割

オブジェクト指向プログラミングにおいて、開発者はまるで「Java仮想世界における神様」のような存在です。なぜなら仮想世界にどんな登場人物や物を生み出し、それらをどのように連携させるかを決め、それぞれの部品を作っていく立場だからです。

たとえば国内の複数の倉庫に在庫のある書籍をインターネットで販売するプログラムを作るなら、本の販売業務を観察した上で、「必要な物（オブジェクト）は『本』『倉庫』『顧客』『購入記録』…」と判断し、図7-7のような設計図を書いていきます。

手続き型のプログラムのように「コンピュータが実行すべき手順を1行ずつ定める」のではなく、「オブジェクトをどう作るか、どのように連携させるか」を第一に意識しながら開発していきます。このことが「オブジェクト指向プログラミング」という名前の由来になっています。

「○○指向」というのは、「○○を大切にした」「○○を中心に据えた」という意味だよ。

7.3.5 オブジェクト指向の本質

それでは、「なぜオブジェクト指向の考え方を使うと、大規模で複雑なプログラムも把握しやすくなり、その結果、ラクして楽しく良いものを作れるのか？」という問いに答えましょう。

私たち人間が慣れ親しみ、よく把握している現実世界をマネして作られたプログラムもまた、私たち人間にとって把握しやすいものだから

さらにオブジェクト指向には以下のメリットもあります。

- **プログラム開発時に「手続きを想像して作る」必要はない。現実世界をお手本に、それをマネして作ればよい。**
- **現実世界の登場人物に変化があった場合、対応する部品（クラス）を修正、交換すれば簡単にプログラムを修正できる。**

このようなメリットは、「現実世界をマネる」からこそ生まれてきます。つまり、**現実世界の登場人物たちを、コンピュータの中の仮想世界にオブジェクトとして再現し、現実世界と同じように連携して動くようにプログラムを作ること**こそがオブジェクト指向の本質なのです。

いくらクラスをたくさん使っても、後述する「継承」などの機能を利用しても、オブジェクト指向の本質を正しく理解しておかなければ、「人間が把握しにくく、修正や交換が困難なプログラム」しか作成できないでしょう。

オブジェクト指向の本質

現実世界の登場人物とそのふるまいを、コンピュータ内の仮想世界で再現する。

7.4 オブジェクトと責務

7.4.1 サッカーで考えるオブジェクト指向

手続き型とオブジェクト指向との違い、そして「オブジェクト」をより深くイメージするために、サッカーの試合を題材に考えてみましょう。

監督であるあなたは、11名の選手に的確に指示を出して彼らを動かし、相手チームからゴールを奪わなければなりません。これは、「開発者であるあなたが、コンピュータに的確に指示を出し、目的どおりに動かさなければならない」状況と似ています。

次の図7-11は、「手続き型プログラミング」をサッカーにたとえた図です。

試合が始まったら、まずFW田中、2歩前へ！
次にMF林は相手FWのようすを見る。
もし、「田中に向かってきたら」→左へ15歩移動する。
もし、「探していたら」→前へ5歩移動する。
次にFW飯山は敵からボールを奪う。
もし、「成功したら」→FW田中へパスする。
もし、「失敗したら」→もう一度、
ボールを奪う動作を繰り返す。
⋮

図7-11 「手続き型」の監督は、選手に逐一、指示を出さなければならない

監督であるあなたは、全選手の一挙手一投足に対して、すべての指示を細かく出す必要があります。これでは監督の負担が非常に大きく、体がいくつあっても足りません。作戦変更や選手交代などをしようとしても、監督自身が大混乱してしまうでしょう。

これってまさに、この章の冒頭のボクですね。

そして次の図7-12は、「オブジェクト指向プログラミング」をサッカーで表現した図です。

おまえは攻めの要だ。
ボールを受け取ったらなるべくドリブルで前へ運べ。
ゴールまで20m以内で敵がいなければシュート。
後ろへパスはするな
おまえは、なるべく横にパスを回して、左右の攻撃陣にボールを渡すのが仕事だ。
ボールを持ったら右か左か、相手が少ないほうのFW選手へパスを出せ。
縦にパスを出す必要はない
さあ、みんな後は任せたぞ！
がんばって戦ってこい！
はい！
はい！
フォワード
ミッドフィルダー

図7-12 「オブジェクト指向型」の監督が事前に選手の役割と責任を割り当てれば、試合では選手自身が自分の役割を果たすために行動する

監督であるあなたは、1人ひとりの選手を部品と考え、**それぞれの責務（役割や責任）**を事前に割り当てたクラスとして作ります。試合が始まったら、監督のすることはほとんどありません。仮想世界には、それぞれの選手オブジェクトが生み出され、**あとは選手オブジェクト自身が自分の役割を果たしながら他のオブジェクトと連携して動いてくれます。**

それぞれの選手（クラス・オブジェクト）に、「この状況下で、どう行動すべきか」という責務をあらかじめプログラミングしているため、試合中にそれぞれの選手の一挙手一投足まで指示する必要はなくなるのです。

責務の割り当て

オブジェクト指向プログラミングでは、開発者はそれぞれの部品（クラス）に「責務」をプログラムとして書き込む。

7.4.2 オブジェクトの姿

これまでの例に挙げた「サッカー選手」「口座」「受付」など、仮想世界で動くそれぞれのオブジェクトは、すべて何らかの責務を仮想世界の神様たる開発者から与えられます。たとえば、「サッカー選手」オブジェクトは「ボールを受けたら前に走る」「シュートする」など、あらかじめ設定された役割を果たす**行動責任**を負っています。

同様に、ATMの「受付」オブジェクトにも図7-7（p.267）のような行動責任があります。振り込み依頼を受け付けたら、「口座」オブジェクトが管理する2つの口座間でお金を移動し、その結果を「印刷係」オブジェクトに渡してATM利用控えの印刷を依頼するという一連の流れが受付の行動責任です。

では、「口座」オブジェクトは、いったいどんな責任を負っているのでしょうか？ 「口座」は行動責任を負っていませんが、「残高をしっかり覚えておく」という**情報保持責任**を負っています。

確かに、気づいたら中身が消えているような「無責任な口座」では困りますね。

このような「情報保持」と「行動」の責任を果たすために、それぞれのオブジェクトは**属性**と**操作**を持っています。

【属性】 その登場人物に関する情報を覚えておく箱
【操作】 その登場人物が行う行動や動作の手順

たとえば、湊くんが開発中のRPGにおける「勇者」という登場人物は、図7-13のようなオブジェクトとして考えることができるでしょう。

勇者オブジェクトは、自分の名前やHPをしっかり覚えておかなければなりません（**情報保持責任**）。そして、もし「戦え」と命令されれば勇敢に目の前の敵と戦い、「眠れ」と命令されれば眠って自分のHPを回復させる責任（**行動責任**）があるのです。

そのオブジェクトがどんな属性や操作を持つかは、開発者が部品を作成する際に決定します。そのためには現実世界の登場人物をよく観察し、どのような属性を持ち、どのような操作ができるかを忠実に再現する必要があります。

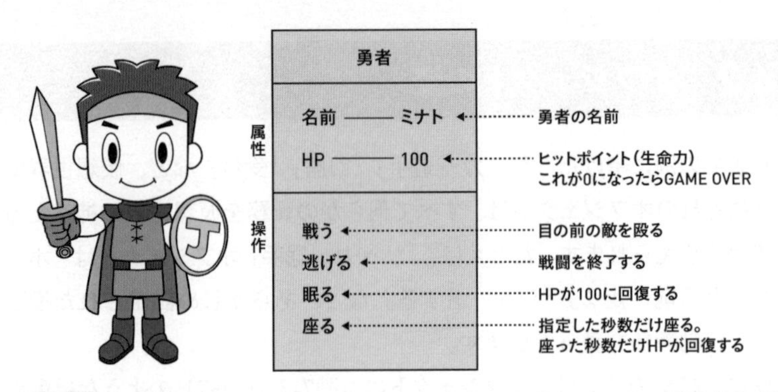

図7-13 仮想世界を冒険する勇者オブジェクトは、「属性」と「操作」を持ち、情報保持と行動の責任を果たす

では、勇者同様に、「お化けキノコ」という登場キャラクター（これもオブジェクトです）を考えてみましょう（図7-14）。

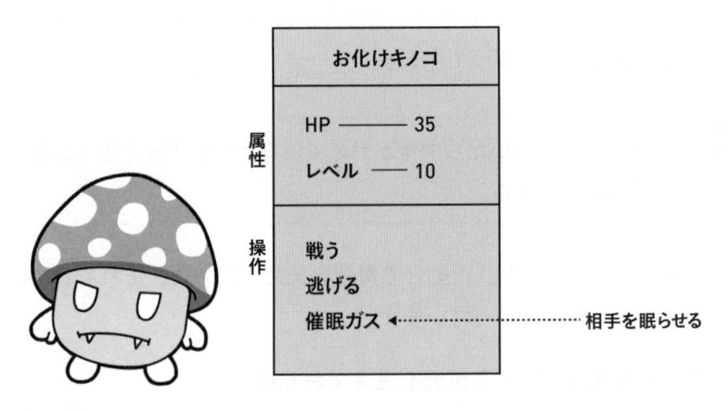

図7-14 仮想世界で「勇者」オブジェクトの敵となる「お化けキノコ」オブジェクトは、勇者と同じく「属性」と「操作」を持っている

お化けキノコは特に重要でないモンスターなので名前は不要と考え、「名前」属性は持っていません。また、このモンスターは「催眠ガス」という技が使えるという設定に従って、その操作を持っています。

7.4.3 オブジェクトのふるまいと相互作用

勇者やお化けキノコは複数の**操作**を持っています。そしてmainメソッドやほかのオブジェクトから、それらオブジェクトの操作を呼び出す（**行動指**

示を送る）ことができます。

たとえば、mainメソッドから勇者に「座れ」という指示を送れば、勇者は仮想世界で座って自分のHP属性を回復させる動きをします（図7-15）。なぜなら勇者には、その行動責任があるからです。

同様に、お化けキノコに対して「逃げろ」と指示を送れば、仮想世界のお化けキノコは逃げ出して戦闘が終わります。

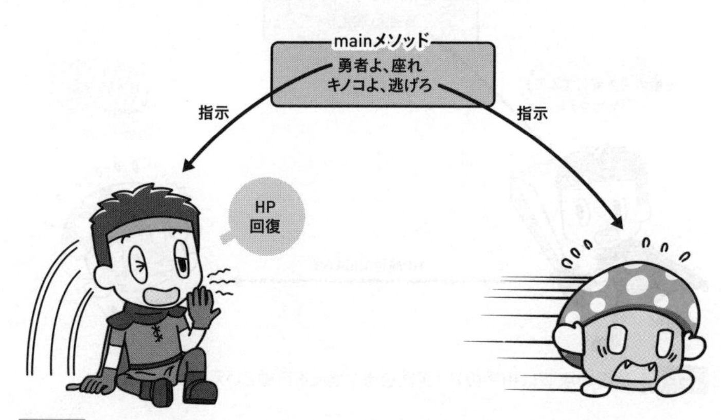

図7-15 それぞれのオブジェクトは指示された行動を実行する

また、あるオブジェクトから別のオブジェクトへ操作の指示を送ることも可能です。mainメソッドからお化けキノコに「催眠ガス」という指示を送ると、お化けキノコは勇者が持っている操作の中から「眠る」を呼び出します。すると勇者は眠ってしまいます（図7-16）。

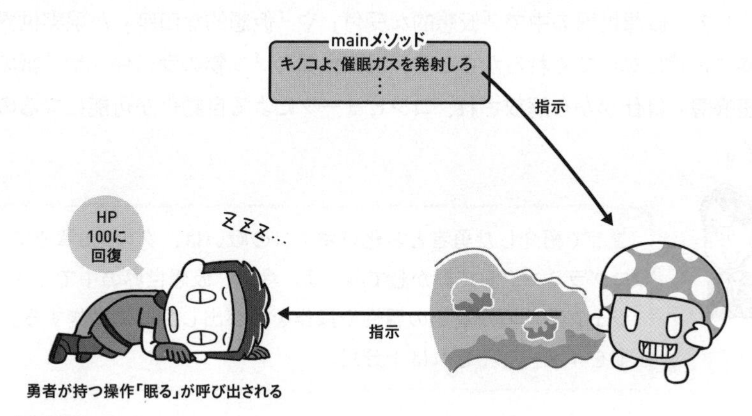

図7-16 オブジェクトは相互に行動を指示できる

オブジェクトは別のオブジェクトが持つ操作を呼び出すだけでなく、ほかのオブジェクトの属性を取得したり書き換えたりもできます。

たとえばmainメソッドから勇者に「戦う」という指示を送ると、図7-17のように勇者は戦い、結果としてお化けキノコのHP属性を書き換えて減らす動作をするでしょう。

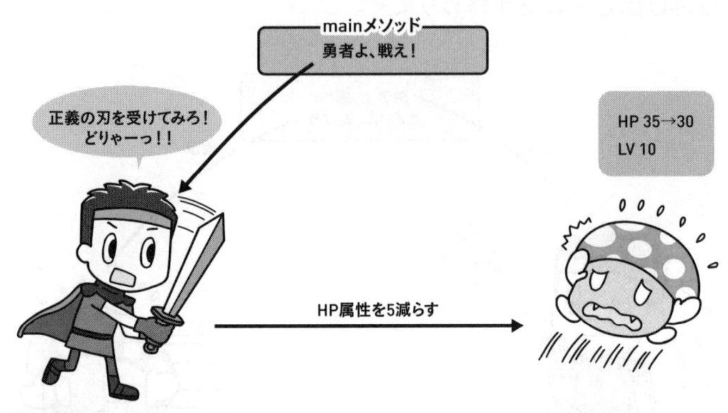

mainメソッド
勇者よ、戦え！
正義の刃を受けてみろ！
どりゃーっ！！
HP 35→30
LV 10
HP属性を5減らす

図7-17 勇者の攻撃は相手のHP属性を書き換える行動といえる

このように考えると、コンピュータの中の仮想世界で各オブジェクトが互いの属性を書き換えたり操作を呼び合ったりして、物語を繰り広げていく姿が目に浮かびませんか？　仮想世界のオブジェクトは互いに「属性」を読み書きしたり、「操作」を呼び出したりして連携し、全体では1つのプログラムとして動きます。

そして、仮想世界の中で「仮想的な受付」や「仮想的な口座」が現実世界同様に正確に動いてくれるからこそ、現実世界の「本物の受付係」や「紙の口座帳簿」は仕事から解放され、コンピュータによる自動化が可能になるのです。

ここで紹介した勇者とお化けキノコの戦いは、次の第8章でプログラミングして動かしてみるよ。今は「仮想世界の中でオブジェクトたちが互いの属性や操作を呼び出し合って動作する」姿をイメージできれば十分だ。

7.5 オブジェクト指向の三大機能と今後の学習

7.5.1 三大機能とその位置付け

「オブジェクト指向といえば継承」と聞いたことがありますけど、継承は大事じゃないんですか？

さすが朝香さん。もうそんな専門用語を知っているんだね。もちろん、まだ解説していない内容だから知らなくても問題ないけどね。

その「継承」って何ですか？

オブジェクト指向の本質に沿った開発をするための手伝いをしてくれる、便利な機能のひとつだよ。

オブジェクト指向の本質は、あくまでも「現実世界を仮想世界に再現すること」です。よって、現実世界を観察し、「口座」や「受付」という単位でクラスを分割して適切な責務を与えたプログラムであれば、それだけで十分にオブジェクト指向の考え方に沿ったプログラムと言えます。

さらに、Javaのような**オブジェクト指向言語**（Object Oriented Programming Language）、つまりオブジェクト指向の考え方に沿ってプログラムを作りやすい配慮がなされているプログラミング言語には、開発者が「より便利に」「より安全に」現実世界を模倣できるよう、文法などに専用の機能が準備されています。それが次ページの図7-18に示した**オブジェクト指向の三大機能**です。

継承
過去に作った部品を流用し、新しい部品を簡単に作れる機能
すでに「勇者」という部品があれば、空を飛べる「スーパー勇者」は簡単に開発できる

似ている2つの部品を「同じようなもの」と見なし、「いいかげん」に利用できる機能

「お化けキノコ」と「オオコウモリ」では厳密には攻撃の仕方が微妙に異なるはず
違いを気にせず、どちらも「同じようなもの」と見なし、「戦う」操作で攻撃できる

カプセル化
属性や操作を、一部の相手からは利用禁止にする機能
眠れ
眠れ
現実世界では、剣が勇者に「眠れ」という指示を出すことは、まずありえない
「眠る」操作は、剣オブジェクトから呼べないようにしておいたほうが安全

図7-18 オブジェクト指向の三大機能「継承」「多態性」「カプセル化」の利用により、便利で安全なプログラムを作ることができる

この三大機能については、それぞれ第10〜13章で詳しく解説していきます。今は「オブジェクト指向の実践を支援する3つの機能があるんだな」と、あいまいなイメージで捉えておいてください。

7.5.2 これからの章の学び方

オブジェクト指向の全体を一軒の家になぞらえると、第II部の章（第7〜13章）は、それぞれ図7-19のような構造に相当します。

この第7章と次の第8章がすべての基礎であり、その上に「さまざまなクラス機構」（第9章）と、「オブジェクト指向の三本柱」（第10〜13章）が載っています。

本章の冒頭でも紹介しましたが、これから本格的にオブジェクト指向を学ぶにあたっては、次の点に注意してください。

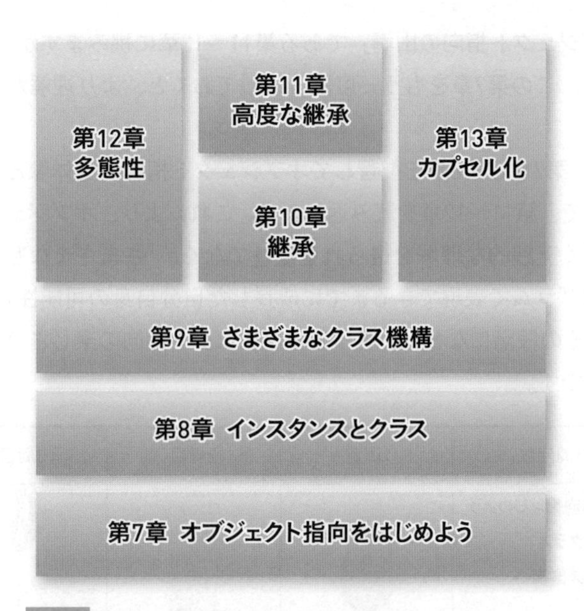

図7-19 第II部で解説するオブジェクト指向の構造

1つひとつの章を完璧に理解して次に進む必要はない

第II部で学ぶ内容は、それぞれの章が密接に関係しています。そのため、**後ろの章を学ぶことで、前の章の内容をより深く理解できる**可能性も大いにあります。それぞれの章を1度読んだだけでは完全に理解できなかったとしても、とりあえず疑問点は置いて次の章に進んでください。

最初からすべての章を理解できなくてもよい

第7章から第13章までのすべてを理解しなければ、オブジェクト指向をまったく使えないわけではありません。この第7章と第8章を理解しておけば、最低限のオブジェクト指向プログラミングは可能です。第10〜13章で紹介する三大機能は、マスターできたものから少しずつ使っていけばよいのです。

とはいえ、継承をはじめとするいくつかの構文を理解していないと実務的なプログラミングには支障があるため、本書では次のような学び方をおすすめしています。

まずは、次ページの図7-20にある1周目の内容までを理解していれば、とりあえずオブジェクト指向を用いた開発ができるでしょう。初めてJavaを学習する人は、まず1周目に示した部分の理解を目標にしましょう。

2周目では、「オブジェクト指向の山場」である第11〜12章に挑みますが、第11章に入る直前に、この第7章をもう一度読み返しておくと、より理解が深まります。

最後の3周目では、第7章と第8章を復習してオブジェクト指向の全体像と本質を振り返った上で、第11〜12章を読み返します。これにより、オブジェクト指向に関する深く実践的な理解を得られるだけでなく、「さまざまなものを自由自在にプログラムで表現できるまでに成長した自分自身の可能性」に気づくでしょう。その段階になれば、きっとオブジェクト指向の楽しさの虜になっているはずです。

本書でのJava学習「周回数」	1周目	2周目	3周目
第7章　オブジェクト指向をはじめよう			7〜8
第8章　インスタンスとクラス	7〜10		
第9章　さまざまなクラス機構			
第10章　継承		7〜13	
第11章　高度な継承			11〜12
第12章　多態性			
第13章　カプセル化			
Java習得のレベル	レベル1 要点を押さえて最低限使える	レベル2 ひととおり使うことができる	レベル3 高度に使って活躍できる

図7-20 本書が推奨する学習の流れ（1周目から3周目の学び方）

7.6 第7章のまとめ

学習方法の違い

・第II部ではオブジェクト指向という「考え方」を学ぶため、「文法」を学んだ第I部とは学び方を変える必要がある。
・第II部ではイメージを重視し、各章を繰り返し学んでいくことで、ぼんやりとした理解を少しずつ明確にしていく。
・初めからオブジェクト指向のすべてをマスターする必要はない。まずは第10章までの「1周目」の達成を目標にする。

オブジェクト指向の概要と本質

・オブジェクト指向とは、ソフトウェアを開発する際に用いる部品化の考え方である。
・オブジェクト指向を用いると、大規模で複雑なソフトウェアであっても、ラクして、楽しく、良いものを開発できる。
・オブジェクト指向の本質は、現実世界における「登場人物とそのふるまい」を、仮想世界においても「オブジェクトたちとそのふるまい」として再現すること。
・オブジェクトは属性と操作によって、現実世界と同様の責務を果たす。
・オブジェクト指向の本質に沿った開発を支援するために、「継承」「多態性」「カプセル化」の3つの機能が準備されている。
・3つの機能を用いたプログラム開発は、第10〜13章で学ぶ。

7.7 練習問題

練習7-1

ATM、券売機、ブログなどのほかに、「現実世界の人間の活動をプログラムで機械化・自動化しているもの」を考えて書き出してみましょう。

(ヒント1) 昔は人が手作業でやっていた活動を考えてみましょう。
(ヒント2) 一見するとPCではないもの（ATMなど）の中でもプログラムは動いています。

練習7-2

次のプログラムを作る場合に登場するオブジェクト（現実世界の登場人物）にはどのようなものがあるか、自由に考えて書き出してみましょう。

① 現在航行中のすべての飛行機と空港を管理する航空管制システム
② 国内の映画館を選択すると、その映画館での上演映画と、その主演俳優の一覧を表示してくれるプログラム
③ 余っている食材を入力すると、膨大なレシピの中からその食材を使う料理を検索してくれるスマートフォンのアプリ

練習7-3

ある都市の観光案内所には、タッチパネル式の「観光案内端末」が設置されています。利用者が画面から希望条件を入力すると、オススメのお店や名所旧跡の名前・所在地・電話番号・解説を提示してくれます。

この観光案内端末の中で動くプログラムの内部では、さまざまなオブジェクトが動作しています。そこで、次の2つのオブジェクトが持つと考えられる行動責任と情報保持責任を自由に考え、操作と属性として書き出してみましょう。

① 現実世界の案内係を再現した「案内係」オブジェクト
② 現実世界のお店や名所旧跡を再現した「観光地」オブジェクト

chapter 8
インスタンスとクラス

前章では、オブジェクト指向の本質は
「現実世界の登場人物とそのふるまいを
コンピュータ内部の仮想世界で再現すること」にあると学びました。
この第8章では、実際にJavaプログラムを作成して
仮想世界にさまざまな登場人物を生み出し、
活動させていくために必要な事柄を学んでいきます。

contents

8.1 仮想世界の作り方

8.1.1 オブジェクトを生み出す手順

第7章で学んだように、オブジェクト指向の考え方に沿って開発されたプログラムは、動作時に「現実世界をマネたそれぞれのオブジェクトが、互いに連携して動く仮想世界」を形成します。そのように考えると開発者の仕事は以下の2つであるといえます。

① 各オブジェクトが負うべき責務を考え、「属性」「操作」の種類と内容を定義する。
② 各オブジェクトを仮想世界に生み出し、動かす。

手順としては、①オブジェクトを定義して、②オブジェクトを生成すればいいんですね。

う〜ん、惜しいね。厳密にいうと**Javaではオブジェクトは定義できない**んだ。

Javaでは、仮想世界の中で動くオブジェクトそのものを開発者が直接定義することは許されません。その代わりに開発者は、オブジェクトが生み出される際に用いられる、「オブジェクトの設計図」である**クラス**を定義できます。

先ほどの朝香さんの言葉を訂正すると、**①クラスを定義して、②そのクラスに基づいてオブジェクトを生成する**、となります（図8-1）。

図8-1 クラスの定義とオブジェクトの生成

なるほど。確か第7章でも「開発するのはクラスで、動かすときにオブジェクトになる」って学んだわね（7.3.3項）。

8.1.2 クラスとオブジェクトが別である理由

でも先輩、私やっぱり納得がいきません。オブジェクトを直接定義できたほうがシンプルでいいじゃないですか？

確かにそのほうがシンプルだね。事実、オブジェクトを直接定義して生成できる言語も存在する。だけど、「クラス定義→オブジェクト生成」という方式にもメリットはあるんだ。

なぜJavaでは「オブジェクト同士が連携する仮想世界」を作るために、わざわざ「クラスを定義して、そのクラスからオブジェクトを生成する」という複雑な手順を踏まなければならないのでしょうか。その答えに辿り着くために、オブジェクトを大量に作る必要がある状況を想像してみましょう。

たとえば銀行のシステムで、すべての口座情報を対象にした複雑な統計を行うプログラムが動くとき、その仮想世界には「口座」オブジェクトがいくつ必要でしょうか？　口座が1,000あるなら1,000個のオブジェクトを生み出す必要があるかもしれません。**1,000個の口座オブジェクトそれぞれに対して、「属性として、残高・名義人・開設日があって…」という定義を繰り返す**としたら、それを作る開発者の作業は膨大なものになります。

そこでクラスの登場です。「属性として、残高・名義人・開設日があって…」と定義した「口座クラス」を1つだけ作っておけば、この**クラスから100個でも1,000個でも必要な数だけオブジェクトを生み出すことができる**のです。たとえば、振り込みを受け付ける「Uketsukeクラス」を1つ準備しておけば、複数の受付係を生み出して、「並行して振り込み依頼を受け付ける」プログラムを作ることもできます（次ページの図8-2）。

図8-2 1つのクラスを定義しておけば、何個でもオブジェクトを生成できる

クラスって、プラモデル工場にある「金型（かながた）」と同じと考えればいいですか？　元となる金型を1個作っておいて、そこにプラスチックを流し込んで、同じプラモデルを大量に製造するんです。

うん。そのイメージであっているよ。

ここで改めて意識してほしいのは、**クラスとオブジェクトはまったく違うものである**という点です。プログラムの動作時に仮想世界の中で活躍するのは「オブジェクトだけ」であって、その金型であるクラスが仮想世界で活動することは基本的にありません。「受付係の金型」が挨拶をしたり振り込みを受け付けたりはしないのです。

8.1.3 オブジェクトという用語のあいまいさ

実は、実際の開発現場における技術的な会話や文章の中で単に「オブジェクト」という表現が用いられる場合、金型か、その金型から生まれた実体かを厳密に区別しない（会話の都合上、どちらでもいい）ことがあります。つまり、「オブジェクト」は、ときどきクラスのことを指して使われることもある、かなりあいまいな用語なのです。

もし、「金型ではなく、その型から生み出された仮想世界で活動する実体」を厳密に示したい場合は、インスタンス（instance）と呼びます。また、クラスからインスタンスを生成する行為をインスタンス化（instantiation）と表現します。本書でも以降、オブジェクトのことは極力インスタンスと表現します（図8-3）。

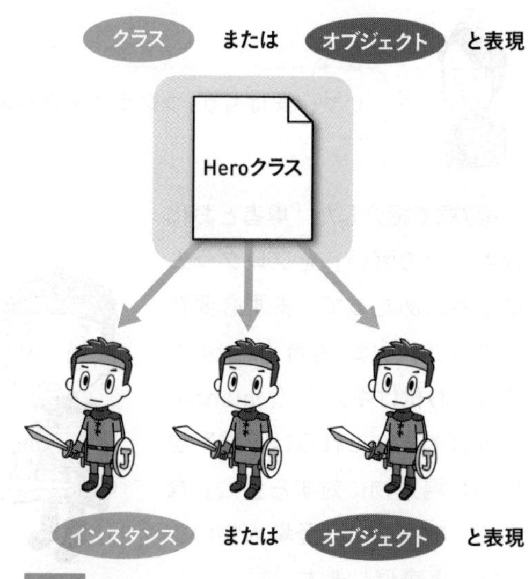

図8-3 クラス・インスタンス・オブジェクトの関係

インスタンスとクラスの関係

仮想世界で活動するのはインスタンスであり、そのインスタンスを生み出すための金型がクラスである。

8.1.4 プログラムに登場する2種類のクラス

それではいよいよ、第7章で登場した「勇者とお化けキノコの戦い」（7.4.3項）プログラムを作っていこう。

やった！　勇者クラスとお化けキノコクラスを作るんですよね？

いや、実はもう1つクラスを作る必要があるんだ。

第7章で紹介した「勇者とお化けキノコの戦い」をプログラムにするにあたって、まず必要だと思いつくのは、勇者（Hero）クラスとお化けキノコ（Matango）クラスです。これらは「現実世界の登場人物に対する金型」なので、本書では「登場人物のクラス」と表現します。

しかし、これら「登場人物のクラス」だけではプログラムは動きません。勇者やお化けキノコのインスタンスは、**誰かから指示（操作の呼び出し）をされて責任を果たすために動く**ので、この2つのクラスだけを作ってインスタンス化しても、いわゆる「指示待ち状態」になってしまうのです（図8-4）。

やることないなぁ
ぼけ〜っ
ひま〜
ぼけ〜っ
呼び出されれば、操作「戦う」や操作「眠る」が動く
呼び出されれば、操作「戦う」や操作「逃げる」が動く

図8-4　勇者やお化けキノコに指示を与える人がいない

そこで、仮想世界における「神様」たる私たち開発者（7.3.4項）が、この2人の登場人物にどのように動くかを指示していく必要があります。開発者の指示である「天の声」は、具体的にはmainメソッドとして記述します（図8-5）。

mainメソッド
勇者よ、戦え！
お化けキノコよ、逃げろ！

図8-5　勇者やお化けキノコに指示を送るmainメソッド

なお、ただ単にmainメソッドを記述したいだけだとしても、メソッドはクラスの中に作るというJavaのルールを守る必要があります。よって、Mainなどの適当な名前でクラスを1つ作り、その中にmainメソッドを作ります。

コード8-1 **mainメソッドを作る**

BJ481

Main.java

```
01 public class Main {
02   public static void main(String[] args) {
03     //  (以下の内容をJavaで記述していく)
04     // 勇者よ、この仮想世界に生まれよ!
05     // お化けキノコよ、この仮想世界に生まれよ!
06     // 勇者よ、戦え!
07     // お化けキノコよ、逃げろ!
08   }
09 }
```

そして、Mainクラスのmainメソッドを起動する次のコマンドを入力すると、勇者やお化けキノコが仮想世界で動きだします。


```
>java Main⏎
```

このMainクラスだけは、現実世界の登場人物を模したものではなく、インスタンス化して利用するものでもありません。あくまでも仮想世界の神様として、それぞれの登場人物を生み出し、それらに対して指示を出す役割を担っています(本書では、このようなクラスを「神様のクラス」と表現します)。プログラムを作る場合には、「登場人物のクラス」と「神様のクラス」の2種類を作る必要があることを意識しておきましょう。

Javaプログラムの組成に必要なクラスたち

・mainメソッドを含む、1つの「神様のクラス」
・現実世界の登場人物を模した、複数の「登場人物のクラス」

今回の「勇者とお化けキノコの戦い」では、次ページの図8-6のように、最低でも3つのクラスの開発が必要になるでしょう。

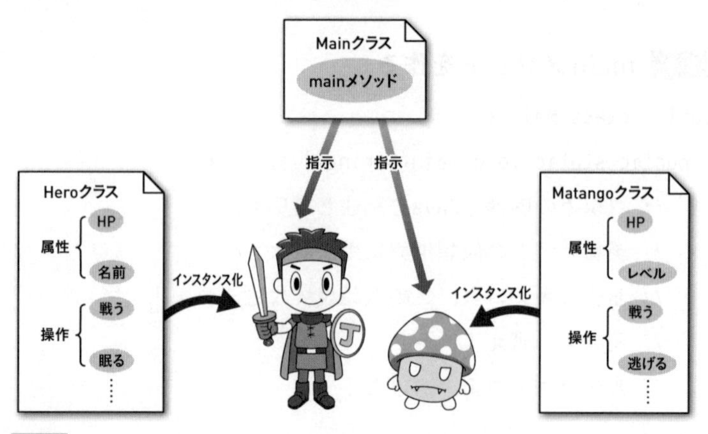

図8-6 プログラム「勇者とお化けキノコの戦い」全体の構図

以降の解説では、その進行に従って扱うクラスが変わっていきます。その際には「登場人物クラス」の解説なのか、「神様クラス」の解説なのかを意識しながら読み進めるのがスムーズな理解のポイントです。

column

mainメソッドのためだけに作成するクラス

本節では、Hero・Matangoとは別にMainというクラスを作り、その中にmainメソッドを置きました。Javaの文法ルールだけに従うなら、Mainクラスを作らずにHeroまたはMatangoクラスの中にmainメソッドを同居させることも可能ですが、オブジェクト指向の概念に照らし合わせると混乱を招くためおすすめしません。

8.2 クラスの定義方法

8.2.1 登場人物クラスの作り方

それでは、HeroやMatangoクラスを作るために、クラスの定義方法を学んでいきましょう。前節で触れたように、クラスには「どのような属性や操作を持っているか」を記述していきます。現時点で私たちが思い描く「勇者クラスが持つべき属性や操作」は、右の図8-7のものです。

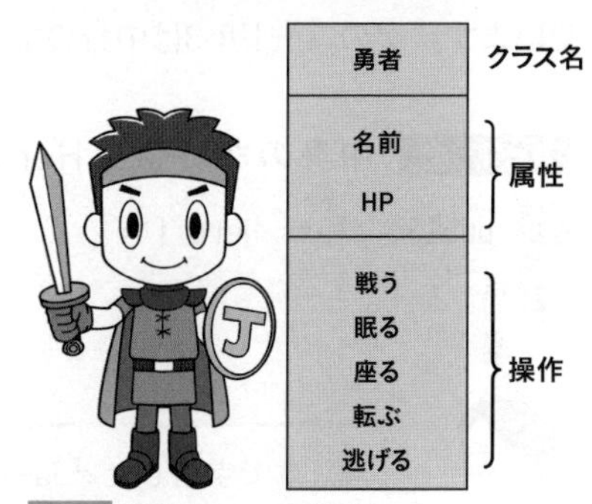

図8-7 勇者クラスの基本設計

この図のように、あるクラスの「クラス名」「属性」「操作」を上から一覧として並べる書き方は、**クラス図**（class diagram）と呼ばれる設計図のルールに準じたものです。クラス図は、世界共通の設計図である**UML**（Unified Modeling Language）で定められている図の1つです。

この設計に基づいて記述したJavaのプログラムが次のコード8-2です。

コード8-2 Heroクラスを Javaのコードで表したもの

BJ482

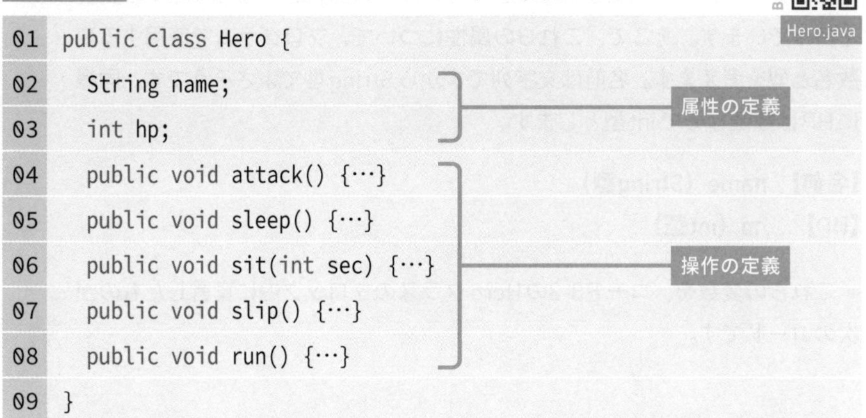


```
01 public class Hero {
02   String name;
03   int hp;
04   public void attack() {…}
05   public void sleep() {…}
06   public void sit(int sec) {…}
07   public void slip() {…}
08   public void run() {…}
09 }
```

ここからは、「クラス名」「属性」「操作」がどのようにしてJavaのコードに書き換わったか、順を追って説明していこう。

8.2.2 クラスの宣言方法

クラスの宣言には、第Ⅰ部で学習したものと同様に、classキーワードを使います。次のコード8-3は中身のない空のHeroクラスを宣言しています。

コード8-3 中身のない空のHeroクラスを作成

Hero.java

```
01 public class Hero {
02 }
```

第1章で学習した「Javaソースファイルの名前ルール」(1.2.1項)に従い、このコードのファイル名はHero.javaにする必要があるよ。

8.2.3 属性の宣言方法

図8-7に示したクラス図によれば、勇者は「名前」と「HP」の2つの属性を持っています。そこで、これらの属性について、プログラムで使用する変数名と型を考えます。名前は文字列ですからString型でよさそうです。同様にHPは数値なのでint型とします。

【名前】 name(String型)
【HP】 hp(int型)

これらの変数を、コード8-3のHeroクラスのブロック内に宣言したものが次のコードです。

コード8-4　Heroクラスに名前とHPを変数として宣言

Hero.java

```
01 public class Hero {
02   String name;  // 名前の宣言
03   int hp;       // HPの宣言
04 }
```

フィールドを追加

上記のようにクラスブロック内に宣言された変数を、Javaでは特に**フィールド**（field）といいます。これで、nameとhpという2つのフィールドの宣言が完了しました。

フィールドの宣言

属性を宣言するにはクラスブロックの中に変数宣言を記述する。

8.2.4 属性の初期値指定と定数フィールド

ところで、次のようにフィールド宣言と同時に値の代入も記述すると、そのフィールドの初期値を設定できます（1.3.4項）。

コード8-5　フィールドを宣言すると同時に初期値も設定

Matango.java

```
01 public class Matango {
02   int hp;
03   int level = 10;
04 }
```

お化けキノコのレベルに初期値10を設定した

さらに、フィールド宣言の先頭にfinalを付けると、値を書き換えられない**定数フィールド**になります（1.3.5項）。なお、定数フィールドの名前は一目でそれとわかるように大文字の記述が推奨されます。

コード8-6　フィールドを定数として宣言

BJ486

Matango.java

```
01 public class Matango {
02   int hp;
03   final int LEVEL = 10;
04 }
```

フィールドLEVELは10で固定

8.2.5 操作の宣言方法

では次に、Heroクラスに「操作」を記述していきましょう。「操作」を定義するには、まず「操作の名前」「操作するときに必要な情報の一覧」「操作の結果として指示元に返す情報」「処理内容」の4つを考える必要があります。たとえば「眠る」操作の具体的な要素として、次のように考えたとします。

【名前】　sleep
【必要情報】　なし
【結果】　なし
【処理内容】　HPが100に回復する

これらをHeroクラスのクラスブロック内に記述したのが、コード8-7です。

コード8-7　「眠る」操作に含まれる要素を記述

BJ487

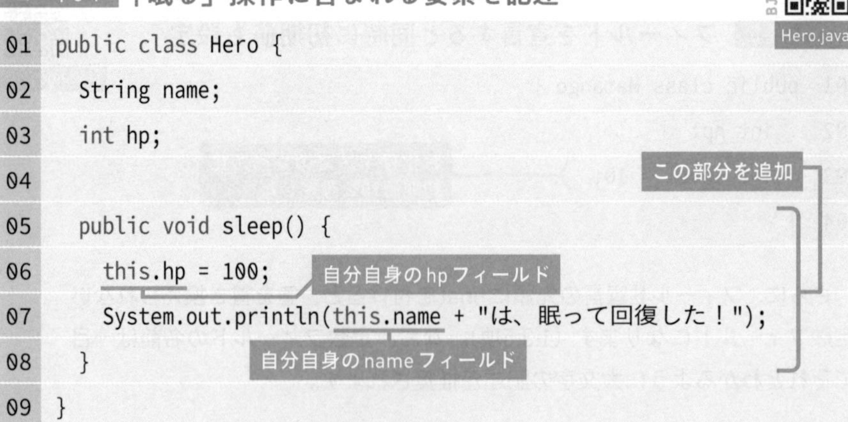

Hero.java

```
01 public class Hero {
02   String name;
03   int hp;
04
05   public void sleep() {
06     this.hp = 100;
07     System.out.println(this.name + "は、眠って回復した！");
08   }
09 }
```

これ、第1部でも使っていた「メソッド」じゃないですか？

そうだよ。オブジェクト指向では、ある登場人物の操作を定義するためにメソッドを使うんだ。

メソッド内部の `this.hp` や `this.name` は初めて見る記述ですね。**this**とは特別に準備された変数で、「自分自身のインスタンス」を意味しています。また、ドット（.）には、日本語でいう「の」と同じ意味がありますので（6.1.2項）、`this.hp = 100;` は、「自分自身のインスタンスのhpフィールドに100を代入する」という意味になります。これで、Heroクラスにsleepメソッドを宣言することができました。

第1部で習ったメソッドは、メソッド名の前にstaticが付いていましたよね。コード8-7で付いていないのはどうしてですか？

実はstaticという指定は、ある特殊な事情がある場合だけ使うものなんだ。その事情と第1部で付けていた理由は第14章で紹介するよ。今の段階では「オブジェクト指向に基づいて作るメソッドには、普通はstaticを付けない」と覚えて先に進もう。

8.2.6 クラス名とメンバ名のルール

この節で紹介したフィールドとメソッドは、**メンバ**（member）と総称されます。そして、クラス名やメンバ名は、基本的に識別子のルール（1.3.2項）に沿っていれば自由に決めることができます。しかし、実際には次のような慣例に従って名前を付けるのが望ましいとされます。

表8-1 クラスとメンバの命名ルール

対象	品詞	大文字／小文字の用法	例
クラス名	名詞	単語の頭が大文字	Hero、MonsterInfo
フィールド名	名詞	最初以外の単語の頭が大文字	level、itemList
メソッド名	動詞	最初以外の単語の頭が大文字	attack、findWeakPoint

8.2.7 クラス定義のまとめ

ここまで、Heroクラスを題材にクラスの定義方法を学びました。クラスを定義するには、まず「属性」と「操作」の一覧をクラス図にまとめます。そして、それぞれ「フィールド」と「メソッド」としてJavaのコードに置き換えて記述していきます（図8-8）。

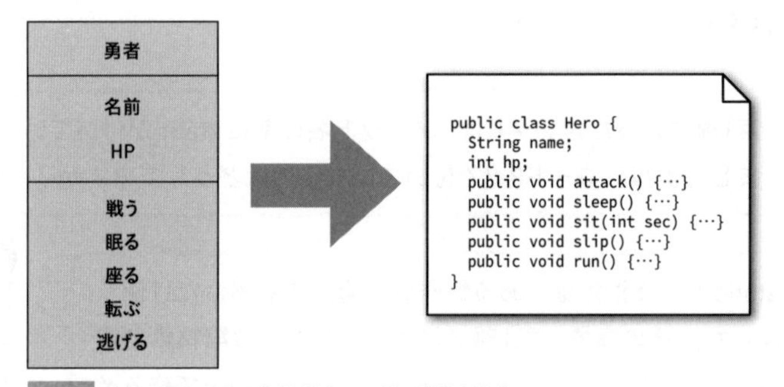

図8-8 クラス図にまとめた設計をコードに落とし込む

この考え方に沿って、Heroクラスに「座る」「転ぶ」「逃げる」メソッドを追加したのが次のコード8-8です。

コード8-8 メソッド「座る」「転ぶ」「逃げる」を追加

Hero.java

```
01 public class Hero {
02   String name;
03   int hp;
04   public void sleep() {
05     this.hp = 100;
06     System.out.println(this.name + "は、眠って回復した！");
```

```
07     }
08     public void sit(int sec) {
09         this.hp += sec;
10         System.out.println
               (this.name + "は、" + sec + "秒座った！");
11         System.out.println("HPが" + sec + "ポイント回復した");
12     }
13     public void slip() {
14         this.hp -= 5;
15         System.out.println(this.name + "は、転んだ！");
16         System.out.println("5のダメージ！");
17     }
18     public void run() {
19         System.out.println(this.name + "は、逃げ出した！");
20         System.out.println("GAMEOVER");
21         System.out.println("最終HPは" + this.hp + "でした");
22     }
23 }
```

座る（sitメソッド）

何秒座るか引数で受け取る

座る秒数だけHPを増やす

転ぶ（slipメソッド）

逃げる（runメソッド）

column

thisは省略しないで！

同じクラス内のフィールドにアクセスする場合、`this.` を省略しても動作します。たとえば `this.hp = 100;` と `hp = 100;` は同じ動作です。しかし、ローカル変数や引数にも同じhpという名前の変数があると、そちらが優先されてしまうなど予想外の動作をする可能性があります。フィールドを指示するときには、明示的にthisを付けましょう。

8.3 クラス定義による効果

8.3.1 クラス定義によって可能になる2つのこと

前節で私たちは、Heroクラスを定義することができました。Javaでは、このようにあるクラスを定義すると、2つのことが可能になります。

1つ目は**そのクラスに基づいて、インスタンスを生成できるようになる**ことです。私たちは、そもそもインスタンスを生成するためにわざわざクラスを作ったのですから、当然ですね。

2つ目は**そのクラスから生まれたインスタンスを代入する変数の型が利用できるようになる**ことです。たとえば、Heroクラスを定義するとHero型の変数が利用できるようになります。このように、クラスの定義によって利用可能になる型を**クラス型**（class type）といいます。

Hero型？　変数って、数値とか文字列とかを入れるためのものですよね？

そもそも、インスタンスを変数に入れる必要なんてあるんですか？

初めて学ぶことだから、多少の混乱も無理はないね。ではちょっと腰を据えて解説しよう。

8.3.2 クラス型変数とは

まずは湊くんの疑問に答えよう。そもそもHero型の変数とは何なのか、だね。

Javaで扱うすべての変数は必ず何らかの型（type）を持っています。今まで利用してきた「整数を入れるためのint型」や、「文字列を入れるためのString型」は、Javaが標準で準備しており、いつでも使える型でした。

それに加え、たとえばHeroクラスを定義すると、「Heroクラスから仮想世界に生み出されたインスタンスを代入できるHero型」が使えるようになります。つまり、**クラスを定義すればJavaで利用可能な型の種類はどんどん増えていく**のです（図8-9）。

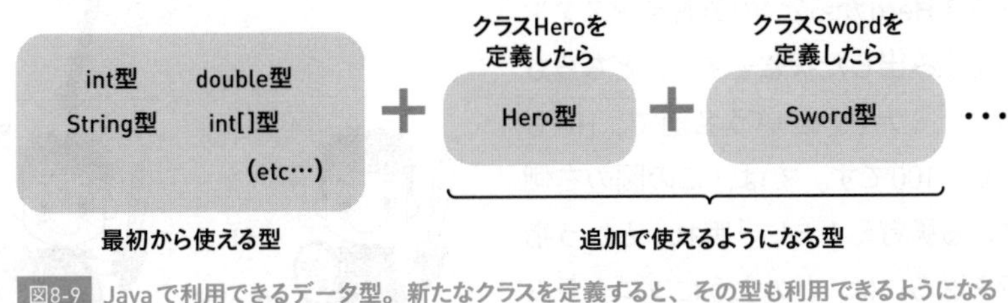

図8-9 Javaで利用できるデータ型。新たなクラスを定義すると、その型も利用できるようになる

そして、クラス型変数を準備する方法は、int型やString型と同じです。

コード8-9 Hero型の変数を宣言（宣言のみ抜粋）

BJ489 Main.java

```
01 Hero h;
```

このHero型の変数hには、まだ勇者インスタンスは入っていませんが、今後、「仮想世界に生み出した勇者のインスタンス」を代入して利用していきます。**インスタンスは通常、クラス型変数に入れて利用する**のです（図8-10）。

図8-10 変数に入れて利用されるインスタンス

8.3.3 クラス型変数が必要な理由

次に、朝香さんの疑問（なぜHero型の変数にインスタンスを代入する必要があるのか？）を解決しましょう。

図8-11を見てください。定義済みのクラスHeroから2つの勇者インスタンスを生み出した状態ですが、どちらも同じ「ミナト」という名前で、HPも同じく100です。では、この図の右側にいる勇者ミナトに「眠れ」という指示を送るには、どのようにプログラムを記述すればよいでしょうか？

mainメソッド
? の勇者よ、眠れ！
眠れ
ミナト
HP =100
ミナト
HP =100

図8-11 2つの同名インスタンスを、どのように識別するのか？

紙面では「右のミナト」「左のミナト」と表現できますが、仮想世界の中には右も左もありません。**2人の勇者を識別する方法がない**ため、指示を送ろうにも相手を特定できないのです。

しかし、もし2人の勇者が、それぞれ変数h1とh2に入っているなら問題は解決します。「h2の勇者に眠れという指示を送る」とプログラムを書けばよいのです。

クラス型変数を用いる理由

仮想世界に複数存在しうる同名インスタンスの中から、特定の1つのインスタンスをプログラムとして識別するため。

8.4 インスタンスの利用方法

8.4.1 「神様のクラス」の作り方

Heroクラスがやっと完成しました。でもMainクラスを作らないと。

Heroクラスだけではプログラムは動きません。勇者に指示を出す「天の声」が必要だからです（8.1.4項）。そこで、この節では、「神様のクラス」であるMainクラス（mainメソッド）を作っていきます。Mainクラスの大まかな形は次のようなものになります。

コード8-10 「神様のクラス」を作る

Main.java

```
01 public class Main {
02   public static void main(String[] args) {
03     ここに勇者への指示を書いていく
04   }
05 }
```

これまで作ってきたmainメソッドとまったく同じですね。

それでは、mainメソッドの中に次の内容を記述していきましょう。

1. **仮想世界に勇者を生み出す。**
2. **生み出された勇者に、最初の名前とHPを設定する。**
3. **勇者に「5秒座れ」「転べ」「25秒座れ」「逃げろ」と指示を出す。**

8.4.2 インスタンスの生成方法

まずは仮想世界に勇者を生み出すために、「インスタンスの生成方法」について学びましょう。通常、Heroクラスという金型から実体のあるインスタンスを生成するには次のように記述します。

インスタンスの生成

```
クラス名 変数名 = new クラス名();
```


この文法に従って作成したMainクラスは次のようになります。

コード8-11 勇者インスタンスを生成

Main.java

```
01 public class Main {
02   public static void main(String[] args) {
03     // 1.勇者を生成
04     Hero h = new Hero();
05   }
06 }
```

Heroクラスからインスタンスを生成し、変数hに入れる

ここで実際にインスタンスを生成しているのは、右辺の `new Hero()` の部分です。その後、生成したインスタンスを=によってHero型変数hに代入しています（この過程の詳細は、次の章で説明します）。

なお、上記では1行で書いていますが、`Hero h;` `h = new Hero();` の2行に分けて記述しても、ほぼ同じ意味です。

これで図8-10（p.299）の状態になったわけね。

8.4.3 インスタンスのフィールド利用

生み出されたばかりの勇者hには、名前もHPもまだありませんので、それぞれのフィールドに値を代入してあげましょう。勇者hのフィールドに値を代入するには、次の構文を使います。

フィールドへの値の代入

```
変数名.フィールド名 = 値;
```

なお、フィールド値を取得するには、単に 変数名.フィールド名 と記述します。ここまでの学習内容を用いてmainメソッドを改良したものが次のコード8-12です。

コード8-12 勇者インスタンスを生成して初期値を代入

Main.java

```
01 public class Main {
02   public static void main(String[] args) {
03     // 1.勇者を生成
04     Hero h = new Hero();
05     // 2.フィールドに初期値をセット
06     h.name = "ミナト";
07     h.hp = 100;
08     System.out.println("勇者" + h.name + "を生み出しました！");
09   }
10 }
```

追加した部分（06〜08行目）
変数hのnameに代入（06行目）
変数hのhpに代入（07行目）
変数hのnameを取り出す（08行目 h.name）

8.4.4 インスタンスのメソッド呼び出し

それでは、いよいよ勇者の冒険の始まりです。さまざまな指示を勇者に送りましょう。指示は「メソッド呼び出し」で実現します。

コード8-13　仮想世界に勇者を生み出すプログラム　BJ48D　Main.java

```
01 public class Main {
02   public static void main(String[] args) {
03     // 1.勇者を生成
04     Hero h = new Hero();
05     // 2.フィールドに初期値をセット
06     h.name = "ミナト";
07     h.hp = 100;
08     System.out.println("勇者" + h.name + "を生み出しました！");
09     // 3.勇者のメソッドを呼び出してゆく
10     h.sit(5);      5秒座れ
11     h.slip();      転べ
12     h.sit(25);     25秒座れ
13     h.run();       逃げろ
14   }
15 }
```

では、このコードを実行してみましょう。

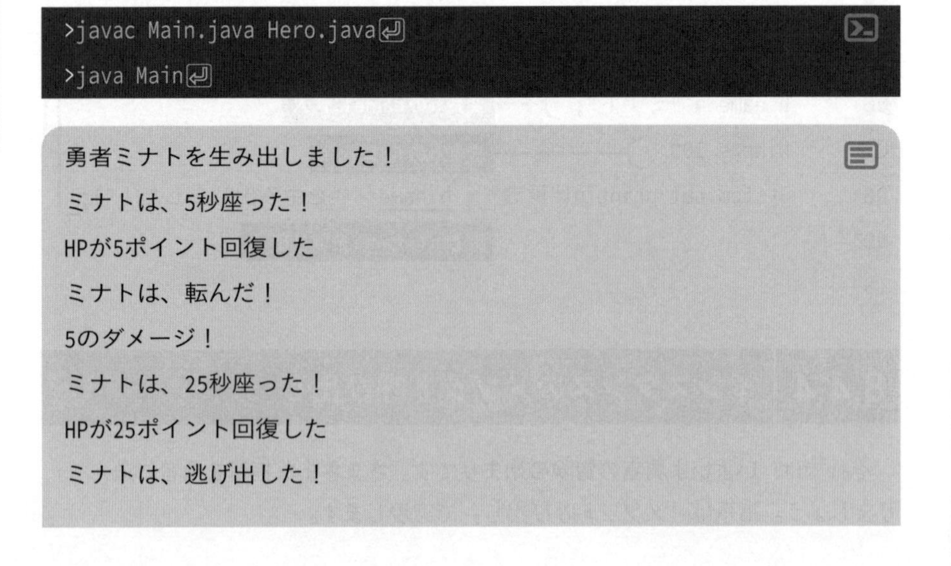

```
>javac Main.java Hero.java
>java Main
```

```
勇者ミナトを生み出しました！
ミナトは、5秒座った！
HPが5ポイント回復した
ミナトは、転んだ！
5のダメージ！
ミナトは、25秒座った！
HPが25ポイント回復した
ミナトは、逃げ出した！
```

```
GAMEOVER
最終HPは125でした
```

おお！　ゲームらしくなってきましたね！

お化けキノコも生み出せば図8-5（p.288）のようなこともできるよ。

　ここでぜひ着目してもらいたいのは、この**mainメソッドの内容が、まるで冒険物語のシナリオのようでわかりやすい**点です。オブジェクト指向を学習する前の私たちであれば、この実行結果を得るために、mainメソッドの中にいくつものHP計算処理やSystem.out.println()呼び出しを繰り返し並べていたことでしょう（コード8-14）。

コード8-14　手続き型で作った勇者の冒険プログラム

Main.java

```
01 public class Main {
02   public static void main(String[] args) {
03     int yusha_hp = 100;
04     int matango1_hp = 50;
05     int matango2_hp = 48;
06     String yusha_name = "ミナト";
07     int matango1_level = 10;
08     int matango2_level = 10;
09     System.out.println(yusha_name + "は5秒座った！");
10     yusha_hp += 5;
11     System.out.println("HPが5ポイント回復した");
12     ⋮
13     ⋮
14   }
15 }
```

このコード8-14（手続き型）を、コード8-13（オブジェクト指向型）と見比べると、後者には、HPを増やしたり減らしたりする計算や、画面に表示するメッセージの指示がいっさい出てこないことに気づくでしょう。

mainメソッドに記述されているのは、勇者を登場させて、座れ、転べ、座れ、逃げろという指示だけです。それにもかかわらず、動作結果として、勇者が行動するたびにHPの増減が処理され、画面には10行表示され、最終的なHPが125であることが正しく出力できています。

小規模な例ではありますが、「オブジェクト指向を使うとプログラムが把握しやすくなる」ことを体験できたでしょうか。

7.4.1項で出てきたサッカーの例で、監督がそれぞれの選手の一挙手一投足を指示しなくてよかったのと同じね。

うーん、ボクはオブジェクト指向を使わないほうがわかりやすく感じるかもなぁ…。Heroクラスを作ったり、Mainクラスを作ったり、あっちこっちのソースコードを見ないといけなくて…。

それは湊くんが複数のクラスにわけてプログラムを作っていく作業に慣れていないからだよ。大丈夫、すぐに慣れるよ。

8.4.5 インスタンス利用のまとめ

ここまでの学習で、定義済みのHeroクラスから勇者インスタンスを生成し、そのフィールドに値を代入したり、さまざまな指示を出したりできるようになりました。整理すると次のようになります。

- **インスタンスの生成にはnewを使う。**
- **フィールドを利用する場合は `変数名.フィールド名` と記述する。**
- **メソッドを呼び出す場合は `変数名.メソッド名()` と記述する。**

ここまでの学習内容を使って、仮想世界に勇者とお化けキノコ2匹を生み出すプログラムを書くと次のようなものになります。

BJ48F

コード8-15 お化けキノコクラスの定義

Matango.java

```
01 public class Matango {
02   int hp;
03   final int LEVEL = 10;
04   char suffix;
05   public void run() {
06     System.out.println
           ("お化けキノコ" + this.suffix + "は逃げ出した！");
07   }
08 }
```

BJ48G

コード8-16 仮想世界に勇者とお化けキノコ2匹を生み出す

Main.java

```
01 public class Main {
02   public static void main(String[] args) {
03     Hero h = new Hero();
04     h.name = "ミナト";
05     h.hp = 100;
06
07     Matango m1 = new Matango();
08     m1.hp = 50;
09     m1.suffix = 'A';
10
11     Matango m2 = new Matango();
12     m2.hp = 48;
13     m2.suffix = 'B';
14
15     // 冒険のはじまり
16     h.slip();
17     m1.run();
```

03：勇者を生成し初期化

07：お化けキノコA（1匹目）を生成し初期化

11：お化けキノコB（2匹目）を生成し初期化

16：勇者は転ぶ

17：お化けキノコAが逃げる

chapter 8

```
18      m2.run();     // お化けキノコBも逃げる
19      h.run();      // 勇者も逃げる
20    }
21  }
```

8.4.6 オブジェクト指向のクラスは現実世界とつながっている

クラスの作り方や使い方は理解できました。でも、なんだか不思議な感覚だなぁ…。クラスやメソッドって第Ⅰ部でも使いましたよね？

私も。今までも多くのクラスやメソッドを作ってきたのに、この章で作ったクラスは印象がまったく違っていて、とても同じものとは思えないわ…。

この第8章で登場したHeroクラスのコードと、第Ⅰ部（第1〜6章）のコードとを見比べてください。第Ⅰ部のクラスと第Ⅱ部のクラスは、どちらも同じ `public class クラス名` で宣言されたクラスであり、**文法的にはどちらも正しいクラス**です。しかし、この両者には「クラスを何のために用いるか」という**思想が伴っているか否かに決定的な違い**があります。

図8-12の右側にあるように、第Ⅰ部で学んだクラスには、何を基準にクラスとするか、何を基準にメソッドとするかという明確な思想はありませんでした。強いて挙げるなら「そろそろメソッドが大きくなってきたので分割しよう」、あるいは「この機能のメソッドはこのクラスにまとめておこう」などといった、**開発者の都合や機能の単位に即してクラスやメソッドを作りました**。

一方、図8-12の左側にあるHeroクラスなどは、**「オブジェクト指向」という明確な思想に基づいてクラスやメソッドが作られています**。すなわち現実世界の登場人物を1つのクラスとして捉え、その登場人物の持つ属性をフィールドに、そして操作をメソッドとしてコードを書いたのです。

第Ⅰ部で「現実世界とは無関係のクラス」のみを取り扱ってきたみなさんは、この章で初めて「現実世界と意味がつながったクラス」に出会いました。

それが「印象が違う」と感じた理由です。

オブジェクト指向を意識したプログラム開発とは、**現実世界の人や物、出来事をクラスに置き換えていく作業**にほかなりません。たとえば、自動車組立て工場のシステムを作るなら「Car」や「Engine」といった部品のクラスを作ります。あるいは学生と教員を管理するプログラムなら、「Student」や「Teacher」といったクラスを作ることになるでしょう。

『現実に似せて作り、現実に似せて動かしていく』――これがオブジェクト指向の根本的な思想なのです。

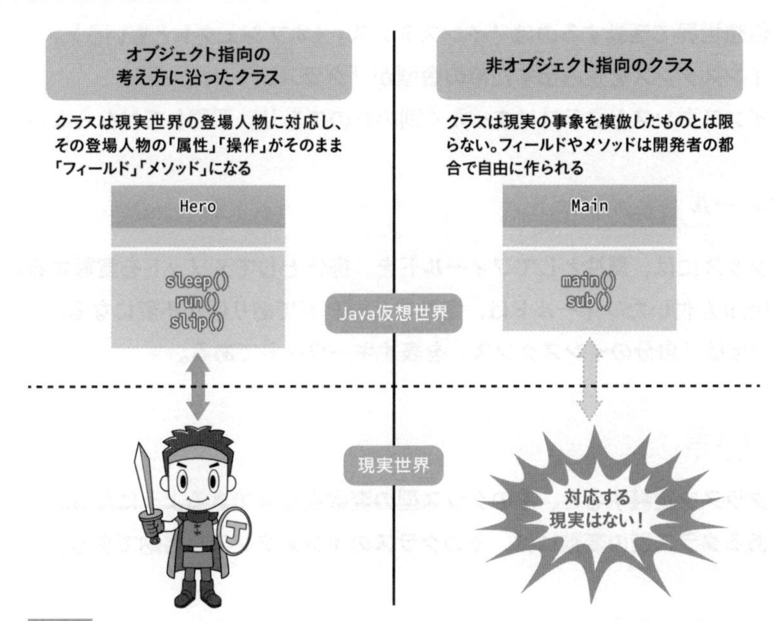

図8-12 オブジェクト指向の考え方に沿ったクラスは現実の事柄をコードに置き換えたもの

8.5 第8章のまとめ

インスタンスとクラス

- 仮想世界で活動するのは「インスタンス」（オブジェクトともいう）。
- インスタンスを生み出すための金型が「クラス」。
- インスタンスとクラスはまったく別のものであり、混同してはならない。

フィールドとメソッド

- クラスには、属性としてフィールドを、操作としてメソッドを宣言する。
- finalが付いたフィールドは、定数フィールドであり値が不変になる。
- thisは「自分のインスタンス」を表すキーワードである。

クラス型

- クラスを定義すると、そのクラス型の変数を宣言できるようになる。
- あるクラス型の変数には、そのクラスのインスタンスを格納できる。

インスタンス化

- new演算子で、クラスからインスタンスを生み出せる。
- あるクラス型変数にインスタンスが格納されているとき、`変数名.フィールド名`でフィールドを、`変数名.メソッド名()`でメソッドを利用できる。

8.6 練習問題

練習8-1

現実世界の聖職者「クレリック」を表現するクラスClericをpublicで宣言してください。属性や操作は宣言せずに中身が何もないクラスとします。また、作成したクラスを適切なファイル名で保存してください。

練習8-2

聖職者は勇者のように名前やHPを持っており、さらに魔法を使うためのMPも持っています。そこで、練習8-1で宣言した中身がないClericクラスに「名前」「HP」「最大HP」「MP」「最大MP」を属性として追加してください。なお、HPと最大HPは整数で初期値50、MPと最大MPは整数で初期値10であり、最大HPと最大MPは定数フィールドとして宣言してください。

練習8-3

聖職者は「セルフエイド」という魔法を使うことができ、MPを5消費すると自分自身のHPを最大HPまで回復できます。そこで、練習8-2で宣言したClericクラスに、「selfAid()」というメソッドを追加してください。なお、このメソッドは引数なしで、戻り値もありません。

練習8-4

聖職者は「祈る」(pray)という行動を取ることができ、自分のMPを回復できます。回復量は祈った秒数にランダムで0〜2ポイントの補正を加えて決定します(たとえば、3秒祈ったら回復量は3〜5ポイントのいずれかになる)。ただし、最大MPを超えて回復することはありません。

そこで、練習8-3で宣言したClericクラスに「pray()」というメソッドを追加してください。このメソッドは引数で「祈る秒数」を受け取り、戻り値として「実際に回復したMPの量」を返します。

column

オブジェクト指向を学ぶ理由

第7章・第8章で言及した「プログラム化の対象となる現実世界」のことを、専門用語では**ドメイン**（domain）といいます。そして、オブジェクト指向は、このドメインが複雑で大規模なときに、特にその威力を発揮する道具です。

逆にいえば、とてもシンプルなドメインを扱う開発や小規模なプログラム開発では、オブジェクト指向の考え方を使うまでもないケースも存在します。たとえば、単純なデータ変換や保存のツールを作る程度であれば、手続き型の利用に合理性があるでしょう。

しかし、縁あってJavaを学ぶことになった私たちの場合、次の理由から、エンジニアとしての手札にオブジェクト指向の考え方も揃えておくのは決して損にはならず、自身の可能性を広げていくことにもつながるでしょう。

① 近年、シンプルで小規模な開発には、Javaではない、より軽量なプログラミング言語の利用が増加しており、Javaを用いる場合は複雑で大規模なドメインを扱う可能性が高い。

② 大規模な開発において、個々のプログラム単体はシンプルで小規模に抑えつつ、システム全体ではそれらを複雑に連携させる方式が採用される場合も、全体設計の検討や構築に「オブジェクト指向の考え方」や経験は役立つ。

③「オブジェクト指向の考え方」は、概念を学ぶだけではなかなか理解しづらく、実際にプログラミングして動かしてみるのが習熟の近道である。

④ 選択肢の1つとしてオブジェクト指向を知っているからこそ、それを「使うべき状況」「避けるべき状況」を合理的かつ主体的に判断し、自信をもって実践できる。

なにより「プログラミングが面白くなった！」「世界観や視野が広がった！」という声も聞くからね。ぜひ、楽しみながら学んでいこう！

chapter 9 さまざまなクラス機構

第8章ではオブジェクト指向に必要な知識として、
インスタンスとクラスの基本的な使い方を学びました。
この章ではインスタンスとクラスに関する理解をさらに深めた上で、
より効率的なオブジェクト指向プログラミングを可能にしてくれる
「コンストラクタ」について学びましょう。

contents

9.1 クラス型と参照

9.1.1 仮想世界の真の姿

先輩、「仮想世界」とか「生み出される」とかイメージはわかりましたが、コンピュータの中に「本当に仮想世界の住人がいる」わけないですよね？　実際はどうなっているんですか？

もっともな疑問だね。ここまで学んだ内容が実行されるとき、JVMの中で何が起こっているかタネあかしをしよう。今のうちにこれを理解しておくと、後の章での学習がグッとラクになるからね。

第Ⅱ部

ここまでの解説では、インスタンスのことを「操作と属性を持ち、コンピュータ内の仮想世界に生み出される登場人物」という概念的な表現で紹介してきました。しかし、本当に「勇者」や「お化けキノコ」のような存在がコンピュータの中に生まれ、あれこれと活躍するわけではありません。

本書がこれまで「Java仮想世界」と表現してきたものは、実際には、**コンピュータのメモリ領域**です。この領域は、Javaプログラム実行時に、JVMがメモリ領域を大量に（通常は数百MB～数GB）使って準備するもので、**ヒープ**（heap）といいます。

そして、私たちがnewを用いてインスタンスを生み出すたびにヒープの一部の領域（通常は数十～数百バイト）が確保され、インスタンスの情報を格納するために利用されます。そのため、多くの属性を持った大きなクラスをインスタンス化すると、消費されるヒープ領域は必要とする容量に従って大きくなります。つまり次の図9-1に示すように、**インスタンスとは「ヒープの中に確保されたメモリ領域」**にすぎないのです。

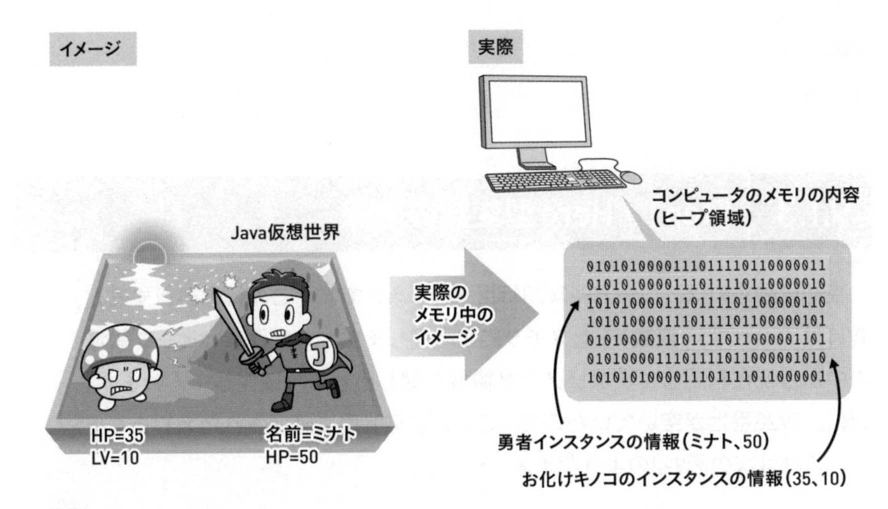

図9-1 インスタンスとは、ただのメモリ領域

せっかくコンピュータの中の楽しい世界を想像していたのに、ただのメモリ領域だったなんて…。

はは、夢を壊しちゃったかな？

9.1.2 クラス型変数とその内容

インスタンスの正体は「ヒープの一部に確保された単なるメモリ領域」でした。では、そのインスタンスが生まれる際に、コンピュータの中で何が起こっているのか、次のコード9-1を例に探っていきましょう。

コード9-1 Heroクラスをインスタンス化し利用する

Main.java

```
01 public class Main {
02   public static void main(String[] args) {
03     Hero h;
04     h = new Hero();
05     h.hp = 100;
```

```
06    }
07 }
```

9.1.3 Step1：Hero型変数の確保

最初に動くのは、コード9-1の3行目 `Hero h;` です。この行を実行すると、JVMは「Hero型の変数h」をメモリ内に準備します。JVMは広いヒープ領域の中から現在利用していないメモリ領域を探し出して、確保してくれます。仮に、1928番地が空いていたので、ここが変数h用に確保されたとしましょう。これは次の図9-2のようなイメージです。

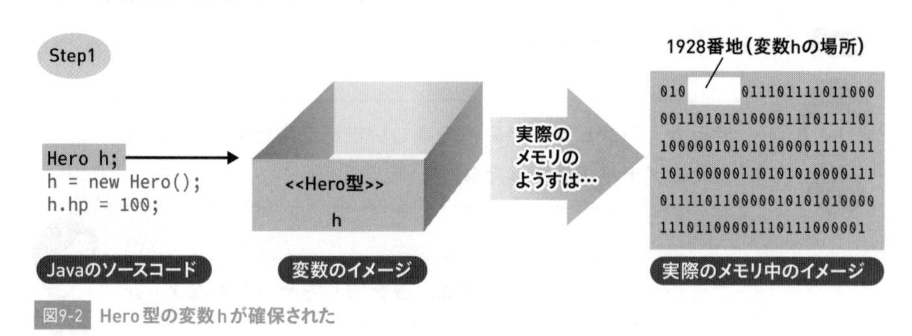

図9-2 Hero型の変数hが確保された

この段階ではまだ勇者自体は生まれていません。「Hero型のインスタンスだけを中に入れることができる」Hero型の箱が準備されるだけです。この箱には数値や文字列を入れることはできませんし、Hero型でない「お化けキノコ」インスタンスを入れることもできません。

菅原さん、ボクどうしても「Hero型の箱」っていうのがしっくりこないんです。int型やString型だったら、数値や文字列が入るってわかりますが…。何というか、箱に「インスタンス」みたいな複雑なものが入るっていうのが考えにくいんです。

最初はそうだよね。でも、この後のStep2とStep3の流れを知れば、その悩みもスッキリするはずだよ。

9.1.4 Step2：Heroインスタンスの生成

コード9-1の4行目 `h = new Hero();` は代入文です。**代入の場合は左辺より先に右辺が評価される**のですから、Step2では、まず `new Hero()` の部分だけを考えます。`new Hero()` が実行されると、JVMは次の図9-3のようにヒープ領域から必要な量のメモリを確保します。今回は仮に「3922番地から24バイト分（3922〜3945番地）」が確保できたとします。なお、この3922番地は次のStep3で出てきますので覚えておいてください。

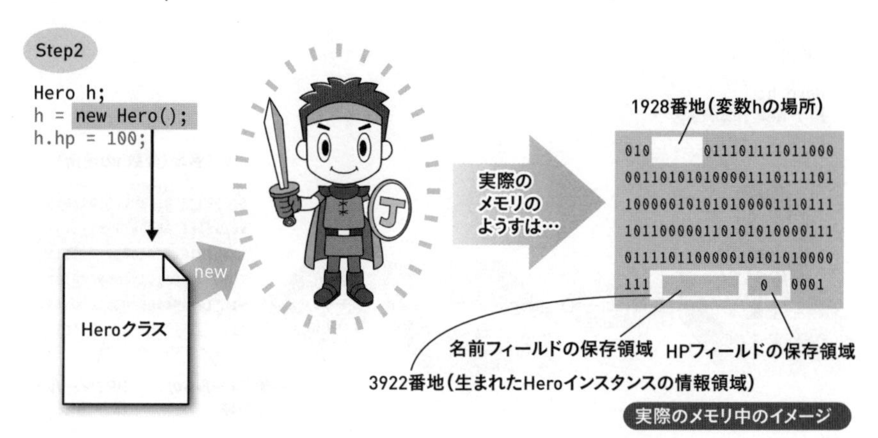

図9-3 JVMがヒープ領域からメモリを確保し、Heroインスタンスが生成された

これで勇者という存在が仮想世界に生まれました。しかし、まだHeroインスタンスの「名前」は空っぽ、「HP」は0です。

9.1.5 Step3：参照の代入

Step2では、コード9-1における4行目の `h = new Hero();` の右辺について考えました。newによって生み出された勇者インスタンスは、このStep3で変数hに代入されます。

この「変数に勇者を代入する」のが、やっぱりイマイチ納得いかないんだよなぁ…。

そんな湊くんに「タネあかし」をしよう。少しは納得できるんじゃないかな。

これまで、変数hに入るのは「勇者インスタンス」だと紹介してきました。より厳密には、勇者インスタンスの情報が書き込まれた「メモリの先頭番地」が入ります。今回の場合、`new Hero()` により、勇者インスタンスが3922〜3945番地に生成されているので、**変数hには3922という数値が代入**されます（図9-4）。

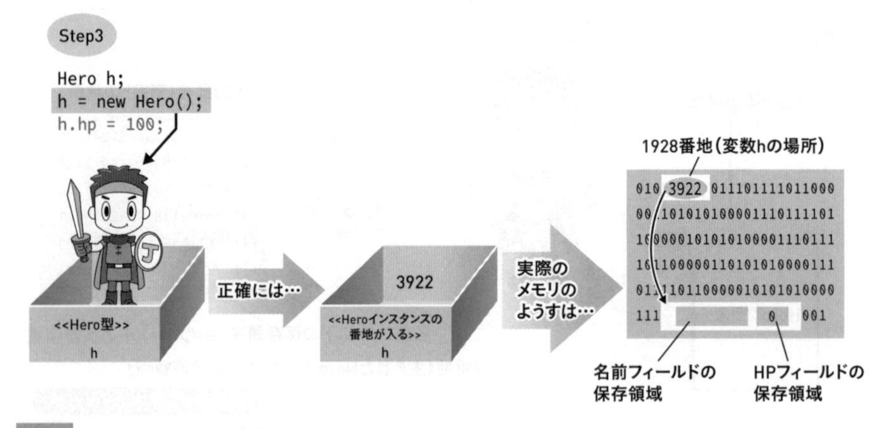

図9-4 Heroインスタンスの変数への代入

変数hに入っている3922は、ただの数値にすぎません。Heroインスタンスに関する名前やHPなどのさまざまな情報は変数hの中ではなく、別のところにあります。見方を変えれば、「この変数hにはHeroインスタンスの情報の全部は入りきらないから、詳しくは3922番地を参照してね」と解釈できます。このことから、変数hに入っているアドレス情報を**参照**といいます。

あれ？　どこかで似たようなものを見たような気が…。

そうだね、第4章の「配列型」と同じしくみだよ。

int[]型やString[]型といった「配列型」も、変数に入っているのは配列内の各データが保存されているメモリ領域の先頭番地でしたね。Hero型のような「クラス型」も同じです。このことからクラス型と配列型は総称して**参照型**と呼ばれます。

9.1.6 Step4：フィールドへの値の代入

コード9-1の5行目 `h.hp = 100;` では、変数hに格納されている勇者のHPを100に設定します。この行をJVMは以下のように解釈して実行します。

① 変数hの内容を調べると、「3922番地を参照せよ」と書かれている。

② メモリ内の3922番地にあるインスタンスのメモリ領域にアクセスし、その中のhpフィールド部分を100に書き換える。

図9-5　Heroインスタンスのhpフィールドへの代入

このように、まず変数から番地情報を取り出し、次にその番地にアクセスする、というJVMの動作を**参照の解決**や**アドレス解決**といいます（図9-5）。

インスタンスを生み出したり、フィールドにアクセスしたりするために、JVMはとても複雑なことをしているんですね。

9.1.7 同一インスタンスを指す変数

仮想世界に勇者が2人生成され、それぞれh1、h2という変数に格納されていたとしましょう。当然、勇者h1のhpフィールドを10減らしても、勇者h2

のhpフィールドの値は減りません。同じクラスから生まれても、異なるインスタンスであれば互いに影響を受けないことを**インスタンスの独立性**といいます。これを踏まえた上で、次のプログラムの実行結果を想像してください。

コード9-2 2つのHero型変数を利用する

Main.java

```
01 public class Main {
02   public static void main(String[] args) {
03     Hero h1;
04     h1 = new Hero();
05     h1.hp = 100;
06     Hero h2;
07     h2 = h1;
08     h2.hp = 200;
09     System.out.println(h1.hp);
10   }
11 }
```

えーっと、h1とh2の2つがあって…「インスタンスの独立性」があるから、h1のhpフィールドには100、h2のhpフィールドには200が入って…。画面に表示されるのは「100」かな？

いいや違うよ。図に書いて、よく考えてごらん。

このプログラムを正しく理解するためのポイントは7行目の `h2 = h1;` です。これは変数h1の内容をh2にコピーする文ですが、ここで9.1.5項で説明した**勇者インスタンスhのために確保してあるメモリの先頭番地**を思い出してください。ここでコピーされているのは「勇者インスタンスそのもの」ではありません。**「3922」などの番地情報**です（図9-6）。

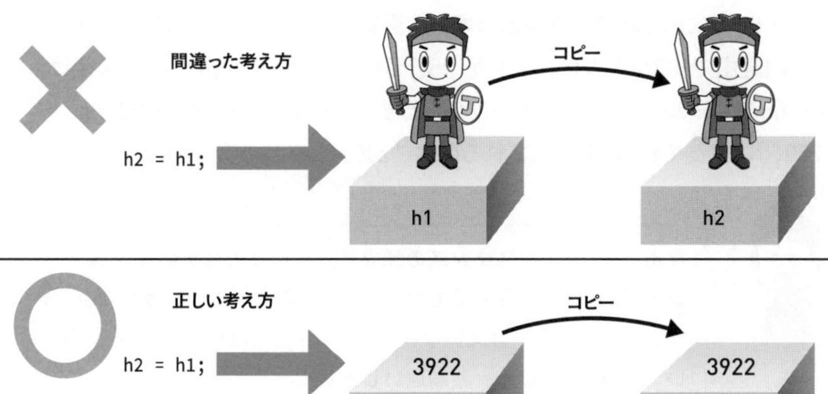

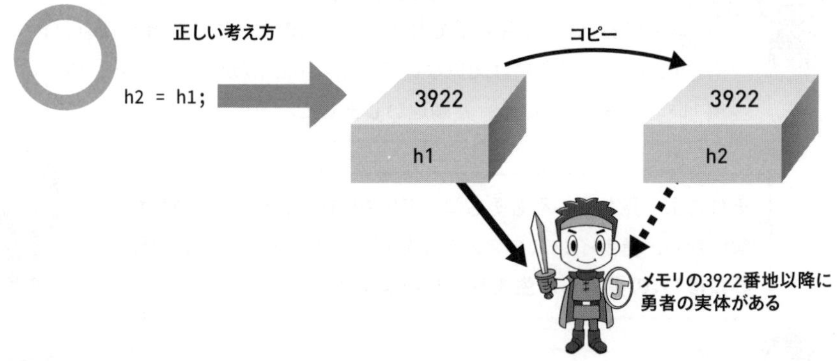

図9-6 「h2 = h1;」の動作

代入の結果、h1とh2の両方に番地情報の3922が入ります。従って、**h1とh2はどちらも「まったく同じ1人の勇者インスタンス」を指している**のです。そのため、h1のhpフィールドへ代入しても、h2のhpフィールドへ代入しても、**結局は同じ勇者インスタンスのHPに代入することになる**のです。

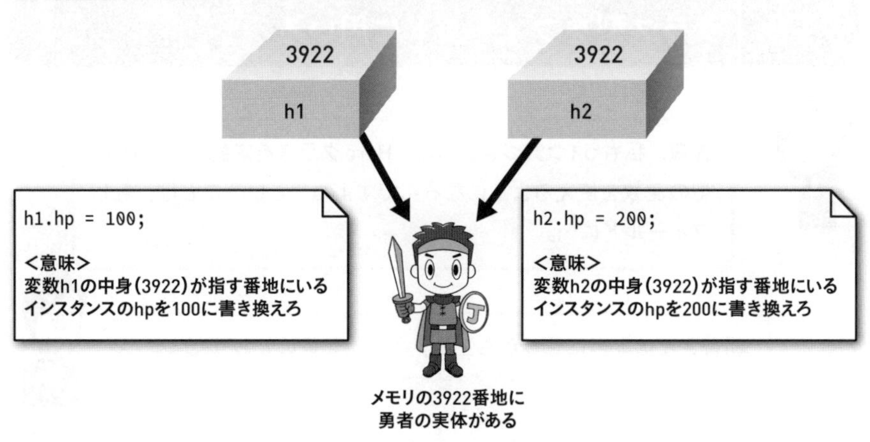

図9-7 h1.hpとh2.hpは同じもの

コード9-2に示したプログラムの場合、勇者インスタンスのhpフィールドにはh1経由で100が代入されますが（5行目の `h1.hp = 100;`）、その後に同じhpフィールドにはh2経由で200が上書きされます（8行目の `h2.hp = 200;`）。よって9行目で表示されるのは「200」となります（図9-7）。

なるほど、「インスタンスの独立性」というのは勇者インスタンスが2人いた場合の話であって、今回のように「勇者が1人しかいない」場合には関係ないですね。h1とh2があったから、つい「勇者が2人いる」と勘違いしました。

それによく見たら、そもそもコード9-2の中には**newが1つしかない**から、勇者インスタンスの変数がいくつあっても、**仮想世界には1人の勇者しか生まれてない**はずよね。

すばらしいね、そのとおりだ。いくつかの特殊な例を除いて、基本的にインスタンスを生み出す方法はnewしかない。`new Hero()` した回数が勇者の人数だ。

9.1.8 クラス型をフィールドに用いる

先輩、私もう1つ気づきました。Heroクラスを定義するとHero型の変数を使えるようになるんですよね。ということは、もしフィールドに…。

朝香さんは本当にせっかちだね。うん、想像のとおりだよ。

朝香さんは、次のコード9-3のように書けるのではないかと気づいたようです。

コード9-3 Sword型フィールドを持つHeroクラス

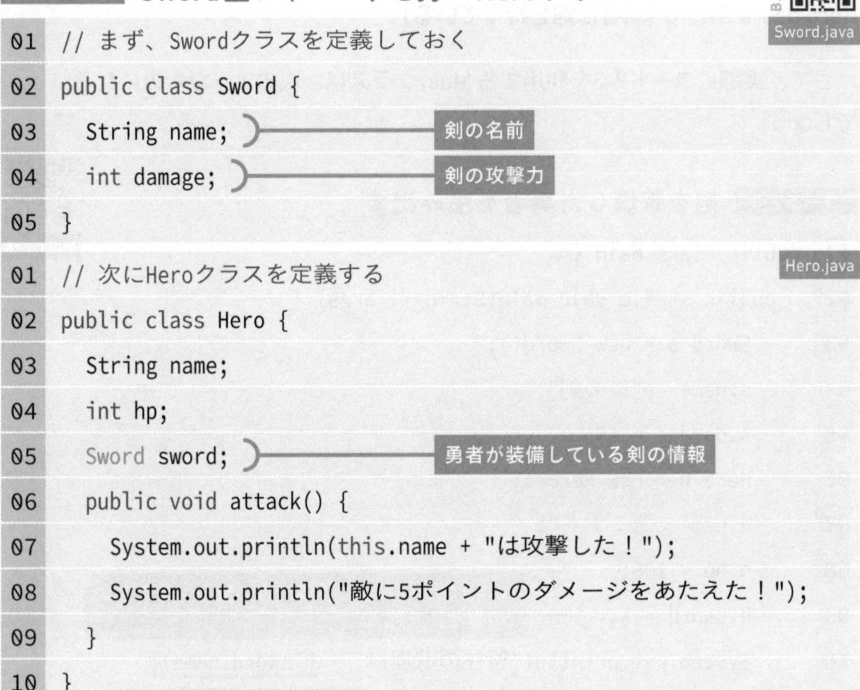

BJ493

Sword.java

```
01 // まず、Swordクラスを定義しておく
02 public class Sword {
03   String name;
04   int damage;
05 }
```


Hero.java

```
01 // 次にHeroクラスを定義する
02 public class Hero {
03   String name;
04   int hp;
05   Sword sword;
06   public void attack() {
07     System.out.println(this.name + "は攻撃した！");
08     System.out.println("敵に5ポイントのダメージをあたえた！");
09   }
10 }
```


Heroクラスに新しく追加されたフィールド「sword」は、int型やString型ではなくSword型です。このように、フィールドにクラス型の変数を宣言することもできます。なお、今回の例のように「あるクラスが別のクラスをフィールドとして利用している関係」を**has-aの関係**といい、次のような図で表すことがあります。

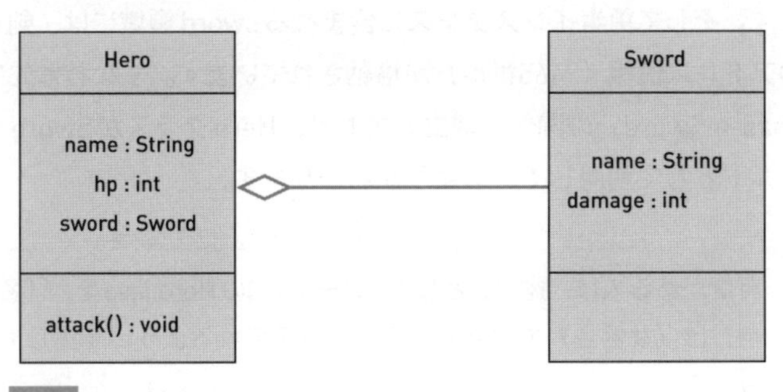

図9-8 クラス図におけるhas-aの関係

「has-a」と呼ぶ理由は、次のような英文が自然に成立するからです。

Hero has-a Sword（勇者は剣を持っている）

さて、実際にコード9-3を利用するMainクラスは、次のようなものになるでしょう。

コード9-4 剣を装備した勇者を生み出す

Main.java

```
01 public class Main {
02   public static void main(String[] args) {
03     Sword s = new Sword();
04     s.name = "炎の剣";
05     s.damage = 10;
06     Hero h = new Hero();
07     h.name = "ミナト";
08     h.hp = 100;
09     h.sword = s;
10     System.out.println("現在の武器は" + h.sword.name);
11   }
12 }
```

（9行目）swordフィールドに生成済みの剣インスタンス（の番地）を代入

（10行目 h.sword.name）勇者「の」剣「の」名前

10行目は少し複雑ですが、このときのメモリのようすをしっかりイメージしてみましょう。次の図9-9を見てください。

822番地にある変数hには、勇者インスタンスのアドレス情報（1011番地）が入っています。そして勇者インスタンスに含まれるsword領域には、剣インスタンスのアドレス情報（2465番地）が格納されています。すなわち先ほどの「Hero has-a Sword」の関係が成立しており、HeroクラスがSwordクラスをフィールドとして利用している様子がわかります。

自信がある人は、腕試しとして、コード9-3のHero.javaを、「（名前）は（武器名）で攻撃した！」と表示されるように変更してみよう。

第II部

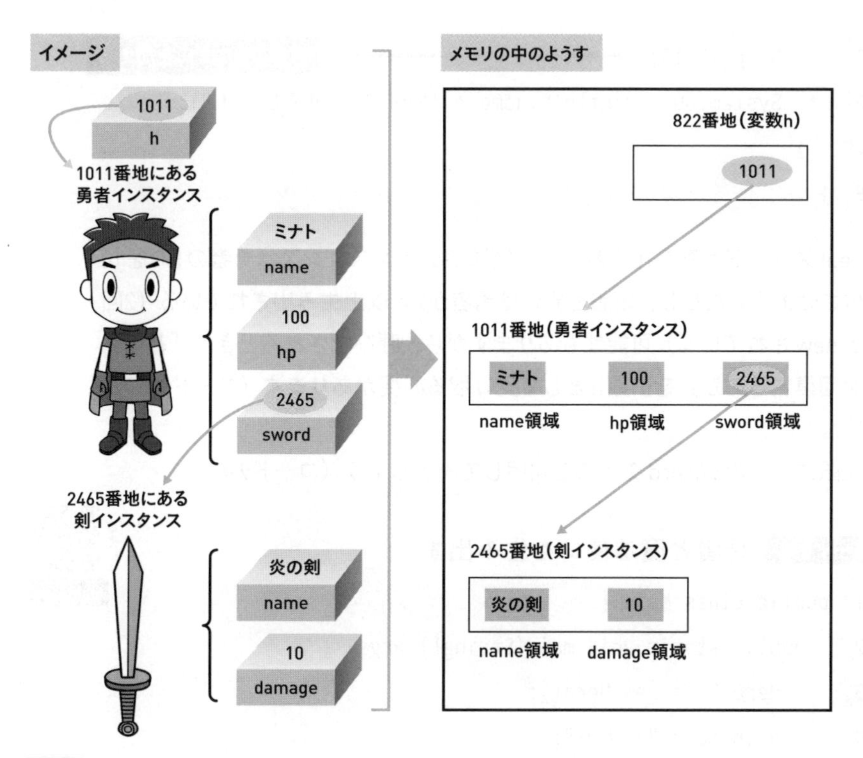

図9-9 has-a関係にあるインスタンスのイメージ

9.1.9 クラス型をメソッド引数や戻り値に用いる

クラス型はフィールドの型に用いるだけではなく、メソッドの引数や戻り値の型としても利用できます。これを確認するために、すでにある勇者クラスに加え、魔法使い（Wizard）のクラスを作ってみましょう。魔法使いは、勇者のHPを回復する魔法（heal）を使うことができます。

コード9-5 回復魔法を使えるWizardクラス

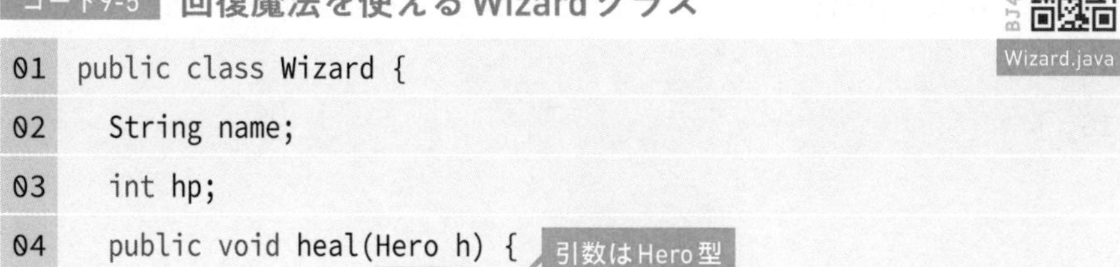


```
01 public class Wizard {
02   String name;
03   int hp;
04   public void heal(Hero h) {
```

```
05      h.hp += 10;            勇者のHPに10を加える
06      System.out.println(h.name + "のHPを10回復した！");
07    }
08  }
```

healメソッドが呼び出されると、魔法使いインスタンスは勇者のHPを10回復させます。ただし、仮想世界には勇者が2人以上生み出されている（2回以上newされている）可能性もありますから、呼び出されるときに**「どの勇者を回復するのか」を引数hとして受け取る**必要があります（コード9-5の4行目）。

実際に、このWizardクラスを利用してみましょう（コード9-6）。

コード9-6　勇者と魔法使いを生み出す

BJ496

Main.java

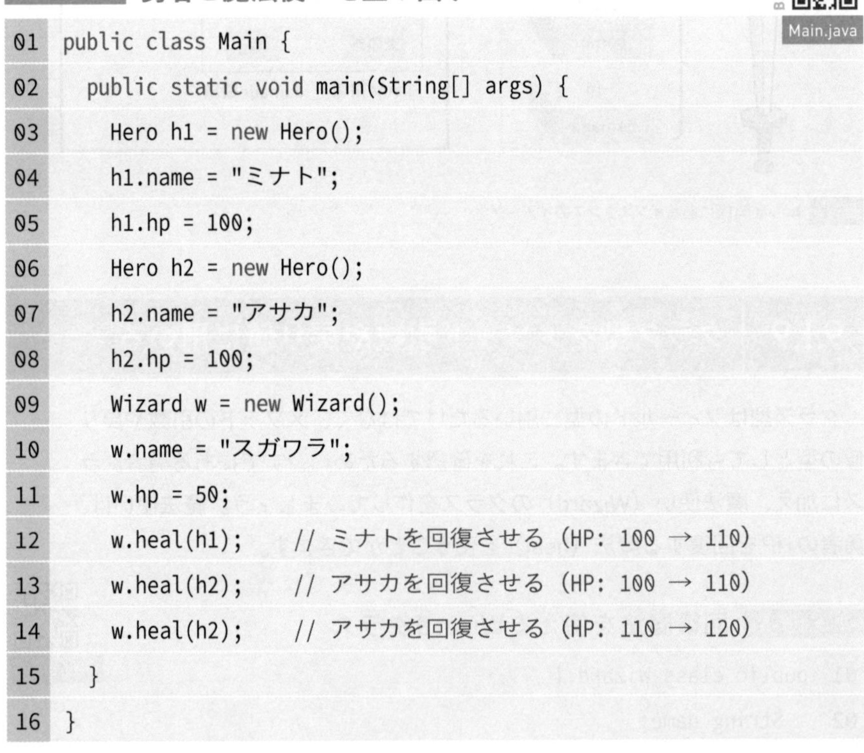

```
01  public class Main {
02    public static void main(String[] args) {
03      Hero h1 = new Hero();
04      h1.name = "ミナト";
05      h1.hp = 100;
06      Hero h2 = new Hero();
07      h2.name = "アサカ";
08      h2.hp = 100;
09      Wizard w = new Wizard();
10      w.name = "スガワラ";
11      w.hp = 50;
12      w.heal(h1);    // ミナトを回復させる（HP: 100 → 110）
13      w.heal(h2);    // アサカを回復させる（HP: 100 → 110）
14      w.heal(h2);    // アサカを回復させる（HP: 110 → 120）
15    }
16  }
```

9.1.10 String型の真実

ではこの節の最後に、文字列を利用しているときにJVMの中で何が起こっているか、タネあかしをしよう。

第1章から登場していたString型ですが、実は**int型やdouble型の仲間ではなく、Hero型と同じ「クラス型」**です。これまで、「String型変数の中には文字列がそのまま入っている」と解釈していたかもしれませんが、本当の姿は次の図9-10のようなものです。

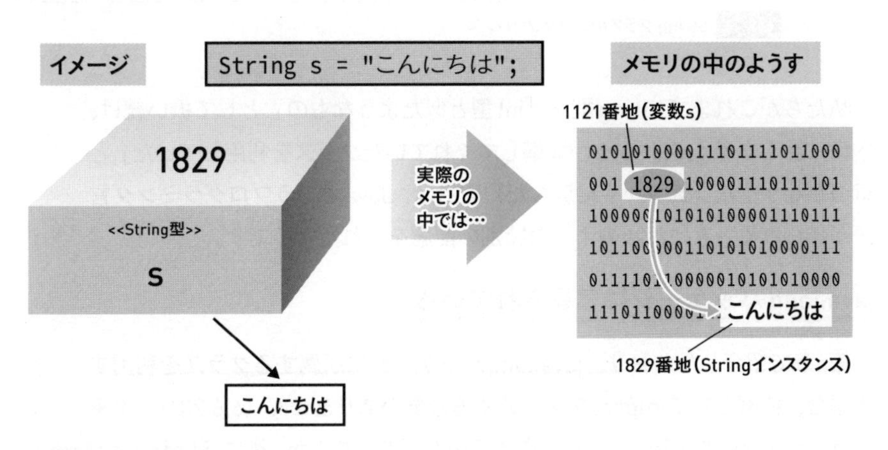

図9-10 Stringインスタンスの本当の姿

しかし、疑問も残ります。Hero型やSword型は私たち自身がHeroクラスやSwordクラスを定義したので利用可能になりました。しかし、Stringクラスを定義していないにもかかわらず、私たちがString型を利用できるのはなぜでしょうか？　この答えはAPIリファレンスが明らかにしてくれます。MathクラスやSystemクラスのようにAPIとして標準添付されている膨大な数のクラスの中に、Stringクラス（正式名称はjava.lang.Stringクラス）が含まれています。

パッケージ java.lang

クラス String

java.lang.Object
　　java.lang.String

すべての実装されたインタフェース:
Serializable, CharSequence, Comparable<String>

```
public final class String
extends Object
implements Serializable, Comparable<String>, CharSequence
```

String クラスは文字列を表します。Java プログラム内の"abc"などのリテラル文字列はすべて、このクラスのインスタンスとして実行されます。

図9-11 String クラスの API リファレンス

私たちがこれまでString型を「int型と似たようなもの」として扱い続け、本章に至るまで「実はJavaが準備してくれていたクラスを利用していた」と気づかなかった（気づかずに済んだ）理由は、Javaというプログラミング言語が作られるときに、次のような特別の配慮をされたためです。

java.langパッケージに宣言されている

第6章で紹介したとおり、java.langパッケージに所属するクラスを利用する場合、特例としてimport文を記述する必要がありません（6.6.2項）。本来は `java.lang.String s;` と宣言する必要がありますが、単に `String s;` と書けば利用できるようになっています。

二重引用符で文字列を囲めばインスタンスを生成して利用できる

通常、インスタンスを生成するにはnew演算子を利用する必要があります。しかし文字列はプログラムの中で多用されるため、その都度newを書いていてはソースコードが「newだらけ」になってしまいます。そこで、「二重引用符で文字列を囲めば、その文字列情報を持ったStringインスタンスを利用できる」という特例が設けられました。new演算子を使うことなく `String s = "こんにちは";` というシンプルな記述が可能になっています。

実は、Stringもクラスには違いないのですから、HeroやSwordと同じようにnewでインスタンスを生成することもできます（コード9-7）。ただし、この方法は効率が悪いので、通常は利用しないでください。

コード9-7 newを使って文字列のインスタンスを生成（非推奨）

Main.java

```
01 public class Main {
02   public static void main(String[] args) {
03     String s = new String("こんにちは");
04     System.out.println(s);      画面に「こんにちは」と表示される
05   }
06 }
```

ん？　このコードのnewって少し文法がおかしくありませんか？　今までの書き方だと new String(); と書くのでは？

そうだね。実はStringクラスはnewするとき、ついでに追加情報を指定できる特別なしくみに対応しているんだ。Stringはインスタンスが生成された直後に、追加情報（「こんにちは」）を自分自身の中に書き込むんだよ。

ひょっとして、その「追加情報付きでnewできるしくみ」はボクたちのHeroクラスやSwordクラスでも使えますか？

うん。とても便利な機能だから、次の節でしっかり学習しよう。

9.2 コンストラクタ

9.2.1 生まれたてのインスタンスの状態

前節では、Javaの仮想世界で起きている真実を学びましたね。これで私たちは、オブジェクト指向の考え方に沿って、インスタンスを自由に生み出して利用することができるようになりました。しかし、実際にクラスを用いたプログラムを書き始めると、ある「煩わしさ」を感じるようになるはずです。その例として、9.1.9項に登場したコード9-6を再び次に示します。

コード9-6 勇者と魔法使いを生み出す（抜粋）

BJ496

```
   ⋮
03  Hero h1 = new Hero();
04  h1.name = "ミナト";
05  h1.hp = 100;
06  Hero h2 = new Hero();
07  h2.name = "アサカ";
08  h2.hp = 100;
09  Wizard w = new Wizard();
10  w.name = "スガワラ";
11  w.hp = 50;
12  w.heal(h1);
13  w.heal(h2);
14  w.heal(h2);
   ⋮
```


コメントで示したように、newでインスタンスを生成した直後、必ずフィールドの初期値を代入しています。なぜなら**newで生み出されたばかりのイン**

スタンスのフィールド（nameやhp）には、まだ何も入っていないからです。
厳密にいえば、各フィールドには値が「入っていない」わけでなく、次のような初期値が設定されています。

表9-1 フィールドの初期値

int 型、short 型、long 型 などの数値の型	0
char 型（文字）	¥u0000
boolean 型	false
int[] 型などの配列型	null
String 型などのクラス型	null

生まれたばかりの勇者のHPって0なんですね。こんな状態で、そのまま冒険に出たら大変だ…。

すぐにゲームオーバーだね。

9.2.2 フィールド初期値を自動設定する

こらぁミナトーっ！　やっと見つけた！

…ど、どうしたの朝香さん。そんなに息切らして。

湊の作ったHeroクラスを使ってプログラムを組んだら、ゲーム開始直後にHPが0になってるの！ いきなり死んでるじゃない。こんなバグだらけのHeroクラス、使わせるんじゃないわよ！

勇者の初期HPは100って決まってるんだ。だから朝香さんがnewした後に100を代入してよ。

そんなの今、初めて聞いたわよ！　っていうか**勇者として初期HP=100と決まってる**なら自動的にそうなるようにHero**クラス側で責任を持ちなさい**よ！

まぁまぁ落ち着いて。こんなときにピッタリなJavaのしくみがあるんだ。

湊くんが制作しているRPGでは、どうやら生まれたばかりの勇者のHPは常に100とする決まりのようです。確かにコード9-6（p.326）では、「ミナト」「アサカ」の2人の勇者は共に、newの直後にHPの初期値として100が代入されていました（5行目、8行目）。

しかし、実際の開発現場において、特にゲームなど大規模な開発を行う場合、1人ですべてを開発することは、まずありえません。そのためクラスを作るにあたっては、自分以外の開発者がHeroクラスを利用する場面も考えておかなければなりません。そして、それぞれの**開発者が正しくHPに100を代入してくれるとは限らない**のです。朝香さんのように、うっかり初期化し忘れるかもしれませんし、Heroクラスを作った人が想定しないような数、たとえば負の数や非常に大きな数で初期化してしまうかもしれません。これではゲームは正しく動作しないでしょう。

「勇者の初期HPが100であること」は、仮想世界における勇者自身に関する事柄であり、Heroクラスの開発者がいちばんよく知っているはずです。逆に、Heroクラスを使う側にとっては、「初期値が何であるか」は知らないのが当然ともいえます。ですから、Heroクラスを作る側で責任を持つべきという朝香さんの主張はもっともな話です。

このような場合に備え、Javaでは**「インスタンスが生まれた直後に自動実行する処理」をあらかじめ定義できる**ようになっています。次のコード9-8を見てください。

コード9-8 生まれた直後の動作を定義したHeroクラス

BJ498

Hero.java

```
01 public class Hero {
02   String name;
03   int hp;
04     :
05   public void attack() {
06     :
07   }
08   public Hero() {
09     this.hp = 100;      // hpフィールドを100で初期化
10   }
11 }
```

「newされた直後に自動的に実行される処理」を書いたメソッド

このクラスにはHero()というメソッドが追加されています。attack()などの通常のメソッドは誰かから呼ばれないと動きませんが、Hero()だけは、このクラスが**newされた直後に自動的に実行される**という特別な性質を持っています。このようなメソッドを**コンストラクタ**（constructor）と呼びます。Hero()はコンストラクタとして定義されており、newされると自動的に実行されてHPに100が代入されます。そのため、mainメソッド側でHPに初期値を代入する必要はありません。

コード9-9 コンストラクタが定義されたHeroを生み出す

BJ499

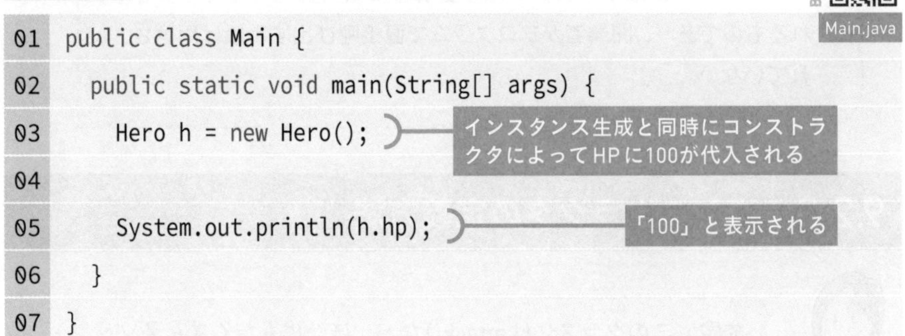

Main.java

```
01 public class Main {
02   public static void main(String[] args) {
03     Hero h = new Hero();
04 
05     System.out.println(h.hp);
06   }
07 }
```

インスタンス生成と同時にコンストラクタによってHPに100が代入される
「100」と表示される

よかった！　これで誰が勇者インスタンスを生成しようと、生まれたばかりの勇者は、必ずHPが100になりますね！

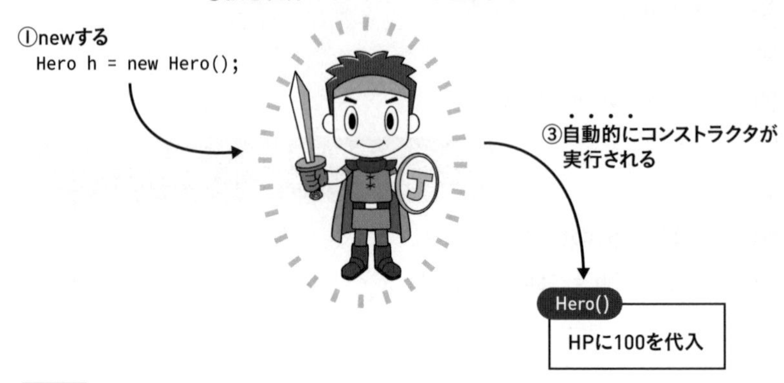

②仮想世界にインスタンスが生まれる
①newする
Hero h = new Hero();
③自動的にコンストラクタが実行される
Hero()
HPに100を代入

図9-12　newするだけで自動実行される処理

　ここで意識しておいてほしいのは、**コンストラクタは、私たち開発者が直接呼び出すものではない**という点です。私たちが行うのはあくまでも `Hero h = new Hero();` でインスタンスを生成することであって、インスタンス生成の完了後にJVMがHero()を自動的に実行してくれます。`h.Hero();` のように私たちがコンストラクタを直接呼び出すことはできません。

コンストラクタは直接呼び出せない！

コンストラクタはインスタンスの生成時にJVMによって呼び出されるものであり、開発者がプログラムで直接呼び出す手段は用意されていない。

9.2.3　コンストラクタの定義方法

先輩、このクラスにはattack()など、ほかにもたくさんメソッドがあるのに、なぜHero()だけが自動実行されるんですか？

それはHero()だけが**自動実行されるメソッドの条件**を満たしているからだよ。

一見すると、コンストラクタであるHero()も、ほかのメソッドと違いはないように見えます。しかし、newでインスタンスを生成したときに自動実行されるのはHero()だけです。実はJavaでは、クラスに記述されているメソッドのうち、次の条件をすべて満たすメソッドだけがコンストラクタと見なされ、自動実行される決まりになっています。

コンストラクタと見なされる条件

① メソッド名がクラス名と完全に等しい
② メソッド宣言に戻り値の型が記述されていない（voidもダメ）

Hero()がコンストラクタとして実行されたのは、「Heroクラス」の中に完全に同名である「Hero()」として定義されており、その戻り値が記述されていないからです。

コンストラクタの定義

```
public class クラス名 {
  public クラス名() {
    自動的に実行する処理
  }
}
```

でも、HPを100にしたいだけなんだし、いちいちメソッドを書くのは面倒だな。フィールドを初期化すればいいんじゃないですか？

湊くんの言うように、100などの固定値を代入するだけならば、コンストラクタを用いずにフィールド宣言を `int hp = 100;` としても対応できます。しかし、次項のような複雑な条件で初期化したい場合は、コンストラクタを使わなければ実現できません。

9.2.4 コンストラクタに情報を渡す

自動的に勇者のHPが100になったのは嬉しいんですが、「名前」は自動的に代入できないんですか？

コンストラクタで代入すると、全員同じ名前になっちゃうじゃない？　でも勇者の名前って、それぞれ違うわよね？

HPフィールドは固定の値で初期化すればよいため、単純なコンストラクタで済みました。しかし、勇者の名前は生み出すインスタンスによって異なるはずです。このようなケースでは、コンストラクタが「毎回異なる追加情報」を引数で受け取れるように宣言しましょう（コード9-10）。

コード9-10 コンストラクタで引数を追加情報として受け取る

Hero.java

```
01 public class Hero {
02   String name;
03   int hp;
04    ⋮
05   public Hero(String name) {      引数として文字列を1つ受け取る
06     this.hp = 100;
07     this.name = name;      // 引数の値でnameフィールドを初期化
08   }
09 }
```

これで、Heroクラスはnewするときに名前の初期値も指定できるようになりました。

でも先輩、私たちはコンストラクタを直接呼び出せないんですよね（9.2.2項）。普通のメソッドのように呼び出せないなら、どうやって引数を渡せばいいんですか？

いい質問だね。newするときに渡すんだよ。

私たちは直接コンストラクタを呼べないため、引数を直接渡すことはできません。しかし、JVMに対して、newするときに「コンストラクタを呼ぶときはこの情報を使ってね」とお願いすることができます。

引数を伴うインスタンス生成

```
new クラス名(実引数1, 実引数2…)
```

※ 実引数の数と型は、コンストラクタの仮引数に揃える。

次のコード9-11で具体的に見てみましょう。

コード9-11 newで引数を渡す Main.java

```
01 public class Main {
02   public static void main(String[] args) {
03     Hero h = new Hero("ミナト");
04
05     System.out.println(h.hp);
06     System.out.println(h.name);
07   }
08 }
```

- 03行目：インスタンス生成後、JVMがコンストラクタを呼び出す際に「ミナト」を渡してもらえる
- 05行目：「100」と表示される
- 06行目：「ミナト」と表示される

この処理は、次ページの図9-13のようになります。

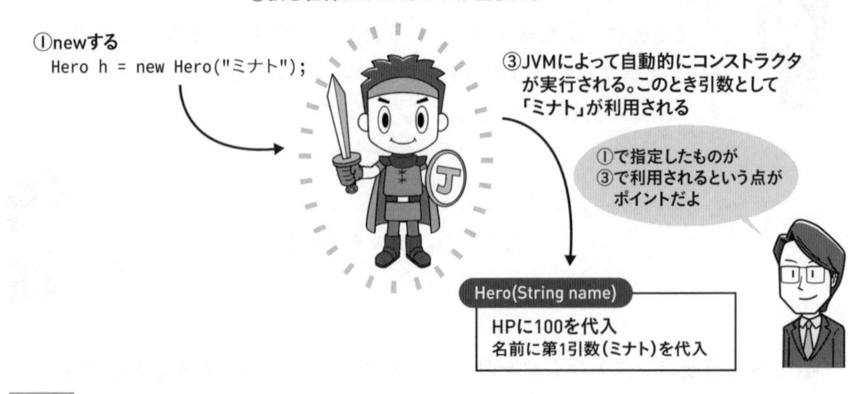
②仮想世界にインスタンスが生まれる
①newする
Hero h = new Hero("ミナト");
③JVMによって自動的にコンストラクタが実行される。このとき引数として「ミナト」が利用される
①で指定したものが
③で利用されるという点が
ポイントだよ
Hero(String name)
HPに100を代入
名前に第1引数(ミナト)を代入

図9-13 newで指定した引数が、コンストラクタ実行時に利用される

9.2.5 2つ以上の同名コンストラクタを定義する

Heroにコンストラクタを作って `new Hero("ミナト");` と書けるようになったのは確かに便利です。ただ、簡単な動作テストなど「別に名前はどうでもいい」ときもあって、単に `new Hero();` としたい場合にはどうすればいいんでしょう？

なるほど。そういうときは名前を指定せずに `new Hero();` としたいのに、引数がなくてエラーが出てしまうんだね。

現在のHeroクラスには、「文字列の引数を1つ受け取るコンストラクタ」が定義されています。そして、コンストラクタはnewされたときに必ず自動的に実行されるものですから、newする側としては、必ず引数となる文字列を1つ与える必要があります。

つまり、このコンストラクタを作ったことによって、**インスタンスを生成するときには、必ず名前を指定する必要が生じた**わけです。試しに、朝香さんの言うように、引数なしで `new Hero();` を実行するとエラーになります。

この問題は**「引数を受け取らないコンストラクタ」も同時に定義すれば解決**できます。次のコード9-12を見てください。

コード9-12 **コンストラクタのオーバーロード**

BJ49C

Hero.java

```
01 public class Hero {
02   String name;
03   int hp;
04     :
05   public Hero(String name) {      ← 以前からあったコンストラクタ①
06     this.hp = 100;
07     this.name = name;
08   }
09   public Hero() {                 ← 新しく作ったコンストラクタ②
10     this.hp = 100;
11     this.name = "ダミー";         ← ダミーの名前を設定する
12   }
13 }
```

オーバーロード（5.4節）を覚えているかな。同じ名前で引数が異なるメソッドを複数定義できるオーバーロードは、コンストラクタでも可能なんだ。

ということは、実行時にどのコンストラクタが動くかは、JVMが引数を見て判断してくれるんですね。

複数のコンストラクタが定義されていた場合

newするときに渡した引数の型・数・順番に一致するコンストラクタ1つだけが動作する。

コンストラクタをオーバーロードしたクラス（コード9-12）を利用してみましょう（次ページのコード9-13）。

コード9-13 コンストラクタをオーバーロードしたクラスの利用

Main.java

```
01 public class Main {
02   public static void main(String[] args) {
03     Hero h1 = new Hero("ミナト");
04     System.out.println(h1.name);
05     Hero h2 = new Hero();
06     System.out.println(h2.name);
07   }
08 }
```

（03行目）文字列引数があるのでコンストラクタ①が呼び出される

（05行目）引数がないのでコンストラクタ②が呼び出される

```
ミナト
ダミー
```


9.2.6 暗黙のコンストラクタ

ここで、コンストラクタについて1つ覚えておいてほしいことがあるんだ。

コンストラクタのないHeroクラスは `new Hero();` で生成できたのに、引数ありコンストラクタの定義でこれが不可能になったのはなぜでしょうか。

実はJavaでは、すべてのクラスはインスタンス化に際して**必ず何らかのコンストラクタを実行する**決まりになっています。ですから、本来、**すべてのクラスは最低でも1つ以上のコンストラクタを持っていなければなりません**。コンストラクタが1つも定義されていないクラスは許されないのです。

えぇ〜！　そんなのムリですよ。次に開発する予定の「宝の地図」クラス（Mapクラス）はインスタンス化の直後に実行する処理は何もないんです。

実行する処理がないのなら…中身のないコンストラクタをわざわざ定義しなきゃいけないってこと？

コード9-14 コンストラクタの定義が必須なら…

BJ49E

Map.java

```
01 public class Map {
02   ⋮
03   public Map() {
04   }
05 }
```

newで実行したい処理は何もないが、しかたなく中身のないコンストラクタを定義

コード9-14のように、わざわざ中身のないコンストラクタを定義するのは面倒なので、Javaでは次の特例を設けています。

コンストラクタの特例

クラスに1つもコンストラクタが定義されていない場合に限って、「引数なし、処理内容なし」のコンストラクタ（デフォルトコンストラクタ）がコンパイル時に自動的に追加される。

前節まで使ってきた、コンストラクタを定義する前のHeroクラスは、この特例によって**引数なしのコンストラクタがこっそり自動的に定義されていたため、`new Hero();` によるインスタンス化が可能**でした。しかし、新たに引数を1つ含むコンストラクタ（コード9-10）を定義した時点でこの特例は適用されなくなり、`new Hero();` によるインスタンスの生成はできなくなったのです。

このデフォルトコンストラクタは、次章で学ぶ継承と作用して複雑なトラップが発動することがあるんだ。存在感は薄いけどまた登場するから、覚えておいてほしい。

9.2.7 ほかのコンストラクタを呼び出す

菅原さん、コンストラクタをいくつか作ると、少し「気持ち悪い」ことが出てきてしまって…。

「複数のコンストラクタに、何度も同じ処理を書くこと」だね？

コード9-12（p.339）をもう一度見てください。コンストラクタ①とコンストラクタ②の内容には重複があります。2つのコンストラクタは、どちらもHPに100を代入しています。しかし、もし将来、初期HPを200に変更するなどの仕様変更があったら、コンストラクタ①と②の両方を修正する必要が生じます（本格的なプログラムでは、重複部分はさらに多くなります）。

そこで思いつくのが、コンストラクタ②の中で、コンストラクタ①を呼び出す方法です。たとえば、次のコード9-15のようにHPへの代入を1か所に集めようと考えるかもしれません。

コード9-15 別のコンストラクタを呼び出す（エラー）

Hero.java

```
01 public class Hero {
02   String name;
03   int hp;
04    ：
05   public Hero(String name) {     // コンストラクタ①
06     this.hp = 100;
07     this.name = name;
08   }
09   public Hero() {     // コンストラクタ②
10     this.Hero("ダミー");
11   }
12 }
```

コンストラクタ①を呼び出したいが、この行はエラーになるのでダメ！

しかし残念ながら、このコードはコンパイルエラーになります。なぜなら、**コンストラクタを呼び出せるのはJVMだけ**であり、私たちが直接呼ぶのは許されていないためです（9.2.2項）。ですが諦める必要はありません。次の構文によって、**JVMにコンストラクタの起動を依頼する**ことが可能です。

別コンストラクタの呼び出しをJVMに依頼する

```
this(引数);
```

※ コンストラクタの先頭に記述する。
※ 同じクラスのコンストラクタが対象となる。

この構文を用いて、コード9-15を書き直してみましょう。

コード9-16 別のコンストラクタを呼び出す

```
01 public class Hero {
02   String name;
03   int hp;
04    :
05   public Hero(String name) {    // コンストラクタ①
06     this.hp = 100;
07     this.name = name;
08   }
09   public Hero() {   // コンストラクタ②
10     this("ダミー");
11   }
12 }
```

（10行目：コンストラクタ①を呼び出すよう JVM に依頼する）

ちなみに、今回学んだthis()は、第8章から利用してきたthisと見た目が似ているが、何の関係もない別物と考えたほうがいい。`this.メンバ名` のthisは自分自身のインスタンスを表すもの、`this(引数)` のthis()は同一クラスの別コンストラクタを呼び出すためのものだ。

9.3 第9章のまとめ

クラス型と参照

- クラス型変数の中には、「インスタンスの情報が格納されているメモリの先頭番地」が入っている。
- あるクラス型変数を別の変数に代入すると、番地情報だけがコピーされる。
- クラス型は、フィールドの型や、メソッドの引数・戻り値の型としても利用できる。

コンストラクタ

- 「クラス名と同一の名称で、戻り値の型を指定されていないメソッド」はコンストラクタとして扱われる。
- コンストラクタは、newによるインスタンス化の直後に自動的に実行される。
- 引数を持つコンストラクタを定義すると、newをする際に引数を指定してコンストラクタを実行させることができる。
- コンストラクタはオーバーロードにより複数定義できる。
- クラスにコンストラクタ定義が1つもない場合に限って、コンパイラが「引数なし・処理内容なし」のデフォルトコンストラクタを自動的に定義してくれる。
- this ()を用いて、同一クラスの別コンストラクタの呼び出しをJVMに依頼することができる。

9.4 練習問題

練習9-1

次のようなThiefクラスがあります。このクラスについて、次の要件を満たすコンストラクタを定義してください。

Thief.java

```
01 public class Thief {
02   String name;
03   int hp;
04   int mp;
05 }
```

- **このクラスは、`new Thief("アサカ", 40, 5)`のように、名前・HP・MPを指定してインスタンス化することができる。**
- **このクラスは、`new Thief("アサカ", 35)`のように、名前とHPだけを指定してインスタンス化することもできる。この場合、MPは5で初期化される。**
- **このクラスは、`new Thief("アサカ")`のように、名前だけを指定してインスタンス化することもできる。この場合、HPは40、MPは5で初期化される。**
- **このクラスは、`new Thief()`のように、名前を指定しない場合にはインスタンス化できないものとする（名前のないThiefは仮想世界に生み出せない）。**
- **コンストラクタは極力重複せずに記述する。**

練習9-2

練習9-1のThiefクラスを利用する次のようなプログラムがあります。このプログラムの実行結果と、そのように表示される理由を「参照」という言葉を用いて説明してください。

Main.java

```
01 public class Main {
02   public static void heal(int hp) {
03     hp += 10;
04   }
05   public static void heal(Thief thief) {
06     thief.hp += 10;
07   }
08   public static void main(String[] args) {
09     int baseHp = 25;
10     Thief t = new Thief("アサカ", baseHp);
11     heal(baseHp);
12     System.out.println(baseHp + " : " + t.hp);
13     heal(t);
14     System.out.println(baseHp + " : " + t.hp);
15   }
16 }
```

BJ49b

column

フィールド初期値の設定手段

あるクラスのフィールドに初期値を代入したい場合、次の4つの方法があります。

(1) フィールド宣言時に初期値を指定する（8.2.4項）。
(2) 静的初期化ブロックでフィールドに値を代入する。
(3) 初期化ブロックでフィールドに値を代入する。
(4) コンストラクタでフィールドに値を代入する（9.2.2項）。

ややマニアックな道具である（2）（3）の構文は本書では割愛しますが、JVMはインスタンスの生成後に（1）～（4）の順で処理を実行します。(1)（4）のどちらかの方法が一般的ですが、通常はコンストラクタに任せるなど、ルールの統一をおすすめします。

chapter 10
継承

たくさんのクラスを作るうちに、
「以前作ったクラスにとてもよく似ているが、一部だけ違うクラス」
を作る必要に迫られて面倒に感じる場面も増えてきます。
この章では、このような課題を解決してくれる
オブジェクト指向の花形機能、「継承」の基本を学びましょう。

contents

10.1 継承の基礎

10.1.1 似かよったクラスの開発

Javaで大きなプログラムを作り始めると、**以前作ったクラスと似かよったクラスを作る**必要に迫られることがあります。「ほとんど同じだけれどフィールドが2つほど多い」「ほとんど同じだけれどメソッドが1つ多い」などです。そのようなクラスは、どうすれば効率よく作れるでしょうか。

例として勇者クラス（Heroクラス）を取り上げて考えてみましょう。この章では、理解しやすくするために、コード10-1のような単純なHeroクラスから始めます。

コード10-1 「戦う」と「逃げる」しかできないHeroクラス

Hero.java

```
01 public class Hero {
02   String name = "ミナト";
03   int hp = 100;
04   // 戦う
05   public void attack(Matango m) {
06     System.out.println(this.name + "の攻撃！");
07     m.hp -= 5;
08     System.out.println("5ポイントのダメージをあたえた！");
09   }
10   // 逃げる
11   public void run() {
12     System.out.println(this.name + "は逃げ出した！");
13   }
14 }
```

このHeroは冒険するにつれ進化してゆき、次のような能力を持ったSuperHeroという職業になれるとします。

スーパーヒーローはfly()で空を飛ぶことができ、land()で着地できる。
ヒーローができるすべての動作は、スーパーヒーローもできる。

では、コード10-1のHeroクラスを元に、SuperHeroクラスを開発してみましょう。

簡単よ。Heroのコードをコピー＆ペーストして、クラス名をSuperHeroに変更して、それにfly()とland()のメソッドを足せば、あっという間にできあがり！ 名付けて「コピペ解決法」よ！

朝香さんはHeroクラスを元に、次のようなコードを書きました（コード10-2）。うまく動作するでしょうか？

コード10-2 朝香さんが作成したSuperHeroクラス

SuperHero.java

```
01 public class SuperHero {          ← クラス名を書き換えた
02   String name = "ミナト";
03   int hp = 100;
04   boolean flying;                 ← flyingフィールドを追加
05   // 戦う
06   public void attack(Matango m) {
07     System.out.println(this.name + "の攻撃！");
08     m.hp -= 5;
09     System.out.println("5ポイントのダメージをあたえた！");
10   }
11   // 逃げる
12   public void run() {
13     System.out.println(this.name + "は逃げ出した！");
14   }
15   // 飛ぶ
```

```
16    public void fly() {
17      this.flying = true;
18      System.out.println("飛び上がった！");
19    }
20    // 着地する
21    public void land() {
22      this.flying = false;
23      System.out.println("着地した！");
24    }
25  }
```

fly()を追加

land()を追加

10.1.2 「コピペ解決法」の問題点

さすが朝香さん。あっという間にSuperHeroを作り上げたね。

はいっ。大学のレポート作成の課題では、ネットで調べてコピペ使いまくりましたから！

レポートの話は聞かなかったことにするけど、この方法だと後で困るかもしれないよ。

朝香さんのように元となるコードをコピー&ペーストして、それに新しい機能を追加すれば、簡単に元のクラスを発展させることができます。解決方法としてはとてもシンプルですし、コードも問題なく動作するでしょう。

しかし、この方法によって作成されたSuperHeroクラスには、次のような2つの問題があります。

追加・修正に手間がかかる

Heroクラスに新しいメソッドを追加する、またはHeroクラス内のメソッ

ドを変更する場合、それをSuperHeroクラスにも行う必要があります。なぜならスーパーヒーローとは、「たくさんいるヒーローの中でも特に優れたひとにぎりの者」だからです。Heroができることは、当然SuperHeroもすべてできなければなりません。

把握や管理が難しくなる

SuperHeroクラスはHeroクラスをコピーして作っているので、この2つのクラスのソースコードの大半が重複しています。これによりプログラム全体の見通しが悪くなり、メンテナンスがしづらくなります。

もしかしたら今後、Heroを元にした別のクラス（たとえばHyperHeroや、LegendHero、MagicalHeroなど）を作る必要が出てくるかもしれません。するとHeroクラスに何か変更があるたびに、すべての〜Heroクラスに対してHeroクラスと同じ修正を行う必要が生じます。これは、とても面倒ですね。

10.1.3 継承による解決

このゲームは後から職業を増やしていきたいから、新しい職業クラスを作るたびにコピペして問題が出るのは困るなあ…。

そっか…。後々のことを考えると、「コピペ解決法」はイマイチかも…。

そうだね。そもそも同じコードが何か所にも分散して書かれているのが諸悪の根源だ。

「コピペ解決法」を用いて類似したクラスを作成していくと、将来、元となったクラスが変更されたら、すべての類似クラスも修正を必要とします。

しかしJavaには、このようなコードの重複を懸念することなく類似したクラスを作成できる機能、**継承**があります。これを使えば、SuperHeroクラスは次ページのコード10-3のようにスッキリと記述できます。

コード10-3 **Heroクラスを継承してSuperHeroを作成する**

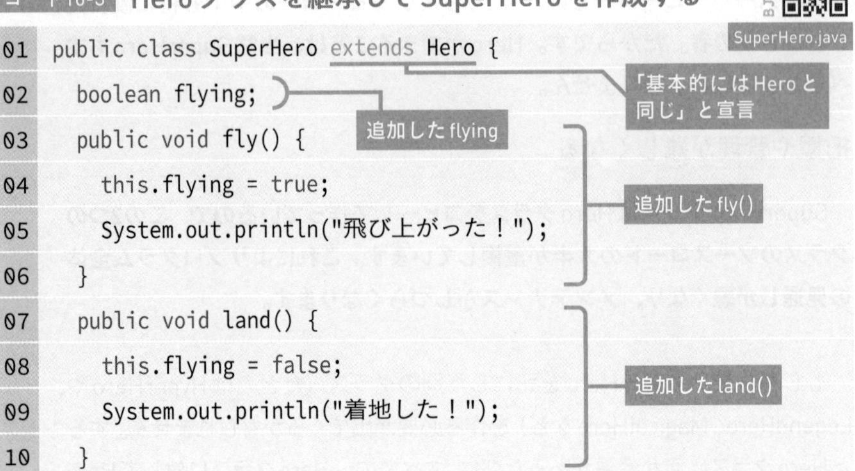


```
01 public class SuperHero extends Hero {
02   boolean flying;
03   public void fly() {
04     this.flying = true;
05     System.out.println("飛び上がった！");
06   }
07   public void land() {
08     this.flying = false;
09     System.out.println("着地した！");
10   }
11 }
```


ポイントは、1行目の**extends**です。`class SuperHero extends Hero`という宣言は、「Heroクラスをベースにして SuperHeroクラスを定義するので、Heroと同じメンバの定義は省略します（違いだけを記述します）」という意味になります。

> Heroクラスを継承しているから「新しく増えたメンバだけ」をSuperHeroクラスに書けばいいわけですね。

継承を用いたクラスの定義

```
public class クラス名 extends 元となるクラス名 {
  親クラスとの差分となるメンバ
}
```

このSuperHeroクラスがインスタンス化されるときに、JVMは、省略されているけれども、SuperHeroクラスはHeroクラスに含まれているname、hp、attack()、run()も持っている、と判断してくれます。

図10-1 2つのクラス定義に基づいて、1つのインスタンスが生成される

従って、SuperHeroクラスのソースコードにはrun()がありませんが、インスタンス化されればrun()を呼び出すことができます（コード10-4）。

コード10-4 SuperHeroを生み出してrun()を呼び出す

BJ4A4

Main.java

```
01 public class Main {
02   public static void main(String[] args) {
03     SuperHero sh = new SuperHero();
04     sh.run();
05   }
06 }
```

このように、extendsを用いて、元となるクラスとの「差分」だけを記述して新たなクラスを宣言できます。

新たに定義するクラス（SuperHero）に着目すると、まるで元となるクラス（Hero）から、メンバが自動的に引き継がれているように見えることから、「継承」という名前が付いています。

もし将来、Heroクラスにメソッドやフィールドの宣言が追加されたら、SuperHeroでも自動的に使えるようになるのね。

chapter 10

そのとおり。コピペ解決法よりもエレガントな方法だろう？

10.1.4 継承関係の表現方法

今回、Heroクラスを継承してSuperHeroクラスを作りました。このような2つのクラスの関係を**継承関係**といいます。そして、その元となるクラスを「スーパークラス」「基底クラス」「親クラス」などと呼び、新たに定義されるクラスを「サブクラス」「派生クラス」「子クラス」などと呼びます。

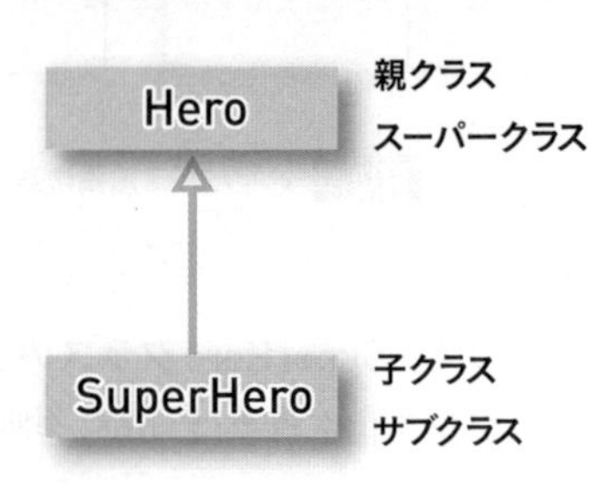

図10-2　図における継承関係の記述方法

なお、継承関係を図で表現する場合は、図10-2のような矢印で記述するルールが定められています。

先輩、この図の矢印ですけど、方向が逆じゃないですか？ Heroクラスをベースに SuperHeroクラスを作るんですから、下向きの矢印だと思うんですけど…。

いや、図の描き方としてはこれで正しいんだ。

慣れるまではこの矢印の書き方に違和感を覚えるかもしれません。直感とは逆の方向に矢印を描くのには理由がありますが、それは本章の最後に解説します。今のところは、「クラス図では、継承の矢印は直感とは逆に、子クラスから親クラスに向かって引く」とだけ覚えておいてください。

10.1.5 継承のバリエーション

継承は、2つのクラスの関係を表すだけにはとどまりません。バリエーションとして、1つのクラスをベースとして、複数の子クラスを定義することもできますし、孫クラスや曾孫クラスの定義も可能です（図10-3）。

ただし、Javaでは許されていない継承の構図が1つだけあります。

図10-4のように、複数のクラスを親として1つの子クラスを定義することを**多重継承**といいますが、Javaではこれを許可していません。

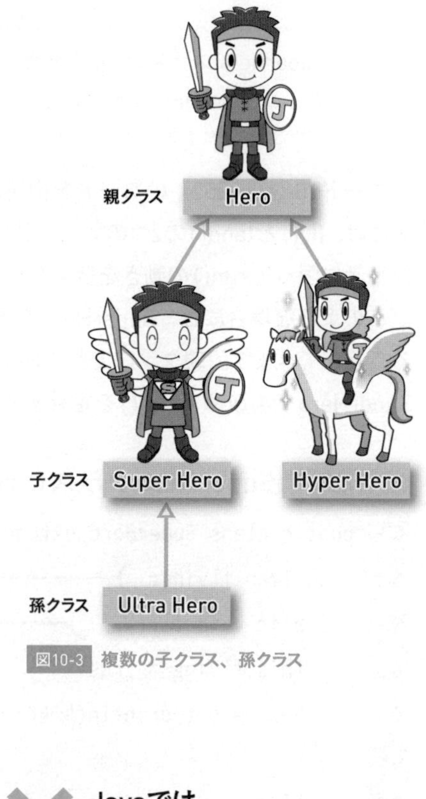

図10-3 複数の子クラス、孫クラス

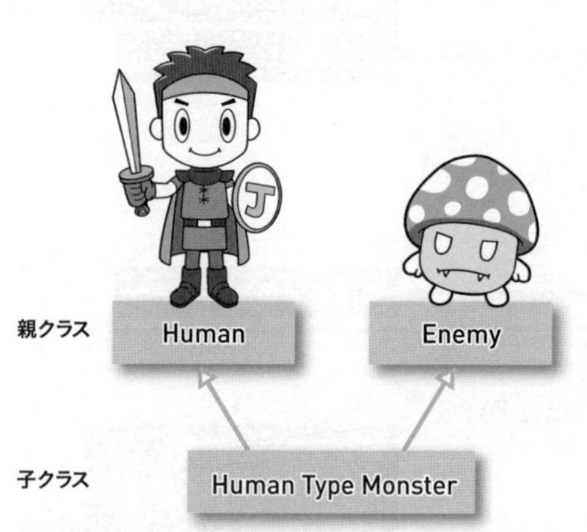

図10-4 複数の親クラスを持つことはできない

10.1.6 オーバーライド

SuperHeroはSuperHeroらしく、逃げるときの表示を「撤退した」に変えたいんだけど、どうしよう…。

SuperHeroクラスのrun()を書き換えればいいんじゃないの？
あっ、SuperHeroクラスにはrun()の宣言がないんだっけ…。

コード10-3（p.352）のコードを再度確認してください。SuperHeroクラスには、fly()とland()の2つのメソッドしか定義されていません。SuperHeroクラスに限ってrun()の動きを変えたい場合、どうすればよいでしょうか？

このような場合には、SuperHeroクラスのコードに新しいrun()を記述することができます。親クラスであるHeroにもrun()はありますが、子クラスSuperHeroでも改めてrun()を定義するのです。

コード10-5 SuperHeroクラスにrun()を再定義する

SuperHero.java

```
01 public class SuperHero extends Hero {
02   boolean flying;                      ← 新規追加したフィールド
03   public void fly() {                  ← 新規追加したメソッド
04     this.flying = true;
05     System.out.println("飛び上がった！");
06   }
07   public void land() {                 ← 新規追加したメソッド
08     this.flying = false;
09     System.out.println("着地した！");
10   }
11   public void run() {                  ← 親クラスにも定義してあるが、子クラスで再定義（上書き）するメソッド
12     System.out.println(this.name + "は撤退した");
13   }
14 }
```

コード10-6 HeroとSuperHeroのrun()を呼び出す

Main.java

```
01 public class Main {
02   public static void main(String[] args) {
03     Hero h = new Hero();
```

```
04    h.run();
05    SuperHero sh = new SuperHero();
06    sh.run();
07  }
08 }
```

ミナトは逃げ出した！
ミナトは撤退した

コード10-5の1行目で、基本的にはHeroクラスをベースにSuperHeroクラスを定義すると宣言しましたが、11行目でrun()を異なる内容で定義し直しています（内容の上書き）。このように、親クラスを継承して子クラスを宣言する際に、親クラスのメンバを子クラス側で上書きすることを、**オーバーライド**（override）といいます。

以前に学んだオーバーロード（5.4節）と名前は似ているけど、まったく異なるものなので混同しないでほしい。

継承を用いて子クラスに宣言されたメンバの扱い

① 親クラスに同じメンバがなければ、そのメンバは「追加」される。
② 親クラスに同じメンバがあれば、そのメンバは「上書き」される。

10.1.7 継承やオーバーライドの禁止

文字数の長さ制限があるLimitStringクラスを作りたいんですけど、うまく継承できないんです。どうしてかしら？

なるほど、Stringクラスの継承に失敗しているようだね。

朝香さんが作成しようとしているクラスは次のとおりです。

```
public class LimitString extends String {
  ⋮                       Stringクラスを継承したいが…
}
```

しかし、このソースコードをコンパイルするとエラーが発生します。なぜなら、継承しようとしているStringクラス（java.lang.String）は、このクラスを継承してほかのクラスを作ってはいけません、と特別に指定されているクラスだからです。

JavaのAPIリファレンスを見ると、Stringクラスは次のように宣言されています。

```
public final class String extends Object…
```

Javaでは、**宣言にfinalが付けられているクラスは継承できない**ことになっています。

もちろん、私たちが作成するクラスにもfinalを付ければ「継承禁止」にできます。たとえば、Mainクラスの継承を禁止にするには、クラス宣言にfinalを追加します。

Main.java

```
01 public final class Main {
02   public static void main(String[] args) {
03     // メインメソッド
04   }
05 }
```

そもそもなぜStringクラスは継承禁止クラスとして宣言されているんですか？　継承できたほうが絶対便利なのに。

Stringクラスを作った人は「Stringクラスのおかしな類似品」が世の中に出回る危険性を考えたのだろうね。

不具合なく完璧に動作するクラスがあっても、技術力のない人がそのクラスを継承し、オーバーライドによってメソッドの内容をメチャクチャに上書きしてしまったら、「異常な動作をする子クラス」ができてしまいます。

この「異常な子クラス」は、親クラスと似ているようでその内容はまったく異なる困った類似品であり、バグの原因となる危険性があります。特にStringクラスはプログラム内で多用される大切なクラスなので、「正しく動作しないStringの類似品」が出回ると致命的な不具合の原因になりかねません。

このような理由からStringクラスにはfinalが付けられていて、すべてのメソッドはオーバーライドできないようになっています。

確かに、Stringはどんなプログラムでもほぼ確実に使うものだし、バグがあったら大変なことになっちゃいますね。

もし、クラスの継承は許可するものの、一部のメソッドについてのみオーバーライドを禁止したい場合は、そのメソッドの宣言にfinalを付けましょう。**宣言にfinalが付けられたメソッドは、子クラスでオーバーライドができない**ことになっています。

コード10-7 slip()はオーバーライドできないHeroクラス

Hero.java

```
01 public class Hero {
02   ⋮
03   public final void slip() {
04     this.hp -= 5;
05     System.out.println(this.name + "は転んだ！");
06     System.out.println("5のダメージ");
07   }
08   public void run() {
09     System.out.println(this.name + "は逃げ出した！");
```

finalが付いているslipメソッドは子クラスでオーバーライド禁止

runメソッドは子クラスでオーバーライド可能

```
10   }
11   ：
12 }
```

継承やオーバーライドの禁止

・クラス宣言にfinalを付けると、継承を禁止できる。
・メソッド宣言にfinalを付けると、オーバーライドを禁止できる。

実は継承の基本的な使い方や知識は、ここまでに紹介した内容がすべてだよ。

なんだぁ…オブジェクト指向の花形機能というから、どんなに難しいかビクビクしていました。

ははは。とりあえずここまでの知識で大丈夫だから、どんどん継承を使ってみてほしい。すぐにいくつかの不自由に直面し、より深く継承を理解する必要が出てくるはずだからね。

column

フィールドはオーバーライドさせない！

この節で紹介したオーバーライドはメソッドに関する動作であり、フィールドの場合は異なる動きをします。実用上ほぼ用いられることがないため、本書では解説していません。誤って親クラスと子クラスに同名のフィールドを宣言すると意図しない動作をする可能性がありますので注意が必要です。

フィールドはオーバーライドして使おうとしちゃダメなんですね。

10.2 インスタンスの姿

10.2.1 インスタンスの多重構造

より踏み込んで継承を使いこなすには、継承を用いて定義されたSuperHeroのようなクラスから生まれたインスタンスが、実際にどのような姿をしていて、どのようにふるまうかを理解しておくことがとても重要です。継承を用いて生成されたインスタンスの姿を正しくイメージできれば、次節以降はもちろん、第11章の「高度な継承」や第12章の「多態性」もスムーズに理解できるでしょう。

では、SuperHeroのインスタンスの姿をイメージ図で見てみましょう。

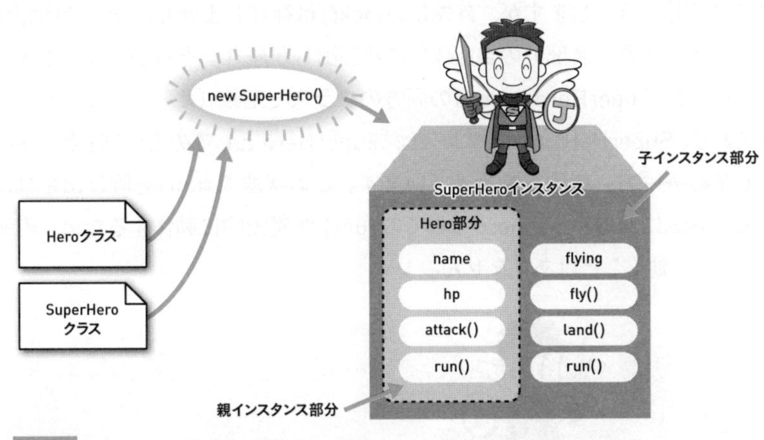

図10-5 SuperHeroインスタンスのイメージ図

このインスタンスは、外から見れば1つのSuperHeroインスタンスなのですが、内部にHeroクラスから生まれたHeroインスタンスを含んでおり、全体として**二重構造になっている**ことに着目してください。

スーパーヒーローさんは、胸の中に「普通のヒーローとしての自分」を秘めているのね。

ここからは、外側の部分を「子インスタンス部分」、内側の部分を「親インスタンス部分」と呼び、このイメージ図を通してさまざまな呼び出しや動作のしくみを考えていきましょう。

ちなみに、「親・子・孫」と3つのクラスが継承関係にある場合、孫クラスのインスタンスは三重構造になるよ。

10.2.2 メソッドの呼び出し

インスタンスの外からメソッドの実行依頼が届く（呼び出しがある）と、多重構造のインスタンスは、**極力、外側にある子インスタンス部分のメソッドで対応**しようとします。

たとえば、fly()が呼び出されればSuperHeroクラスで定義されたfly()が動きます。一方、attack()への呼び出しは、まずは外側の子インスタンス部分で対応しようとしますが、外側にattack()は存在しません。そこで内側にある親インスタンス部分のattack()に呼び出しが届き、それが動作します。

run()は、SuperHeroとHeroの両方のクラスで定義（オーバーライド）されており、SuperHeroインスタンスは**「SuperHeroとしての逃げ方」と「Heroとしての逃げ方」の両方を持っています**。この状態でrun()を呼び出された場合、外側にあるSuperHeroとしてのrun()が優先的に動作するため、内側のrun()が動くことはありません。

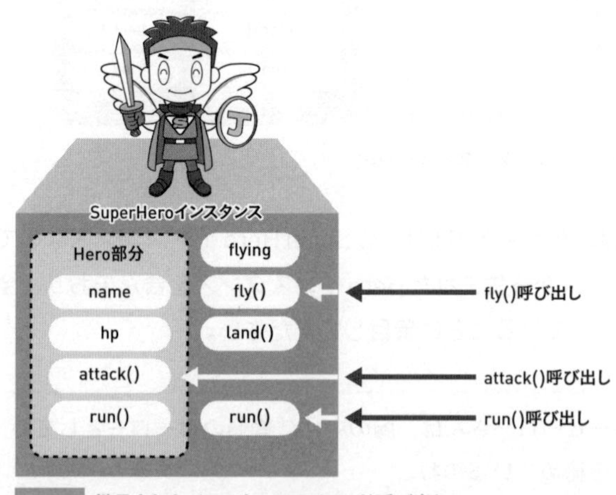

図10-6 継承されたインスタンスのメソッド呼び出し

第II部

子クラスでrun()をオーバーライドしても、親クラスのrun()は上書きされてなくなるわけではないんですね。

そう、親クラスのrun()も子クラスのrun()も両方ともインスタンスの中にあるんだ。ただ、**親クラスのrun()には呼び出しが届かない**から「上書きされたように見える」だけなんだよ。

10.2.3 親インスタンス部へのアクセス

先輩、親インスタンス部分のrun()は、どうせ外部から呼び出せないんですし、存在価値がないように思いますけど？

いや、親インスタンスのメソッドが役立つこともあるんだよ。

頻度として多くはありませんが、内側の親インスタンス部分に属するメソッドが大活躍することもあります。たとえば、次のような例を考えてみましょう。

SuperHeroの追加仕様

SuperHeroは、空を飛んでいる状態でattack()すると、Heroでは1回だった攻撃を2回連続で繰り出すことができる。

これを実現するには次のようなオーバーライドを思いつくかもしれません。

コード10-8 attack()をオーバーライドしたSuperHero

SuperHero.java

```
01 public class SuperHero extends Hero {
02   ⋮
03   public void attack(Matango m) {
```

```
04      System.out.println(this.name + "の攻撃！");
05      m.hp -= 5;
06      System.out.println("5ポイントのダメージをあたえた！");
07      if (this.flying) {
08        System.out.println(this.name + "の攻撃！");
09        m.hp -= 5;
10        System.out.println("5ポイントのダメージをあたえた！");
11      }
12    }
13  }
```

飛んでいる状態でのみ、2回目の攻撃をする

しかし、この方法では、将来Heroクラスのattack()の処理内容が変わった場合に困った事態に陥ります。

たとえば、Heroクラスのattack()が修正され、1回の攻撃で敵に与えるダメージが10に修正されたとしましょう。SuperHeroインスタンスを生み出し、fly()を呼び出した後でattack()を呼び出したらどうなるでしょうか？

飛んでいるスーパーヒーローは、Heroの攻撃を2回するわけだから、「10ポイントダメージの攻撃を2回」するべきですが…。

残念ながら「5ポイントダメージの攻撃が2回」のままなんだ。SuperHeroクラスでオーバーライドしちゃってるからね。

このような場合には、図10-7のように、内部で親インスタンスのメソッドを呼び出せれば目的を果たせます。

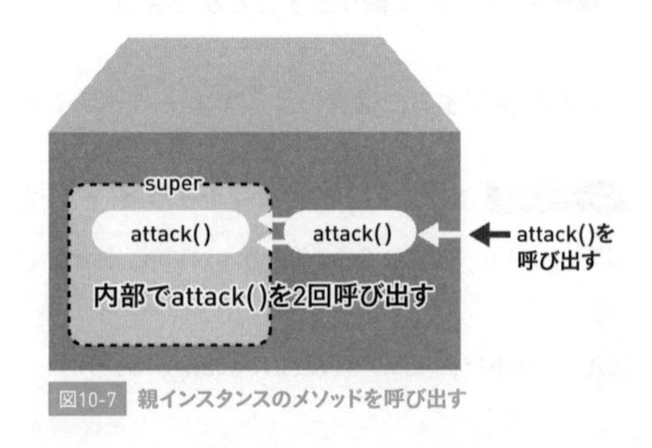

図10-7 親インスタンスのメソッドを呼び出す

この呼び出しは、次のような記述で実現できます。

コード10-9 **親クラスのattack()を呼び出す**

SuperHero.java

```
01 public class SuperHero extends Hero {
02   public void attack(Matango m) {
03     super.attack(m);          ← 親インスタンス部分のattack()を呼び出し
04     if (this.flying) {
05       super.attack(m);        ← 親インスタンス部分のattack()を呼び出し
06     }
07   }
08   ⋮
09 }
```

superとは、「今より1つ内側のインスタンス部分」を表す予約語です。これを利用すれば、親インスタンス部分のメソッドやフィールドに子インスタンス部分からアクセスできます。

親インスタンス部分のフィールドを利用する

super.フィールド名

親インスタンス部分のメソッドを呼び出す

super.メソッド名(引数)

superを付けずに、単に attack() と呼び出すのではダメなんですか？

残念ながらダメなんだ。それだと無限ループになってしまうんだよ。

もしsuperを付けずに `attack()` だけで呼び出してしまうと、`this.attack()` と書いたのと同じ意味になってしまいます。thisは「自分自身のインスタンス」を意味しますが（8.2.5項）、より正確には、「インスタンスの最も外側の部分」を指します。そのため、次の図10-8のように、自分自身のattack()を呼び出し続ける無限ループが発生してしまいます。

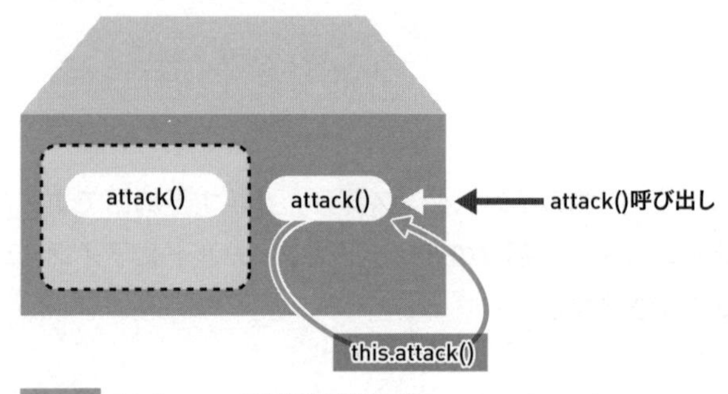

図10-8 thisとsuperによる呼び出しの違い

column

親の親インスタンス部分へのアクセスは不可能！

Aクラス（親の親）、Bクラス（親）、Cクラス（自分）という3つのクラスが継承関係にあるとき、Cクラスから生成されたインスタンスは3重構造になります。このとき、いちばん外側に相当するCインスタンスについて考えましょう。

Cクラスのメソッドは、いちばん外側のインスタンス部分（自分自身）へはthis、そして親インスタンス部分へはsuperでアクセスできます。しかし、残念ながら親の親にあたるインスタンス部分へアクセスする手段は準備されていません。つまり、Cクラスのメソッドが Aクラスのインスタンス部分に直接アクセスすることはできないのです。

10.3 継承とコンストラクタ

10.3.1 継承を利用したクラスのコンストラクタ

前節では、インスタンス化されたSuperHeroがどのような姿なのかを紹介しました。その姿は、Heroインスタンスを内部に持つ多重構造になっているのでしたね。この多重構造は、クラスがnewされると、次のような段階を経て構築されます。

図10-9 インスタンスの多重構造が構築される過程

図10-9の③にあるように、SuperHeroインスタンスが完成すると、JVMは自動的にSuperHero()コンストラクタを呼び出します。ここで、次のようなコードを書いてみると、興味深い内部動作を確認できます。

コード10-10 コンストラクタの動作を確認する

Hero.java

```
01 public class Hero {
02   ⋮
03   public Hero() {
```

```
04      System.out.println("Heroのコンストラクタが動作");
05    }
06    ⋮
07  }
```

SuperHero.java

```
01  public class SuperHero extends Hero {
02    ⋮
03    public SuperHero() {
04      System.out.println("SuperHeroのコンストラクタが動作");
05    }
06    ⋮
07  }
```

Main.java

```
01  public class Main {
02    public static void main(String[] args) {
03      SuperHero sh = new SuperHero();
04    }
05  }
```

```
Heroのコンストラクタが動作
SuperHeroのコンストラクタが動作
```

あれ？ SuperHeroインスタンスが完成したらJVMはSuperHeroのコンストラクタを呼び出すはずよね？

それなのに、どうしてその前にHeroのコンストラクタも動いてるんだろう？

SuperHeroをnewするとSuperHero()コンストラクタが動作するのは理解できますが、なぜか内側インスタンスのHero()コンストラクタも勝手に動作しています。

実はJavaでは、**すべてのコンストラクタは、その先頭で必ず内部インス**

タンス部分（親クラス）のコンストラクタを呼び出さなければならないと決められています。

　同じクラスの別コンストラクタを呼び出すための `this()`（9.2.7項）に似た、`super()` という記述で親クラスのコンストラクタを呼び出せます。

親クラスのコンストラクタの呼び出し

```
super(引数);
```

※ コンストラクタの先頭に記述する必要がある。

　よって、本来、SuperHeroコンストラクタは次のような書き方をしなければなりません。

```
public SuperHero() {
  super();
  :
}
```

　もしコンストラクタの1行目でsuper()を呼び出さないと、コンパイラによって `super();` という行が**自動的に挿入**されます。さきほどのコード10-10では、この「暗黙のsuper()」が、自動的にHero()コンストラクタを呼び出していたというわけです。

図10-10　super()によるコンストラクタの呼び出し

つまり、コンストラクタはより内側のインスタンス部分のものから順に動いていくんですね。

そのとおり。ちなみに親インスタンス部分のコンストラクタを呼び出すsuper()は、前節で学習した `super.メンバ名` とはまったく関係がないので混同しないよう注意してほしい。

10.3.2 親インスタンス部分が作れない状況

インスタンスが構築、初期化される過程を理解すると、ある条件で困ったことが発生します。次のコード10-11を題材に考えてみます。

コード10-11 コンストラクタを呼び出せない状況（エラー）

BJ4AB

Item.java

```
01 public class Item {
02   String name;
03   int price;
04   public Item(String name) {          引数1つのコンストラクタ
05     this.name = name;
06     this.price = 0;
07   }
08   public Item(String name, int price) {   引数2つのコンストラクタ
09     this.name = name;
10     this.price = price;
11   }
12 }
```

Weapon.java

```
01 public class Weapon extends Item { … }   Itemを継承しWeaponを定義
```

Main.java

```
01 public class Main {
02   public static void main(String[] args) {
03     Weapon w = new Weapon();
04   }
05 }
```

第II部

コード10-11はコンパイルエラーが発生してしまう。その理由を1ステップずつ見ていこう。

Main.javaの3行目の `new Weapon()` により、JVMはWeaponインスタンスを生成しようとします。WeaponクラスはItemクラスを継承していますので、このインスタンスは、内部にItemインスタンスを含む多重構造になっているはずです。

二重構造のインスタンスを作り終えると、JVMは自動的にWeapon()コンストラクタを呼び出そうとします。しかし、Weaponクラスにはコンストラクタが定義されていないため、暗黙的に次のような「デフォルトコンストラクタ」(9.2.6項) が定義され動作します。

```
public Weapon() {
}
```

しかし、ここで前項で学んだことを思い出してください。すべてのコンストラクタの先頭行には実は `super();` が隠れていますので、実際には次のようになります。

```
public Weapon() {
  super();
}
```

このように自動生成されたWeaponクラスのコンストラクタは、親クラスItemのコンストラクタを**引数なし**で呼ぼうとします。ここで、呼び出される側のItemクラスのコンストラクタの宣言を見てみましょう。引数1つのもの(Item.javaの4行目) と2つのもの (同8行目)、あわせて2つのコンストラクタが宣言されていますが、引数が0個のコンストラクタは存在しません。

つまり、Itemクラスのコンストラクタ呼び出しには、必ず引数が1つか2つ必要であり、Weaponクラスのコンストラクタからであっても、`super();` のように**引数がない呼び出しはできない**のです。

10.3.3 内部インスタンスのコンストラクタ引数を指定する

内部インスタンスの初期化を行うコンストラクタ（Item()コンストラクタ）に引数を与える必要がある場合は、super()の呼び出しで明示的に引数を渡します。

Weapon.java

```
01 public class Weapon extends Item {
02   public Weapon() {
03     super("ななしの剣");   ← 引数1つの親クラスコンストラクタを呼び出す
04   }
05 }
```

これで、Weaponクラスのインスタンス化によって内部でItemインスタンスが作られるタイミングで、コード10-11のItem.javaの4行目のコンストラクタが動作し、常に「ななしの剣」という名前になります。また、`super("ななしの剣", 300);` と記述すれば、常に8行目のコンストラクタが動作するでしょう。

つまり、super()に与える引数の数と型によって、「親インスタンス部分が初期化されるときに利用されるコンストラクタ」を明示的に指定できるのです。

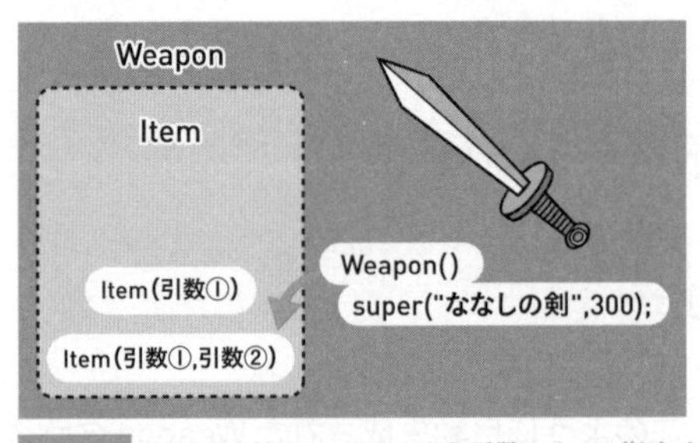

図10-11 利用する親コンストラクタを引数によって指定する

column

コンストラクタは継承されない

子クラスがnewされると、「暗黙のsuper()」により親クラスのコンストラクタが動作します（p.369）。あたかもコンストラクタが継承されているように考えがちですが、コンストラクタ自体はクラスに固有の存在であり、継承されません。

第II部

10.4 正しい継承、間違った継承

10.4.1 is-aの原則

お疲れさま。これで、継承の構文やしくみはほぼマスターだよ。
あとは継承を「正しく使えるか」について考えていこう。

継承に「正しい」とか「間違ってる」なんてあるんですか？
「エラーが出なければ正しい」と思っていましたけど…。

正しい継承とは、**「is-aの原則」と呼ばれるルールに則っている継承**のことです。そしてis-aの原則とは、子クラスと親クラスの間に次のような概念的な関係が成立しているべきとする原則です。

is-aの関係

子クラス is-a 親クラス（子クラスは、親クラスの一種である）

スーパーヒーローは特殊能力を持った特別なヒーローですが、あくまでもヒーローの一種であることに違いありません。「SuperHero is-a Hero」と言えますから、正しい継承です。

もし、子クラス is-a 親クラス（子クラスは親クラスの一種である）という文章にあてはめて不自然さを感じたら、継承の誤りを疑いましょう。

図10-12 SuperHeroはHeroの一種である

10.4.2 間違った継承の例

現実世界の登場人物同士に**概念としてis-aの関係がないにもかかわらず、継承を使ってしまうのが「間違った継承」**です。例を挙げてみましょう。

ここに「名前」と「値段」のフィールドを持つItemクラスがあります。このクラスは、勇者たちが冒険のために持ち歩く「薬草」や「ポーション」などのアイテム（小道具）を表すクラスです。そして今、私たちは新たにHouseクラスを作ろうとしています。Houseクラスには、所有者や床面積、間取りや住所などのほか、「家の名前」「家の値段」のフィールドも必要です。

Itemクラスを継承してHouseクラスを作っちゃえばラクですよね？

おっと、その発想こそが「間違った継承」の原因なんだよ。

Itemクラスを継承してHouseクラスを作るのは、文法上はもちろん可能です。実際、名前と値段のフィールドも継承され、問題なく動作します。ですが、「House is-a Item」（家はアイテムの一種である）という文章には違和感を覚えませんか？　勇者は冒険のために家を持ち歩くことはありません。

このように、「フィールドやメソッドが流用できるから」という安易な理由で継承をしてはいけません。「動くか動かないか、便利か便利でないか」ではなく、**is-aの関係であるかどうかに基づいて継承は利用すべき**です。

間違った継承は行わない

is-aの原則が成立しないならば、ラクができるとしても継承してはならない。

10.4.3 間違った継承をすべきでない理由

えぇ〜、でも便利なんだからいいじゃないですか。なんでダメなんですか？

is-aの関係ではない継承をしてはいけない理由は2つあります。

- **将来、クラスを拡張していった場合に現実世界との矛盾が生じるから。**
- **オブジェクト指向の三大機能の1つ「多態性」を利用できなくなるから。**

多態性については第12章で解説するとして、ここでは現実と矛盾が生じてしまう問題について、HouseクラスとItemクラスの例で解説しましょう。

確かにHouseクラスを作った時点では、Itemクラスを継承していても問題ないように思えます。しかし、これは単にたまたま現時点では実害がないだけであって、より忠実に現実世界の家やアイテムをまねようとクラスを改良していくと、次々と矛盾が生じてきます。

たとえば、アイテムは敵に投げつけてダメージを与えられるとしましょう。そこで、Itemクラスに敵に投げつけたときに与えるダメージを返すメソッドであるgetDamage()を追加します。

Item.java

```
public class Item {
  ⋮
  public int getDamage() {
    return 10;
  }
  ⋮
}
```

このメソッドは継承されてHouseクラスでも利用可能になりますが、現実に沿って考えると**家を投げることなどできるわけがありません**し、そのダメージを算出する、getDamageメソッドがHouseクラスに対して呼べること自体が極めて不自然です。

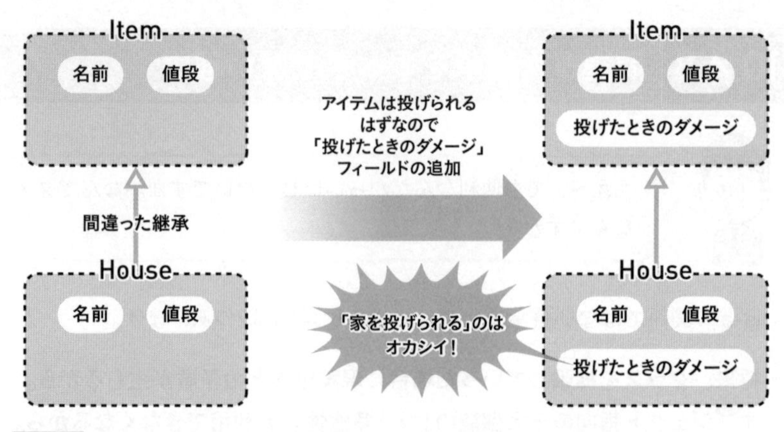

図10-13 間違った継承を用いると、現実とは矛盾したメンバが現れる

「投げつけたときのダメージがある家」を表すHouseクラスは、すでに現実世界の「家」と乖離しており、**オブジェクト指向の原則から外れています。**

なるほど…でも、Houseクラスにはget Damage()があるけど、無視して使わないことにすればいいんじゃない？

ダメよ。「存在するけど実は使っちゃダメなメンバ」がいくつもあるクラスなんて、怖くて使えないわ。

10.4.4 汎化・特化の関係

正しい継承がis-aの関係で結ばれるという事実は、子クラスになるほど「特殊で具体的なもの」に具体化（**特化**）していき、親クラスになるほど「抽象的であいまいなもの」に一般化（**汎化**）していくことを示しています。

特化すればするほど、より詳細にフィールドやメソッドを定めるため、メンバは増えていきます。逆に汎化すればするほど、フィールドやメソッドを定めるのは難しくなってきます。

たとえば、**キャラクターであれば必ず名前とHPは持っている**でしょうから、Characterクラスにはnameとhpフィールドぐらいは定義できます。

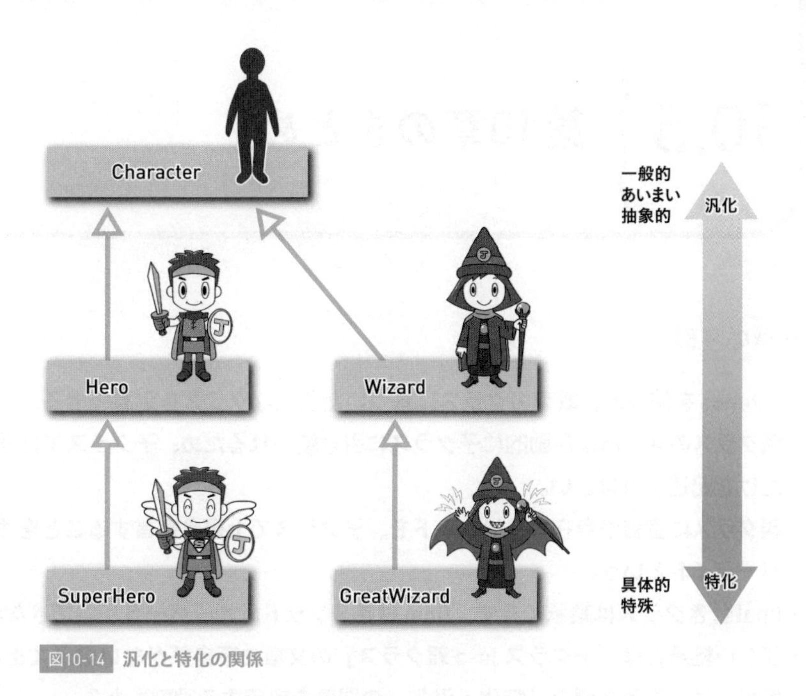

図10-14 汎化と特化の関係

より具体的なキャラクターとして、たとえば魔法使いになると、最低でもMPを持っていて火の玉ぐらいは放てるはずであり、クラス定義にはmpフィールドやfireballメソッドが加わるでしょう。さらに具体的な「ひとにぎりの大魔法使い」（GreatWizard）は雷を落とすlightningメソッドなど、Wizardが持っていないメソッドも持つでしょう。

このような継承関係を表す図10-14のような図を**継承ツリー**などと呼びます。

ちなみに、クラス図において継承関係を表す矢印は「クラスが汎化していく方向」を表すための矢印なんだ。

だからクラス図の矢印は、継承の方向（特化の方向）とは逆向きに描かれていたのね（図10-2、p.354）。

これまでは、重複するコードの記述を減らすための道具として継承を捉えてきたかもしれません。しかし、継承は、**ある2つのクラスに特化・汎化の関係があることを示すための道具**でもあるのです。

10.5 第10章のまとめ

継承の基礎

- extendsを使うと、既存のクラスに基づいた新たなクラスを定義できる。
- 親クラスのメンバは自動的に子クラスに引き継がれるため、子クラスでは差分だけを記述すればよい。
- 親クラスに宣言が存在するメソッドを、子クラスで上書き宣言することをオーバーライドという。
- final付きクラスは継承できず、final付きメソッドはオーバーライドできない。
- 正しい継承とは「子クラス is-a 親クラス」の文章に不自然がない継承である。
- 継承には、クラス間の「特化・汎化」の関係を定義する役割もある。

継承されたクラスのインスタンス

- 内部に親クラスのインスタンスを持つ多重構造である。
- より外側のインスタンス部分に属するメソッドが優先的に動作する。
- 外側のインスタンス部分に属するメソッドは、superを用いて1つ内側のインスタンス部分のメンバにアクセスできる。

コンストラクタの動作

- 多重構造のインスタンスが生成されると、JVMは自動的にいちばん外側のコンストラクタを呼ぶ。
- すべてのコンストラクタは、先頭で、親インスタンス部分のコンストラクタを呼び出す必要がある。
- コンストラクタの先頭で親クラスのコンストラクタを呼び出していなければ、暗黙的に `super();` が追加される。

10.6 練習問題

練習10-1

次の中から「誤った継承」をすべて選んでください。

①スーパークラス：Person　　サブクラス：Student
②スーパークラス：Car　　サブクラス：Engine
③スーパークラス：Father　　サブクラス：Child
④スーパークラス：Food　　サブクラス：Susi
⑤スーパークラス：SuperMan　　サブクラス：Man

練習 10-2

次のクラスに対する「親クラス」と「子クラス」を1つずつ考案して自由に挙げてください。

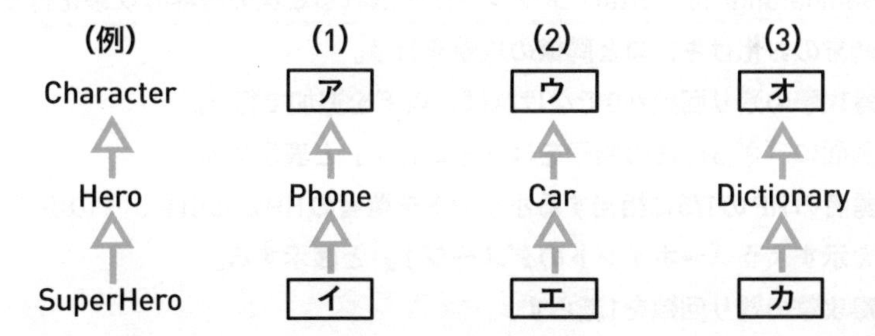

練習 10-3

次のようなMatangoクラスがあります。

Matango.java

```
01 public class Matango {
02   int hp = 50;
03   char suffix;
```

```
04   public Matango(char suffix) {
05     this.suffix = suffix;
06   }
07   public void attack(Hero h) {
08     System.out.println("キノコ" + this.suffix + "の攻撃");
09     System.out.println("10のダメージ");
10     h.hp -= 10;
11   }
12 }
```

BJ4Aa

このとき、次の仕様に則ったPoisonMatangoクラスを作成してください。

第Ⅱ部

ア．お化け毒キノコ（PoisonMatango）は、お化けキノコ（Matango）の一種であるが、「毒攻撃」ができる点に特徴がある。

イ．PoisonMatangoは以下のコードでインスタンス化できるクラスとする。

```
PoisonMatango pm = new PoisonMatango('A');
```

ウ．PoisonMatangoは、毒を用いた攻撃が可能な残り回数をint型フィールドとして持っており、初期値は5である。

エ．PoisonMatangoは、attackメソッドが呼ばれると次の内容の攻撃を行う。

① 通常のお化けキノコと同様の攻撃を行う。

② 毒攻撃の残り回数が0でなければ、以下を追加で行う。

③ 画面に「さらに毒の胞子をばらまいた！」と表示する。

④ 勇者のHPの1/5に相当するポイントを勇者のHPから引き、そのポイントを示すよう「～ポイントのダメージ！」と表示する。

⑤ 毒攻撃の残り回数を1減らす。

chapter 11
高度な継承

私たちは現実世界において、
無意識に多くのものを抽象的に捉えて利用しています。
オブジェクト指向は現実世界の再現が目的ですから
Java仮想世界でも「抽象的なもの」を上手に扱う必要があります。
この章では、抽象的であいまいなクラスを
正しく・安全に・便利に利用する方法を紹介します。

contents

11.1 未来に備えるための継承

11.1.1 高度な継承を学ぶにあたって

第10章ではオブジェクト指向の花形「継承」について学びました。また、章の最後では、正しい継承はクラス間の特化・汎化の関係を表すことも学びました。図10-14（p.377）のような継承ツリーを親クラス、その親クラス、さらにその親クラス…と辿っていくほど、クラスはあいまいで抽象的なものになるのでしたね。

この第11章では、主に、継承ツリーの上方に登場する**「あいまいなクラスたち」の定義方法**について学びます。これまでに学んできた方法でこれらのクラスを定義しても、プログラムは動作します。しかし、「あいまいなクラスたち」専用のクラス定義方法を理解し、高度な継承を実現すれば、より安全で便利にクラスを利用できるようになります。

具体的には「抽象クラス」や「インタフェース」というものを学んでいくよ。

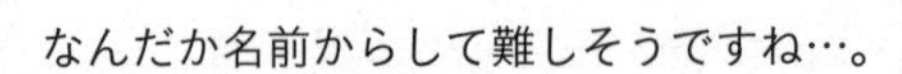

なんだか名前からして難しそうですね…。

確かに難しそうなイメージがあるけど、コツを1つ知っておくだけでグンと楽になるから安心してほしい。

残念なことに、前章の継承はすぐ理解できたのに、高度な継承でつまずくケースも珍しくありません。実は、高度な継承をスムーズに理解するには、**これまで持っていたある意識を切り替える**必要があるのです。そこで章の始めに、このコツについて解説していきます。

抽象クラスやインタフェースの理解に自信がないという人、過去の学習で挫折したという人も、このコツをおさえた上でぜひ再チャレンジしてほしい。きっとマスターできるはずだ。

11.1.2 新しい「立場」で考える

高度な継承は、文法的に難しいものではありません。それにもかかわらずつまずく人が多い理由は、**高度な継承を使うときの「立場」が、これまでの「立場」とはまったく違う**ということを意識せずに学習を始めてしまうからです。

今までみなさんは、自分がどのような「立場」でJavaを使うことをイメージしてきましたか？　その多くは、作る必要がある（または作りたい）プログラムは明確に決まっていて、**そのプログラムのためだけに必要なクラスを作って目的のプログラムを完成させる「立場」**ではないでしょうか。

そして、もし開発すべきクラスと類似した「既存のクラス」があれば、継承を利用して子クラスを作ることにより、イチから開発せずとも、いくつかのメンバを追加するだけで効率よくクラスを開発できるのでしたね（図11-1）。

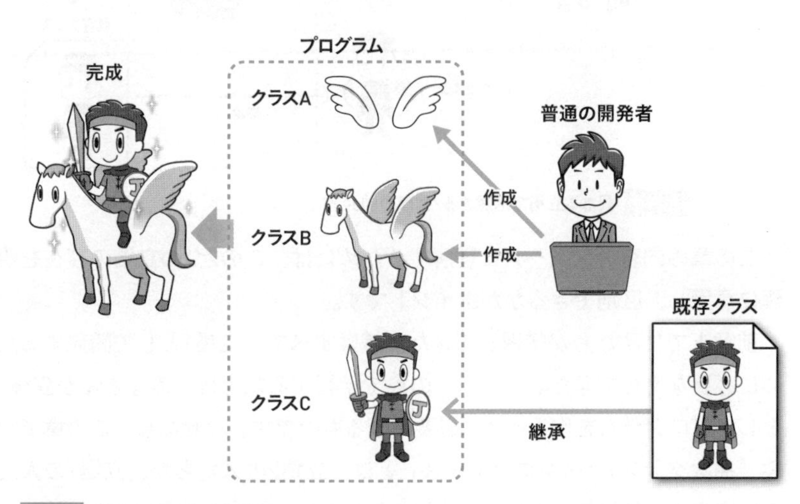

図11-1 普通の開発者の立場

ここで「既存クラス」に注目して、少し想像を膨らませてみましょう。きっとこの**クラスを事前に開発しておいてくれた開発者**がどこかにいるはずです。

その作者は、自分の作ったクラスがどんなプログラムに利用されるか想像もつかない過去の段階で、「いつか誰かが、このクラスを継承して開発したら便利だろう」と未来に思いを馳せ、**継承の材料**となる既存クラスを作ってくれたのです。とてもありがたいことですね。

ここで次の図11-2を見ると、異なる「立場」で活躍する2種類の開発者がいることがわかります。

立場1：現在、目の前のプログラム開発に必要なクラスを作る開発者（既存クラスを継承して子クラスを作る）。

立場2：未来に備え、別の開発者が将来利用するであろうクラスを準備しておく開発者（親クラスとなるクラスを作っておく）。

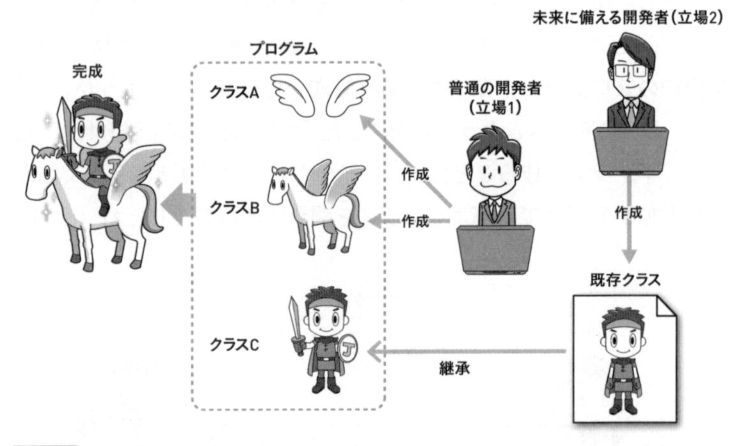

図11-2 異なる立場で活躍する2種類の開発者

この章の内容をスムーズに理解するためには、この**2つの立場**の存在を明確に意識し、区別できるかがポイントです。

前章までに私たちが学習してきた知識はすべて、**立場1**として開発するために必要なものでした。一方、この章で学習する知識は、みなさんが**立場2**としてプログラムを作るときに必要となるものです。なぜなら、この章で学ぶ「抽象クラス」「インタフェース」とは、立場2の人たちが、**立場1の人たちに安全で便利に使ってもらえる親クラスを作るための道具**だからです。ぜひ、立場2の開発者になってクラスを作ることを想像しながら本章を読み進めてください。

なるほど。でも、ボクのような新入社員が、入社直後にいきなり「未来に備える大事な立場」を任されることはなさそうですね。

抽象クラスやインタフェースを自ら作る機会はなくても、継承元として利用する場面はたくさんあるから、マスターしておく必要はあるよ。

11.1.3 「未来に備える開発者」の立場

たとえばゲーム開発の例を考えてみましょう。プロジェクトではAさん、Bさん、Cさん、そしてあなたの4人で開発を進めていますが、ある日、開発効率が悪いことが問題になりました。

そこで、プロジェクト全体の開発効率を改善する責任者に任命されたあなたが調査したところ、開発者がそれぞれ、HeroやWizardなどの似たクラスをイチから作っていることに気づきます（図11-3）。

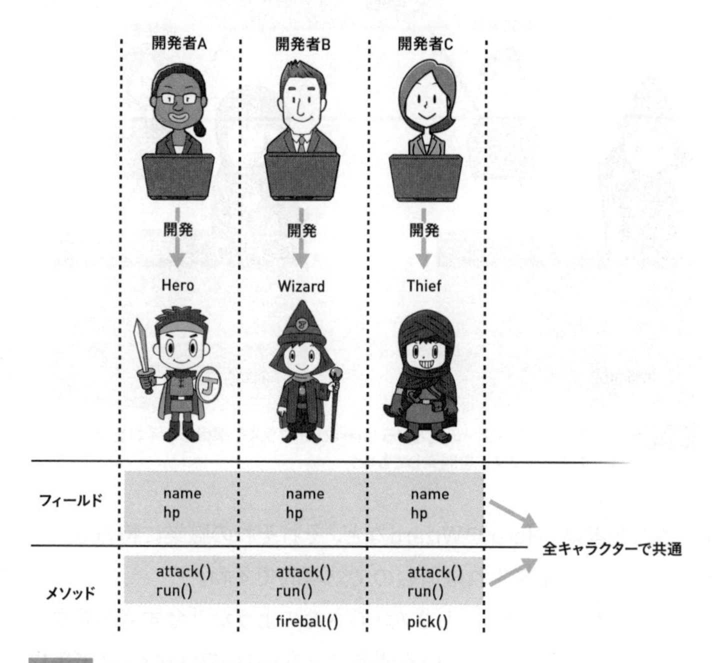

図11-3 個々の開発者が同じようなクラスを作っていた

各キャラクターのクラスでは、nameやhpなどのフィールドと、attack()、run()などのメソッドは共通ですので、それぞれ別に開発するのは非効率です。また、今後のバージョンアップにより「商人」や「占い師」など、さまざまな職業のキャラクターが増える予定ですが、それらもイチから開発していては効率が悪そうです。

そこで、あなたは各クラスに共通するフィールドやメソッドを持つCharacterクラスを準備し、各開発者に対しては「みなさんは私の作ったCharacterクラスを継承して、独自のフィールドやメソッドを付け足すだけで大丈夫ですよ」とアナウンスします（図11-4）。

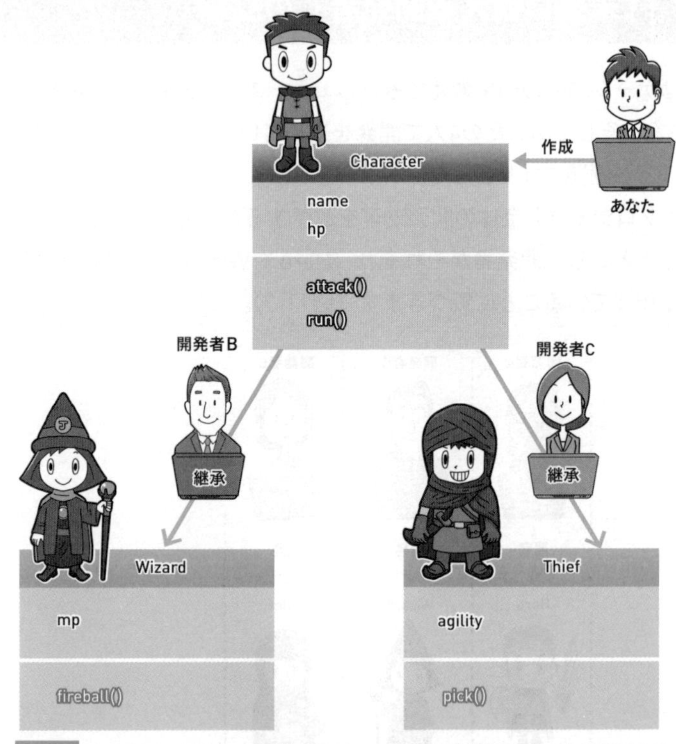

図11-4 すべてのキャラクターの元となるCharacterクラスを準備し、それを継承して個々のキャラクターを開発してもらう

これなら各開発者は、HeroやWizardなど、それぞれの職業に特有なフィールドやメソッドだけを開発すれば済むので効率的ですね。

このときのあなたは、Aさん、Bさん、Cさんのような「今すぐ必要な、実際に利用されるクラス」を作っている開発者（立場1）ではなく、「未来に備えて、継承元となるクラス（継承の材料）」を作るという立場（立場2）にあります。

開発プロジェクトの最前線で今すぐ必要なHero、Wizardクラスなどの開発をがんばるAさん、Bさん、Cさんに対して、あなたは後方から開発支援の道具（共通部分まで事前に作っておいたCharacterクラス）を供給して援護している、と捉えてもいいでしょう。

あなたの作る、たった1つのクラスの優劣が、それを利用する複数の開発者たちの開発効率に影響するわけです。立場2のあなたが意識すべきことは、**立場1の開発者が効率よく安心して利用できる継承の材料をいかに作るか**というポイントに絞られます。

「未来に備える開発者」の役割

ほかの開発者が効率よく安心して利用できる継承の材料を作ること。

未来のために継承の材料を作っておく立場では、ほかの開発者や未来の開発者に少しでもラクをしてもらいたい、という思いやりが大事なんですね。

11.2 高度な継承に関する2つの不都合

11.2.1 2つの不都合、3つの心配

効率アップのためにCharacterクラスを作れば一件落着ですね。

いやいや、ところが落着しないんだ。湊くんが本当に、AさんやBさんがラクになれるよう心を砕いてCharacterクラスを作ろうとすると、いくつか「不安」が出てくるはずなんだ。

立場2として何を意識すべきかを真剣に考えないなら、単にCharacterクラスを作って終わりにすることもできます。

しかし、ほかの開発者への心配りを強く意識してCharacterのようなクラスを開発していると、2つの「不都合」に直面します。さらに、その不都合を原因とする、さまざまな「心配事」も出てくるでしょう。「抽象クラス」や「インタフェース」は、これらの不都合や心配事を解決してくれる道具なのです。

それでは、図11-5のような関係にある、それぞれの不都合と心配事を1つずつ見ていきましょう。

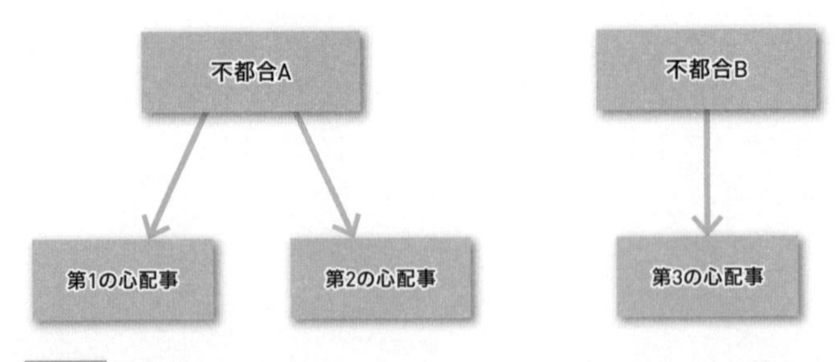

図11-5 継承の材料となるクラスに関する「2つの不都合」と「3つの心配事」

11.2.2 最初の不都合

まずは最初の不都合Aを体験するために、実際にCharacterクラスを作成してみましょう。

しかし、いざCharacterクラスを書こうとすると、attackメソッドの内容に差しかかったところで手が止まってしまうはずです。

BJ4B1

コード11-1 Characterクラスを作成（未完成）

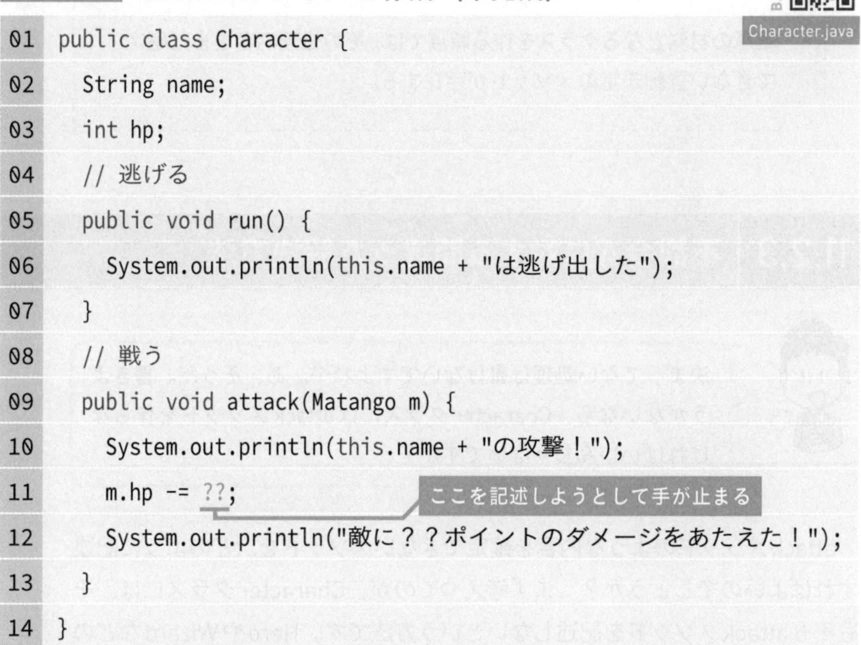

Character.java

```
01 public class Character {
02   String name;
03   int hp;
04   // 逃げる
05   public void run() {
06     System.out.println(this.name + "は逃げ出した");
07   }
08   // 戦う
09   public void attack(Matango m) {
10     System.out.println(this.name + "の攻撃！");
11     m.hp -= ??;
12     System.out.println("敵に？？ポイントのダメージをあたえた！");
13   }
14 }
```

attackメソッドを作りたいんだけど、ダメージをいくつにしたらいいのかわからないのよね…。

なぜ手が止まってしまったのか、より深く考えてみましょう。このCharacterクラスは将来、さまざまな開発者によって継承され、HeroやWizardやDancerなどを開発する際の材料として利用されます。

しかし、未来に完成するであろうHeroやWizard、そしてDancerは、それぞれお化けキノコを攻撃したときに与えるダメージが違うはずです。腕っ節の強いHeroであれば与えるダメージは10ポイント、ひ弱なWizardなら5ポイント、さらに今は存在しませんが、未来に追加されるかもしれない強力なキャラクターでは100ポイントなどもありえます。

つまり、Characterクラスを作っている時点では、まだ**attackメソッドの内容を確定できないため、書きようがない**のです。

不都合A

継承の材料となるクラスを作る時点では、その処理内容をまだ確定できない**詳細未定のメソッド**が存在する。

11.2.3 不都合Aに対する間違った解決方法

決まってない処理は書けないですよね…。あ、そうだ。書きようがないなら、Characterクラスにはattackメソッドを作らなければいいんじゃないですか？

attackメソッドのような内容を確定できないメソッドを、どのように記述すればよいのでしょうか？　まず考えつくのが、Characterクラスには、そもそもattackメソッドを記述しないという方法です。HeroやWizardなどの新しいキャラクターのクラスを作成するときに、それぞれ継承先のクラスでattackメソッドを追加してもらいます（図11-6）。

しかし、この方法で不都合を解決しようとすると、ほかの開発者が将来、新しいキャラクターのクラスを作成するときに、もし継承先のクラスにattackメソッドを追加し忘れると「攻撃できないキャラクター」ができてしまいます。

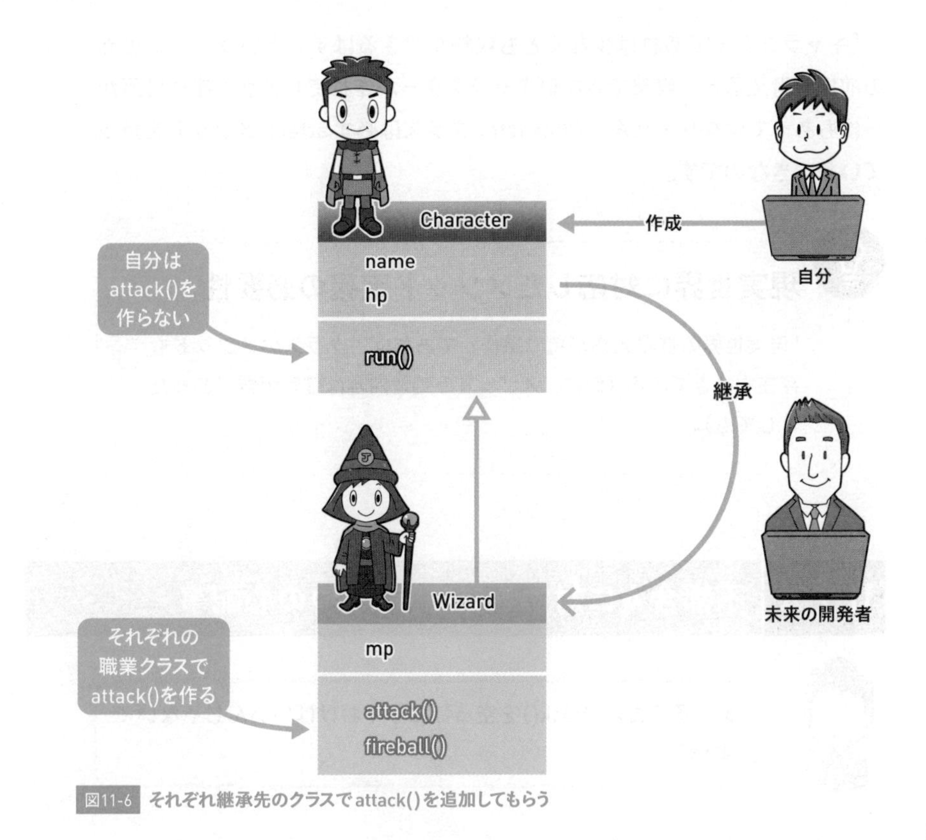

図11-6 それぞれ継承先のクラスでattack()を追加してもらう

そもそも「現実世界（ゲームの世界）のすべてのキャラクターはHP属性を持ち、攻撃ができる」という前提でCharacterクラスを作り始めたのに（図11-3）、「attack()を持たないキャラクター」ができてしまっては困ります。

うーん。それは、必ずattack()を作るように各開発者自身が気をつければいいんじゃないですか？

人間は必ずミスをする。気をつけてもミスはなくならないよ。だから、「ミスを防ぐしくみ」を考えるべきなんだ。

そもそもオブジェクト指向とは、「現実世界（今回の場合はゲームキャラクターたちが住む世界）を正確に写し取る」ことでした。

「キャラクターであれば少なくとも攻撃ができるはず」というゲーム世界の前提を考えると、攻撃できないキャラクターが作れてしまう可能性は万が一にもあってはなりません。**Characterクラスは必ずattackメソッドを持っているべき**なのです。

現実世界に対応したメソッド定義の必要性

「現実世界の登場人物が持つ操作」であれば、クラスのメソッドも存在すべきである（仮に、メソッドの処理内容は確定困難であったとしても）。

11.2.4 不都合Aに対する対応策と2つの心配事

あ、そうだ。attack()を空っぽにしておけばいいんじゃないですか？

不都合Aの対応策として、「Characterクラスのattackメソッドは内容を確定できないので、とりあえず空にしておこう」と思いつくかもしれません。ほかの開発者がattackメソッドを継承して、それぞれのキャラクターのクラスを作成する際に、その職業に最適なattackメソッドでオーバーライドしてもらう、という考え方です。

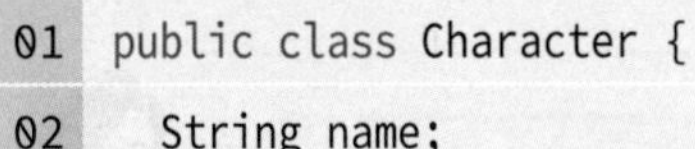

コード11-2 attackメソッドの中身を空にしておく

BJ4B2

Character.java

```
01 public class Character {
02   String name;
03   int hp;
04   public void run() {
05     System.out.println(this.name + "は逃げ出した");
06   }
```

```
07    public void attack(Matango m) {
08    }
09  }
```

メソッドの中身を空にしておく

コード11-3 未来の開発者が作成するHeroクラス

BJ4B3

Hero.java

```
01  public class Hero extends Character {
02    public void attack(Matango m) {
03      System.out.println(this.name + "の攻撃！");
04      System.out.println("敵に10ポイントのダメージをあたえた！");
05      m.hp -= 10;
06    }
07  }
```

Characterのattackメソッドをオーバーライドする

なかなか悪くない方法です。しかし、Characterクラスを利用してくれる未来の開発者たちを思いやる気持ちが強いほど、次の2つの心配事が頭をよぎるでしょう。

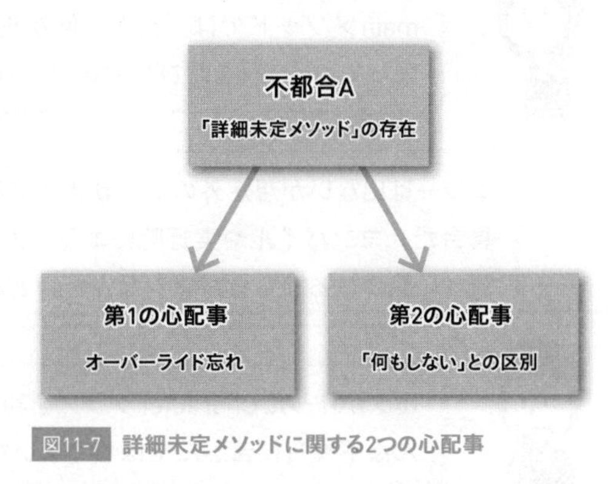

図11-7 詳細未定メソッドに関する2つの心配事

11.2.5 第1の心配事：オーバーライドを忘れる

未来の開発者がHeroやWizardなど具体的な職業のクラスを作る際にattack()のオーバーライドを忘れてしまうと、重大な不具合に直結します。たとえば、Heroクラスでattackメソッドをオーバーライドし忘れたとします。

コード11-4 オーバーライドを忘れたHeroクラス

BJ4B4

Hero.java

```
01  public class Hero extends Character {
02  }
```

attack()をオーバーライドすべきなのにしていない

```java
public class Main {
  public static void main(String[] args) {
    Hero h = new Hero();
    Matango m = new Matango();
    h.attack(m);
  }
}
```

Main.java

メソッドは呼び出せるが…

Heroクラスは親クラスであるCharacterから**内容が空のattackメソッド**を受け継いでいます。そのため、ほかのメソッドからattackメソッドを**呼び出せるが、何も起きない**という不具合を抱えたクラスになってしまいます。

mainメソッドでは「当然、何か攻撃してくれるんだろう」と思ってattack()を呼び出すのに、何もしてくれないなんて…。

エラーは出ないが想定外の変な動きをするというタチが悪い不具合だ。コンパイルや実行時にエラーが起きてくれたほうが、誤りに気づけるからまだマシなんだけどね。

ボクが作ったCharacterクラスを利用する開発者の人たちが、こんな不具合に苦しんでほしくないなぁ…。

解決策の1つとして、Characterクラスのattackメソッドを作成するときに、次のようにコメントを残しておくという方法があります。

```java
// 未来の開発者さまへ
// 私はCharacterクラス開発者のミナトです。
// このクラスを開発している時点では、将来このクラスを継承して
// 作るそれぞれの職業のクラスが何ポイントのダメージを与えるか
// を確定できないため、メソッドは中身を空にしてあります。
// Characterクラスを継承してクラスを作る際には、
```

```
07 // attack()の中身を必ずオーバーライドして使ってください。
08 public void attack(Matango m) {
09 }
```

しかし、Characterクラスを継承する未来の開発者が、このコメントを見逃したり無視したりする可能性は残ります。仮に無視しなかったとしても、次のようなミスをしてしまう可能性はあります。

コード11-5 オーバーライドしたつもりのHeroクラス

Hero.java

```
01 public class Hero extends Character {
02   public void atack(Matango m) {
03     System.out.println(this.name + "の攻撃！");
04     System.out.println("敵に10ポイントのダメージをあたえた！");
05     m.hp -= 10;
06   }
07 }
```

attackのtが1文字足りず、オーバーライドになっていない！

あー、このクラスは継承してきた空のattack()と自分自身で定義したatack()の2つのメソッドを持ってしまうんですね。

そうだよ。Heroクラスの作者は、「自分がちゃんとattack()をオーバーライドして空の処理を上書きした」と思い込んでしまっているだろう。

このHeroクラスの作者も、それを呼び出す私たちも、どうして正しい攻撃ができないのか、すごく悩んでしまいそうです…。

11.2.6 第2の心配事：「本当に何もしない」と区別がつかない

Characterクラスのattackメソッドを、もう一度よく見てください。次のようになっているはずです。

```
public void attack(Matango m) {
}
```

そもそも、この書き方は「呼ばれても何もしない」メソッドを作りたい場合に行うものです。しかし今回のattack()は**「何もしない」のではなく、「何をするかが未定で記述できない」**のです。

未来の開発者がこのメソッドを見たときに、「何もしないのが正しい」のか、それとも「何をするか未定」なのか、区別がつかないおそれがあります。

11.2.7 第3の心配事：意図せずnewして利用されてしまう

ここまでCharacterクラスに関する2つの心配事について考えました。それらはいずれも「詳細未定のメソッド」に関係した心配事でしたが、まったく別の観点からの心配事がもう1つあります。それは、**未来の開発者が間違ってCharacterクラスをnewして利用してしまうかもしれない心配**です。

たとえば、プロジェクトに新しく入ったJava初心者のDさんに、あなたが「便利なクラスだからどうぞ使ってください」とCharacterクラスを渡したら、Dさんは次のようなコードを書いてしまうかもしれません。

コード11-6 **継承の材料をnewして利用されてしまう**

Main.java

```
01 public class Main {
02   public static void main(String[] args) {
03     Character c = new Character();
04     Matango m = new Matango('A');
05     c.attack(m);
06   }
07 }
```

HeroやWizardではなく Characterをnewしてしまった！

中身がないので 何も動かない！

いやいやいや！　そもそも使い方が完全に間違っていますよ！
このCharacterクラスは継承の材料として使うべきであって、HeroやWizardみたいにnewして使うものじゃないんです！！

そのとおり。ただ、Characterクラスが作られた経緯をよく知らない人やJava初心者は、間違ってnewするかもしれないね。

実は、Characterクラスから実体であるインスタンスが生み出されたり、そのインスタンスが仮想世界の中で活動してしまったりするのは**かなりの異常事態**です。なぜなら、詳細未定なattackメソッドを含むCharacterクラスは、詳細未定につき、作り込んでいない部分が残っている未完成な設計図のようなものだからです。

Characterクラスに限らず、未来の開発者のために準備しておくクラスは、多かれ少なかれ未完成な部分が残っているものです。そのような設計図に基づいて、実体である製品（たとえば車）を生産して利用したら大変な事故につながることは容易に想像できるでしょう。

未完成な車や電車が現実世界を走ることを考えたら…ゾッとしちゃいます。

そもそも**一部でも未完成部分が残っている設計図から、実体を生み出してはならない**のです。

newされるべきではないクラス

Characterクラスのように、「詳細未定」な部分が残っているクラスはインスタンス化されてはならない。

11.2.8 第3の心配事の原因

それではなぜ、第3の心配事（間違ってnewされてしまう心配）が出てきてしまったのでしょうか？　今まであまり意識することはありませんでしたが、そもそもクラスには2つの利用方法があります。

①newによる利用　　：インスタンスを生み出すためにそのクラスを利用する。
②extendsによる利用：イチからクラスを開発すると効率が悪いので、あるクラスを**継承元として**利用する。

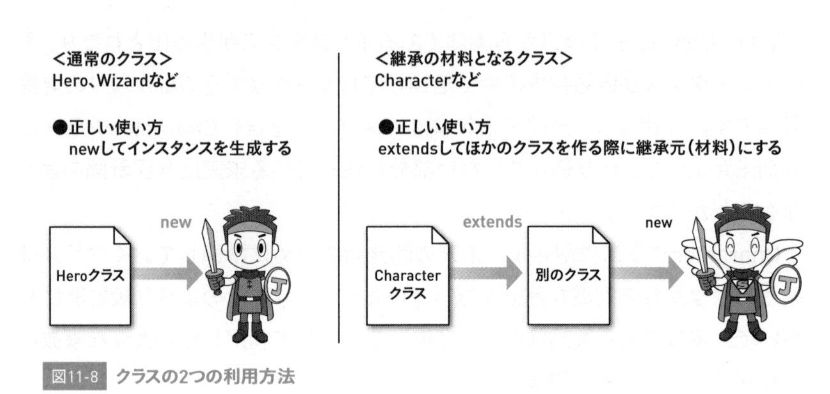

図11-8 クラスの2つの利用方法

HeroやWizardはnewするためのクラスとして、Characterはextendsするためのクラスとして、それぞれ開発されています（図11-8）。

しかし残念ながら、Characterクラスの作者が「extendsして利用してほしい」と願っても、未来の開発者は、newによる利用とextendsによる利用のどちらも選べてしまいます。そのため、Characterのような未完成なクラスが誤ってnewされてしまうという事態が起きるのです。

クラスには自由に選べる2つの利用方法があるという利点が、皮肉にも意図せずnewされる心配事の原因になっています（図11-9）。

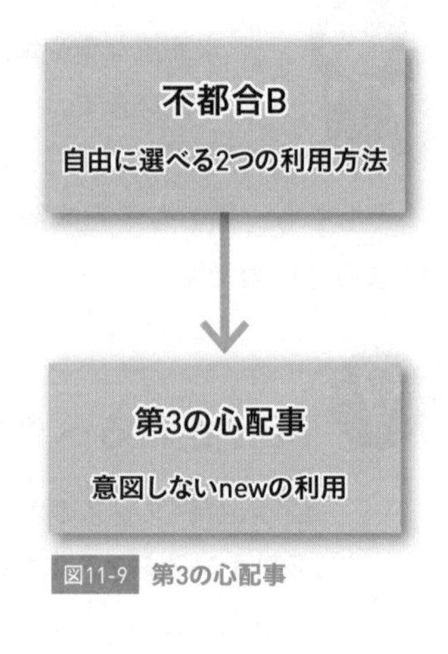

図11-9 第3の心配事

不都合B

クラスには2つの利用方法（newによる利用、継承による利用）があり、開発者はそれを自由に選ぶことができる。

このような過ちが起こらないように、第1の心配事と同様、ソースファイルの先頭にコメントを書くというアイデアも考えられます。

Character.java

```
01 /*
02  * 未来の開発者さまへ
03  * 私はCharacterクラス開発者、ミナトです。
04  *
05  * このクラスは、普通のクラスのようにnewして使うためのものでは
06  * ありません。 HeroやWizardなどの職業クラスを皆様が作る際に
07  * 少しでもラクができるように、 全職業クラスに共通するフィールド
08  * やメソッドを備えた「継承の材料」です。
09  *
10  * このクラスを継承して、必要なフィールドやメソッドを追加して
11  * それぞれの職業クラスを完成させてください。
12  * 逆に言えば、このCharacterクラスは、それ自体では未完成の
13  * クラスです。たとえばattackメソッドは中身が確定できないので
14  * 空にしてあります。
15  * よって、このクラスをnewして実際に利用（冒険させたり
16  * 戦闘させたり）しないでください。不具合の原因になります。
17  */
18 public class Character {
19 }
```

それでも、このようなコメントも読み落とされたり無視されたりする可能性があります。どうすればよいのでしょうか？

ボクの作ったCharacterクラスが、未来の開発者によって正しくない使われ方をされて不具合の原因にならないか不安ですよ…。

しかし、湊くんの心配は無用です。なぜならJavaには、これまでに見てきた3つの心配事を解決するしくみがあるからです。次の節から、それを学んでいきましょう。

11.3 抽象クラス

11.3.1 安全な「継承の材料」を実現するために

前節では、継承の材料となるクラス（Characterクラスなど）を作ろうとすると問題になる2つの不都合と、それらから発生する3つの心配事について考えてみました。

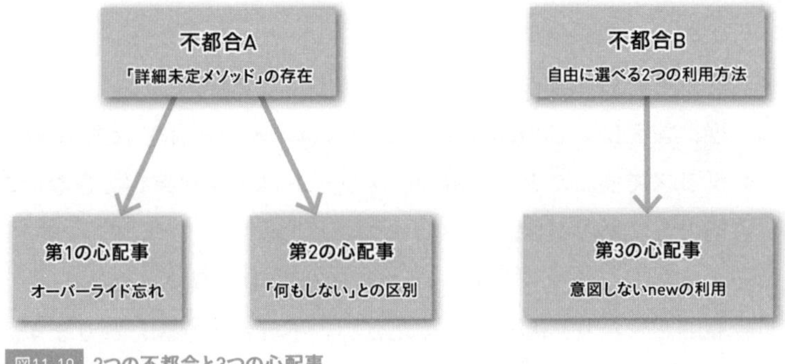

図11-10 2つの不都合と3つの心配事

Javaには、この3つの心配事を解決するしくみが準備されています。まず第2の心配事と第3の心配事、そして第1の心配事の順に解決の方法を見ていきましょう。

11.3.2 詳細未定のメソッドを宣言

まずは第2の心配事から解決していきましょう。

第2の心配事

空のメソッドを作っておくと、「現時点で処理内容を確定できないメソッド」なのか「何もしないメソッド」なのか、区別がつかない。

実は、Javaには、「詳細未定のメソッド」を記述する専用の構文が準備されています。

詳細未定のメソッド（抽象メソッド）を宣言

```
public abstract 戻り値の型 メソッド名(引数リスト);
```

たとえば、Characterクラスのattackメソッドは次のように書きます。

コード11-7 attack()を抽象メソッドとして宣言する

Character.java

```
01 public class Character {
02   ：
03   public abstract void attack(Matango m);
04 }
```

※このコードは、現時点ではエラーが出ますが次項で解決します。

abstract（アブストラクト）とは「抽象的」「あいまい」という意味の英単語です。これをメソッド宣言に付けると、attack()というメソッドは宣言すべきであるが、具体的にどう動くか、内容がどうなるかまでは現時点では確定できないので、メソッド内部の処理はここでは記載しません、という意思の表明になります。

メソッドの処理内容は未定で記述できないわけですから、メソッド宣言の後ろにはブロック記号の{ }さえ付けず、その代わりにセミコロンを書きます。abstractキーワードが付けられたメソッドは、**抽象メソッド**（abstract method）と呼ばれます。

第2の心配事は解決！

空メソッドは「何もしないメソッド」、抽象メソッドは「現時点では何をするかを確定できないメソッド」として区別できる。

11.3.3 未完成のためnewしてはいけないクラスの宣言

次に第3の心配事を解決しましょう。

第3の心配事

未完成部分を含む継承専用のクラスを誤ってnewされる可能性がある。

Javaでは、未完成部分（抽象メソッド）を1つでも含むクラスは、次の構文に従って宣言しなければなりません。

抽象メソッドを含むクラスの宣言

```
public abstract class クラス名 {
    ⋮
}
```

たとえば、抽象メソッドattack()を持つCharacterクラスを宣言するには、次のように書きます。

コード11-8 Characterを抽象クラスとして宣言する

Character.java

```
01 public abstract class Character {
02   String name;
03   int hp;
04   public void run() {
05     System.out.println(this.name + "は逃げ出した");
06   }
07   public abstract void attack(Matango m);
08 }
```

抽象クラスとしてCharacterを宣言

Javaのルールで、抽象メソッドを含むクラスは**必ずabstract付きのクラスにしなければならない**。もし1行目のabstractを忘れてしまったらコンパイルエラーになるよ。

このように、abstractが付いたクラスは特に**抽象クラス**と呼ばれます。Characterクラスを普通のクラスではなく抽象クラスとして宣言すると、次のような特殊な制約がかかります。

抽象クラスの制約

抽象クラスは、newによるインスタンス化が禁止される。

たとえば、抽象クラスとして宣言されたCharacterをインスタンス化しようとする次のコードはコンパイルに失敗します。

```
Character c = new Character();
```

```
エラー： Character は abstract です。インスタンスを生成することはできません
```

Characterのように継承の材料となるクラスの開発では、抽象クラスとして宣言しておけばよいのです。

第3の心配事も解決！

継承専用のクラスを抽象クラスとして宣言すれば、間違ってnewされることはない。

抽象メソッド（未完成部分）が1つでもあるクラスは、抽象クラスにしなければコンパイルが通らないしくみになっている理由を考えてみよう。

「詳細未定」の抽象メソッドがある→そのクラスは必ず抽象クラスになる→インスタンス化できない…。

「一部でも未定な部分がある設計図」から実体が生まれてしまう心配（11.2.7項）が絶対になくなるんですね！

11.3.4 オーバーライドの強制

最後は第1の心配事の解決です。

第1の心配事

未来の開発者が、詳細未定のメソッドをオーバーライドし忘れる可能性がある。

この心配事は、実はすでに解決しています。Characterを継承してDancerを作る新人開発者Dさんの立場になって考えてみましょう。

DancerはHeroやWizardと同じように、newして実体を生み出し冒険させるためのクラスです。

コード11-9 抽象メソッドのオーバーライド忘れ（エラー）

```
01 public class Dancer extends Character {
02
03   public void dance() {
04     System.out.println(this.name + "は情熱的に踊った");
05   }
06 }
```

Characterは抽象クラス

attack()をオーバーライドし忘れている

Dさんは、Dancer特有の能力である「踊る」(dance)というメソッドの作成に気を取られてattack()のオーバーライドを忘れてしまいました。

しかし、このソースをコンパイルしようとすると、**抽象メソッドをオーバーライドしなければならない**という意味のエラーメッセージが表示され、コンパイルは失敗します。

でも、Dancerクラスには抽象メソッドはないハズなのに…。

いや、Dancerには**隠れた「抽象メソッド」**が潜んでいるんだよ。

ここで継承の基本を再確認しましょう。DancerクラスはCharacterクラスを親クラスとしますので、**Characterクラスが持つすべてのメンバを継承**しています。そして、親クラスから継承したメンバの中には、抽象メソッドattack()も含まれています。つまり、**Dancerクラス自体のソースコードに抽象メソッドはなくても、親クラスから抽象メソッドを継承して持っている**のです。抽象メソッドが1つでもある以上、Dancerクラスも抽象クラスにしなければコンパイルエラーが出て当然ですね。

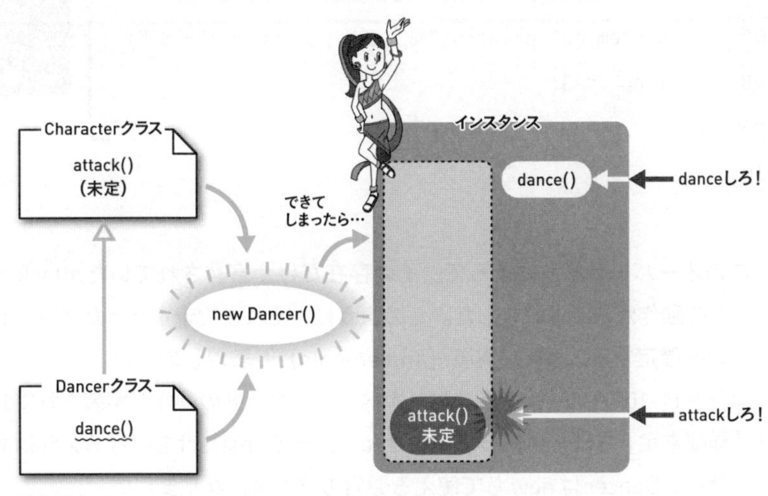

図11-11 Dancerクラス内に抽象メソッドattack()が含まれている

このエラーに対処するには、次の2つの方法があります。

① Dancerクラスの宣言にabstractを付けて抽象クラスにする。
② Dancerクラス内部の「未完成部分」をすべて完成させる。

①の方法で解決を図ればコンパイルエラーを消すことはできます。しかし、抽象クラスとなってしまったDancerはnewできませんので、HeroやWizardのようにインスタンスを生み出すことができません。

DancerをHeroやWizardのようにインスタンス化して冒険できるクラスとして開発したいならば、残された選択肢は②だけになります。すなわちDancerクラスの中でattack()をオーバーライドし、未完成メソッドをすべて完成させればよいのです（コード11-10）。

コード11-10 抽象メソッドを正しくオーバーライドする

Dancer.java

```
01 public class Dancer extends Character {
02   public void dance() {
03     System.out.println(this.name + "は情熱的に踊った");
04   }
05   public void attack(Matango m) {
06     System.out.println(this.name + "の攻撃");
07     System.out.println("敵に3ポイントのダメージ");
08     m.hp -= 3;
09   }
10 }
```

（05～09行目：親から継承した「詳細未定の attack()」を上書きする）

このオーバーライドによって、その存在だけが宣言されていたattackメソッドの動作が決定されました。このように、それまで未定だったメソッドの内容を確定することを、**実装**（implements）と表現します。

コード11-10のDancerクラスは、すべてのメソッドの動作が実装されており「詳細未定」な部分は残っていません。よってabstractを付ける必要はありません。Dancerは**newして使える通常のクラス**になりました。

今回のDancerの例を振り返ってみると、抽象クラスはnewできないルールがJavaに備わっているため、あるメソッドを抽象メソッドとして宣言しておけば、未来の開発者にオーバーライドを強制できる（オーバーライドしないとnewして使えない）効果があると考えられます。

第1の心配事も解決！

詳細未定なメソッドを抽象メソッドとして宣言すれば、未来の開発者にオーバーライドを強制できる。

以上で3つの心配事がすべて解決しました。抽象クラスと抽象メソッドを用いて、未来の開発者が安全かつ便利に利用できる「継承の材料」となるクラスを開発できるようになったのです。

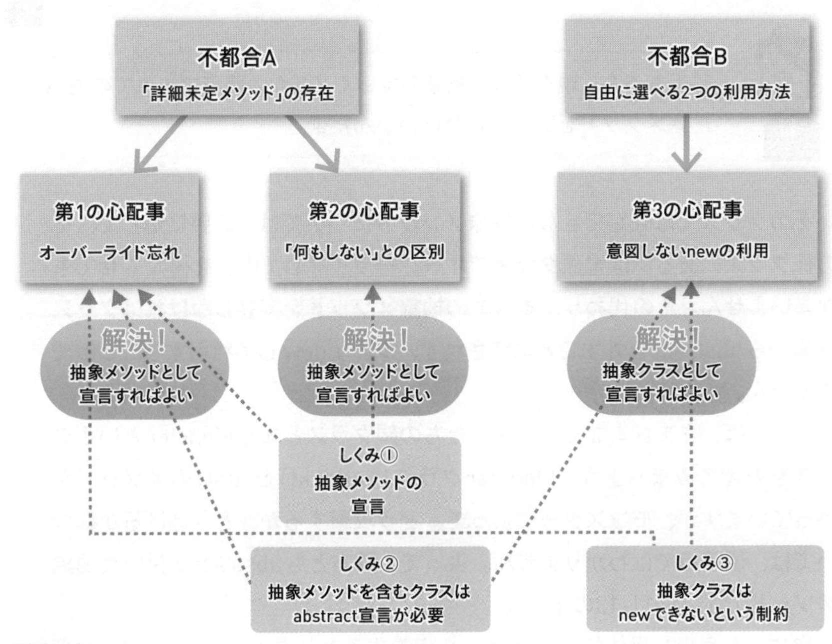

図11-12 3つの心配事の解決

これで安心してボクのCharacterクラスを使ってもらえますね！

11.3.5 多階層の抽象継承構造

ここまで、抽象メソッドには、未来の開発者が継承するとオーバーライドを強制する効果があることを解説してきました。

ちなみに、抽象クラスを継承した子クラスで、すべての抽象メソッドをオーバーライドしてメソッドの内容を実装する必要は、必ずしもないんだ。

えっ、でも、全部の抽象メソッドをオーバーライドしないとnewできないんじゃ…。

もちろん。親クラスを継承していくどこかの時点ですべての抽象メソッドを実装できればいいんだよ。

そのクラスでは確定できない抽象メソッドについては、必要に応じて、その孫クラス、あるいは曾孫クラスでオーバーライドして内容を確定させてもかまいません。その代わり、**すべての抽象メソッドを実装しなければクラス宣言からabstractを外すことは許されず、つまりnewして利用することはできません**。

たとえば、さまざまなモンスターたちの親クラスとなるMonsterというクラスを考えてみましょう。Monsterクラスはattack()とrun()のメソッドを持っていますが、モンスターによって、どう攻撃するか、どう逃げるかについては、現時点ではわかりません。よって、両方ともabstractが付いた抽象メソッドです（図11-13の上段）。

次に、もう少し具体的なMonsterを定義するとします。WalkingMonsterは「トコトコ走って」、FlyingMonsterは「バサバサ飛んで」逃げていくと決まれば、run()だけはオーバーライドして内容を実装できます（図11-13の中段）。

しかし、WalkingMonsterとFlyingMonsterにはまだ抽象メソッドが残っています。attack()の詳細が未定なので、これら2つのクラスは共に抽象クラス

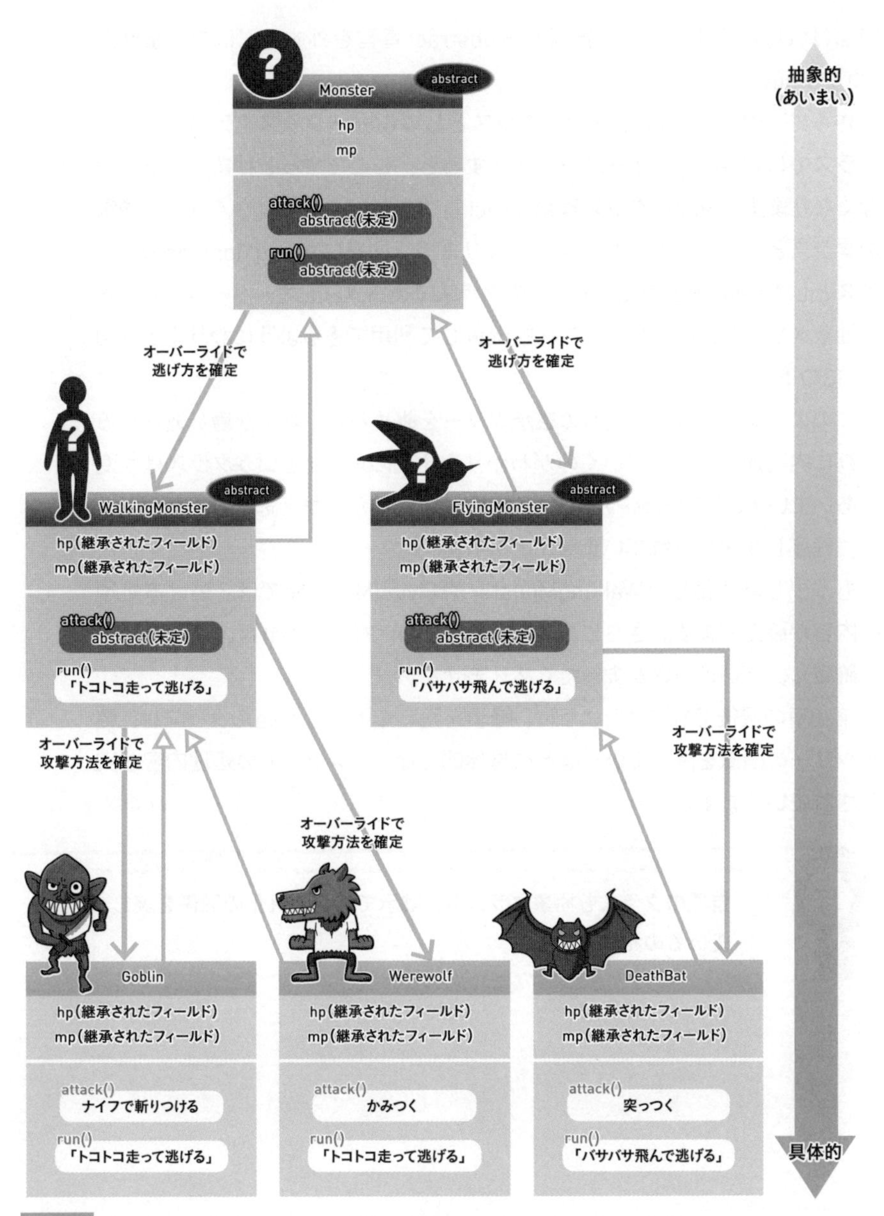

図11-13 すべてのメソッドがオーバーライドされ、抽象メソッドがなくなった3つのクラス

でなければならず、クラス宣言からabstract宣言を外すことはできません(つまりnewできない)。

さらに、WalkingMonsterの子クラスとしてGoblinクラスを定義し、このクラスではattack()をオーバーライドすると、ここでやっと抽象メソッドがなくなります。Goblinクラスはabstract宣言を付ける必要はなくなり、通常のクラスとしてnewして利用可能になります。同様にFlyingMonsterの子クラスとしてDeathBatを定義し、このクラスでattack()をオーバーライドすると抽象メソッドはなくなり、これもnewして利用できるようになります(図11-13の下段)。

このようなモンスターたちの継承ツリーを眺めると、継承が繰り返されるたびに内容が具体化していくのがわかります。Monsterというクラスは大変にあいまいで、「HPとMPがある」「詳細は未定だが攻撃と逃げることができる」程度しか決められていません。

もう少し具体化したWalkingMonsterやFlyingMonsterでは、逃げる処理の内容が確定します。さらに具体化したGoblinやDeathBatは、攻撃の方法も確定し、あいまいさがまったくありません。

第10章の最後でも述べたように、継承を正しく用いたJavaのクラスは、継承ツリーの階層を降りていくほどに具体的になり、メソッドの処理内容が実装されていきます。

普通のクラスも抽象クラスも、継承で特化と汎化の関係を表しているのね。

11.4 インタフェース

11.4.1 継承階層を上に辿ると…

前節の最後では、継承階層を下に辿っていくとどうなるかを見ていきました。継承階層が下がっていくたびにクラスは具体化していき、最終的にはすべてのメソッドについて処理内容が実装されていくのでしたね。では、今度は逆に、階層を下から上に昇ってみましょう。

以下の条件に沿ってMonsterクラスの親クラスを作っていきます。

① MonsterとCharacterの共通の親として戦闘に参加する生き物（BattleCreature）を定義します。戦闘に参加する生き物の中には、専守防衛的な生き物もいるかもしれませんのでattack()は定義できません。

② BattleCreatureの親として生き物（Creature）を定義します。これは村人やお姫様のように戦闘に参加しない登場人物も含んでいるため、HPフィールドはあるとは限りませんが、どのような生き物であっても脅威から逃げるためのrun()は持っています。

Goblinであれば HP、MP、名前、攻撃力などのフィールドと、attack()やrun()、useItem()などの内容が確定した具体的なメソッドを備えているでしょう。しかしCreatureのようにあいまいになると、攻撃力やuseItem()はおろか、名前さえも持っているとは限りません。もはや、最低でも逃げるためのrun()ぐらいは持っていることしか決められないのです。

この例に限らず、正しく継承が用いられている継承ツリーを上へ辿ると、次のような現象が順に起こります（次ページの図11-14）。

① 抽象メソッドが増える

存在するのは確かだが、内容は確定できないメソッド（抽象メソッド）が現れ始めます。

chapter 11

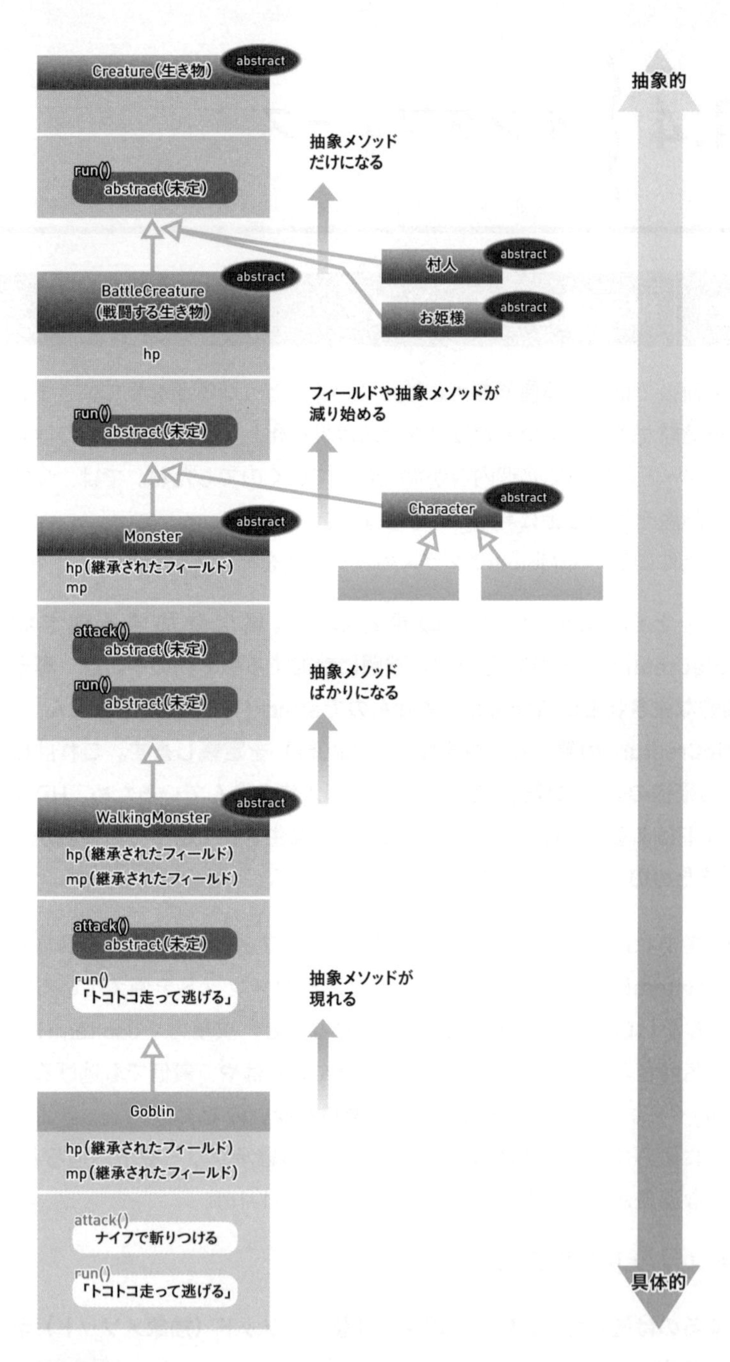

図11-14 抽象継承階層を上に辿っていくと…

② 抽象メソッドやフィールドが減っていく

クラスに定義してある抽象メソッドやフィールドが減っていきます。

継承階層を上に辿るということは、どんどんあいまいなものになっていくことを意味します。クラスがあいまいになるにつれ、「どのような内部情報を持っているか（フィールド）」「どのような動きをするか（メソッド）」は、あやふやになり、決められなくなっていきます。

11.4.2 抽象クラスの特別扱い

Creatureクラスぐらいになると、ものすごくあいまいで「抽象クラスの中の抽象クラス」みたいな感じがしてきますね。

そうだね。そして、そんな「抽象クラスの中の抽象クラス」だけを特別扱いする文法がJavaにはあるんだよ。

ここまで見てきたように、継承階層を上に辿ると、上流のクラスはすべて抽象クラスになります。そしてJavaでは、次の条件を満たす、特に抽象度が高い抽象クラスを、**インタフェース**（interface）として特別に扱うことができます。

インタフェースとして特別扱いできる2つの条件

① すべてのメソッドは抽象メソッドである。
② 基本的にフィールドを1つも持たない。

たとえば、次ページのコード11-11に示す抽象クラスCreatureを見てください。

コード11-11 抽象度の高いCreatureクラス

Creature.java

```
01 public abstract class Creature {
02   public abstract void run();
03 }
```

このクラスには抽象メソッドしかなく、フィールドもありません。このまま抽象クラスとしておいてもよいのですが、次の構文を用いてインタフェースとして定義することも可能です。

インタフェースの宣言

```
public interface インタフェース名 {
    ⋮
}
```

では、インタフェースとして宣言したCreatureを見てみましょう。

コード11-12 インタフェースとして宣言したCreature

Creature.java

```
01 public interface Creature {
02   public abstract void run();
03 }
```

なお、「インタフェースに宣言されたメソッドは、自動的にpublicかつabstractになる」というルールがあるので、通常は次のように書きます。

コード11-13 一般的な書き方をしたインタフェース

Creature.java

```
01 public interface Creature {
02   void run();      public abstractを省略しても大丈夫
03 }
```

第Ⅱ部

初めてインタフェースという用語を聞いたときは、クラスとはまったく関係ない新しい何かだと思っていました。

でも、実は「クラスの仲間」で、「抽象クラスの親玉みたいなもの」なんですね。

そうだよ。初めのうちは難しく考えすぎないで、あまりにあいまいすぎて特別扱いされた抽象クラスと理解しておけばいいよ。

column

インタフェースにおける定数宣言

インタフェースとして特別扱いできる2つの条件（p.413）によれば、インタフェースは基本的にフィールドを持ちません。しかし、`public static final`が付いたフィールド（定数）だけは宣言が許されます。

さらにその場合は、`public static final`を省略してもよいことになっています。つまり、インタフェース内でフィールドを宣言すると、自動的に`public static final`が補われ、定数を宣言したことになります（`public static final`については第14章で解説）。

次のコードは、円周率PIをインタフェースに定義した例です。

Circle.java

```
01 public interface Circle {
02   double PI = 3.141592;
03 }
```

自動的にpublic static finalが補われる

11.4.3 インタフェースの名前の由来

特にあいまいな抽象クラスを特別扱いするのはわかりましたけど、なぜ「インタフェース」という新しい名前なんですか？「スーパー抽象クラス」とかでいいんじゃないのかな？

なぜ2つの条件（11.4.2項）を満たした抽象クラスに「インタフェース」という、まったく新しい別の名前が付いているのでしょうか。その理由を探るため、次のインタフェースを見て意味を考えてみましょう。

コード11-14 CleaningServiceインタフェース

CleaningService.java

```
01 public interface CleaningService {
02   Shirt washShirt(Shirt s);
03   Towl washTowl(Towl t);
04   Coat washCoat(Coat c);
05 }
```

このCleaningServiceはシャツとタオル、そしてコートを渡せば、それを洗って返してくれます。しかし布団やマフラーは扱っていないようですね。また、すべてのメソッドは抽象メソッドであり、処理内容が記述されていません。つまり、**クリーニング店の内部で行われる詳細な洗い方については明かされていない**わけです。CleaningServiceインタフェースは、まるでクリーニング店の店頭メニューのようですね。

図11-15 クリーニング店のメニューには、詳細な洗い方までは書いていない

店頭メニューは、クリーニング店が「こういう仕事を受け付けますよ」と表明するためのものです。そしてお客さんはメニューを見て、「この仕事をお願いします」と依頼をします。

つまり、メニューは店とお客さんとの接点（英語で「interface」といいます）の役割を果たしているのです。

11.4.4 インタフェースの実装

CleaningServiceインタフェースが店頭メニューだとすれば、それを継承して次のように記述したKyotoCleaningShopクラスこそが「クリーニング店そのもの」といえるでしょう。

コード11-15 インタフェースを継承したクラスの定義

BJ4BF

KyotoCleaningShop.java

```
01 public class KyotoCleaningShop implements
       CleaningService {
02   String ownerName;
03   String address;
04   String phone;
05   /* シャツを洗う */
06   public Shirt washShirt(Shirt s) {
07     // 大型洗濯機15分
08     return s;
09   }
10   /* タオルを洗う */
11   public Towl washTowl(Towl t) {
12     // 大型洗濯機10分
13     return t;
14   }
15   /* コートを洗う */
16   public Coat washCoat(Coat c) {
17     // ドライ20分
18     return c;
19   }
20 }
```

インタフェースを継承しクラスを宣言する場合はimplements

店主の名前

住所

電話番号

chapter 11

KyotoCleaningShopクラスの1行目にあるように、インタフェースを継承して子クラスを定義する場合はextendsではなく**implements**を使います。これを「CleaningServiceインタフェースを**実装して**KyotoCleaningShopを作る」などと表現します。

インタフェースの実装

```
public class クラス名 implements インタフェース名 {
    ⋮
}
```


インタフェースという名前であっても、「しょせんは抽象クラスみたいなもの」だったことを思い出してください。インタフェースで定義されたwashShirt()、washTowl()、washCoat()は、すべて抽象メソッドですので、子クラスであるKyotoCleaningShopで、それぞれオーバーライドしなければなりません。

なお、図11-16で示したように、クラス図ではインタフェースの実装を点線の矢印記号で表します。

図11-16 インタフェースの実装

実装する（implements）という用語が使われるのは、**親インタフェースで未定だった各メソッドの内容をオーバーライドして実装し確定させる**からだよ。

ところで、全国チェーンのクリーニング店では、どの店でも同じ店頭メニューを使っていることがあります。おそらく本社で作ったメニューを、すべての店で掲示しているのでしょう。

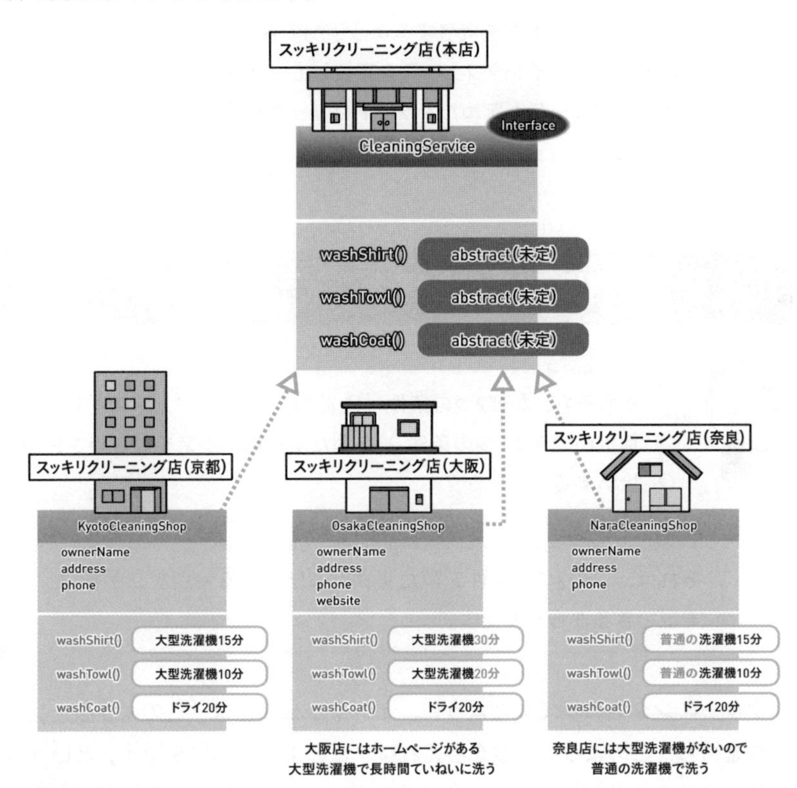

図11-17 1つのインタフェースを実装する複数のクラス

チェーン店とはいえ、京都店・大阪店・奈良店は別の店ですので、それぞれの店が持つ設備や洗濯の手順もさまざまでしょう。つまり、共通のCleaningServiceを実装していたとしても、個々の店のクラスが持つフィールドやメソッドの詳細は異なってもよいのです。

しかし、このクリーニングチェーンの加盟店は、共通の店頭メニューを出している以上、どの店もシャツ・タオル・コートの洗濯はできる必要があります。個々の店のクラスは、CleaningServiceインタフェースで定められた抽象メソッドをオーバーライドして処理を実装する必要があります。

このように考えると、あるインタフェースに複数のメソッドを定義しておくと、次のような2つの効果を生み出すと考えられます。

インタフェースの効果

① 同じインタフェースをimplementsする複数の子クラスたちに、共通のメソッド群を実装するよう強制できる。
② あるクラスがインタフェースを実装していれば、少なくともそのインタフェースが定めたメソッドは持っていると保証される。

11.4.5 特別扱いされる理由

そもそも、なぜ2つの条件（11.4.2項「インタフェースとして特別扱いできる2つの条件」）を満たす抽象クラスをわざわざ特別扱いするんですか？

それは、この2つの条件を満たすクラスは、ある特別なことを実現できるからなんだよ。

クリーニング店の例で見たように、インタフェースは「このようなメソッド群を持ち、このような引数を与えれば、このような結果を返す」という表面的な確約をするだけで、その**内部実装（メソッドの処理動作）をいっさい定めていません**。インタフェースが特別扱いされるのは、この「内部実装をいっさい定義しない」という性質があるからです。この性質のおかげで、**インタフェースでは特別に多重継承が許されています**。

多重継承は第10章（10.1.5項）で少し触れたように、あるクラスを作成する際に2つの親クラスを使うことができる、とても便利な機能です。しかし、多重継承は誤用されやすく危険なので、Javaでは基本的に、クラスの多重継承は禁止されました。

なぜ多重継承が危険なのかを次の図11-18で考えてみましょう。

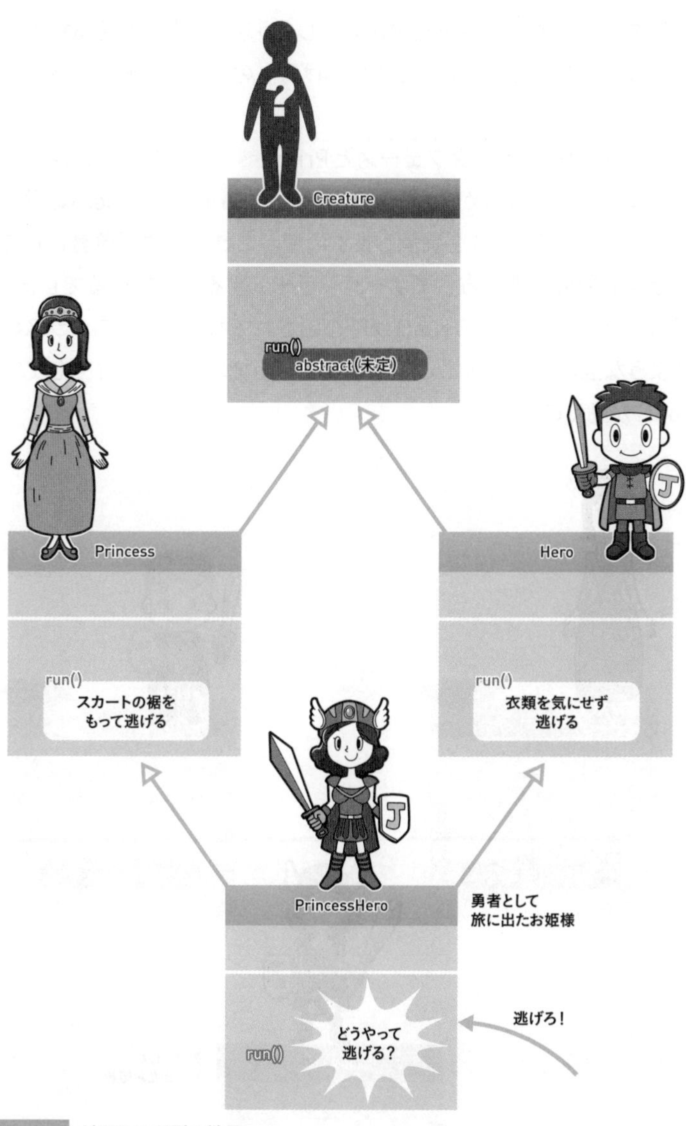

図11-18 ダイヤモンド型の継承

PrincessHeroは、PrincessとHeroの両方からメソッドを継承しています。このとき、PrincessHeroのrunメソッドが呼び出されたら、このキャラクターはどのように逃げるのでしょうか？ 「スカートの裾を持って」逃げるのでしょうか？ それとも「衣類を気にせず」逃げるのでしょうか？

このように、多重継承を用いると、両方の親クラスから**同じ名前でありな**

から異なる内容の2つのメソッドを継承してしまう現象が起こりえるため、「お姫様としての逃げ方」と「勇者としての逃げ方」のどちらが動くべきなのか、混乱を招いてしまいます。

しかし、これがHeroインタフェースとPrincessインタフェースからの多重継承ならば、どうでしょうか？　PrincessHeroはPrincessとHeroの両方から抽象メソッドであるrun()を継承しますので、これを必ず**「勇者として旅に出たお姫様の独自の逃げ方」でオーバーライドすることになる**でしょう。

この場合、PrincessHeroのrun()が呼び出されても、先ほどのクラスの多重継承のような混乱は起こらずに、PrincessHeroでオーバーライドして定義されたrun()が動くのです。

図11-19 インタフェースの多重継承

そもそも多重継承が問題なのは、両方の親クラスから同じ名前でありながら異なる内容のメソッドを継承して衝突してしまうからです。しかし、両方の親がインタフェースの場合、**どちらもメソッドの内容をいっさい定めていません**から、親から継承した2つの処理内容が衝突することは起こりえないのです。

クラスにはないインタフェースの特権

異なる実装が衝突する問題が発生しないため、複数の親インタフェースによる多重継承が認められている。

インタフェースによる多重継承は、次のような構文で行います。

インタフェースによる多重継承

```
public class クラス名 implements
    親インタフェース名1, 親インタフェース名2, … {
    ：
}
```

次の例のように3つ以上のインタフェースを実装することも可能です。

PrincessHero.java

```
01 public class PrincessHero
       implements Hero, Princess, Character {
02   ：
03 }
```

これら3つはすべてインタフェースの必要がある

11.4.6 インタフェースの継承

ところで、あるインタフェースを定義する場合、イチから開発せずに既存のインタフェースを継承してその機能を拡張することもできます。

コード11-16 **インタフェースを継承する**

Human.java

```
01 public interface Human extends Creature {
02   void talk();
03   void watch();
04   void hear();
05   // さらに、親インタフェースからrun()を継承する
06 }
```

これらの抽象メソッドを追加した

あれ？　インタフェースを継承するときはextendsじゃなくてimplementsを使うはずじゃ…。

コード11-16では、HumanはCreatureのrunメソッドをオーバーライドして**処理の内容を確定しているわけではありません**ので、implements（実装）ではなくextends（拡張）を使います。

implementsとextendsの使い分けは混乱しやすい部分かもしれません。次ページの表11-1にまとめてありますので、整理してみてください。

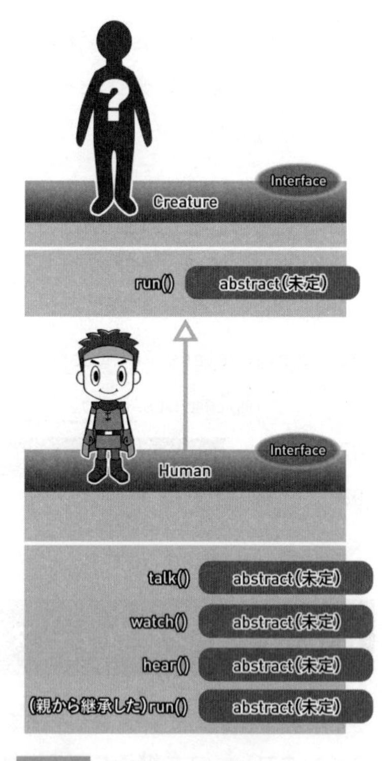

図11-20 インタフェースの拡張

表11-1 implementsとextendsの使い分け

継承元	継承先	使用するキーワード	継承元の数
クラス	クラス	extends	1つ
インタフェース	クラス	implements	1つ以上
インタフェース	インタフェース	extends	1つ以上

同じ種類（クラス同士、インタフェース同士）の継承はextends、違う種類ならimplementsを使う、と覚えよう。

11.4.7 extendsとimplementsを同時に使う

クラス定義の際にextendsとimplementsの両方を利用することもあります。

extendsとimplementsの両方を使ったクラス定義

```
public class クラス名 extends 親クラス
    implements 親ｲﾝﾀﾌｪｰｽ名1, 親ｲﾝﾀﾌｪｰｽ名2, … {
      ⋮
}
```

たとえば、次のような使い方をします（コード11-17および図11-21）。

コード11-17 継承と実装を同時に行う

BJ4BH

Fool.java

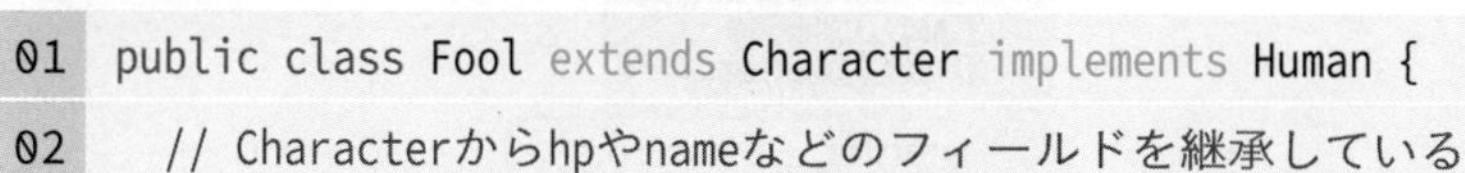

```
01 public class Fool extends Character implements Human {
02   // Characterからhpやnameなどのフィールドを継承している
03   // Characterから継承した抽象メソッドattack()を実装
04   public void attack(Matango m) {
05     System.out.println
         (this.name + "は戦わず遊んでいる");
```

```
06    }
07    // さらにHumanから継承した4つの抽象メソッドを実装
08    public void talk() { … }
09    public void watch() { … }
10    public void hear() { … }
11    public void run() { … }
12  }
```

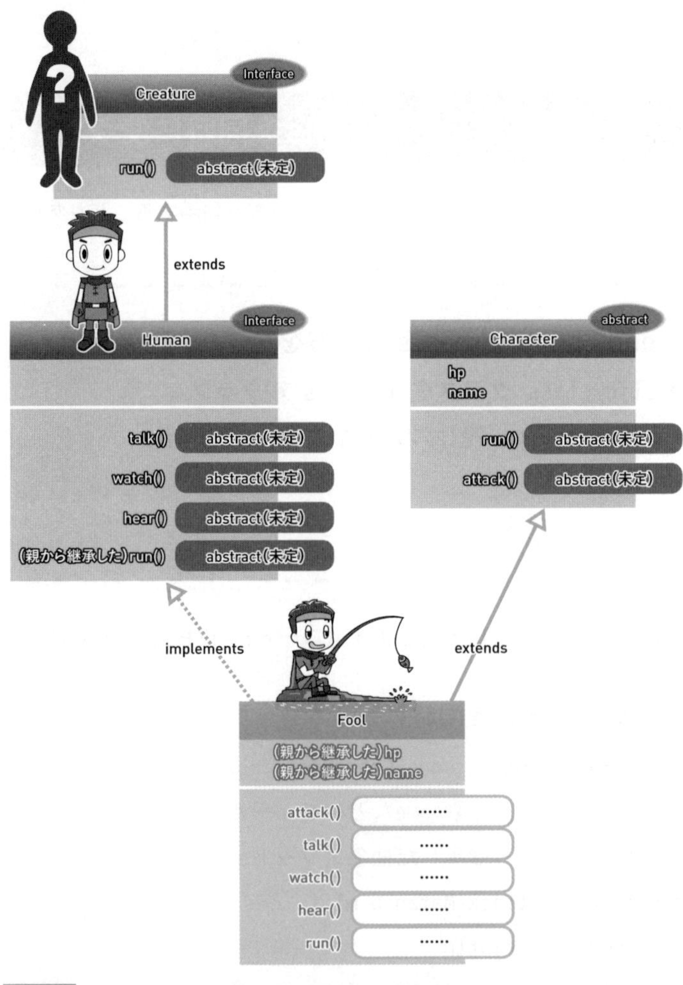

図11-21 継承と実装の組み合わせ

column

インタフェースで利用できるメソッドの種類

インタフェースが持つことのできるメソッドは、原則として処理内容を持たない抽象メソッドに限られます（11.4.2項）。しかし、例外的にdefaultキーワードによる処理のデフォルト実装を添えた抽象メソッドの定義は認められています。

デフォルト実装付き抽象メソッドの宣言

```
default 戻り値の型 メソッド名(引数リスト) {
    処理のデフォルト実装
}
```

もし継承先でオーバーライドされなかった場合、自動的に、デフォルト実装として定めた処理内容でオーバーライドされたものと見なされます。オーバーライドの手間を省ける便利な機能ですが、多重継承によるデフォルト実装の衝突を招く可能性もある点には注意が必要です。

なお、近年のJavaでは、利便性を優先してstaticメソッドやprivateメソッドの作成も可能になりました。しかし、インタフェース本来の機能は、「実装を持たずに定義のみを持つ」ことに変わりありません。

11.5 第11章のまとめ

継承の材料を作る開発者の立場と役割

- 「継承の材料として使うための親クラスを作る立場」の開発者も存在する。
- 「未来の開発者が効率よく安心して利用できる継承の材料を作ること」がその使命である。
- その使命を達成するために、Javaでは抽象クラスやインタフェースという道具を提供している。

抽象クラス

- 処理内容を決定できない「詳細未定のメソッド」は、abstractを付けて抽象メソッドとする。
- 抽象メソッドを1つでも含むクラスは、abstractを付けた抽象クラスにしなければならない。
- 抽象クラスはインスタンス化が禁止されている。
- 抽象クラスと抽象メソッドを活用して、「継承の材料」である親クラスを開発すれば、予期しないインスタンス化やオーバーライド忘れの心配がない。

インタフェース

- 抽象クラスのうち、基本的に抽象メソッドしか持たないものを「インタフェース」として特別扱いできる 。
- 複数のインタフェースを親とする多重継承が許されている。
- インタフェースを親とする子クラスの定義にはimplementsを用いる。

11.6 練習問題

練習11-1

ある会社では、会社の資産として保有するものを管理するプログラムを作ろうとしています。現時点では、「コンピュータ」「本」を表す、次のような2つのクラスがあります。

Book.java

```
01 public class Book {
02   String name;
03   int price;
04   String color;
05   String isbn;
06   // コンストラクタ
07   public Book
       (String name, int price, String color, String isbn) {
08     this.name = name;
09     this.price = price;
10     this.color = color;
11     this.isbn = isbn;
12   }
13   // メソッド
14   public String getName() { return this.name; }
15   public int getPrice() { return this.price; }
16   public String getColor() { return this.color; }
17   public String getIsbn() { return this.isbn; }
18 }
```

Computer.java

```java
01 public class Computer {
02   String name;
03   int price;
04   String color;
05   String makerName;
06   // コンストラクタ
07   public Computer
         (String name, int price, String color, String makerName) {
08     this.name = name;
09     this.price = price;
10     this.color = color;
11     this.makerName = makerName;
12   }
13   // メソッド
14   public String getName() { return this.name; }
15   public int getPrice() { return this.price; }
16   public String getColor() { return this.color; }
17   public String getMakerName() { return this.makerName; }
18 }
```

BJ4Ba

今後、コンピュータと本以外にも、さまざまな形ある資産を管理していくために有用な有形資産（TangibleAsset）という名前の抽象クラス（継承の材料）を作成してください。また、ComputerやBookは、その親クラスを用いた形に修正してください。

練習11-2

練習11-1の会社では、形のない無形資産（IntangibleAsset）も管理しようと考えています。無形資産には、たとえば特許権（Patent）などがあります。また、無形資産も有形資産も資産（Asset）の一種です。この前提に従って、次の継承ツリーの（ア）～（ウ）にあてはまるクラス名を考えてください。

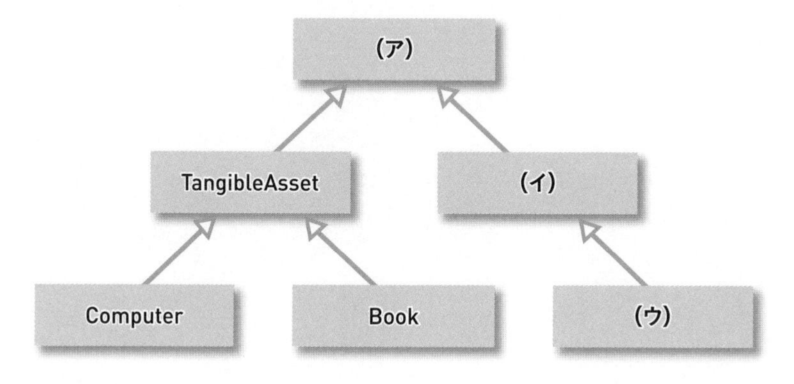

また、(ア) に入る抽象クラスを開発し、このクラスを継承するようにTangibleAssetを修正してください。

練習11-3

資産かどうかとは関わりなく、形がある物 (Thing) であれば、「重さ」を得ることができるはずです。そこで、double型の重さを取得するメソッドgetWeight()とdouble型の重さを設定するメソッドsetWeight()を持つインタフェースThingを定義してください。

練習11-4

有形資産 (TangibleAsset) は、資産 (Asset) の一種でもありますし、形ある物 (Thing) の一種でもあります。この定義に沿うようにTangibleAssetのソースコードを修正してください。このとき、TangibleAssetにフィールドやメソッドの追加が必要であれば、適宜追加してください。

chapter 12
多態性

私たちは日常生活で、無意識に物事を「あいまいに捉える」ことで
さまざまなメリットを享受しています。
本章で学ぶオブジェクト指向の三大要素の1つ「多態性」は、
Java仮想世界でも物事を「あいまいに捉える」ための機能です。

contents

12.1 多態性とは

12.1.1 開発をラクにする多態性

多態性（polymorphism）はオブジェクト指向プログラミングを支える三大機能の1つで、多様性やポリモーフィズムと呼ばれることもあります。

また、難しそうな名前だなぁ…。

だけど、この多態性をマスターすると、湊くんのRPG作りは何倍もラクになるんだよ。

そもそもオブジェクト指向は、「ラクしてよいものを実現する」のが目的でした。特に、**多態性を上手に活用すると、とても効率よく楽しく開発できる**と聞けば、やる気が湧いてきませんか？

継承と同じく、多態性の学習にもコツがあります。実は、多態性を定義や文法規則から学び始めると、大変難しく感じます。しかし、イメージを理解してから文法や定義を学べばそれほど難しいものではありません。

この章では、多くのイメージ図を示しながら、やさしくマスターできるように解説を進めていきます。ぜひ頭の中にイメージを広げながら、気楽に読み進めてください。

12.1.2 多態性のイメージ

多態性の定義は章の最後に紹介します。また、「多態」の意味についても、今は考えないでください。現時点では、次のような理解で十分です。

多態性のあいまいなイメージ

「あるものを、あえてザックリ捉える」ことで、さまざまなメリットを享受できる機能。

この章を学ぶにあたっての大事なキーワードは「ザックリ」です。ザックリ捉えるとは、たとえば以下のような考え方です。

厳密に言えばSuperHeroなんだけど、まぁザックリいえばHeroだよね。
厳密に言えばGreatWizardなんだけど、まぁザックリいえばWizardだよね。
厳密に言えばSlimeなんだけど、まぁザックリいえばMonsterだよね。

このような捉え方をして、さまざまなメリットを享受しようというのが多態性という機能なのです。

12.1.3 現実世界でザックリ捉えるメリット

ザックリ捉える、というのはなんとなくわかりましたけど、そんなことでメリットなんてあるんですか？

もちろんさ。ザックリなしでは、人間は生きていけないよ。

ザックリ捉えることによるメリットは、私たちの日常生活にも多く見ることができます。たとえば、レンタカーを借りて車を運転する場面を考えてみましょう。厳密にいえば初めて乗る車であるにもかかわらず、多くの人は問題なく運転できます。なぜ、初めての車なのに運転できるのかとドライバーに聞けば、おそらく次のような答えが返ってくるでしょう。

「まぁハンドルは同じだし、右ペダルがアクセル、左がブレーキ。
細かいところはあれこれ違うけど、まぁザックリみれば、どの車も同じだよ」

この人は高級車や軽自動車、ライトバン、さらには来年発売の新車（現時点では未知の車）でも問題なく運転できるでしょう。

「そんなの当たり前じゃないか」と思うかもしれませんが、もし運転するのがロボットだとしたら、こうはいきません。ロボットに内蔵される運転制御プログラムには、次のような無数の細かい設定が必要でしょう。

> **もし2021年式のプリウスなら、ハンドルはシートから○cmの高さにあり、それを10度回すとタイヤが○度曲がり…。**
> **もし2014年式のインプレッサなら、…（以下、延々と続く）**

ロボットは、それぞれの車種について細かい条件を完全に把握している必要があり、かつ「把握してない車」は操作できません。

明らかに人間のほうが「ラク」をして同じ成果が得られていますが、それは、**車の厳密な車種についてはあまり考えていない＝ザックリと「車」として捉えている**からです。

車に限らず、私たち人間は、世の中にあるさまざまな複雑なものをザックリ捉えることによって、厳密には違うものも、似たようなものとして上手に利用しています。この私たちが現実世界でラクするためにザックリと捉える方法をプログラムでも実現する機能こそ、オブジェクト指向三大機能の1つ、**多態性**なのです。

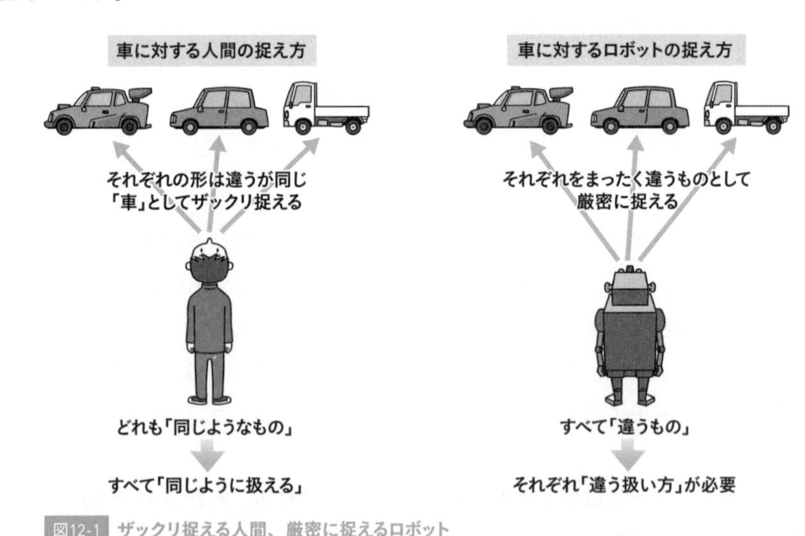

図12-1 ザックリ捉える人間、厳密に捉えるロボット

12.2 ザックリ捉える方法

12.2.1 ザックリ捉えるための文法

確かに、Javaの世界でも「ザックリ」を実践できたら便利そうね。

ザックリ捉えるには、どんな文法やキーワードを使えばいいんですか？

実は、ザックリ捉えるための特別な文法はないんだよ。

前章まで学習してきたオブジェクト指向プログラミングの花形機能である継承では、特有のキーワードが登場しました。「extends」や「implements」、「interface」などがすぐに思い浮かぶでしょう。

そこで多態性についても、何か専用の文法があって、それを書けば利用できると思い込んでしまいがちですが、実は**多態性には専用の文法はありません**。今まで何度も使ってきた「代入の文法」を使えば、ザックリ捉えることができるようになっています。

それではさっそく、SuperHeroクラスを用いて解説していきましょう。前提として、SuperHeroは親クラスにHeroクラスを、さらにその親クラスにCharacterクラスを持っています（図10-14、p.377）。

通常、SuperHeroのインスタンスを生成して利用するには、次のような文を記述するのでしたね。

```
SuperHero h = new SuperHero();
```

このときの状態をイメージで表すと、図12-2のようになります。ここで、箱に書かれた「SuperHeroです」という説明は、変数hの型を表しています。

SuperHero型の変数にSuperHeroのインスタンスが入っていますが、通常、変数にはその型と同じ型のインスタンスが入りますから、これはごく当たり前の状態です。

図12-2 SuperHero型の変数hに格納されたSuperHeroインスタンス

次に、SuperHeroを「ザックリCharacterとして捉える」書き方です。

```
Character c = new SuperHero();
```

第8章では「newをするときは左辺と右辺に同じ型を書く」と紹介しましたが（8.4.2項）、実は、上記のように左辺と右辺の型を変えることもできます。今回の場合、左辺の型がCharacterに変わり、図12-3のようなイメージになります。

箱の中身のインスタンスは正真正銘のSuperHeroですが、箱の表面には「Characterです」と書かれています。従って、この変数cについては、以後、**本当はSuperHeroインスタンスだが、Characterとして捉えて利用する**ことになります。

図12-3 Character型の変数cに格納されたSuperHeroインスタンス

このように、多態性を活用するには、「箱の型」と「中身の型」の2つの型が関係します。そして、**あるインスタンスの捉え方は、代入する変数の型（箱の型）で決まる**のです。

Character c = new SuperHero();

箱の型
（インスタンスを「何」と見なすか）

SuperHeroインスタンスを入れる箱（Character型やHero型など）によって、捉え方を変えられる

中身の型
（インスタンスが「何」か）

一度newされたら、絶対に変わらない

図12-4 箱の型と中身の型

12.2.2 できる代入、できない代入

newをするときの左辺と右辺は、別に同じ型でなくてもいいんですね。

そうだよ。ただし、どんな型でもいいわけではないんだ。

次のコードを見てください。1行目はエラーになりませんが、2〜4行目はすべてエラーになります。

```
Character c = new SuperHero();     // OK！
Sword s = new Hero();              // エラー
Flower f = new Fish();             // エラー
Phone p = new Coffee();            // エラー
```

第1章の1.3.1項で解説したように、代入式は基本的に「左辺の型と右辺の型が異なる場合はエラー」になります。たとえば、`String str = 1;` がエラーになるのは当然ですね。しかし、基本に従えば、1行目のコードも左辺はCharacter型、右辺はSuperHero型なのでエラーになるはずです。なぜ1行目だけがエラーにならず、特例として許されているのでしょうか？

代入が許される判断基準は絵を描いてみればわかります。先ほどの図12-3 （p.438）をもう一度見てください。

箱には「Characterです」と書いてあり、SuperHeroが入っています。そしてこの**絵の内容は（厳密ではありませんが）嘘ではありません**。スーパーヒーローもキャラクターの一種（SuperHero is-a Character）ですから、「キャラクターが入っています」と書かれた箱に入っていても矛盾はないのです。Javaではこのように、**絵に描いてみて嘘にならないインスタンスの代入は許されます**。

一方で次のような代入はエラーになります。

```
float f = new Hero();
Item i = new Hero();
SuperHero sh = new Hero();
```

図12-5 代入ができない例

絵に描いてみればわかるように、いずれも嘘になってしまうからです。

「子クラスのインスタンスは親クラスの型に代入可能」などという定義を丸暗記しようとすると混乱してしまうだろう。「イメージ図を描いてみる」ほうが忘れにくいしオススメだよ。

やっぱりオブジェクト指向ってイメージが大事なんですね。

12.2.3 継承のもう1つの役割

前項で、絵に描いてみて嘘がないならば代入は可能なのはわかりました。しかし、そもそも絵に嘘が含まれるかを判断するには、「○○○は△△△の一種である」という前提知識が必要です。

たとえば、私たちは「Heroの中で特に選ばれた者がSuperHeroである」（SuperHeroはHeroの一種である）という前提知識があるからこそ、図12-3が嘘ではないと判断できました。

私たち人間には常識がありますので、「魔術師が生き物の一種である」「剣が武器の一種である」と知っています。しかし、Javaには「何が何の一種か」という一般的な知識は備わっていません。

そこでJavaは、extendsやimplementsを用いた継承関係にあるクラスについて、「片方のクラスは、他方のクラスの一種」（is-aの関係）であると判断します。言い換えれば、**extendsやimplementsは開発者が「is-aの関係」をJavaに伝える手段**でもあるのです。

そのため、私たち人間にとってはis-aの関係であっても、Javaの継承関係で2つのクラスがつながっていなければ代入はできません。

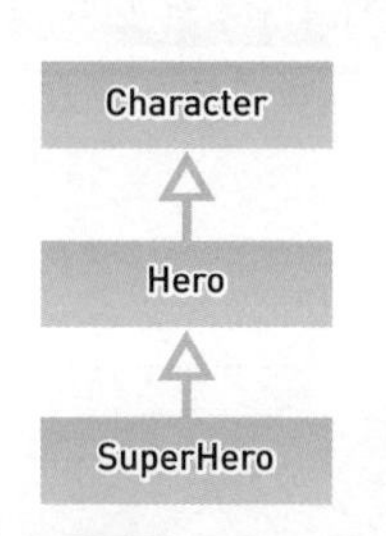

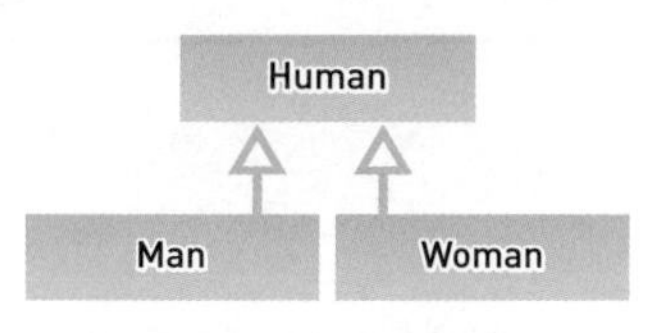

常識では「勇者は人間の一種」だが
クラス同士は無関係だとすると…

図12-6 extendsでis-a関係が結ばれていないと代入できない

第10章の最後でも触れたけど、「is-aの関係（特化・汎化の関係）をJavaに知らせる」のも継承の重要な役割なんだ。

なるほど！　だから「ラクをできるとしても、is-aの関係でないなら継承を使ってはならない」んですね（10.4.2項）。

12.2.4 箱の型に抽象クラスを使う

ここで、仮に命あるあらゆるものの親として、新たにLifeインタフェースを作ったと考えましょう。Characterクラスも Lifeインタフェースを実装するように変更したと仮定します。第11章で「抽象クラスやインタフェースはインスタンス化できない」と学びました。ですからLifeインタフェースが定義されている場合、`new Life()` とすることはできません。

しかし、第8章で学んだ、クラス定義によって可能になる2つのこと（8.3.1項）を思い出してください。インタフェースであるLifeはインスタンス生成のためには利用できませんが、変数の型（「Lifeが入っています」と書かれた箱）として使うことはできます。これは、たとえば次のコード12-1のように、Life型の変数にWizardインスタンスを代入できることを意味します。

コード12-1 Life型の箱にWizardインスタンスを入れる

Life.java

```
01 public interface Life { … }
```

Main.java

```
01 public class Main {
02   public static void main(String[] args) {
03     Life lf = new Wizard();
04   }
05 }
```

Wizardは生き物の一種

抽象クラスやインタフェースの型

抽象クラスやインタフェースからインスタンスを生み出せないが、それらの型を利用することは可能。

12.3 ザックリ捉えたものに命令を送る

12.3.1 捉え方の違いは使い方の違い

前節では、ザックリと捉える方法を紹介しました。この節では、あるインスタンスをザックリ捉えるときと、厳密に捉えるときでは、その利用にどのような違いが出てくるのかを見ていきます。

多態性については少し横に置いておいて、1つたとえ話をします。

> この紙切れを石器時代の人に渡すと「絵」と捉えるでしょう。これを見て楽しむことはあっても、何かに使えるとは思いません。
>
> 一方、同じものを湊くんに渡すと、大喜びします。絵の人物が「福沢諭吉」であり、その紙切れが厳密には「紙幣」だと知っているからです。彼はその紙切れを眺めて楽しむこともできますが、どこかの店に持ち込み、何かと交換してしまうでしょう。

紙

・水分を含むことができる

絵

・水分を含むことができる
・見て楽しめる

お金

・水分を含むことができる
・見て楽しめる
・物を買うことができる

あいまい ⟷ 厳密

図12-7 捉え方によって用途が増える

このたとえ話が示唆しているのは、**まったく同一である1つの存在に対して複数の異なる捉え方ができる**ことと、**捉え方によって利用方法が変わる**ことです。あいまいで抽象的なほど用途は限定され、具体的に捉えるほど用途が増えていきます。

12.3.2 呼び出せるメソッドの変化

この「捉え方が変わると利用方法が変わる」という現実世界の現象は、実はJava仮想世界でもちゃんと再現されています。図10-14（p.377）に登場したCharacterとWizardクラスを使って、このことを解説していきましょう。まず、次の2つのクラスのソースコードを見てください。

コード12-2 Characterを継承して定義されたWizardクラス

BJ4C2

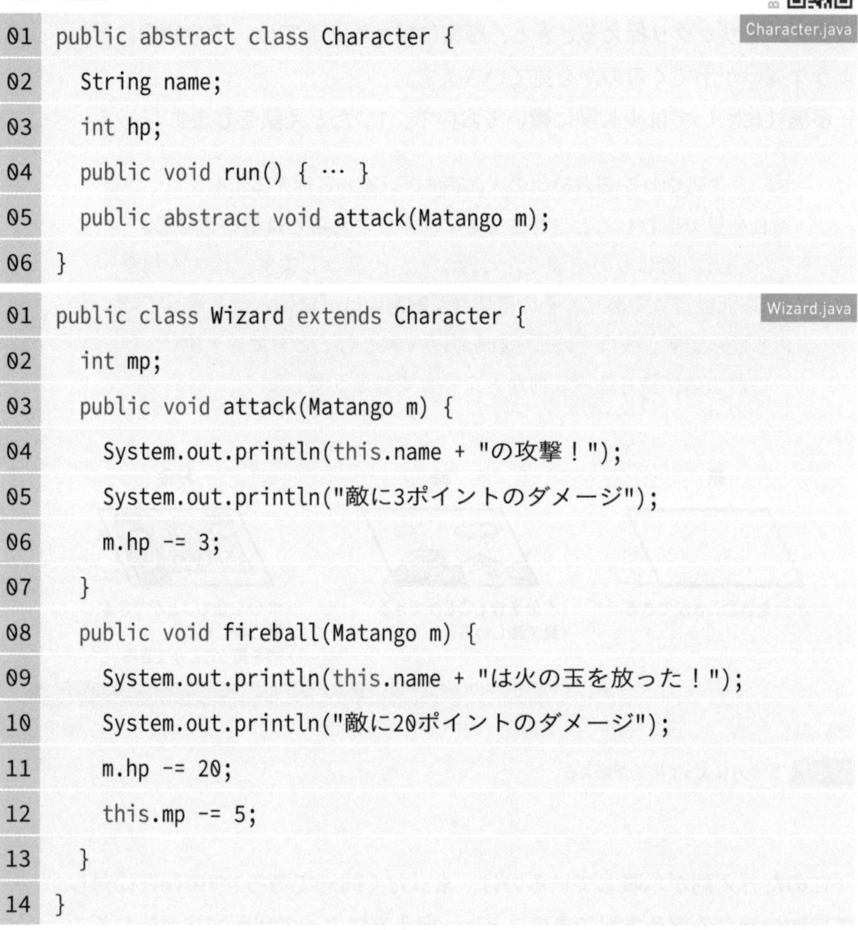

Character.java

```
01 public abstract class Character {
02   String name;
03   int hp;
04   public void run() { … }
05   public abstract void attack(Matango m);
06 }
```

Wizard.java

```
01 public class Wizard extends Character {
02   int mp;
03   public void attack(Matango m) {
04     System.out.println(this.name + "の攻撃！");
05     System.out.println("敵に3ポイントのダメージ");
06     m.hp -= 3;
07   }
08   public void fireball(Matango m) {
09     System.out.println(this.name + "は火の玉を放った！");
10     System.out.println("敵に20ポイントのダメージ");
11     m.hp -= 20;
12     this.mp -= 5;
13   }
14 }
```

Wizardは魔法使いとしてattack()やfireball()のメソッドを持っていますので、インスタンス化すればattackさせたりfireballを使わせたりできます。

コード12-3 Wizardクラスを通常の方法でインスタンス化

BJ4C3

Main.java

```
01 public class Main {
02   public static void main(String[] args) {
03     Wizard w = new Wizard();
04     Matango m = new Matango();
05     w.name = "アサカ";
06     w.attack(m);
07     w.fireball(m);
08   }
09 }
```

さて、WizardはCharacterの一種なので、Character型変数に代入することが可能です。しかし、いざCharacter型に代入してfireballを呼び出そうとするとコンパイルエラーが発生してしまいます。

コード12-4 Wizardにfireballを使わせる（エラー）

BJ4C4

Main.java

```
01 public class Main {
02   public static void main(String[] args) {
03     Wizard w = new Wizard();
04     Character c = w;          ← Character型の箱に代入
05     Matango m = new Matango();
06     c.name = "アサカ";
07     c.attack(m);
08     c.fireball(m);            ← この行でエラーが発生する
09   }
10 }
```

どうして？　Character型の箱に入っているとはいえ、中身は正真正銘の魔法使いさんのはずなのに…。

魔法使いならfireball()を呼び出せるはずですよ。なんでエラーになるんだろう？

それはね、「本当は魔法使いなんだけど、**呼び出す側が魔法使いと思ってない**」からだよ。

Character型の変数cに格納されているとはいえ、箱の中身のインスタンスは正真正銘のWizardインスタンスです。そしてWizardならばfireballが使えるはずなのに、なぜコンパイルエラーになるのでしょうか？

この章の「ザックリ捉えるための文法」（12.2.1項）で解説したとおり、Character型の変数に代入するということは、中身のインスタンスを（HeroだかWizardだかわからないけど）「なにかのキャラクター」程度にザックリ捉えることにほかなりません。従って、**箱の中身がWizardである事実を忘れてしまう**のです。

あいまいな型の箱にインスタンスを代入すると

インスタンスをあいまいに捉えることになり、「厳密には何型のインスタンスだったか」がわからなくなってしまう。

コード12-4の3行目では確かに魔法使いを生み出しています。しかし4行目の代入を行った瞬間、私たちは箱cの中身が、HeroなのかWizardなのか、はたまた別の職業のクラスなのかがわからなくなってしまいます。確実に言えるのは、**この箱に入っているのは、キャラクターの一種である**ことだけです。

そう考えると、attack()が呼び出せてfireball()が呼び出せなかった理由にも説明がつきます。

attack()が呼び出せた理由

箱の中身がHeroでもWizardでも、Characterの一種であればattack()は継承して持っているはずだから（どんなキャラクターでも最低限、攻撃はできるはずだから）。

fireball()が呼び出せなかった理由

箱の中身が、fireball()を持っている職業とは限らないから（キャラクターでも火の玉を放てるとは限らないから）。

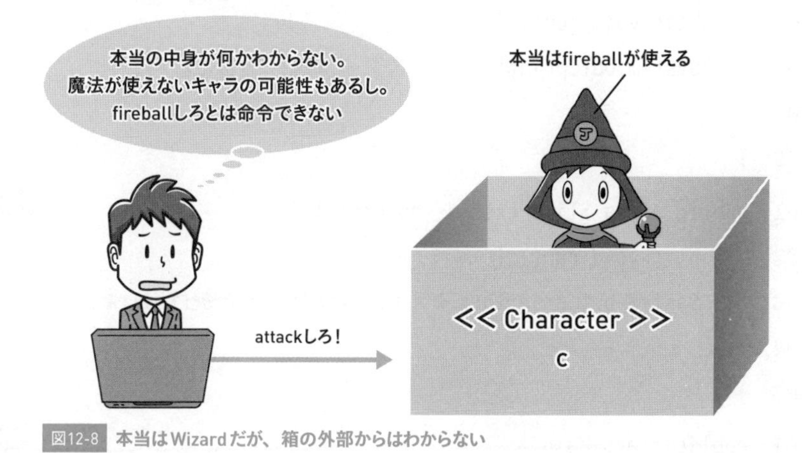

図12-8 本当はWizardだが、箱の外部からはわからない

箱の中の魔法使いさんが火の玉を放てなくなっちゃったわけではないんですね。

彼自身は「火の玉を放って」とお願いされれば、いつでも放つことができるんだ。ただ、私たちが彼を「魔法使い」と認識しないと「お願いできない」（しようと思わない）だけなんだよ。

私たちがこのインスタンスを「Character」と捉えている限り（Character型の変数に入っている限り）、Characterならできる最低限のことしか命令できません。箱の中身のインスタンスがどんなに多くのメソッドを持っていても、外部からはCharacterとして持つメソッドしか呼び出せないのです。

12.3.3 メソッドを呼び出せた場合に動く処理

前項では、代入する箱によって呼べるメソッドが変わることを学習しました。では次に、もしメソッドが呼べたとしたら、その動きはどうなるかについてモンスター関連のクラスを題材に実験してみましょう。

コード12-5 MonsterとSlimeの逃げ方を調べる

BJ4C5

Monster.java

```
01 public abstract class Monster {
02   public void run() {
03     System.out.println("モンスターは逃げ出した。");
04   }
05 }
```

Slime.java

```
01 public class Slime extends Monster {
02   public void run() {
03     System.out.println("スライムはサササっと逃げ出した。");
04   }
05 }
```

Main.java

```
01 public class Main {
02   public static void main(String[] args) {
03     Slime s = new Slime();
04     Monster m = new Slime();
05     s.run(); m.run();
06   }
07 }
```

さぁ問題だ。実行すると、画面には何と表示されるかな？

Slime型のrun()とMonster型のrun()を呼び出しているってことは…。

まず「スライムはサササっと逃げ出した。」、次に「モンスターは逃げ出した。」かな。よし、実行してみよう！

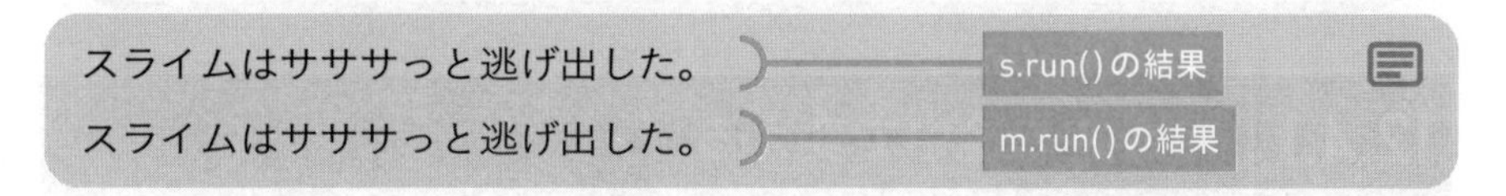

実行結果の2行目に注目してください。Monster型の変数mのrun()を呼び出しているのに「モンスターは逃げ出した。」とは表示されません。

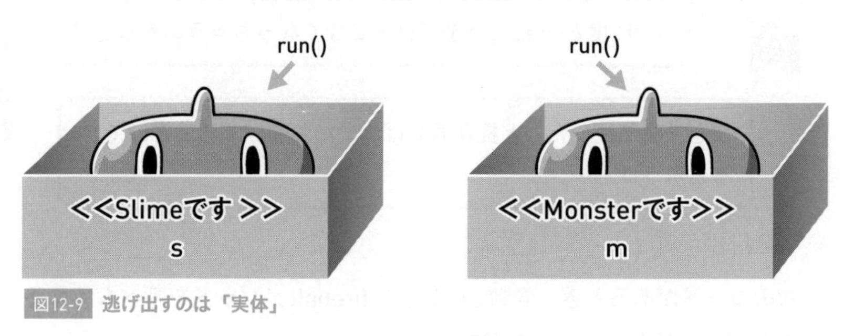

図12-9 逃げ出すのは「実体」

変数sと変数mとは、箱の表面に書かれた「○○○です」という表記に違いがあるものの、両方とも中身はあくまでもスライムです。ですから「逃げろ！」という命令が届きさえすれば、当然スライムが逃げます。つまり、Slimeのrun()が動作するのです。

このように、実際に動くメソッドの中身はインスタンスの型（中身の型）によって決まります。インスタンスが**どんな型の箱に入っているかは関係ありません**。

最後に「箱の型」と「中身の型」について、もう一度まとめておきましょう。

「箱の型」と「中身の型」

箱の型　どのメソッドを「呼べるか」を決定する。
中身の型　メソッドが呼ばれたら、「どう動くか」を決定する。

12.4 捉え方を変更する方法

12.4.1 捉え方を途中で変える

Character型の箱に入れられた魔法使い（図12-8、p.447）は、もう2度とfireball()を呼び出せなくなっちゃうのかなぁ？

彼を「魔法使いだ」と捉え直せば、またお願いすることはできると思うけど…。

次のコードがあるとき、変数cに対してfireballメソッドを呼べなくなることはすでに学びました（12.3.2項）。

```
Character c = new Wizard();
```

しかし、本当は中身がWizardだとわかっているのですし、どうしてもこのインスタンスにfireballを使わせたいという場面がまれにあります。

fireballを使えるようにするためには、変数cの中身を**Wizardであると捉え直す**必要があります。そのためには、インスタンスをWizard型変数に代入すればよいと想像がつくでしょう。

```
Character c = new Wizard();
Wizard w = c;
```

惜しい！エラーになる

私たち開発者は、このインスタンスの経緯を知っています。そのため、もともとWizardインスタンスとして生み出して、それをCharacterと見なしたものの、再び元のWizardと見なしてもいいだろう、と考えます。

しかし、コンパイラは基本的に**プログラムを1行ずつ解釈し、翻訳しよう**

とするので、このコードも2行目だけを見てコンパイルエラーにしてしまいます。

2行目だけに着目すると、Character型の変数cに入っているのは、HeroやThiefの可能性もあります。万が一、変数cの中身がHeroなのに、それを代入してしまったら、Wizard型の変数にHeroインスタンスが入っている嘘の構図になってしまいます。

このように、コンパイラは変数の中身が代入先の変数の型と一致するとは限らないと考え、失敗する可能性のある代入を拒否します。

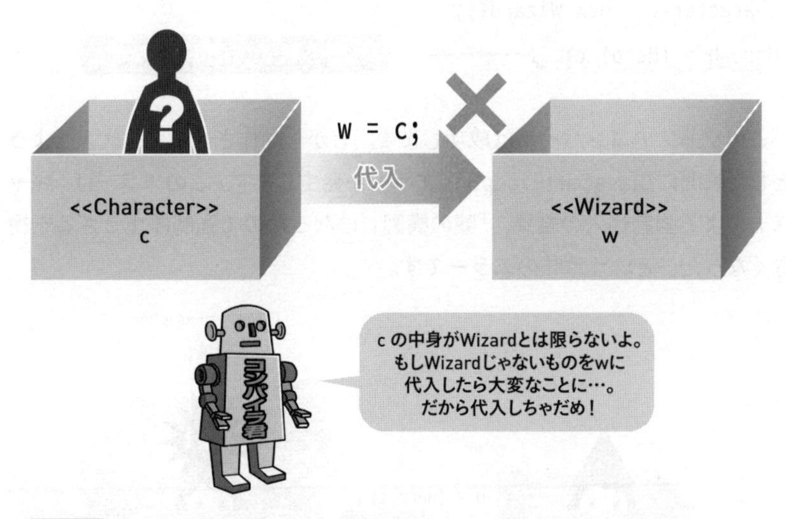

w = c;
代入
<<Character>>
c
<<Wizard>>
w
コンパイラ君
c の中身がWizardとは限らないよ。
もしWizardじゃないものをwに
代入したら大変なことに…。
だから代入しちゃだめ！

図12-10 失敗する可能性がある代入はコンパイラによって拒否される（コンパイルエラーとなる）

それでも、どうしても変数cの中身を強制的にWizardとして捉え直したい場合には、次のように書きます。

```
Character c = new Wizard();
Wizard w = (Wizard) c;
```

いいから黙ってWizardと見なせ！

第2章で紹介した「キャスト演算子」の再登場です。この演算子は強制的な型変換をコンパイラに対して明示的に指示する、とても強力な演算子です。この指示ならコンパイラは文句を言わず、コンパイルを通してくれます。しかし、あいまいな型に入っている中身を厳密な型に代入するキャストは**ダウンキャスト**（down cast）といわれ、失敗の危険が伴います。

12.4.2 キャストの失敗

ダウンキャストは、代入が失敗する可能性を懸念してエラーを出すコンパイラに対し、代入をしても矛盾のある状態にはならないから、黙って代入しなさいと頭ごなしに型変換を実行させる命令です。前節のコードではうまく動きますが、次のようなケースではどうでしょうか？

```
Character c = new Wizard();
Hero h = (Hero) c;
```

いいから黙ってHeroと見なせ！

このソースのコンパイルは成功します。しかし動作させると、代入しようとした瞬間にClassCastExceptionエラーが発生します。このエラーは、キャストによる強制代入の結果、「嘘の構図」になったので強制停止せざるを得なくなった、という意味のエラーです。

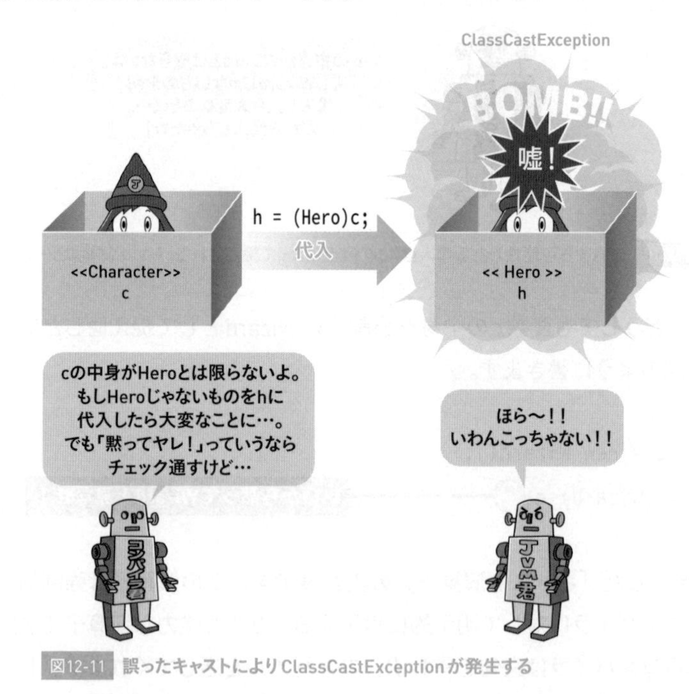

図12-11 誤ったキャストによりClassCastExceptionが発生する

12.4.3 インスタンスを代入可能かチェックする

ダウンキャストによるClassCastExceptionを確実に回避するには、キャストしても大丈夫かを判定しながらキャストします。Javaにはそのための**instanceof演算子**が用意されています。

安全にキャストできるかを判定しつつ、キャストする

```
変数 instanceof 型名 キャスト後格納変数名
```

※ 変数を型名の箱に代入可能ならばtrueが返る。
※ キャスト後格納変数名を省略すると、キャスト可能かの判定のみを行う。

たとえば、次のようなコードで、変数cの中身を安全にSuperHero型の変数hに代入できます。

```
if (c instanceof SuperHero h) {
  h.fly();
}
```

もしcの中身がSuperHeroと見なして大丈夫なら、キャストしてhに代入する

また、まずキャスト可能かを判定した上で、キャストの指示を別にしたい場合は、次のように記述します。

```
if (c instanceof SuperHero) {

  SuperHero h = (SuperHero)c;
  h.fly();
}
```

もしcの中身がSuperHeroと見なして大丈夫なら…

「SuperHero」と見なせ！

この2つのコードは、まったく同じ動作をします。

12.5 多態性のメリット

12.5.1 ザックリ捉えるメリット

ザックリ捉える方法はわかったけど、本当にこれでラクに開発できるのかな？

そうよね。それにザックリ捉えると、呼び出せるメソッドが減ってしまうし、それって不便じゃないですか？

呼び出せるメソッドが減っても、ザックリ捉えればそれに勝るメリットがあるんだ。ソースコードで具体的に確認しよう。

12.2節では、多態性を用いてインスタンスをザックリ捉える方法を学びました。そして12.3節では、それによって呼び出せるメソッドが減ることも学びました。

これだけを見ると、ザックリ捉えると、利用できるメソッドが減るだけでまったくメリットがないように感じられますが、必ずしもそうではありません。この節では、多態性を用いてザックリ捉えるメリットについて、ソースコードを見ながら具体的に紹介していきます。

12.5.2 同一視して配列を利用する

5人のキャラクター（Heroが2人、Thiefが1人、Wizardが2人）が旅をするゲームを考えてみましょう。この5人は1つのパーティ（冒険をするためのチーム）を組んでいます。彼らが宿屋に泊まり、全員のHPを50ずつ回復するプログラムを書く場合、次のコード12-6のようになるでしょう。

コード12-6 パーティが宿屋に泊まってHPを回復する

BJ4C6

Main.java

```
01 public class Main {
02   public static void main(String[] args) {
03     Hero h1 = new Hero();
04     Hero h2 = new Hero();
05     Thief t1 = new Thief();
06     Wizard w1 = new Wizard();
07     Wizard w2 = new Wizard();
08     // 冒険開始！
09     // まず宿屋に泊まる
10     h1.hp += 50;
11     h2.hp += 50;
12     t1.hp += 50;
13     w1.hp += 50;
14     w2.hp += 50;
15   }
16 }
```

※ このコードの前提
・HeroやWizard、Thiefは、抽象クラスCharacterを継承している。
・Characterはnameとhpフィールド、attack()とrun()のメソッドを持つ。

このプログラムの宿泊処理（10〜14行目）には、2つの課題があります。

コードに重複が多い

それぞれのHPを50増やす処理が何度も登場し、煩雑な記述になっている。変数名を取り違える可能性もある。

将来的に多くの修正が必要

パーティの人数が増えた場合、宿泊処理に行を追加する必要がある。また、インスタンス変数名が変更になったらコードを修正しなければならない。

しかし、多態性と配列を上手に組み合わせれば、この問題は解決します。次のコード12-7を見てください。

コード12-7 **多態性と配列を組み合わせて宿屋に泊まる**

BJ4C7

Main.java

```
01 public class Main {
02   public static void main(String[] args) {
03     Character[] c = new Character[5];
04     c[0] = new Hero();
05     c[1] = new Hero();
06     c[2] = new Thief();
07     c[3] = new Wizard();
08     c[4] = new Wizard();
09     // 宿屋に泊まる
10     for (Character ch : c) {   ← 1名ずつ順に取り出し
11       ch.hp += 50;   ← HPを50回復する
12     }
13   }
14 }
```

ポイントは3行目でCharacter配列を使っている点です。従来のやり方で5人のインスタンスを厳密にHeroやThiefとして扱おうとする限り、それらを一括しては扱えません。しかし、それぞれをCharacterだとザックリ見なせば「どれもキャラクター」ですので、5つのインスタンスをCharacter配列にまとめ、ループを回して一括で処理することも可能になります。

図12-12 さまざまな職業のキャラクターたちも、すべてCharacter配列に格納して一括で処理できる

12.5.3 同一視してザックリとした引数を受け取る

多態性の活用法、もう1つ思いつきました！ ずっと気になっていたことが、これで一気に解決ですよ！

湊くんは、勇者や魔法使いのattackメソッドの宣言が気になっていたようです（以下はMatangoの例）。

```
public void attack(Matango m) {
  ⋮
}
```

「お化けキノコしか攻撃できないゲーム」なんてありえないから、今までHeroクラスは次のようにしていたんですよ。

コード12-8 攻撃する相手ごとにattack()を作成

Hero.java

```
01 public class Hero extends Character {
02   public void attack(Matango m) {        ← お化けキノコ攻撃用
03     System.out.println(this.name + "の攻撃！");
04     System.out.println("敵に10ポイントのダメージをあたえた！");
05     m.hp -= 10;
06   }
07   public void attack(Goblin g) {         ← ゴブリン攻撃用
08     System.out.println(this.name + "の攻撃！");
09     System.out.println("敵に10ポイントのダメージをあたえた！");
10     g.hp -= 10;
11   }
12   // 以下スライム用など続く
13 }
```

この方法はコードの重複が多くメンテナンスが大変です。また、将来新たなモンスターが増えるたびにattackメソッドも増やさなければなりません。そこで、attackメソッドを次のように修正しましょう。

コード12-9 **Monsterなら何でも攻撃できるattackメソッド**

Hero.java

```
01 public class Hero extends Character {
02   public void attack(Monster m) {   ← モンスター攻撃用
03     System.out.println(this.name + "の攻撃！");
04     System.out.println("敵に10ポイントのダメージをあたえた！");
05     m.hp -= 10;
06   }
07 }
```

2行目のattackメソッドの引数に注目してください。攻撃する相手は、**ザックリ捉えてモンスターなら何でも受け付けます**、という表明です。このようなattackメソッドであれば、Monsterクラスを継承しているSlimeやGoblin、そして将来登場するモンスターたちも攻撃することができます。

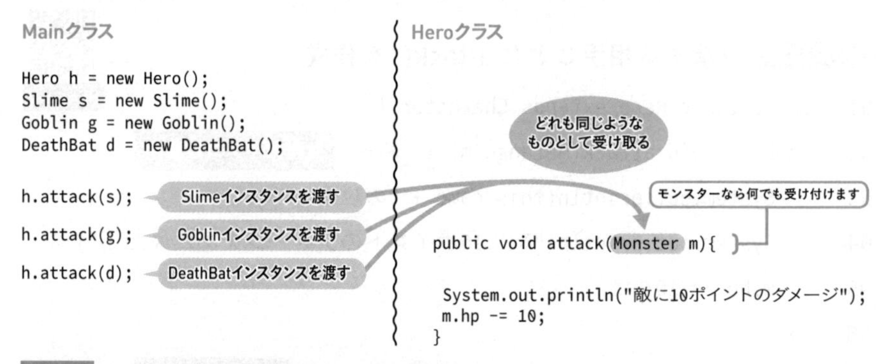

図12-13 **異なるインスタンスを引数で同一視して受け取る**

12.5.4 ザックリ利用しても、ちゃんと動く

なるほどねぇ。厳密には違うモノを同一視して同じ配列に入れたり、同じ引数として処理したりできるのね。

そうだよ。でも「多態性の本当のすごさ」は、ただ単に処理をまとめられるという単純なものだけじゃないんだ。

多態性の真価は、これまで学んだ次の2つを組み合わせたときに発揮されます。

1. ザックリ捉えてまとめて扱う

12.5.2項（配列でまとめて扱う）や12.5.3項（引数でまとめて扱う）で紹介したように、厳密には異なるインスタンスをまとめて扱える。

2. メソッドの動作は中身の型に従う

12.3節の最後で紹介したように、格納された箱の型に関わらず自身の型のメソッドが動作する。

コード12-10 同じ指示で異なる動作をさせることができる

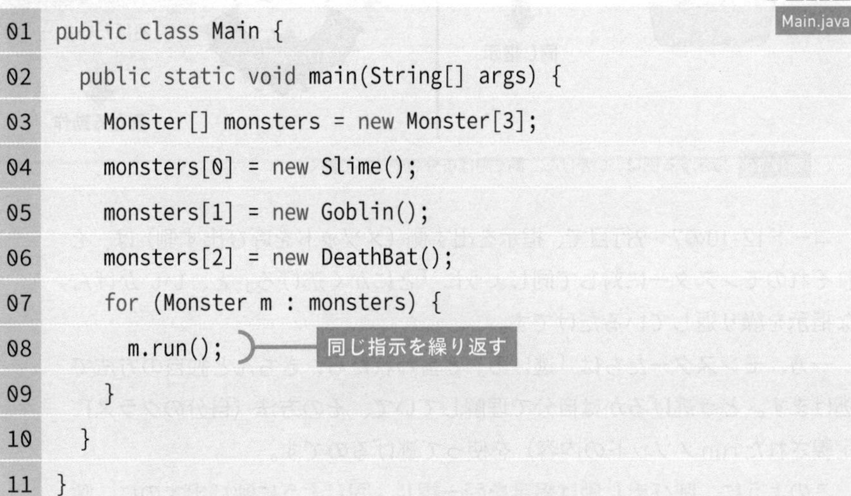

BJ4CA

Main.java

```
01 public class Main {
02   public static void main(String[] args) {
03     Monster[] monsters = new Monster[3];
04     monsters[0] = new Slime();
05     monsters[1] = new Goblin();
06     monsters[2] = new DeathBat();
07     for (Monster m : monsters) {
08       m.run();  ← 同じ指示を繰り返す
09     }
10   }
11 }
```

スライムは、体をうねらせて逃げ出した。
ゴブリンは、腕をふって逃げ出した。
地獄コウモリは、羽ばたいて逃げ出した。

ここまで学んだことを踏まえると、この動作は納得できます。
でもこれのどこが、そんなにスゴいんですか？

改めて全体を俯瞰すると、多態性の構図と本質が見えてくるよ。

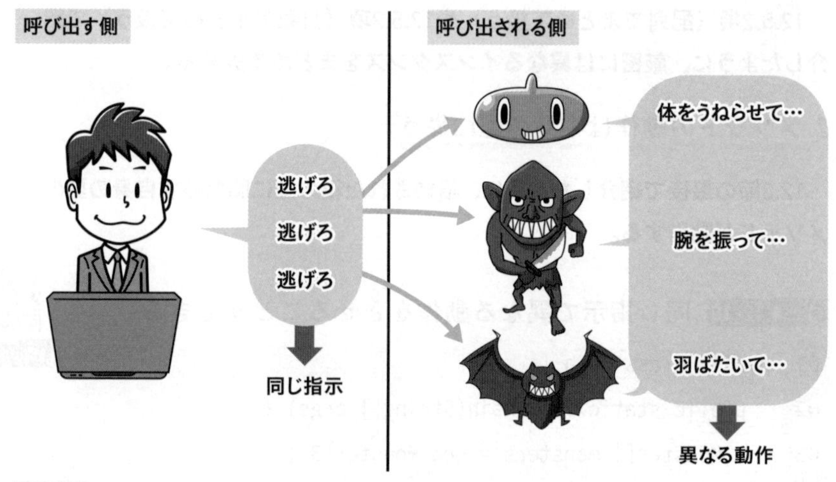

図12-14 指示する側はいいかげん。動く側は自分のやり方で動く

コード12-10の7〜9行目で、指示を出す側（メソッドを呼び出す側）は、それぞれのモンスターに対して同じように「とにかく逃げろ」と、いいかげんな指示を繰り返しているだけです。

一方、モンスターたちは「逃げろ」と言われたら、きちんと独自の方法で逃げます。どう逃げるかは自分で理解していて、その方法（自分のクラスに定義されたrunメソッドの内容）を使って逃げるのです。

このように、**呼び出し側は相手を同一視し、同じように呼び出す**のに、**呼び出される側は、きちんと自分に決められた動きをする**（同じ呼び出し方から、多数の異なる状態を生み出せる）という特性から「多態性」という名前が付けられています。

12.6 第12章のまとめ

インスタンスをあいまいに捉える

- 継承によりis-aの関係が成立しているなら、インスタンスを親クラス型の変数に代入できる。
- 親クラス型の変数への代入は、そのインスタンスをあいまいに捉えることを意味する。

「箱の型」と「中身の型」の役割

- どのメソッドを利用できるかは、箱の型（対象をどう捉えているか）で決まる。
- メソッドがどう動くかは、中身の型（対象が何であるか）で決まる。

捉え方の変更

- キャスト演算子を用いれば、厳密な型への強制代入ができる。
- 不正な代入が行われた場合、ClassCastExceptionが発生する。

多態性

- 厳密には異なる複数のインスタンスを同一視して、親クラス型の配列にまとめて扱える。
- 同様に、親クラス型の引数や戻り値を利用して、厳密には異なる対象をまとめて処理できる。
- 同一視して取り扱っても、個々のインスタンスは各クラスにおける定義に従い、異なる動作を行う。

12.7 練習問題

練習12-1

次の図中の四角に入る適切なクラス名を考えてください。

	(1)	(2)
コード	Item i = new Sword();	□ a = new □();
イメージ図	□インスタンス << □ >> i	□インスタンス << Monsterです >> a
解説文	□を生成したが、ザックリと□と見なす。	Slimeを生成したが、ザックリと□と見なす。

練習12-2

次のようにクラスが宣言されています。

A.java
```
01 public final class A extends Y {
02   public void a() { System.out.print("Aa"); }
03   public void b() { System.out.print("Ab"); }
```

```
04    public void c() { System.out.print("Ac"); }
05  }
```

B.java

```
01  public class B extends Y {
02    public void a() { System.out.print("Ba"); }
03    public void b() { System.out.print("Bb"); }
04    public void c() { System.out.print("Bc"); }
05  }
```

X.java

```
01  public interface X { void a(); }
```

Y.java

```
01  public abstract class Y implements X {
02    public abstract void a();
03    public abstract void b();
04  }
```

BJ4Ca

このとき、次の問いに答えてください。

① `X obj = new A();` としてAインスタンスを生成した後、変数objに対して呼べるメソッドを、a()、b()、c()の中からすべて挙げてください。

② `Y y1 = new A(); Y y2 = new B();` としてAとBのインスタンスを生成した後、`y1.a(); y2.a();` を実行した場合に画面に表示される内容を答えてください。

練習12-3

練習12-2で用いたAクラスやBクラスのインスタンスをそれぞれ1つずつ生み出し、要素数2からなる単一の配列に格納するとします。格納した後には配列の中身をループで順に取り出し、それぞれのインスタンスのb()を呼びます。以上の前提に基づき、次の問いに答えてください。

① 配列変数に用いるべき型を答えてください。

② 問題文に記述された内容のプログラムを作成してください。

chapter 13
カプセル化

継承や多態性を学んだ私たちは、現実世界を模倣した
オブジェクト指向のプログラムを自由に開発できます。
しかし、コーディングミスなどによる
ヒューマンエラーを完全になくすことはできません。
この章で事故を未然に防ぐ「カプセル化」のしくみを学び、
安全なプログラムを開発できるようになりましょう。

contents

13.1 カプセル化の目的とメリット

13.1.1 カプセル化とは

　これまで学んできたオブジェクト指向の機能を駆使すれば、私たちは現実世界を模倣したプログラムを効率よく楽しみながら開発できます。特に「継承」や「多態性」は、私たちができることを増やし、より便利にしてくれる道具でしたね。

　しかし、この章で学ぶオブジェクト指向三大機能の最後の1つである「カプセル化」は、これまでとは逆に、私たちができることを制限するための道具です。

えっ。せっかくオブジェクト指向の便利な機能を学んだのに、不便にしちゃうんですか？

　Javaに備わっている「カプセル化」とは、具体的にはフィールドへの読み書きやメソッドの呼び出しを制限する機能です。たとえば、「このメソッドは、Aクラスからは呼び出せるけど、Bクラスからは呼び出せない」「このフィールドの内容は、誰でも読めるけど、書き換えは禁止」といった制約を実現できます。

「制限して不便にしてしまう機能」なんて意味あるんですか？誰でも自由にメンバを利用できるほうが便利だと思うけど…。

いや、そうとも限らないんだよ。

　「大切なモノに対するアクセスは不自由なほうがよい」ことを、私たちは現実世界でもよく知っています。たとえば、あなたの大切な銀行口座に対して、誰もが出し入れ可能だとしたら、どうでしょうか。あなたが気づかないうちにあなたのお金を誰かが引き出してしまうかもしれませんね。

ほかにも、登録された人しか立ち入れないように、塀に囲まれ、門には守衛がいる軍事施設など、私たちの周りでは「制限」が行われている例が多くあります（図13-1）。確かに不便ではありますが、この制限があるからこそ、次のようなメリットを享受できるのです。

- **悪意のある人が軍事施設に入り、ミサイルを発射してしまうことを防げる。**
- **子どもがうっかり軍事施設に入り、ミサイルを発射してしまうことを防げる。**
- **万一、何者かがミサイルを発射した場合、登録された人に犯人を絞り込める。**

万が一、
何か問題が起きたら
犯人はこの中に
いるはず

図13-1 身の回りのアクセス制御

このように、情報へのアクセスや動作の実施について、「誰に何を許すか」を定めて制限することを、**アクセス制御**（access control）といいます。Javaにおけるカプセル化とは、大切な情報（フィールド）や操作（メソッド）にアクセス制御をかけることにより、悪意や間違いによるメンバの利用を防止し、想定しない利用が発生したときには、その原因箇所を特定しやすくするためのしくみなのです。

13.1.2 アクセス制御されない怖さ

カプセル化によるアクセス制御の方法を学ぶ前に、「アクセス制御されないプログラムの怖さ」を、RPGの開発プロジェクトを例に考えてみましょう。

次のコード13-1は、さまざまなメソッドを持つHeroクラスです。

コード13-1 アクセス制御されていないHeroクラス

BJ4D1

Hero.java

```
01 public class Hero {
02   int hp;
03   String name;
04   Sword sword;
05 
06   public void bye() {
07     System.out.println("勇者は別れを告げた");
08   }
09   public void die() {
10     System.out.println(this.name + "は死んでしまった！");
11     System.out.println("GAME OVERです。");
12   }
13   public void sleep() {
14     this.hp = 100;
15     System.out.println(this.name + "は眠って回復した！");
16   }
17   public void attack(Matango m) {
18     System.out.println(this.name + "の攻撃！");
19      ：
20     System.out.println("お化けキノコ" + m.suffix
         + "から2ポイントの反撃を受けた");
21     this.hp -= 2;     ← 反撃を受けるとHPが2減る
22     if (this.hp <= 0 ) {
23       this.die();
24     }
25   }
26    ：
27 }
```

第Ⅱ部

仮に、この勇者はインスタンス化されるとHPが100に設定されるとします。そして敵との戦いでHPが減少し、0以下になったら死亡してゲームオーバーとなります。しかし、あなたはHeroクラスを使ったゲームのテスト中に、一度もモンスターと戦っていないのに勇者のHPがマイナス100になっていることに気づきます（図13-2）。

よーし、よく寝たぞ
今日もしっかり冒険するぞ！
キャー!!
助けてー!!
勇者
名前　：ミナト
HP　：-100
最大HP：100

図13-2　戦っていないのにHPがマイナスの勇者（死んでいる！）

あなたは数万行もあるゲームプログラムのいったいどこに不具合の原因があるのかを夜中まで調査し、原因をつきとめました。それは新入社員のAさんが開発した次のコード13-2の「宿屋クラス」でした。

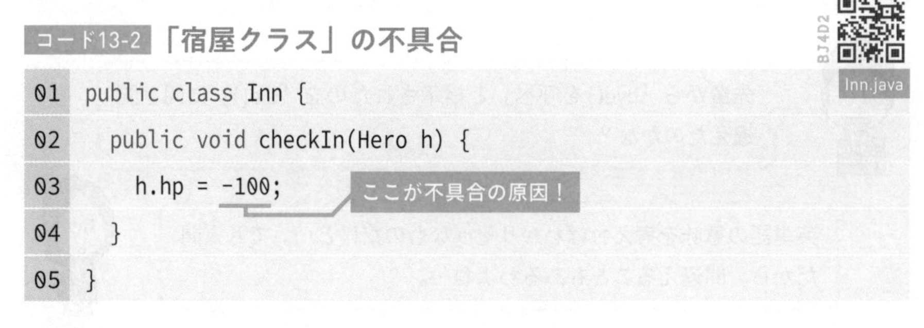

コード13-2 「宿屋クラス」の不具合

BJ4D2　Inn.java

```
01 public class Inn {
02   public void checkIn(Hero h) {
03     h.hp = -100;
04   }
05 }
```

ここが不具合の原因！

タイプミスして、100の前にマイナス記号を付けちゃったのね。

そっかぁ。コンパイルエラーにはならないし、代入もできちゃうから気づかないよなぁ。

その翌日、今度は、冒険中にお城で会話をすると、なぜか勇者が理由もなく急死してゲームオーバーになる、という問題が見つかります。原因を調査したところ、またもやAさんが作ったコード13-3の「王様クラス」に問題がありました。

コード13-3 「王様クラス」の不具合

King.java

```
01 public class King {
02   public void talk(Hero h) {
03     System.out.println
           ("王様：ようこそ我が国へ、勇者" + h.name + "よ。");
04     System.out.println("王様：長旅疲れたであろう。");
05     System.out.println
           ("王様：まずは城下町を見てくるとよい。ではまた会おう。");
06     h.die();    ここが不具合の原因。勇者が死ぬ！
07       ⋮
08   }
09 }
```

先輩から「bye()を呼べ」と指示されたのを「die()」に聞き間違えたのかな？

英単語の意味を考えればわかりそうなものだけど…。でも人間だから、間違えることもあるわよね…。

今回の一連の不具合はAさんの不注意やスキル不足がきっかけで起こりました。しかし、見方を変えれば、「HPをマイナス100に設定できてしまうこと」や「王様が会話中に勇者を殺せてしまうこと」にも問題があります。

もし、プログラムに次のようなアクセス制御が盛り込まれていれば、このような不具合は事前に見つかったはずです。

Heroクラス以外からは勇者のhpフィールドに値を設定できない。
dieメソッドを呼べるのはHeroクラスだけである。

カプセル化は、このようなアクセス制御を実現し、想定外に発生する不具合を未然に防ぐためのしくみです。ぜひカプセル化をしっかりマスターして、不具合が発生しにくいクラスを開発できるようになりましょう。

人間は必ずミスをする。だから不具合の原因を決して「人」に求めてはならない。原因は「ミスを未然に防ぐしくみがないこと」に求めるべきなんだ。

chapter 13

13.2 メンバに対するアクセス制御

13.2.1 4つのアクセス制御レベル

Javaでは、メンバ（フィールドおよびメソッド）に対してアクセス制御の設定を行うことができます。しかし、各クラスのメンバに「Aクラス、Dクラス、Rクラスからの利用は許す」「Bクラス、Zクラスからの利用は許す」のように細かく指定すると、とても手間がかかってしまいますし、わかりにくいですね。そこで、表13-1のように、4段階からアクセス制御のレベルを選ぶしくみになっています。

表13-1 4段階のアクセス制御

制限のレベル	名称	指定方法	アクセスを許可する範囲
制限が厳しい	private	private	自分自身のクラスのみ
↕	package private	（何も書かない）	自分と同じパッケージに属するクラス
	protected	protected	自分と同じパッケージに属するか、自分を継承した子クラス
制限が緩い	public	public	すべてのクラス

privateやpublicなどは**アクセス修飾子**（access modifier）と呼ばれ、フィールドやメソッド宣言の先頭に記述します。

フィールドのアクセス制御

アクセス修飾子 フィールド宣言;

メソッドのアクセス制御

アクセス修飾子 メソッド宣言 { … }

現時点で表13-1の4つすべてを覚える必要はないよ。まずはpublicとprivateだけ覚えておけば十分だ。

13.2.2 privateを利用する

それではprivateによるアクセス制御を体験してみましょう。前節の宿屋クラス（コード13-2）では、誤ってHeroクラスのhpフィールドにマイナス100が設定されてしまいました。Heroクラス（コード13-1）を確認すると、本来、HPフィールドはattack()で2ずつ減り、sleep()で回復すればよいので、ほかのクラスから直接変更できる必要はありません。従って、HPはprivateにしておきましょう（コード13-4）。

コード13-4 hpフィールドをprivateにしたHeroクラス

BJ4D4

Hero.java

```
01 public class Hero {
02   private int hp;
03   String name;
04   Sword sword;
05   ⋮
06   public void sleep() {
07     this.hp = 100;
08     System.out.println(this.name + "は、眠って回復した！");
09   }
10   ⋮
11 }
```

hpフィールドにprivateを指定したため、宿屋クラスのcheckInメソッドでは「hpフィールドはprivateなのでアクセスできない」というコンパイルエラーが発生するようになります。

しかし、勇者のhpフィールドがいっさい変更できなくなるわけではない点に注意してください。privateなフィールドであっても、同じクラスのメソッドからであれば、コード13-4のsleepメソッドのように this を用いて読み書きすることができます。宿屋クラスのcheckInメソッドでは、勇者のHPフィールドに直接100を代入できない代わりに、sleepメソッドを呼び出すように修正すればよいのです。

privateアクセス修飾

privateでも、自分のクラスからはthisを用いて読み書き可能。

また、dieメソッドについても、王様など、ほかのクラスからむやみに呼び出されないようにprivateにします（コード13-5）。

コード13-5 dieメソッドをprivateにする

BJ4D5

Hero.java

```
01 public class Hero {
02   ⋮
03   private void die() {
04     System.out.println(this.name + "は死んでしまった！");
05     System.out.println("GAME OVERです。");
06   }
07   ⋮
08 }
```

これでdieメソッドは外部のクラスからは呼び出せなくなりますが、同じクラス内にあるattackメソッドからの呼び出し（コード13-1の23行目）は問題ありません。

13.2.3 publicやpackage privateを利用する

勇者は戦うのが仕事ですから、いろいろなクラスからattack()を呼び出される可能性があります。従って、attack()はどのようなクラスからでも呼び出せるようにpublic指定を付けたままにしておきましょう（コード13-6）。

コード13-6 attackメソッドはpublicにする

Hero.java

```
01 public class Hero {
02   ⋮
03   void sleep() {
04     ⋮
05   }
06   public void attack(Matango m) {
07     ⋮
08   }
09   ⋮
10 }
```

また、sleepメソッドからはpublicを外しています。この場合、package privateを指定したと見なされ、同じパッケージに属するクラスからの呼び出しのみ可能になります。仮に、Heroクラスがrpg.charactersパッケージに属しているとすれば、ほかのパッケージに属するSlimeクラスなどからは利用できなくなります（図13-3）。

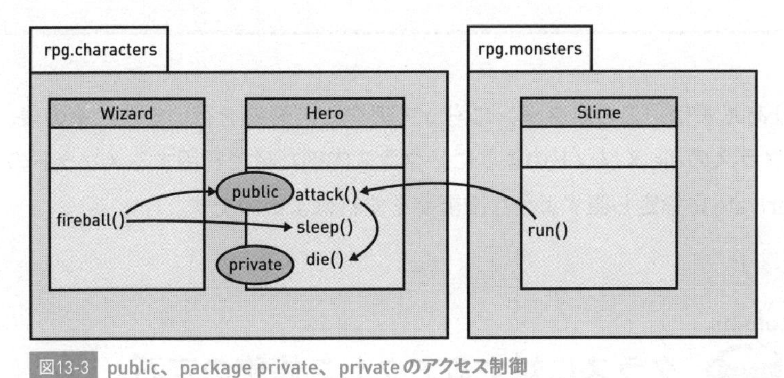

図13-3 public、package private、privateのアクセス制御

ああ、これでやっと今までメソッド名の前に付けていた「public」の謎が解けてスッキリしました！

13.2.4 アクセス修飾の定石

private、public、package private についてはよくわかりました。でも、どれを選べばいいのか迷っちゃいそうです…。

大丈夫、お決まりのパターンがあるんだよ。

どのメンバに、どのアクセス修飾子を指定すべきか、Javaの文法では定められていません。アクセス修飾子は自由に指定できるので、一般的には、メンバの使われ方を開発者がよく考慮した上で、最適なものを選ぶべきです。しかし、ほとんどのケースで通用する基本のパターン（定石）があります。

メンバに関するアクセス修飾の定石

- フィールドはすべてprivate
- メソッドはすべてpublic

とりあえずは、このパターンに沿ってアクセス修飾を行います。その後、Heroクラスのdieメソッドのように、クラス内部だけで利用するメソッドのみをprivateに指定し直すような微調整をすればよいのです。

column

クラスに対するアクセス修飾の定石

このあとの13.4節ではクラスに対するアクセス修飾を学びますが、クラスは特別な理由がない限り、publicで修飾するのが一般的です。

13.3 getter と setter

13.3.1 メソッドを経由したフィールド操作

さっきの「アクセス修飾の定石」ですが、フィールドをすべてprivateにすると、外部からいっさい読み書きできなくなっちゃいませんか？

いや、そんなことはないよ。メソッドを経由すればフィールドにアクセスできるんだ。

ここでもう一度、コード13-4（p.473）をよく見てください。hpフィールドはprivate指定され、ほかのクラスからはアクセスできなくなっています。しかし、外部のクラスからhpフィールドの値を変更できないかというと、そんなことはありません。

外部のクラスからであっても、attackメソッドを呼べばHPを2減らすことができ、sleepメソッドを呼べばHPを回復できます（図13-4）。

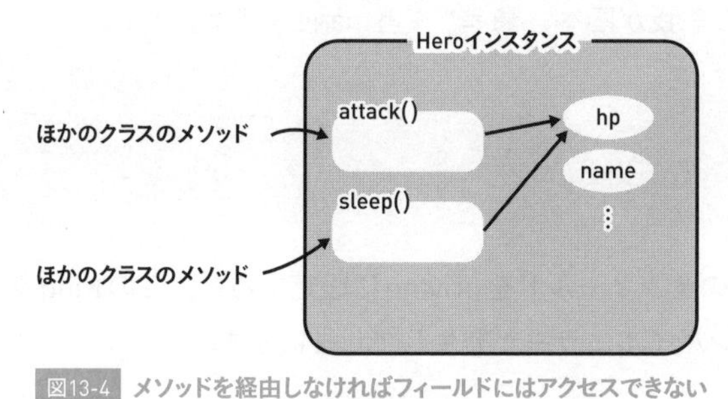

図13-4 メソッドを経由しなければフィールドにはアクセスできない

hpフィールドの値を変化させるには、必ずattack()かsleep()を経由しなければならない点に注目してください。勇者のHPを増減するためには、このどちらかのメソッドを経由するほかありません。

つまり、ほかのクラス（宿屋クラスや王様クラス）の開発者がバグを含んだコードを書いたとしても、勇者のHPをマイナス100に設定することは不可能です。

もし万が一、HPに異常な値が設定される不具合に直面しても、そのときはattack()かsleep()のどちらかの処理に間違いがあると簡単に予想できますから、不具合の修正もスムーズにできるでしょう。

基本的にフィールドはメソッド経由でアクセスするものなんですね。

13.3.2 フィールド値を取り出すだけのメソッド

Heroクラスには名前を格納したnameというフィールドがあります。勇者の名前は、さまざまな場面で多くのクラスから利用されます。たとえば次のコード13-7のように王様クラスの中でも利用されています。

コード13-7 王様クラスで利用されるnameフィールド

King.java

```
01 public class King {
02   void talk(Hero h) {
03     System.out.println
           ("ようこそ我が国へ、勇者" + h.name + "よ。");
04     ⋮
05   }
06 }
```

しかし、Heroクラスの全フィールドをprivateに設定すると、このKingクラスでは次のようなコンパイルエラーが発生してしまいます。

```
name は Hero で private アクセスされます。
```

Heroクラスのnameフィールドはprivateであるため、Kingクラスからは

その存在が「見えない」のです。このままでは王様が勇者の名前を取得できず、名前を呼べません。

そこで、Heroクラスにコード13-8のようなgetNameメソッドを追加して、王様が勇者の名前を知ることができるようにしましょう。

コード13-8 HeroクラスにgetNameメソッドを追加

BJ4D8

Hero.java

```
01 public class Hero {
02   private String name;
03   ⋮
04   public String getName() {
05     return this.name;
06   }
07 }
```

そしてKingクラスでは、nameフィールドにアクセスしている部分を、getName()を呼び出すように修正すれば完成です（コード13-9）。

コード13-9 talk()でgetName()を呼び出す

BJ4D9

King.java

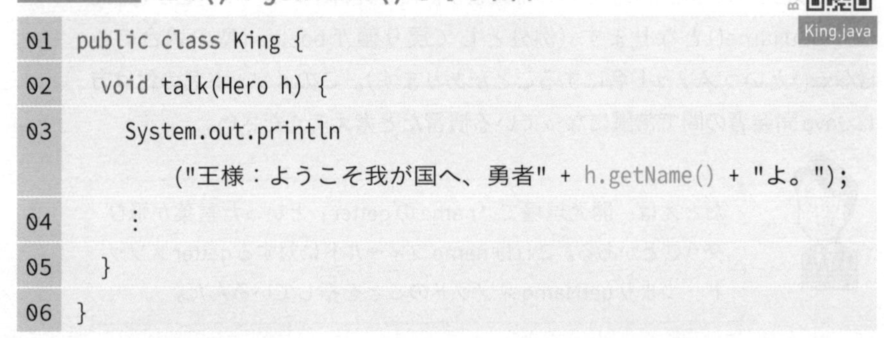

```
01 public class King {
02   void talk(Hero h) {
03     System.out.println
           ("王様：ようこそ我が国へ、勇者" + h.getName() + "よ。");
04     ⋮
05   }
06 }
```

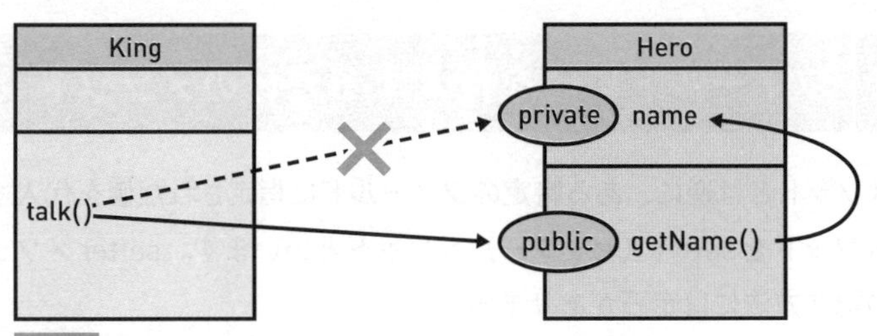

図13-5 getName()を経由してnameフィールドにアクセスする

chapter 13

このgetNameメソッドは、attackメソッドなどとは異なり、単にnameフィールドの中身を呼び出し元に返すだけの単純なメソッドです。このようなメソッドを総称して**getter**（ゲッター）メソッドといいます。

13.3.3 getterメソッドの書き方

ある特定のフィールド値を取り出すだけのメソッドは、すべてgetterメソッドといえます。このgetterメソッドの書き方にも定石があります。

getterメソッドの定石

```
public フィールドの型 getフィールド名() {
  return this.フィールド名;
}
```

メソッド名の最初の3文字を「get」にし、それに続けて「フィールド名の先頭を大文字にしたもの」を付け加えます。たとえば、フィールド名がnameならgetName()となります（例外として戻り値がboolean型の場合のみisXxxx()というメソッド名にすることがあります）。このメソッド名の付け方はJava開発者の間で常識になっている慣習だと考えてください。

たとえば、開発現場で「nameのgetter」といった言葉が飛び交うことがある。これはnameフィールドに対するgetterメソッド、つまりgetNameメソッドのことを指しているんだ。

13.3.4 フィールドに値を代入するだけのメソッド

getterメソッドとは逆に、ある特定のフィールドに指定された値を代入するだけのメソッドを**setter**（セッター）メソッドといいます。setterメソッドも、その記述方法には定石があります。

第II部

setterメソッドの定石

```
public void setフィールド名(フィールドの型 任意の変数名) {
  this.フィールド名 = 任意の変数名;
}
```

たとえば、Heroクラスについて、nameフィールドに対応するsetterメソッドを追加するとコード13-10のようになります。

コード13-10 Heroクラスにsetterメソッドを追加

Hero.java

```
01 public class Hero {
02   ⋮
03   public void setName(String name) {
04     this.name = name;
05   }
06 }
```

カプセル化とは関係ないが、このコードの代入式では、左辺に this. を忘れると大事故につながることを再認識しておこう。なぜかわからない人は8.2.7項を読み返してほしい。

なお、getterとsetterは、**アクセサ**（accessor）と総称されます。

13.3.5 getter／setterの存在価値

ちょっと待ってください！　せっかくnameフィールドをprivateにして外部のアクセスから守ったのに、またgetter／setterを用意して外部に開放したらprivateにした意味がないんじゃないですか？

いや、そんなことはないよ。アクセサには重要な存在価値があるんだ。

Heroクラスのnameフィールドに関係する部分だけを取り出して、カプセル化の前（コード13-11）と、カプセル化の後（コード13-12）のコードを見比べてみましょう。

コード13-11 カプセル化を行う前

Hero.java

```
01 public class Hero {
02   String name;
03   ⋮
04 }
```

コード13-12 カプセル化を行った後

Hero.java

```
01 public class Hero {
02   private String name;
03   public String getName() {
04     return this.name;
05   }
06   public void setName(String name) {
07     this.name = name;
08   }
09   ⋮
10 }
```

どちらもnameフィールドの読み書きができることに違いはありません。むしろコードの行数が増えるため、getterやsetterの利用に意味を感じられないかもしれません。しかし、getterとsetterには次のようなメリットがあります。

メリット1　Read Only、Write Onlyのフィールドを実現できる

コード13-12のsetNameメソッドを削除すれば、nameフィールドを外部から読めるが書き換えられない（Read Only）フィールドにできます。実務でも、外部から自由に読めてもいいが変更されては困るフィールドが必要になる場面がありますが、その際に多用されるテクニックです。

また、あまり使われませんが、setterメソッドだけを準備して、外部から自由に書き換えできるが、読めない（Write Only）フィールドも作成可能です。

メリット2　クラスの内部設計を自由に変更できる

たとえば将来、何らかの理由でnameというフィールド名をnewNameに変更したくなったとしましょう。もしgetter／setterを準備せず、ほかのクラスから直接、nameフィールドを読み書きしていた場合、ほかのクラスのすべての開発者に「アクセスするフィールド名を変更してもらうお願い」をして回らなければなりません（図13-6の上側）。

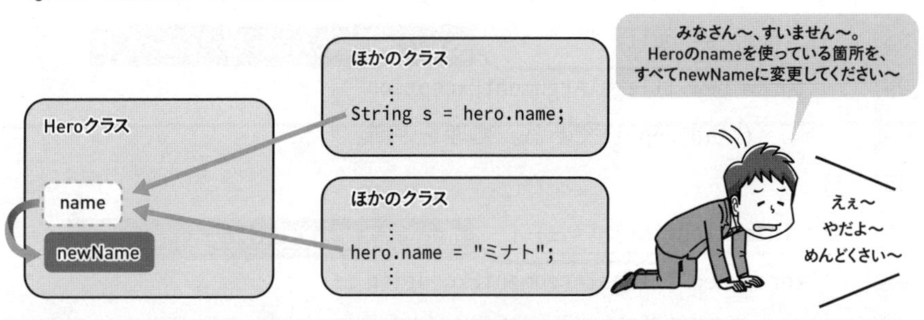

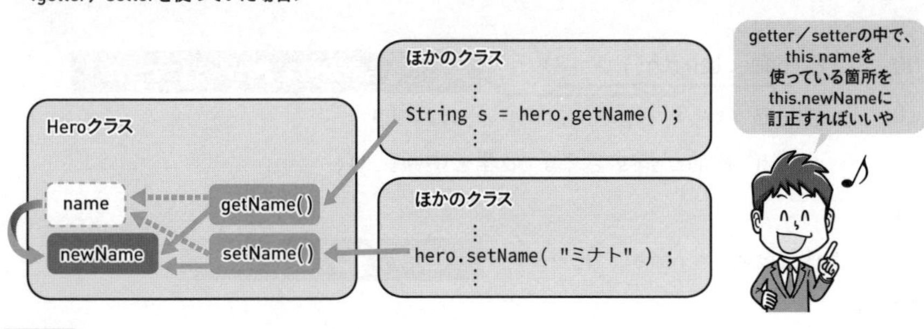

図13-6　外部から隠せば、内部仕様の変更が柔軟に行える

一方、nameフィールドを隠し、外部からはgetter／setter経由で読み書きしてもらうのならフィールド名の変更は自由です。なぜなら、getterやsetterの内部でフィールドを使っている部分だけを修正すればよく、getName()やsetName()を呼び出しているほかの開発者には影響がないからです（図13-6の下側）。

メリット3　フィールドへのアクセスを検査できる

クラス外部からnameフィールドの値を書き換えるには、setterを使う必要が生じます。つまり、setterを実行せずに、nameフィールドを書き換えることは不可能なのです。

この事実を利用して、設定されようとしている値が妥当かをsetterで検査するのもJavaプログラミングの定石です。たとえば、次のコード13-13のようにsetName()を改良してみましょう。

コード13-13　setterメソッドで値の妥当性をチェックする　BJ4DD

```
01 private String name;
02 public void setName(String name) {
03   if (name == null) {                        名前にnullが代入されそうになった！
04     throw new IllegalArgumentException
           ("名前がnullである。処理を中断。");
05   }
06   if (name.length() <= 1) {                  短すぎる名前が設定されそうになった！
07     throw new IllegalArgumentException
           ("名前が短すぎる。処理を中断。");
08   }
09   if (name.length() >= 8) {                  長すぎる名前が設定されそうになった！
10     throw new IllegalArgumentException
           ("名前が長すぎる。処理を中断。");
11   }
12   this.name = name;                          検査完了。代入しても大丈夫
13 }
```

throw new IllegalArgumentException は、今の段階では「エラーを出してプログラムを強制停止する命令」と理解しておいてほしい。詳しくは第17章で解説するよ。

このsetNameメソッドは、nameフィールドの値を変更しようとするたびに検査を行います。もし、次のコード13-14のような問題のあるプログラムを実行すると、プログラムはきちんと停止するため、開発者はバグに気づくことができます。

コード13-14 setName()が正しく機能するかを確認する

Main.java

```
01 public class Main {
02   public static void main(String[] args) {
03     Hero h = new Hero();
04     h.setName("");           長さ0文字の名前をセットしようとしてみる
05   }
06 }
```

```
Exception in thread "main" java.lang.IllegalArgumentException:
名前が短すぎる。処理を中断。
  at Hero.setName(Hero.java:7)
  at Main.main(Main.java:4)
```

chapter 13

ぜひ、「どのように間違っても、どのような悪意を持ったアクセスでも、外部から絶対に不正な値を設定できない」安心・安全なクラスを目指して、検査を徹底させた強固なsetterを書くように心がけてください。

13.4 クラスに対するアクセス制御

13.4.1 2つのアクセス制御レベル

メンバへのアクセス制御と同じく、あるクラス全体に対してアクセス制御を設定することができます。クラスのアクセス制御レベルは、表13-2のように2種類しかありません。

表13-2 クラスへのアクセス制御の指定方法と範囲

制限のレベル	名称	指定方法	アクセスを許可する範囲
厳しい	package private	（何も書かない）	自分と同じパッケージに属するクラス
緩い	public	public	すべてのクラス

これまで、クラス宣言の前にはpublicを付けると丸暗記していましたが、実はクラス宣言の先頭にpublicがない場合、そのクラスは同一パッケージに属するクラスからのアクセスのみ許可されます。

ほかのパッケージに属するクラスからのアクセスが禁止されるわけですが、ほかのパッケージに属するクラスから、そのクラスの存在自体が見えなくなると捉えたほうがよいでしょう。

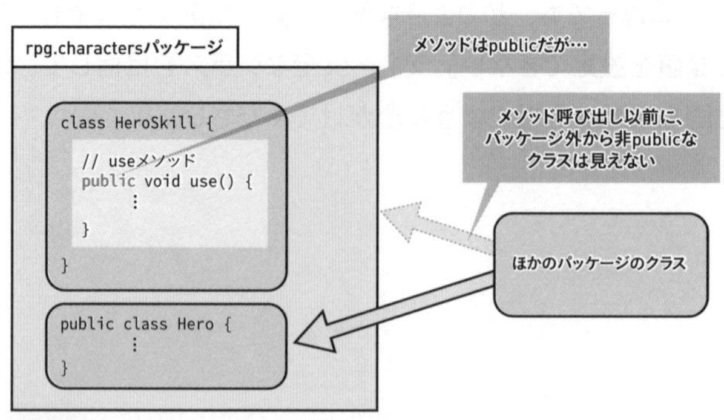

図13-7 メソッドを呼び出す以前にクラスそのものが見えない

第II部

そのため、たとえpublic指定されたメソッドが存在していても、属するクラスがpackage privateならば、別パッケージのクラスからはそのメソッドを呼び出せなくなります（図13-7）。

13.4.2 非publicクラスとソースファイル

別パッケージのクラスから見えなくなってしまうpackage privateクラスですが、その代わりにpublicクラスでは許可されない次の2つのことが許されています。

非publicクラスの特徴

① クラスの名前はソースファイル名と異なってもよい。
② 1つのソースファイルに複数のクラスを宣言してもよい。

これまでは「1つのファイルに1つのクラス」「ファイル名＝クラス名」が原則だと紹介してきましたが、より正確には、「1つのファイルに1つのpublicクラス」「ファイル名＝publicクラス名」というルールです（図13-8）。

publicが付いていないクラスは、どのソースファイルにいくつ宣言されてもかまいません。なお、ソースファイルにpublicクラスが1つも含まれない場合、ソースファイル名は自由に決めることができます。

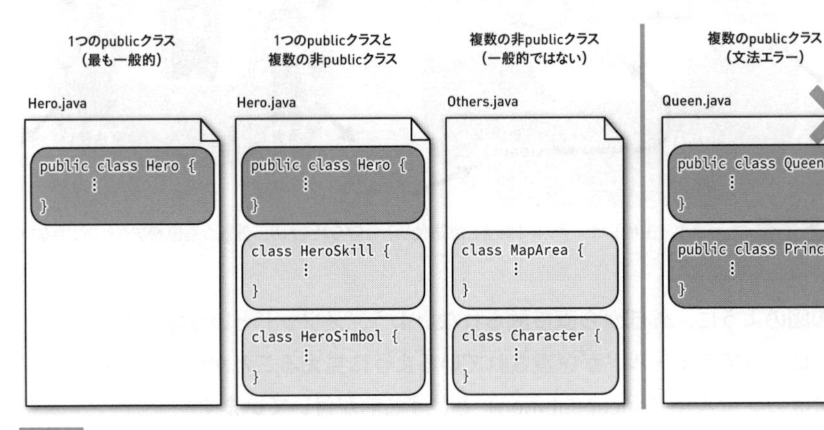

図13-8 1つのファイルに複数のクラスを宣言するバリエーション

13.5 カプセル化を支えている考え方

13.5.1 メソッドでフィールドを保護する

この章では、publicやprivateを用いて、クラスやメンバに対するアクセス制御の方法を学んできました。

特に重要なメンバへのアクセス制御では、特別な理由がない限り、フィールドはprivateとして外部から隠し、必ずgetter／setterメソッド経由でアクセスするのが定石でしたね。フィールドはメソッドによって守られており、外部から直接アクセスできないようにするのです（図13-9）。

身分の高い王様は護衛に守られていて、直接は謁見できないのと似ていますね。

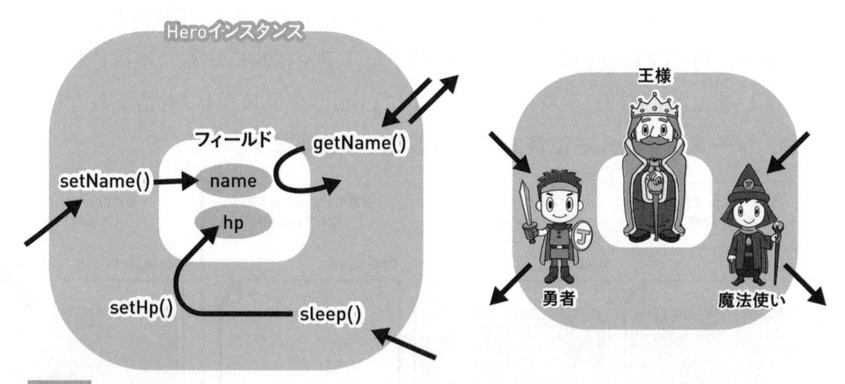

図13-9 フィールド（王様）はメソッド（勇者と魔法使い）に守られており、外部から直接アクセスできない

この図のように、外部から直接触られないよう、メソッドという殻（カプセル）によってフィールドが保護されているように見えることから、このしくみには**カプセル化**（encapsulation）という名前が付いています。

でも、どうしてメソッドは保護しないのにフィールドは保護するのかしら？

メソッドの処理内容は、プログラミング段階で決定し、一度コンパイルされればプログラム実行中に変化することはありません。一方、フィールドの値は、プログラムが動作する間に刻々と変化していきます。そのため、動作中に異常な値になる危険性も十分にありえます。不具合の多くは、フィールドに予期しない値が入ってしまうために発現します。だからこそプログラムの不具合を減らすには、メソッドよりもフィールドを保護することが重要なのです。

プログラムの不具合を防止するために、どんどんカプセル化を活用していきましょう。適切にカプセル化されていれば、インスタンスは大切なフィールドを直接外部にさらすことなく、互いに公開したgetter／setterやその他のメソッドを呼び合いながら、安全に連携できるのです。

13.5.2 カプセル化の本質

よし、これでオブジェクト指向三大機能の最後、カプセル化もマスターだ！　でもやっぱり、継承の華やかさに比べると、カプセル化は地味ですね。

確かに継承は目立つ機能だけど、カプセル化こそがオブジェクト指向の本質を支えているんだ。

第7章で学んだオブジェクト指向の本質を思い出してください。システムやプログラムは、突き詰めれば現実世界における何らかの相互作用を自動化するためのものでした。そして、現実世界の登場人物たちの動きを、そっくりそのまま仮想世界に再現するのがオブジェクト指向の基本的な考え方です。

では、このオブジェクト指向の世界において、バグや不具合とはいったい何でしょうか？　それは、すなわち次の状態にほかなりません。

不具合とは

不具合とは、現実世界と仮想世界が食い違ってしまうことである。

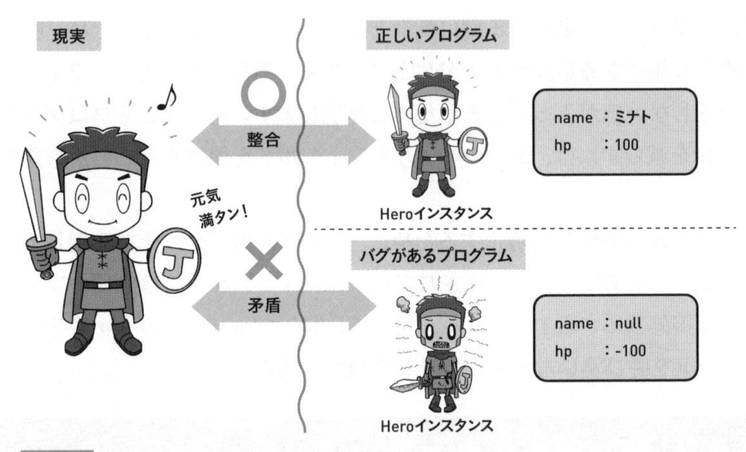

図13-10 「不具合」とは、現実と矛盾した状態の仮想世界のこと

図13-10のように、実際の勇者は元気なのに、ゲームではなぜかHPがマイナス100になっている状態や、実際の在庫数は800なのに、システムではなぜか80になっている状態が発生してしまうからバグなのです。

しかし、この章で学んだカプセル化を使えば、どのように利用されても、フィールドに不正な値が入ってしまうことのない、「現実の登場人物と矛盾しないクラス」を作ることができます。そして、その「現実の登場人物と矛盾しないクラス」を集めてプログラムを作れば、「現実世界と矛盾しないプログラム」になる、という考えがカプセル化の本当の狙いです。

これまでに学んできた継承や多態性に比べれば、カプセル化は比較的簡単で、文法や効果にも華やかさはありません。しかし、現実世界を忠実にまねるというオブジェクト指向の本質と直結している、最も重要な位置付けにある機能の1つだといえるでしょう。

13.6 第13章のまとめ

カプセル化の概要

- メンバやクラスについてアクセス制御が可能である。
- 特に、メンバに対する適切なアクセス制御を組み合わせて、フィールドに現実世界ではありえない値が入るのを防ぐ手立てをカプセル化という。

メンバに対するアクセス修飾

- private指定されたメンバは、同一クラス内からしかアクセスできない。
- package private指定されたメンバは、同一パッケージ内のクラスからしかアクセスできない。また、メンバ宣言に特定のアクセス修飾子を付けなければpackage privateになる。
- public指定されたメンバは、すべてのクラスからアクセスできる。

クラスに対するアクセス修飾

- package private指定で宣言されたクラスは、同一パッケージ内のクラスからしかアクセスできない。また、クラス宣言に特定のアクセス修飾子を付けなければpackage privateになる。
- public指定されたクラスは、すべてのクラスからアクセスできる。

カプセル化の定石

- クラスはpublic、メソッドはpublic、フィールドはprivateで修飾する 。
- フィールドにアクセスするためのメソッドとしてgetterやsetterを準備する。
- setter内部では引数の妥当性検査を行う。

13.7 練習問題

練習13-1

次の2つのクラスWizard（魔法使い）とWand（杖）に宣言されているすべてのフィールドとメソッドについて、カプセル化の定石（13.2.4項）に従ってアクセス修飾子を追加してください。

Wand.java
```
01 public class Wand {
02   String name;      // 杖の名前
03   double power;     // 杖の魔力
04 }
```

Wizard.java
```
01 public class Wizard {
02   int hp;
03   int mp;
04   String name;
05   Wand wand;
06   void heal(Hero h) {
07     int basePoint = 10;                    // 基本回復ポイント
08     int recovPoint =                       // 杖による増幅
         (int)(basePoint * this.wand.power);
09     h.setHp(h.getHp() + recovPoint);      // 勇者のHPを回復する
10     System.out.println
         (h.getName() + "のHPを" + recovPoint + "回復した！");
11   }
12 }
```

BJ4Da

※Wizardクラスで利用しているHeroクラス、およびMainクラスは別途定義されているものとします。

第Ⅱ部

練習13-2

練習13-1で作成したプログラムをコンパイルすると、エラーが発生します。発生するエラーの内容とその原因を答えてください。

練習13-3

練習13-2で回答したエラーを解決するために、練習13-1で作成したプログラムにgetterメソッドとsetterメソッドを追加してください。

練習13-4

練習13-3で作成したWizardクラスとWandクラスのsetterメソッドについて、次の4つのルールに従って引数の妥当性検証を追加してください。引数が妥当でない場合には、「throw new IllegalArgumentException」（コード13-13、p.484）を用いて何らかのエラーメッセージを表示し、プログラムを中断してください。

① 魔法使いや杖の名前には、必ず3文字以上を指定する。
② 杖による増幅率は、0.5以上100以下である。
③ 魔法使いは必ず杖を装備する。
④ 魔法使いのHPとMPは0以上である。ただし、HPに負の値を設定しようとした場合には、自動的に0が設定される。

column

継承関係によるアクセス制御

第13章で紹介した4つのアクセス修飾子のうち、**protectedアクセス修飾子**（protected access identifier）が付いたメンバは、自分のクラスの子孫、または同じパッケージからのアクセスだけが許可されます。使いどころが明白で使用頻度も高いprivateやpublicと比較すると、protectedを利用する場面は少ないでしょう。

column

同一クラス内でもアクセサ経由でアクセスする

同一クラス内のフィールドに値を設定する場合も、特別な事情がなければ、直接代入するのではなくsetterを使いましょう。たとえば、コンストラクタ内でフィールドに初期値を設定する機会は非常に多くありますが、`this.name = "湊";` よりも `this.setName("湊");` とするほうが、setterによる値チェックを活用できるためです（なお、本書では解説をシンプルにするためにフィールドへの直接代入も多用しています）。

また、フィールド値は直接フィールドから取り出すのが一般的ですが、将来的な柔軟性を確保する目的であえてgetter経由とするのもよいでしょう。

column

getter／setterを用いた増減のイディオム

定石に基づいてクラスをカプセル化すると、外部からそのクラスのフィールドにアクセスする処理を書き換える必要が出てきます。取得と代入は、それぞれgetterとsetterの呼び出しに単純に置き換えればよいでしょう。しかし、`+=` などの複合代入演算子による現在値からの増減は、getterとsetterの両方を用いて実現します。イディオムとして覚えておくと便利です。

```
int n = h.getHp();          // int n = h.hp;  からの置換
h.setHp(10);                // h.hp = 10;  からの置換
h.setHp(h.getHp() + 5);     // h.hp += 5;  からの置換
```

※ カプセル化されたhpフィールドを持つHeroクラスのインスタンス変数hが定義されている場合。

第Ⅲ部

もっと便利に API活用術

もっと楽しく、もっと便利に

読める…！　読めるぞっ…！！

どっ、どうしたの。急にPCの画面を指でなぞったりしちゃって…。

なるほど、第I部で少しだけ紹介したJavaのAPIリファレンス（6.6.3項）だね。

はい。あのときもこれを読もうとしたんですが、extendsとか出てきて全然意味がわからなかったんです。でも今なら、ある程度ですが意味や使い方を推測できるんです！

おめでとう。2人はもう、Javaが用意した数万に及ぶ命令や高度な機能を自由に使える準備ができたんだ。ここからは、その中でも特に重要なものを紹介していこう。

はい、お願いします！

第II部まで学び終えた私たちは、Javaの基本的な文法をほぼマスターし、オブジェクト指向の考え方を身に付けたといえるでしょう。これは、基本文法やオブジェクト指向を駆使して作成されているJavaのAPIについても、私たちは理解して活用できることを意味します。
最後の第III部では、ほとんどのプログラム開発で必ず必要となるAPIを中心に、Javaプログラミングをより楽しく、より便利にしてくれる機能を紹介していきます。

chapter 14
Javaを支える
クラスたち

APIに含まれるクラスやそのメンバに関する解説は
APIリファレンスに掲載されていますが、
初めてJavaプログラムを学ぶ人にとって、
その内容は理解しやすいものではありません。
そこで本章からは、Javaが備える代表的なAPIの利用方法を
やさしく紹介していきます。

contents

14.1 Javaが備えるAPI群

14.1.1 JavaAPIを探検しよう

私たちは第II部までの学習で、Javaの基本文法とオブジェクト指向の概念をマスターしました。規模の大きなプログラムであっても、現実世界を模して、混乱せずに開発できるようになったのです。

しかし、混乱しなくなったとはいえ、大規模なプログラムをすべて自分1人だけで開発していては時間とお金がかかるばかりです。幸い、Javaには専門家たちが作成した数万個にも及ぶクラスたちがJavaAPIとして標準添付されており、いつでも利用できるのでしたね（6.6.1項）。

ここからは、それらのJavaAPIのうち、特に有用性が高いものを紹介していきます。第III部の最初となるこの章では、APIを利用するために欠かせない2つの重要なJavaのしくみを解説していきます。

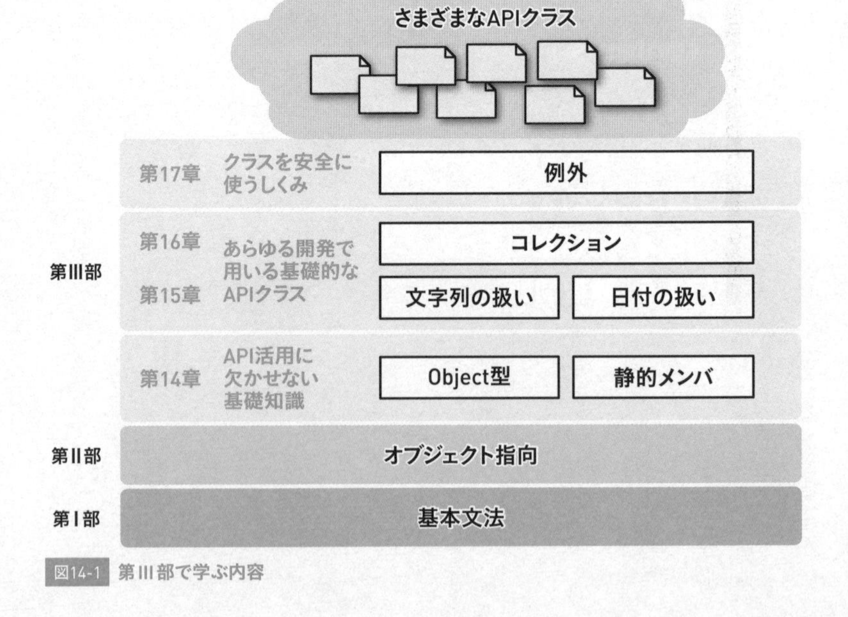

図14-1 第III部で学ぶ内容

第III部

14.2 すべてのクラスの祖先

14.2.1 暗黙の継承

さっそくAPI リファレンスを見てみたのですが、toString() っていうメソッドがいろいろなクラスに登場しているんですね。何をするメソッドなのかしら？

いい点に気づいたね。実は、Javaの**すべてのクラスがtoString()を持っているんだ**。

すべてって、HeroやMatangoにもですか？ でもボクたち、Heroクラスにはそんなメソッドを宣言していませんよ？

湊くんが不思議に思うのももっともです。しかし、次のコード14-1は何の問題もなくコンパイルは通りますし、実行もできます。

コード14-1 **何も定義していないクラスでtoString()を呼ぶ**

BJ4E1

Empty.java

```
01 public class Empty {}
```

Main.java

```
01 public class Main {
02   public static void main(String[] args) {
03     Empty e = new Empty();
04     String s = e.toString();
05     System.out.println(s);
06   }
07 }
```

メソッドもフィールドもいっさい定義していないクラスのtoString()を呼び出せるのは、Javaには次のようなしくみが備わっているからです。

暗黙の継承

あるクラスを定義するとき、extendsで親クラスを指定しなければ、java.lang.Objectを親クラスとして継承したと見なされる。

つまり、先ほどのコード14-1のEmptyクラスは、次のクラス定義と実質的に同じものです。

```
public class Empty extends Object {}
```
Empty.java

extendsを指定しなくても必ずObjectクラスを継承するという事実は、「Javaでは親なしのクラスを定義できない」ということにほかなりません。実は、これまで紹介してきたさまざまなクラスも、その親クラスを順に辿っていくと、最終的にはjava.lang.Objectクラスに到達します。

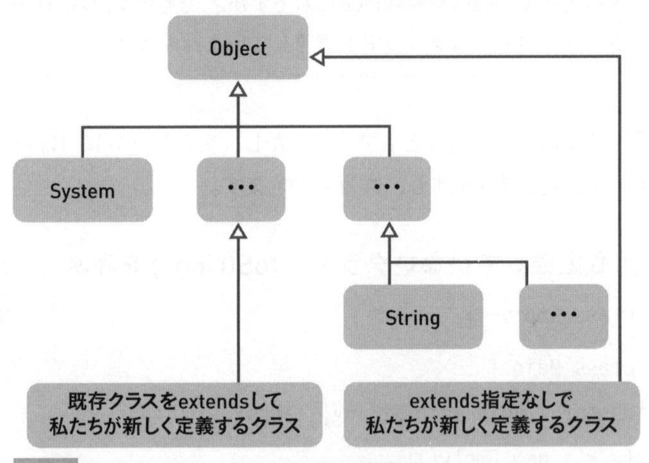

図14-2 java.lang.Objectはすべてのクラスの祖先

APIリファレンスを調べると、全クラスの祖先であるObjectクラスには、次のようなメソッドが定義されているのがわかります。

- **equals()　あるインスタンスと自分自身が同じかを調べる**
- **toString()　自分自身の内容の文字列表現を返す**

Emptyクラスでto String()を利用できたのは、暗黙の親クラスであるObjectクラスから継承していたためでした。

14.2.2 Objectクラスの存在価値

そもそもJavaを作った人は、なぜ「すべての先祖Objectクラス」なんて作ったんだろう？

全クラスの祖先であるjava.lang.Objectクラスがわざわざ準備してある理由には、次の2つが考えられます。

理由1　多態性を利用できるようになるから

すべてのクラスがObjectを先祖に持つのですから、「すべてのクラス is-a Object」といえます。あらゆるクラスは「ザックリ見れば、どれもObject」として同一視できるのです。

これは、次のコード14-2のように、Object型の変数には、どんなインスタンスでも代入できることを意味しています。

コード14-2　Object型にさまざまなインスタンスを代入

Main.java

```
01 public class Main {
02   public static void main(String[] args) {
03     Object o1 = new Empty();
04     Object o2 = new Hero();
05     Object o3 = "こんにちは";
06   }
07 }
```

また、次ページのコード14-3のように、引数としてObject型を用いると、どんなインスタンスでも渡せるメソッドを作ることもできます。

コード14-3 どんなインスタンスでも受け取れるメソッド

Printer.java

```
01 public class Printer {
02   public void printAnything(Object o) {
03     // どんな型のインスタンスでも受け取って画面に表示
04     System.out.println(o.toString());
05   }
06 }
```

このようにObject型の変数は、あらゆる参照型のインスタンスを格納できます。格納できないのは、基本データ型（intやlongなど）の情報だけです。

column

System.out.println()の中身

コード14-3のprintAnything()とほぼ同じ内容を持つのが、私たちがいつも利用しているSystem.out.println()です。APIリファレンスでSystem.out.println()を調べると、引数としてObject型を受け取れることがわかります。

System.out.println()は渡されたインスタンスの内容を画面に表示する役割を持っており、渡されたオブジェクトのtoString()を利用して得た文字列表現を画面に出力しています。

理由2　全クラスが最低限備えるべきメソッドを定義できるから

Javaのクラスであれば、最低限備えておいたほうがよい機能があります。たとえば、インスタンス同士の内容が同じかをチェックしたり、インスタンスの内容を文字情報として表示したりする機能です。

Objectクラスにequals()やtoString()などが定められているおかげで、私たちはクラスの種類を気にすることなく、常に同じ方法で内容を比較したり表示したりできるのです。

14.2.3 デフォルトの文字列表現

さて、次のコードを見て表示される結果を想像してみてください。

コード14-4 Heroクラスの文字情報を表示する

BJ4E4

Hero.java

```
01 public class Hero {
02   String name;
03   int hp;
04     ⋮
05 }
```

Main.java

```
01 public class Main {
02   public static void main(String[] args) {
03     Hero h = new Hero();
04     h.name = "ミナト";
05     h.hp = 100;
06     System.out.println(h.toString());
07   }
08 }
```

toString()は、オブジェクトの中身の情報を文字列にしてくれるのよね。名前=ミナト、HP=100みたいな表示が出るのかな。

ボクは名前：ミナト／HP：100だと思うな。

2人の予想とは大きく異なり、実行結果は次のようなものになります。

```
Hero@3487a5cc
```

「@」以降は実行環境ごとに異なる

あれ？　なんでこんな変な出力になっちゃうんだろう。

コード14-4でわかるように、Heroクラスにはto String()が宣言されていません。従って、Main.javaの6行目で呼び出されて動作しているのは、Objectクラスで宣言され、Heroクラスに継承されたtoString()です。

実際、ObjectクラスにHero定義されているtoString()は、**型名@英数字**という形式で情報を表示するという極めてシンプルな処理内容になっています。

14.2.4 文字列表現を定義する

HeroクラスのtoString()が呼ばれたら、湊くんが期待したような文字列を返すには、次のようにHeroクラスで**toString()をオーバーライド**します。

コード14-5　意図する文字列表現を返すtoString()を定義

Hero.java

```
01 public class Hero {
02   String name;
03   int hp;
04     ：
05   public String toString() {        オーバーライドする
06     return "名前：" + this.name + "／HP：" + this.hp;
07   }
08 }
```

第Ⅲ部

このようにtoString()をオーバーライドしておけば、インスタンスの内容を簡単に画面に出力できるようになります。いくつもの情報を内部に持つクラスを開発したら、ぜひtoString()のオーバーライドを検討してください。

なお、System.out.println()という命令は、渡されたオブジェクトのtoString()を呼び出して得られる文字列表現を画面に表示するため（p.502のコラム）、コード14-4でSystem.out.println()に渡す引数（Main.javaの6行目）は、単にhとしても同様の結果を得ることができます。

14.2.5 等値と等価の違い

Objectクラスで定義されているメソッドの中でも、toString()と並んで有名なのがequals()です。equals()は、2つのインスタンスが同じ内容かを判定する目的で、次のように用いられます。

コード14-6 2人の勇者を比較する

BJ4E6

Main.java

```
01 public class Main {
02   public static void main(String[] args) {
03     Hero h1 = new Hero();        ← 1人目の勇者
04     h1.name = "ミナト";
05     h1.hp = 100;
06     Hero h2 = new Hero();        ← 2人目の勇者
07     h2.name = "ミナト";
08     h2.hp = 100;
09     if (h1.equals(h2) == true) {
10       System.out.println("同じ内容です");
11     } else {
12       System.out.println("違う内容です");
13     }
14   }
15 }
```

同じかどうかの判断って `if (h1 == h2)` じゃダメなんだっけ？

そういえば、「文字列の比較はequals()を使う」と丸暗記したけど（3.3.3項）、「equals」と「==」って何が違うのかしら？

2人が言うように、同じかどうかの判定には、`if (h1 == h2)` という書き方もあります。しかし、**「==」を使った判定と「equals」を使った判定では意味が異なる**ことに注意が必要です。前者の比較は**等値**（equality）であるか、後者は**等価**（equivalence）であるかを判定します。

等値と等価

等値　同一の存在であること。

等価　同じ内容であること。

等値(==)の判定

指しているものが「完全に同一の存在」かどうか
（同じアドレスを指している）

```
Hero h1 = new Hero("ミナト");
Hero h2 = h1;
```

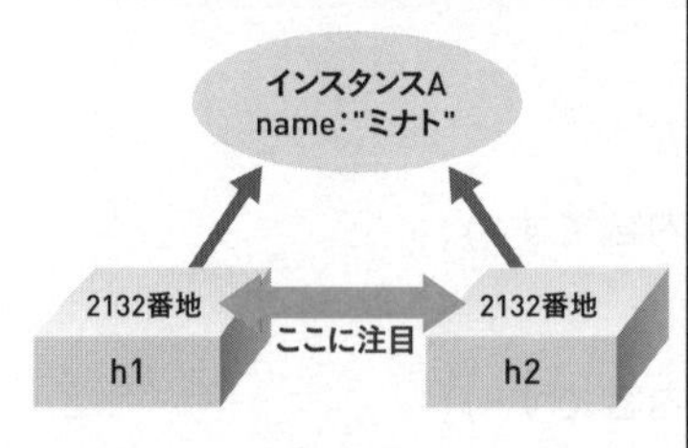

このとき
h1 == h2 である

等価(equals)の判定

指している2つのものが「同じ内容」かどうか
（同じアドレスを指していなくてもよい）

```
Hero h1 = new Hero("ミナト");
Hero h2 = new Hero("ミナト");
```

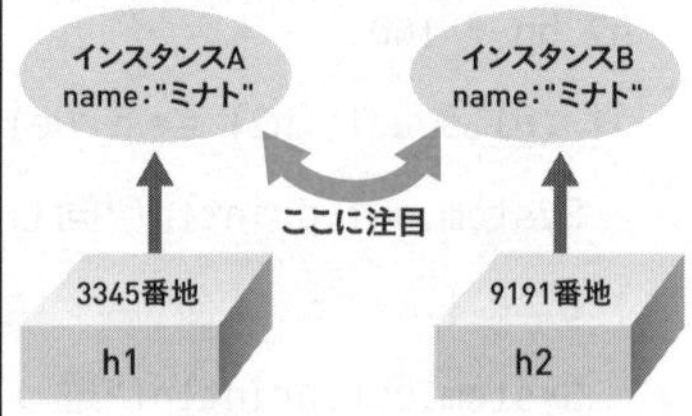

このときh1 != h2 だが
h1.equals(h2) である

図14-3　等値と等価の違い

String型は参照型だから、内容を比較したいならequals()での判定が必要だったのね。

14.2.6 等価判定方法の指定

equals()はすべてのクラスで使えるから、等価かどうかを調べたいときには、とにかくequals()を呼び出せばいいんですね！

いや、equals()についても湊くんが「何をもって」同じものと見なすかを指定してあげないと正しく動かないんだ。

何の準備もなく自分で作ったクラスのequals()を呼び出しても、うまく動きません。たとえば、先ほどのコード14-6では内容が同じはずの2つのHeroインスタンスを比較していますが、実行すると画面には「違う内容です」と表示されてしまいます。

実は、Objectクラスから継承されるequals()の処理内容は、おおむね次のようなものになっています。

```
public boolean equals(Object o) {
  if (this == o) { return true; }
  else { return false; }
}
```

これって…ただの等値判定じゃないですか！

そうなんだ。判断基準はそれぞれのクラスによって異なるから、Objectクラスでは、とりあえず等値ならtrueを返す作りにしてあるんだよ。

そもそも等価かどうかは、機械的に判定できません。なぜなら、**何をもって意味的に同じものと見なすかの判断基準はクラスによって異なり、一律には決められない**からです。たとえば、名前が「ミナト」の勇者と「ﾐﾅﾄ」の勇者を同じものと見なすかどうかは、作るゲームによって異なるでしょう。

そこで、クラスの開発者は、そのクラスのインスタンスについて、意味的に同じと見なす考え方をequals()のオーバーライドという形で指定しなければなりません。

なるほど。それなら、名前が同じだったら同じ勇者と考えるようにしよう。

湊くんの考えた基準でequals()を定義するなら、次のようなコードになるでしょう。

コード14-7 名前が同じなら同じ勇者とするequals()を定義

BJ4E7

Hero.java

```
01 public class Hero {
02   String name;
03   int hp;
04   ⋮
05   public boolean equals(Object o) {
06     if (this == o) { return true; }
07     if (o instanceof Hero h) {
08       if (this.name.equals(h.name)) {
09         return true;
10       }
11     }
12     return false;
13   }
14 }
```

（06行目）等値なら間違いなく等価

（08行目 this.name.equals(h.name)）名前が等しければ等価

Heroクラスに上記の修正を行った上でコード14-6のMainクラスを実行すると、「同じ内容です」という表示結果を得ることができます。

第Ⅲ部

toString() と equals() のオーバーライド

新しくクラスを開発したら、toString() と equals() をオーバーライドする必要性を検討する。

なお、JavaAPIとして準備されたクラスの多くは、適切にtoString()やequals()をオーバーライドしてあります。たとえば、次の章で学ぶ日付を表すDateクラスはtoString()を適切にオーバーライドしているため、System.out.println()などにインスタンスを渡すと、`Wed Jan 17 16:05:55 JST 2024`などの意味のわかる内容で表示されます。

chapter 14

14.3 静的メンバ

14.3.1 staticが付けられたメンバ

JavaAPIを利用するにあたって、Object型と並んで欠かせないのが、静的メンバに関する知識です。**静的メンバ**（static member）とは、**static**キーワードが付けられたフィールドやメソッドのことで、JavaAPIで提供されるクラスでも広く活用されています。

たしかにAPIリファレンスのあちこちにstaticという言葉が出てくるので、気になってました。

staticは特殊な事情があるときだけ使うって、先輩が言っていたような…。

はは、よく覚えていたね。それではお待ちかね、タネあかしの時間だ。

14.3.2 静的フィールド

私たちは第8章で、オブジェクト指向に基づいて作成するメソッドは、特別な事情がない限り、staticを付けないと学びました（8.2.5項）。そしてその事情とは、「インスタンスの独立性」という概念と関わりがあります。

インスタンスの独立性とは、newによって生成される個々のインスタンスは基本的に独立した存在であるというオブジェクト指向の基本原則（9.1.7項）です。この原則によれば、仮想世界に生み出されたそれぞれの勇者インスタンスが持つフィールドhpには、それぞれ別の値を格納できます（図14-4）。

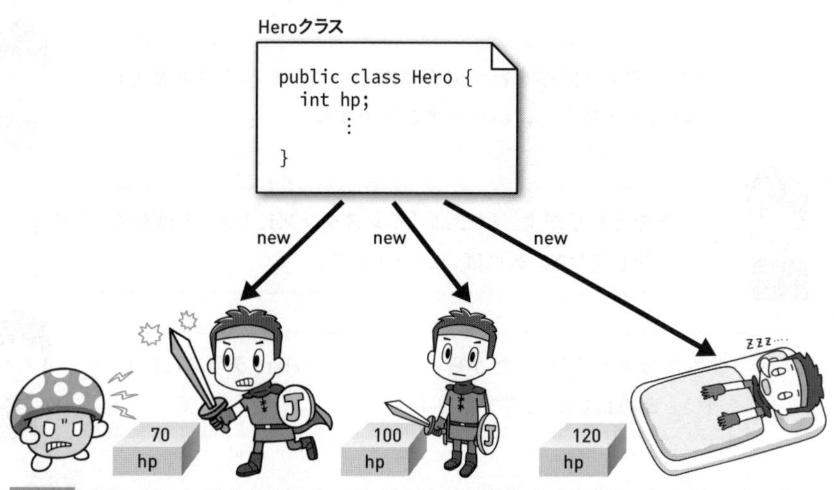

図14-4 同じHeroクラスから生成されてもそれぞれ異なるhpを持つインスタンスたち

たとえば勇者3人がパーティ（チーム）を組んで冒険するRPGを作る場合を考えましょう。次のようなクラスから生成されるインスタンスでは、名前フィールド（name）やHPフィールド（hp）、そして所持金フィールド（money）を3人の勇者が別々に持つことになります。

コード14-8 各インスタンスのフィールドは独立している

BJ4E8

Hero.java

```
01 public class Hero {
02   String name;
03   int hp;
04   int money;
05   ⋮
06 }
```

ここまでは今までと同じね。3人の勇者は独立した存在だから、名前もHPも所持金もみんな別々なのよね。

しかし、さまざまなクラスを作成する中で、各インスタンスで共有したい情報が登場する場面があります。たとえばRPGなら、パーティを組んで行動しているので、お財布は全員で1つとするほうが自然です。

各勇者が別々に財布を持つ必要はなくって、すべての勇者で1つの財布を共有すればいいってことですね。

そのとおりだよ。財布は「インスタンスに1つ」ではなく、「何に対して1つ」あればいいのかな？

「すべての勇者で1つ」だから…、そうか、「Heroクラスに対して1つ」あればいいんですね！

同じクラスから生成された複数のインスタンスで1つのフィールドを共有したい場合には、フィールド宣言の先頭にstaticキーワードを追加します。

コード14-9 staticによるフィールドの共有

Hero.java

```
01 public class Hero {
02   String name;
03   int hp;
04   static int money;    ← 静的フィールド
05   :
06 }
```

staticを指定したフィールドは、特に**静的フィールド**（static field）と呼ばれ、3つの特殊な効果をもたらします。

1. フィールド変数の実体がクラスに準備される

通常、フィールドが格納される箱（領域）は個々のインスタンスごとに用意されますが、静的フィールドの箱はインスタンスではなく、クラスに対して1つだけ用意されます。イメージで考えるならば、図14-5のように「勇者の金型」の上にmoneyの箱が準備される状態になります。

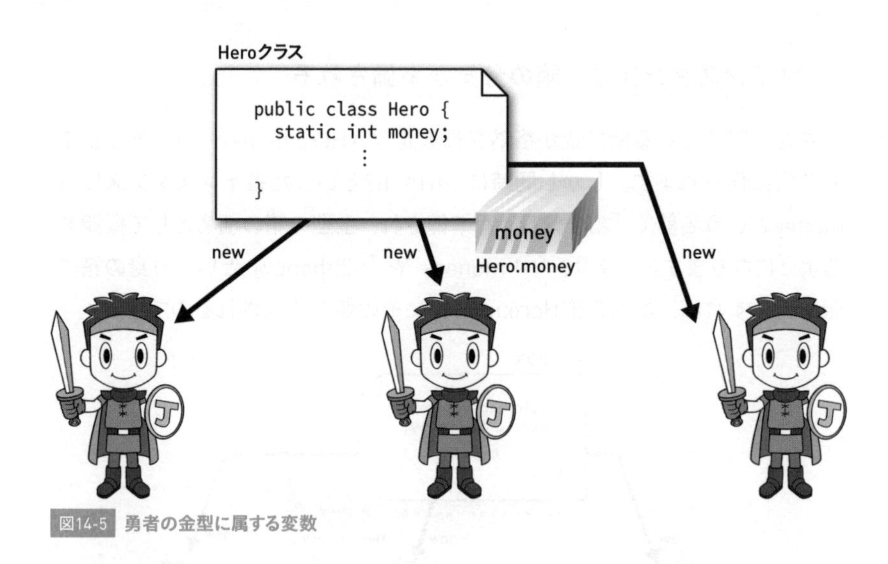

図14-5 勇者の金型に属する変数

このHeroクラスに準備された箱（静的フィールド「money」）を読み書きするには、`Hero.money` と記述します。

静的フィールドへのアクセス方法（1）

クラス名.静的フィールド名

コード14-10 静的フィールドmoneyへのアクセス

BJ4EA

Main.java

```
01 public class Main {
02   public static void main(String[] args) {
03     Hero h1 = new Hero();
04     Hero h2 = new Hero();
05     System.out.println(h1.hp);
06     System.out.println(Hero.money);
07     ⋮
08   }
09 }
```

インスタンスh1の箱hpを表示

クラスHeroの箱moneyを表示

chapter 14

2. 全インスタンスに、箱の分身が準備される

共通の財産である所持金が格納される変数（Hero.money）は、あくまでも金型に作られます。しかし同時に、h1やh2といった各インスタンスにもmoneyという名前で「箱の分身」が準備され、金型の箱の別名として機能するようになります。つまり、「h1.money」や「h2.money」という分身の箱に値を代入すれば、本物の箱Hero.moneyにその値が代入されるのです。

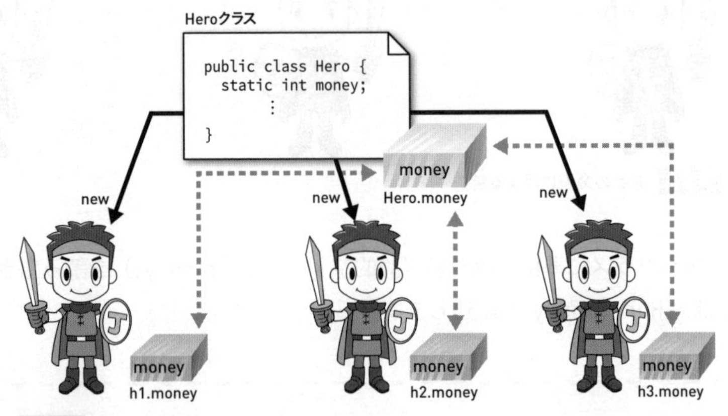

図14-6 インスタンス経由でのアクセスが可能

結局、「h1.money」「h2.money」「Hero.money」はどれも同一の箱を指すんですね。

静的フィールドへのアクセス方法（2）

インスタンス変数名.静的フィールド名

BJ4EB

コード14-11 インスタンスから静的フィールドを利用する

Main.java

```
01 public class Main {
02   public static void main(String[] args) {
```

```
03      Hero h1 = new Hero();
04      Hero h2 = new Hero();
05      Hero.money = 100;
06      System.out.println(Hero.money);    // 100と表示
07      System.out.println(h1.money);      // 100と表示
08      h1.money = 300;                    // h1.moneyに300を代入
09      System.out.println(h2.money);      // h2.moneyでも300と表示
10    }
11  }
```

図14-6の状態は、インスタンスh1・h2・h3でmoneyフィールドを共有しているともいえるので、静的フィールドはインスタンス間で共有できる、と解説されることもあります。

3. インスタンスを生み出さなくても共有が可能になる

「Hero.money」は金型に作られる箱です。従って、まだ1つも実体（インスタンス）が生み出されていなくても利用できます。

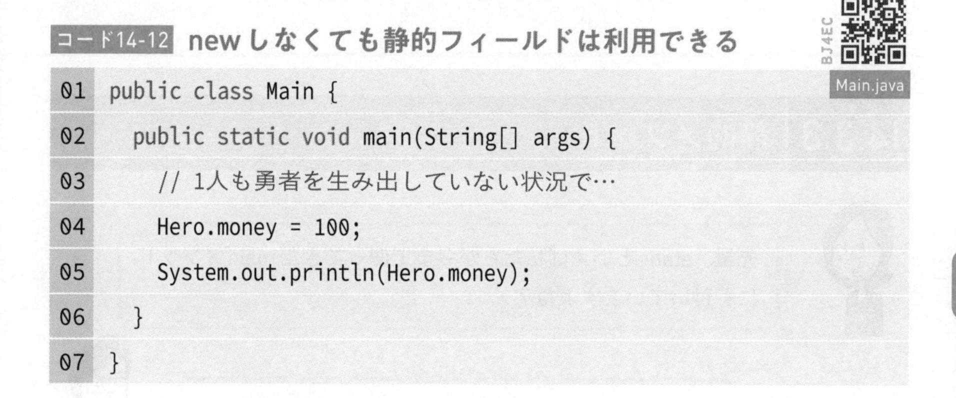

コード14-12 newしなくても静的フィールドは利用できる

BJ4EC

Main.java

```
01  public class Main {
02    public static void main(String[] args) {
03      // 1人も勇者を生み出していない状況で…
04      Hero.money = 100;
05      System.out.println(Hero.money);
06    }
07  }
```

なお、静的フィールドはクラス（金型）にフィールド（箱）が所属するという特徴から、**クラス変数**と呼ばれることもあります。

なんだかstaticって、ちょっと複雑な効果があるキーワードですね。

確かに少し込み入っているよね。実際の開発でもあまり頻繁に使われるものではないんだ。見かけるのは、定数と一緒に宣言する使い方だよ。

フィールドに対するstaticは、finalとともに宣言され、インスタンス間で定数を共有する目的で利用されるのが一般的です。

public static final コンビネーション

多くの場合、静的フィールドはfinalやpublicを伴って宣言され、定数を共有するために利用される。

```
public static final double RATE = 1.413;
```

14.3.3 静的メソッド

先輩、staticといえば私たちが今まで使ってきたmainメソッドにも付いていますよね？

そうだね。staticはメソッドにも付けられるんだよ。

Heroクラスに、「勇者たちの所持金をランダムに設定する」機能を持つsetRandomMoneyメソッドを追加してみましょう。

BJ4ED

Hero.java

コード14-13 所持金をランダムに設定する

```
01 public class Hero {
02   String name;
03   int hp;
04   static int money;
05   ︙
06   public static void setRandomMoney() {     staticを付けたメソッド
07     Hero.money = (int)(Math.random() * 1000);
08   }
09 }
```

staticキーワードが付いているメソッドは、**静的メソッド**（static method）または**クラスメソッド**（class method）と呼ばれ、静的フィールドとあわせて静的メンバと総称されます。静的メソッドを定義すると静的フィールドと同様に次の3つの効果が現れます。

1. メソッド自体がクラスに属するようになる

静的メソッドは、その実体が各インスタンスではなくクラスに属するため、クラス名を使って呼び出せるようになります。

2. インスタンスにメソッドの分身が準備される

インスタンスにも分身が作られるため、インスタンス変数名からも呼び出せるようになります。

chapter 14

静的メソッドの呼び出し

```
クラス名.メソッド名();
インスタンス変数名.メソッド名();
```

3. インスタンスを生み出さなくても呼び出せる

静的フィールドと同様に、1つもインスタンスを生み出していない状況でも、静的メソッドを呼び出せます。

コード14-14 newしなくても静的メソッドは呼び出せる

BJ4EE

Main.java

```
01 public class Main {
02   public static void main(String[] args) {
03     Hero.setRandomMoney();
04     System.out.println(Hero.money);     ランダムな金額を表示
05     Hero h1 = new Hero();
06     System.out.println(h1.money);       同じ額を表示
07   }
08 }
```

これで、mainメソッドがなぜstaticでなければならないのか、想像がつくんじゃないかな？　ヒントは「3番目の効果」だよ。

そうか！　mainメソッドが最初に呼び出されて動くときには、まだ仮想世界には1つもインスタンスが存在していないからですね！

14.3.4 静的メソッドの制約

実は、静的メソッドの利用には重要な制約があるんだ。これを忘れて悩んでしまう人も少なくないよ。

静的メソッドでは、**staticが付いていないフィールドやメソッドは利用できません**。次のコード14-15を見てください。

コード14-15 **静的メソッドから非静的メンバを利用（エラー）**

BJ4EF

Hero.java

```
01 public class Hero {
02   String name;
03   int hp;
04   static int money;
05   ：
06   public static void setRandomMoney() {
07     Hero.money = (int)(Math.random() * 1000);
08     System.out.println(this.name + "たちの所持金を初期化しました");
09   }
10 }
```

エラー（this.name）

静的メソッドsetRandomMoney()の内部で、フィールドnameへアクセスしようとしていますが、この処理はエラーとなります。

静的メソッドsetRandomMoney()は、**まだ1つも勇者インスタンスが存在しない状況でも呼び出される可能性があるメソッド**です。もし仮想世界に1つも勇者インスタンスがない状況でこのsetRandomMoney()が呼び出されてしまったら、自分自身のインスタンスのメンバである「this.name」をうまく処理できないのは明らかです。従って、静的メソッド内部では、静的メンバしか利用できない決まりになっているのです。

14.3.5 静的メンバの使いどころ

…ちょっと言いにくいんですけど、staticって、私はあんまり使わないかも…。

ははは、そう言うだろうと思ったよ。staticには「使いどころ」があるんだよ。

この節で学んだ静的メンバは、「インスタンスの独立性」というオブジェ

chapter 14

クト指向の基本原則に風穴を開けるしくみともいえます。そして、重要な原則を崩すからには、さまざまな代償を伴います。

前項で紹介したように、静的メソッドの中では静的フィールドしか使えない制約があるばかりでなく、静的フィールドの内容をほかのインスタンスから意図せず書き換えられたり、同時アクセスで破壊されたりするなどのリスクもあります。「勇者が共有する財布」も、Walletクラスを作ってそれぞれの勇者が利用すれば、わざわざ静的メンバを使う必要はありません。

そのため、定数宣言（public static finalコンビネーション、p.516）やmainメソッド以外では、みなさんが積極的に静的メンバを用いる機会は多くはないでしょう。しかし、JavaAPIでは、主に次の2つの理由から静的メンバを備えている場合がありますので、その意図を読み解いた上で利用する必要があります。

理由1　newせずに手軽に呼び出すため

たとえば「Integer.parseInt()」（2.6.4項）は、引数として与えられた文字列を数値に解釈して返すAPIです。このメソッドは、正確にはjava.lang.Integerクラスのメソッドですが、静的メソッドとして準備されているからこそ、Integerクラスをnewすることなく呼び出せます。

newが不要だと開発者はラクだし、JVMも嬉しいんだよ。インスタンスの生成はCPUやメモリを多く消費するからね。

理由2　静的メソッドを使ってインスタンスを生成するため

APIクラスの中には、性能上または管理上の理由から、「外部からのインスタンス化を禁止している」クラスがあります。これらのクラスは、ほとんどのケースでインスタンス生成を担う静的メソッドが準備されており、私たちはそのメソッドを呼び出してインスタンスを生み出します。

このケースは次の章で紹介するよ。楽しみにしていてくれ。

column

staticインポート文

第6章で学んだimport文は、ソースファイルの先頭に記述すると、以降、パッケージ名を省略してクラスを使える機能でした。このimport文を利用して、あるクラスの静的メンバをインポートできます。

static import文

```
import static パッケージ名.クラス名.静的メンバ名;
```

※ 静的メンバ名の代わりに*を指定すると、そのクラスに属するすべての静的メンバが対象になる。

たとえば、java.lang.Systemクラスは静的フィールドとして「out」を持っています。そのため、`import static java.lang.System.out;` と宣言すると、`out.println(～);` の記述で画面表示を行えるようになります。

14.4 第14章のまとめ

Objectクラス

- Javaにおいて、すべてのクラスはObjectクラスの子孫である。
- すべてのインスタンスはObject型変数に代入できる。
- すべてのクラスはObjectからtoString()やequals()を継承している。
- 自分で作成したクラスにおいては、文字列表現や等価判定方法を指定するため、toString()やequals()のオーバーライドを検討する。

静的メンバ

- フィールドやメソッドにstaticを付けて宣言すると静的メンバとして扱われる。
- インスタンスではなくクラスに実体が準備される。
- クラス名、インスタンス名のどちらからでも同じ実体にアクセスできる。
- インスタンスを生成していなくても利用できる。
- 静的メンバは、自分が開発するクラスに作成するよりも、JavaAPIを通して利用する場面が多くある。

14.5 練習問題

練習14-1

口座番号を表すString型フィールドaccountNumberと、残高を表すint型フィールドbalanceを持つ銀行口座クラスを作ってください。さらに、このクラスにメソッド宣言を追加し、次の①と②の条件を満たすように修正してください。

① 口座番号4649、残高1592円のAccountインスタンスを変数aに生成し、`System.out.println(a);`を実行すると、画面に ¥1592（口座番号：4649）と表示される。

② 口座番号が等しければ等価と判断される。ただし、「 4649」など、口座番号の先頭に半角スペースが付けられた場合でも、それを無視して比較できる（「 4649」口座と「4649」口座は同じものと捉える）。

（ヒント） java.lang.Stringクラスのtrimメソッドを利用します。

練習14-2

第8章の練習問題で作成したClericクラスでは、各インスタンスごとに最大HPと最大MPの情報を保持しています。しかし、すべてのClericの最大HPは50、最大MPは10と決まっており、各インスタンスがそれぞれ情報を持たずに済むように改良したいと考えています。そこで、最大HP、最大MPのフィールドが各インスタンスに保持されないよう、フィールド宣言に適切なキーワードを追加してください。

chapter 15 文字列と日付の扱い

本格的なプログラム開発では、
「照合」や「部分検索」などの文字列処理が欠かせません。
また、どのようなシステムでも、
日付や時間の取り扱いは必ず必要になるでしょう。
この章では、Javaが備える文字列や日付、時刻に関する
APIを紹介します。

contents

15.1 文字列処理とは

15.1.1 文字列にまつわる処理

前章の学習で、APIを活用していく準備が整ったね。ここからはいよいよ代表的なAPIを紹介していくよ。まずはどんなプロジェクトに配属されてもきっと役に立つ、「文字列操作」からだ。

文字列の情報を処理する、さまざまな方法を総称して、**文字列処理**（string processing）や**テキスト処理**（text processing）といいます。代表的なものを、図15-1に挙げます。

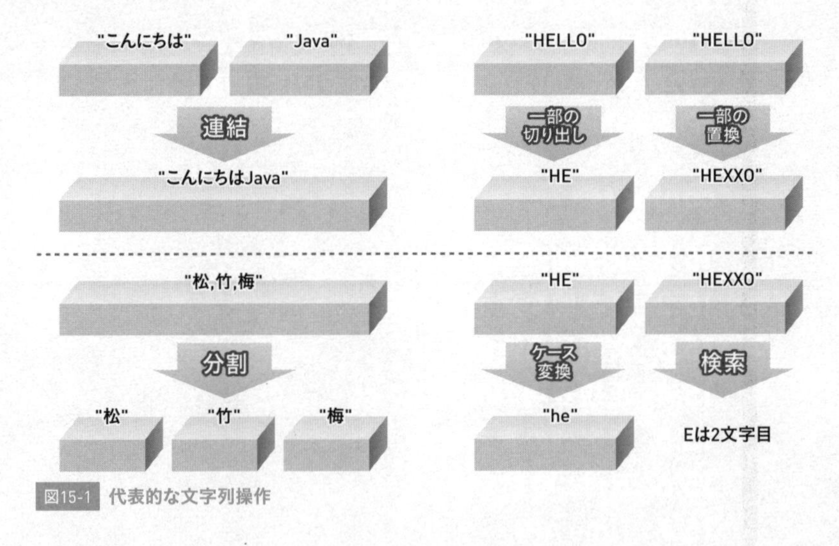

図15-1 代表的な文字列操作

これら文字列操作の多くは、Stringクラスに備わっているメソッドを利用すれば簡単に実現できます。基本的なものから順に見ていきましょう。

第Ⅲ部

15.2 基本的な文字列操作

15.2.1 文字列を調査する

ある文字列の内容や長さを調査するために、Stringクラスには、表15-1のようなメソッドが準備されています。コード15-1はその使用例です。

表15-1 Stringクラスに備わる文字列調査のメソッド

操作	メソッド定義
内容が等しいか調べる	public boolean equals(Object o)
大文字／小文字（※）を区別せず内容が等しいか調べる	public boolean equalsIgnoreCase(String s)
文字列長を調べる	public int length()
空文字か（長さが0か）を調べる	public boolean isEmpty()

※ 大文字／小文字の区別を文字のケース（case）という。

コード15-1 文字列調査メソッドを利用する

Main.java

```
01 public class Main {
02   public static void main(String[] args) {
03     String s1 = "スッキリJava";
04     String s2 = "Java";
05     String s3 = "java";
06     if (s2.equals(s3)) {
07       System.out.println("s2とs3は等しい");
08     }
09     if (s2.equalsIgnoreCase(s3)) {
10       System.out.println("s2とs3はケースを区別しなければ等しい");
11     }
12     System.out.println("s1の長さは" + s1.length() + "です");
```

全角文字も半角文字も1文字としてカウント

```
13      if (s1.isEmpty()) {
14        System.out.println("s1は空文字です");
15      }
16    }
17  }
```

length() == 0と書くより意味を直感的にとらえやすい

15.2.2 文字列を検索する

文字列の内部から、別の文字列（または文字）を探すためのメソッドも複数準備されていますが（表15-2）、それらのメソッドは次の2つに分類できます。

① 含まれるか否かだけを判定するもの
②「文字列のどこに含まれているか」という位置情報を返すもの

表15-2 Stringクラスに備わる文字列検索のメソッド

操作	メソッド定義
一部に文字列 s を含むかを調べる	public boolean contains(String s)
文字列 s で始まるかを調べる	public boolean startsWith(String s)
文字列 s で終わるかを調べる	public boolean endsWith(String s)
文字 ch（または文字列 str）が最初に登場する位置を調べる	public int indexOf(int ch) public int indexOf(String str)
文字 ch（または文字列 str）を後ろから検索して最初に登場する位置を調べる	public int lastIndexOf(int ch) public int lastIndexOf(String str)

図15-2 IndexOf()やlastIndexOf()による部分文字列の検索

indexOf()やlastIndexOf()は、引数で指定した文字列（**部分文字列**といいます）が、ある文字列のどこに登場するかを探すためのメソッドです（コード15-2）。文字列の先頭位置を0として、部分文字列が見つかった場合にはその位置を、見つからない場合にはマイナス1を返します（図15-2）。

コード15-2 文字列検索メソッドを利用する

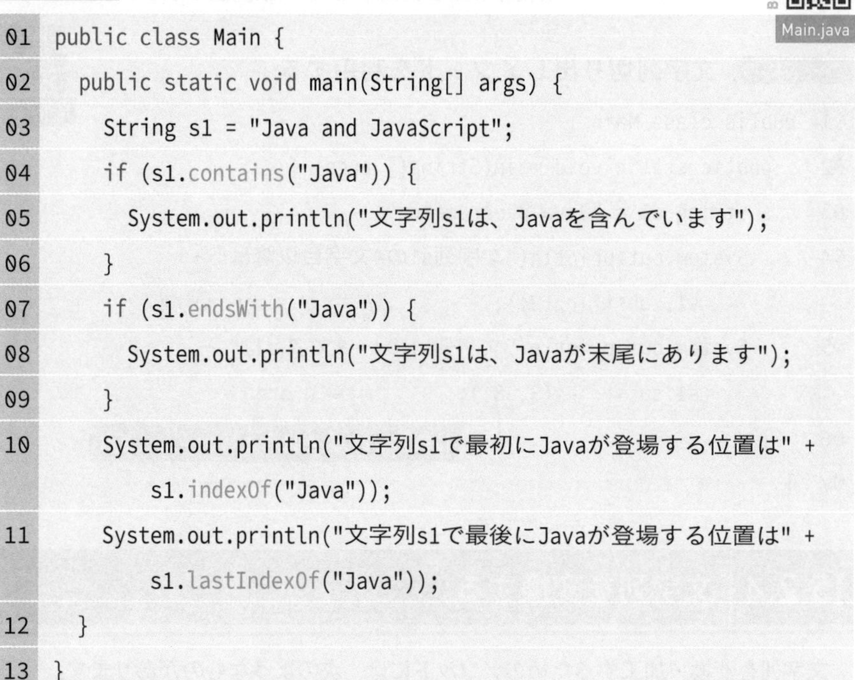

BJ4F2

Main.java

```
01 public class Main {
02   public static void main(String[] args) {
03     String s1 = "Java and JavaScript";
04     if (s1.contains("Java")) {
05       System.out.println("文字列s1は、Javaを含んでいます");
06     }
07     if (s1.endsWith("Java")) {
08       System.out.println("文字列s1は、Javaが末尾にあります");
09     }
10     System.out.println("文字列s1で最初にJavaが登場する位置は" +
         s1.indexOf("Java"));
11     System.out.println("文字列s1で最後にJavaが登場する位置は" +
         s1.lastIndexOf("Java"));
12   }
13 }
```

15.2.3 文字列を切り出す

文字列の一部を別の文字列（または文字）として切り出すメソッドも準備されています（表15-3）。

表15-3 Stringクラスに備わる文字列切り出しのメソッド

操作	メソッド定義
指定位置の１文字を切り出す	public char charAt (int index)
指定位置から始まる文字列を任意の長さだけ切り出す	public String substring (int index) public String substring (int index, int endIndex)

chapter 15

charAtメソッドは、何文字目を切り出すかを引数で指定します。

substringメソッドで引数を1つ指定した場合、指定位置より後ろにあるすべての文字列が返されます。引数を2つ指定した場合、2つの指定位置の間にある部分文字列が返されます（コード15-3）。

これらのメソッドでも、**先頭位置は0**と指定する点に注意してください。

コード15-3 **文字列切り出しメソッドを利用する**

Main.java

```
01 public class Main {
02   public static void main(String[] args) {
03     String s1 = "Java programming";
04     System.out.println("文字列s1の4文字目以降は" +
         s1.substring(3));          // ⇒ a programming
05     System.out.println("文字列s1の4〜8文字目は" +
         s1.substring(3, 8));       // ⇒ a pro
06   }
07 }
```

位置指定8の文字は含まれない点に注意

15.2.4 文字列を変換する

文字列を変換・加工するためのメソッドには、次のようなものがあります。

表15-4 Stringクラスに備わる文字列変換のメソッド

操作	メソッド定義
大文字を小文字に変換する	public String toLowerCase()
小文字を大文字に変換する	public String toUpperCase()
前後の空白を除去する	public String trim()
文字列を置き換える	public String replace(String before, String after)

trimメソッドは、先頭や末尾に付いた余計な空白やタブ文字（¥t）を簡単に削除できるため、たとえば、ユーザーが入力した文字列から不要な文字を取り除くなどの用途でよく用いられます。ただし、**全角スペースは除去されない**点に注意してください。

15.3 文字列の連結

15.3.1 文字列の連結方法

次は、文字列の連結方法について学ぼう。

学ぶもなにも、+演算子を使ったら終わりじゃないですか？

2つ以上の文字列をつなぐことを、文字列の連結（concatenation）といいます。最も簡単な連結方法は、第2章でも紹介した+演算子を用いる方法です。

```
String s = "スッキリ" + "Java";
```

しかし、ここで図15-3のグラフを見てください。実は、+演算子を使う以外にも連結の方法は存在し、しかもその方法のほうが圧倒的に高速なのです。

文字列を10万回連結した場合の性能の違い

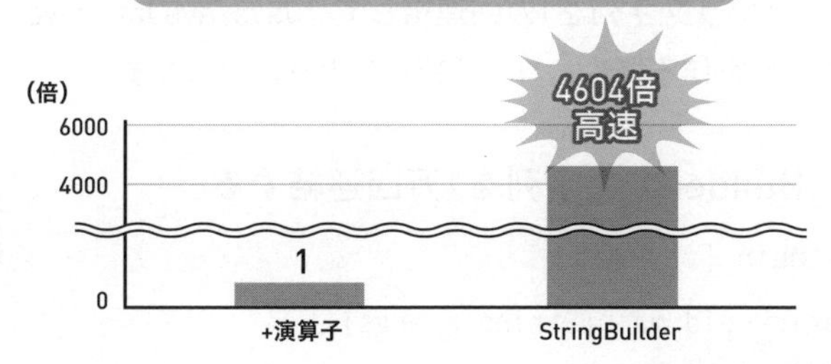

※著者PC環境による実測値

図15-3 連結性能の違い

4,000倍も性能が違うなんて…スゴイじゃないですか！

15.3.2 StringBuilderを用いた連結

文字列を連続して連結する場面で高い性能を発揮するのは、StringBuilderクラスを用いた連結です。StringBuilderインスタンスは、内部に連結した文字列を蓄えるメモリ領域（バッファ）を持っています。このクラスを用いた連結は、次の2つの手順で行うのが一般的です。

① appendメソッドを呼んでバッファに文字列を追加していく（必要に応じた回数を呼び出す）。
② 最後に1回だけtoString()を呼び、完成した連結済みの文字列を取り出す。

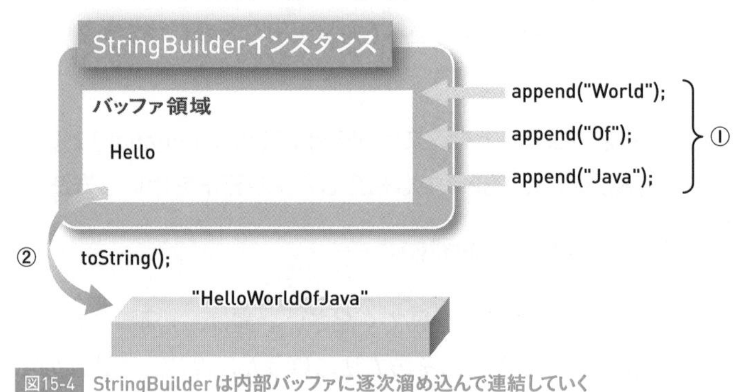

図15-4 StringBuilderは内部バッファに逐次溜め込んで連結していく

たとえば、「Java」という文字列を1万回連結して「JavaJavaJavaJava…（以下略）」という文字列を作る場合、コード15-4のように用います。

コード15-4 StringBuilderで文字列を1万回連結する　BJ4F4　Main.java

```
01 public class Main {
02   public static void main(String[] args) {
03     StringBuilder sb = new StringBuilder();
04     for (int i = 0; i < 10000; i++) {
05       sb.append("Java");        ①バッファにJavaを追加
06     }
07     String s = sb.toString();   ②完成した連結済み文字列を取り出す
```

第Ⅲ部

```
08      System.out.println(s);
09    }
10  }
```

15.3.3 ＋演算子が遅い理由

そもそも、+演算子だとどうしてそんなに遅いのかしら？

Stringクラスは、あらゆる局面で利用されるクラスです。そのためJava言語の開発者は、Stringクラスを作る際にいくつかの特別な配慮を行いました。

たとえば、危険な拡張を防止するためにfinalによる継承の禁止が宣言されています（10.1.7項）。さらにもう1つ、次のように配慮されています。

Stringインスタンスの不変性

Stringインスタンスが保持する文字列情報は、インスタンス作成時に初期化され、以後**二度と変化しない**。

Stringクラスに限らず、インスタンス化の後に内容が絶対に変化しないように設計されたクラスを「**不変**（immutable）である」と表現します。不変なクラスは、参照やスレッドという技術に関連したある種の複雑な不具合が原理的に起こりえないという特長を持つため、プログラムのあらゆる箇所で利用されるStringクラスに採用されています。

chapter 15

えっ？　String型が不変？　今まで何度も文字列型の変数の中身を書き換えてましたけど…。

そうよね。`s = s + "World"` みたいにして、後ろに文字列をくっつけて、sの中身を変更できるじゃないですか。

2人が指摘するように、一見Stringインスタンスは中身を書き換えられるように見えます。しかし、`s = s + "World"` を実行すると、実際には図15-5のようなことが起こっています。

左の図のように、一度"Hello"という文字列情報を持ったStringインスタンスのサイズが大きくなり、"HelloWorld"という情報を持つようになるわけではありません。右の図のように、+演算子による連結が行われた瞬間、**古いインスタンスは捨てられて、新しいインスタンスが内部的に生成**され、連結後の情報が格納されます。

つまり、+演算子による数万回の文字列連結は、内部でnewを数万回行うことを意味します。newによるインスタンス生成は、計算などに比べてJVMに大きな負荷がかかる処理なので、全体としてきわめて遅い処理になるのです。

一方のStringBuilderは、**可変**（mutable）なクラスとして設計されています。appendメソッドの呼び出しのたびにnewを行うことなく、バッファを拡大しながら新たな文字列を追記していく設計となっているため高速なのです。

なお、数回程度の文字列連結であれば、どのような方法を用いても性能に大差はありません。タイピング量が少なくコードが読みやすい+演算子を使うとよいでしょう。

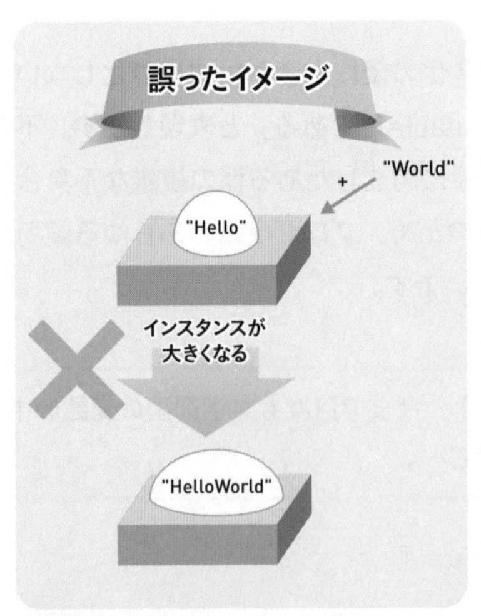

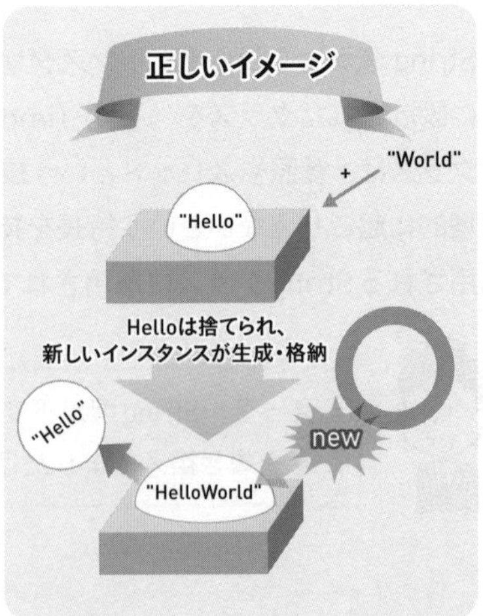

図15-5　+で連結するたびに、毎回newが行われている

第Ⅲ部

column

メソッドチェーン

APIリファレンスでStringBuilderを調べると、appendメソッドの戻り値が少し特殊であることに気づくでしょう。

- **メソッド宣言：public StringBuilder append(String s)**
- **戻り値の解説：このオブジェクトへの参照**

本来、バッファに文字列を追加するだけであれば、戻り値はvoidでよいはずです。しかし、このように「自分自身」を戻り値として返すのは、以下のような呼び出し方を可能にするためです。

```
StringBuilder sb = new StringBuilder();
sb.append("hello").append("java").append("world");
```

このように、自身への参照を返すメソッドを連続して呼び出す方法は**メソッドチェーン**（method chain）と呼ばれます。

chapter 15

15.4 正規表現の活用

15.4.1 パターンマッチング

菅原さん！　入力された文字列のチェックができる便利なAPIはないんですか？

どうしたんだい。文字列操作で何か困っているのかな？

実は、ボクが作っているゲームの「プレイヤー名の入力チェック処理」を作ろうと思うんですが、どうもスッキリしなくて…。

湊くんが作ろうとしているゲームでは、開始直後に次の条件を満たすプレイヤー名を入力してもらうことにしています。

プレイヤー名の条件

- 必ず8文字で、使える文字はA～Zと0～9だけ。
- 最初の文字に数字は使えない。

たとえば、「MINATO01」「ASAKA001」は正しいプレイヤー名です。もしユーザーが入力したプレイヤー名が7文字しかなかったり、ひらがなが含まれていたりした場合、再入力を求めなければなりません。

そのために必要となる「入力チェック判定を行うメソッド」をいざ記述しようとすると、これがかなり大変な作業であることがわかります（コード15-5）。

BJ4F5

コード15-5　プレイヤー名を判定するメソッド

```
01 public boolean isValidPlayerName(String name) {
02   if (name.length() != 8) {                          8文字であること
03     return false;
04   }
05   char first = name.charAt(0);
06   if (!(first >= 'A' && first <= 'Z')) {             最初の1文字はA～Z
07     return false;
08   }
09   for (int i = 1; i < 8; i++) {
10     char c = name.charAt(i);
11     if (!((c >= 'A' && c <= 'Z') || (c >= '0' && c <= '9'))) {
12       return false;                                  以降の文字はA～Zか0～9
13     }
14   }
15   return true;
16 }
```

確かにかなり複雑ね。相手が人間なら、メモを渡して「この条件でチェックしておいてね」って気軽に頼めるのに（図15-6）。

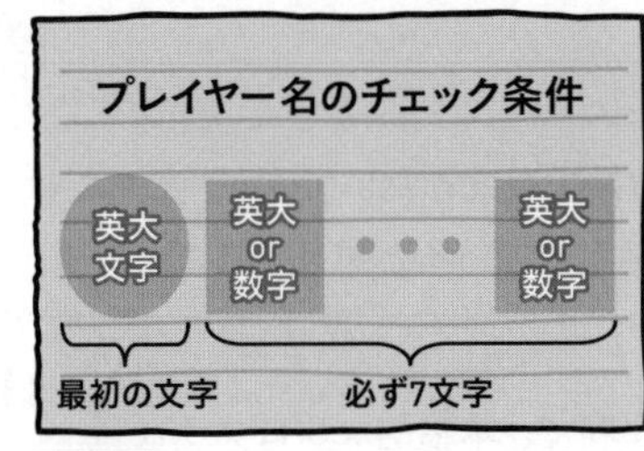

図15-6　プレイヤー名のチェック条件

実はJavaでも、図15-6のような形式でチェックを指示する方法があるんだよ。

それでは、実際にコード15-5をよりエレガントな形に書き直してみましょう。Stringクラスの**matchesメソッド**を用いると、複雑だったメソッドが非常にシンプルになる点に注目してください（コード15-6）。

コード15-6 文字列パターンを用いたプレイヤー名のチェック

```
public boolean isValidPlayerName(String name) {
    return name.matches("[A-Z][A-Z0-9]{7}");
}
```

文字列パターン

スゴイ！　あの複雑な条件がたったの1行になっちゃったぞ！

プレイヤー名が条件に一致しているかの判定は、Stringクラスのmatchesメソッドをたった1度呼び出すだけで完了します。引数で与えている`"[A-Z][A-Z0-9]{7}"`という文字列は、**文字列パターン**（string pattern）または単にパターンといわれるもので、図15-6のような「文字列の形式的な条件」を**正規表現**（regular expression）という文法に従って記述しています。

また、matchesメソッドのように、文字列がパターンに従った形式を満たしている（マッチしている）かを照合する処理を**パターンマッチング**（pattern matching）といいます。

文字列パターンはちょっと奇妙で呪文みたいですが、これだけであの複雑な条件をすべて指定していると思うとスゴイです。

そうだね。この正規表現はとても便利で、本格的なプログラム開発には欠かせないから、簡単に文法を紹介しておこう。

15.4.2 正規表現の基本文法

正規表現は、いくつかの特殊な記号を使って文字列パターンを指定します。パターンに含まれる文字にどのような意味があるかを見ていきましょう。

① 通常の文字：その文字でなければならない

パターン内に記述されたアルファベットや数字、ひらがな、カタカナ、漢字のような一般的な文字は、基本的にそれと同じ文字を表します。

たとえば、"ABC"というパターンは「1文字目がA、2文字目がB、3文字目がCであること」という条件を示しています。以下は"Java"という文字列にマッチしているかどうかを調べる例です。

```
String s = "Java";
s.matches("Java");          // true
s.matches("JavaJava");      // false
s.matches("java");          // false
```

② ピリオド：任意の1文字であればよい

パターン中にピリオド記号（.）があった場合、その部分には任意の1文字（何でもよいので必ず1文字）があればよいという意味です。

たとえば、以下の"J.va"というパターンは「1文字目がJ、2文字目は何でもよい、3文字目はv、4文字目はa」という条件を示しています。

```
"Java".matches("J.va");     // true
```

③ アスタリスク：直前の文字の0回以上の繰り返し

パターン中にアスタリスク記号（*）が含まれていた場合、その直前の文字の0回以上の繰り返しを意味します。

たとえば、"AB*"というパターンは、「1文字目はA、2文字目以降は0回以上のBの繰り返し」という形式を示しますので、「A」や「AB」、「ABBBBBBB」などが条件を満たします。

chapter 15

```
"Jaaaaava".matches("Ja*va")   // true
"あいうxx019".matches(".*")   // true
```

上記の ".*" という正規表現は「任意の1文字の0回以上の繰り返し」ですので、**すべての文字列を許す**という指示になります。これは正規表現でよく利用される慣用句的な表現です。また、アスタリスク記号は15.2.2項で紹介したendsWith()やstartsWith()の代わりとして文字列の判定に利用できます。それには次のように記述します。

```
s.matches("Ma.*")      // Maで始まる任意の文字
s.matches(".*ful")     // fulで終わる任意の文字
```

④波カッコ：指定回数の繰り返し

パターン中に波カッコで囲まれた数字が登場した場合、それは直前の文字の指定回数の繰り返しを意味します。たとえば、"HEL{3}O" は、"HELLLO" というパターンと同じ意味です。

そのほか、表15-5のような方法でさまざまな繰り返し回数を指定できます。

表15-5 正規表現における繰り返し回数の指定方法

パターン記述	意味
{n}	直前の文字の n 回の繰り返し
{n,}	直前の文字の n 回以上の繰り返し
{n,m}	直前の文字の n 回以上 m 回以下の繰り返し
?	直前の文字の 0 回または 1 回の繰り返し
+	直前の文字の 1 回以上の繰り返し

⑤角カッコ：いずれかの文字

パターン中に角カッコ記号（[]）で囲まれた部分がある場合、角カッコの中のどれか1文字に当てはまることを要求する意味となります。

たとえば、"UR[LIN]" というパターンは、「1文字目がU、2文字目がR、3文字目がLかIかNであること」を意味します。

⑥角カッコ内のハイフン：指定範囲のいずれかの文字

角カッコ中にハイフン記号（-）が含まれる場合、その両端にある文字を含む範囲の任意の1文字であることを意味します。

次の例にある `"[a-z]"` というパターンは、a～zのいずれかの文字（つまりすべてのアルファベット小文字）とマッチします。例では `"url"` という文字列とa～zのいずれか3文字を比較していますので、当然マッチし、結果はtrueとなります。

```
"url".matches("[a-z]{3}")      // true
```

なお、すべての数字（`[0-9]`）など多用されるパターンは、¥で始まる次の**文字クラス**としてあらかじめ定義されています。

表15-6　定義済みの文字クラス

パターン記述	意味
¥d	いずれかの数字　([0-9] と同じ)
¥w	英字・数字・アンダーバー　([a-zA-Z_0-9] と同じ)
¥s	空白文字　(スペース、タブ文字、改行文字など)

¥記号自体を文字として含めたい場合は `¥¥` を、その他 [や * などの特殊記号を文字として含めたい場合は、`¥[` や `¥*` を使ってください。

⑦ハットとダラー：先頭と末尾

パターン中のハット記号（^）は文字列の先頭を、ダラー記号（$）は文字列の末尾を表します。

たとえば、`"^j.*p$"` というパターンは、「先頭文字がjで、最後の文字がpの任意の長さの文字列」を意味します。matches()の場合、これらがなくても同様に動作しますが、次の項で紹介するsplit()やreplaceAll()で先頭や末尾を明示的に示すために利用します。

今回紹介したのは正規表現のほんの一部でしかない。さらにたくさんの正規表現の構文を使いこなすと、驚くほどエレガントなコードを書けるようになるだろう。

15.4.3 正規表現を用いたほかの処理

正規表現パターンを用いて行える処理は、文字列照合だけにとどまりません。「文字列の分割」や「置換」もより効率的に記述できます。

splitメソッド：文字列の分割

Stringクラスのsplitメソッドを使うと、1つの文字列を複数に分割できます。たとえば、次のようなコードを記述すれば、簡単に「カンマかコロンの場所」で文字列を分割できます。

コード15-7 splitメソッドを使った文字列の分割

BJ4F7

Main.java

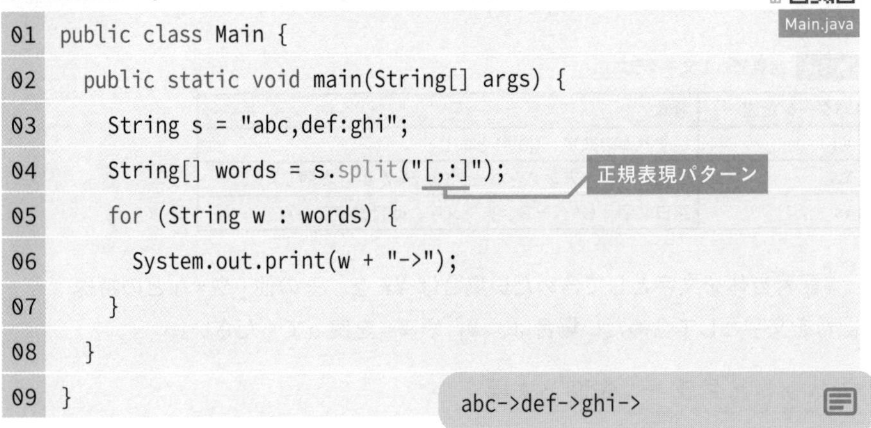

```
01 public class Main {
02   public static void main(String[] args) {
03     String s = "abc,def:ghi";
04     String[] words = s.split("[,:]");
05     for (String w : words) {
06       System.out.print(w + "->");
07     }
08   }
09 }
```



```
abc->def->ghi->
```

replaceAllメソッド：文字列の置換

StringクラスのreplaceAllメソッドを使うと、文字列中でパターンに一致した箇所を別の文字列に置換できます。コード15-8は、"b"、"e"、"h"の3文字のうちいずれかに当てはまった文字を"X"に置換する例です。

コード15-8 replaceAllメソッドを使った文字列の置換

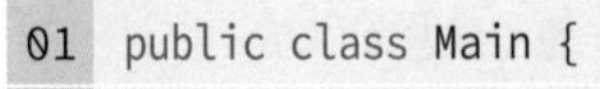

```
01 public class Main {
02   public static void main(String[] args) {
```

```
03       String s = "abc,def:ghi";
04       String w = s.replaceAll("[beh]","X");
05       System.out.println(w);  // aXc,dXf:gXi
06   }
07 }
```

最初の1つだけを置換するreplaceFirst()もある

column

String・char配列・byte配列の相互変換

通常、Javaでは文字列情報をStringインスタンスの形で利用するのが一般的です。しかし、まれに文字列情報を次のような形式で扱いたい場合があります。

・char配列

文字列に含まれる各文字を1文字ずつに分解し、char型配列の各要素に格納した状態です。たとえば、ループを回しながら1文字ずつゆっくり画面に表示したい場合などに利用します。

・byte配列

文字列の情報を文字コード対応表を用いてバイト列に変換し、1バイトずつ配列に格納した状態です。文字列情報を指定した文字コードでファイルに書き込んだりする場合に利用します。

Stringインスタンスをchar配列やbyte配列に変換するには、toCharArrayメソッドやgetBytesメソッドを利用します。

```
String str = "こんにちはJava";
char[] data1 = str.toCharArray();
byte[] data2 = str.getBytes("utf-8");
byte[] data3 = str.getBytes();  // デフォルト文字コードを利用
```

逆に、char配列やbyte配列をStringインスタンスに変換するには、`new String(data)` のようにしてコンストラクタの引数に渡します。

chapter 15

15.5 文字列の書式整形

15.5.1 桁を揃えた表示

ちょっと湊。あなたのゲーム画面、表示がガタガタなのどうにかならないの？

しょうがないじゃないか。きれいに揃えようとするとすごく大変なんだよ。

朝香さんが指摘していたのは、次のようなゲームの画面です。

```
■キャラクターの状態■
minato hero  所持金280
asaka witch  所持金32000
sugawara sage  所持金41000
```

キャラクターの名前や職業などの文字列長が違うため、行ごとの表示の桁が揃っていません。もし、以下のように表示できれば理想的ですね。

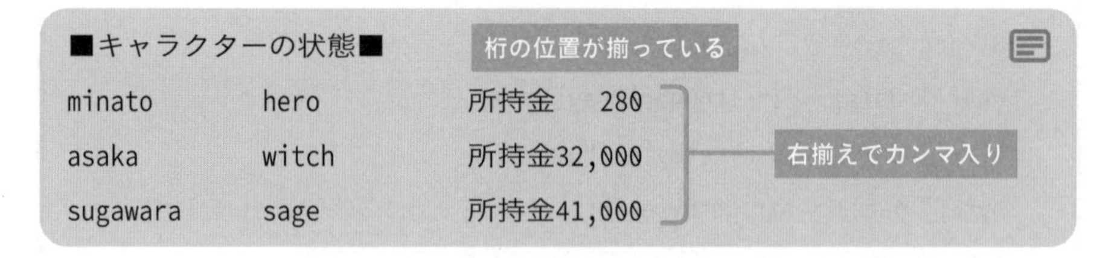

```
■キャラクターの状態■
minato          hero            所持金   280
asaka           witch           所持金32,000
sugawara        sage            所持金41,000
```


lengthメソッドを使って自力で空白を入れて桁を揃えるのも不可能ではありませんが、かなり大変です。幸いStringクラスには、整形した文字列を組み立てるための静的メソッドformat()が準備されています。

より手軽に文字列操作を行えるように、このformatメソッドをはじめ、いくつかのメソッドはstaticとして定義されているんだ。

まずはformatメソッドを使った簡単な例から見てみましょう。図15-7は、「○○日で○○わかる○○入門」というひな形を準備し、「○○」の部分に数値や文字列を流し込んで文字列を組み立てています。

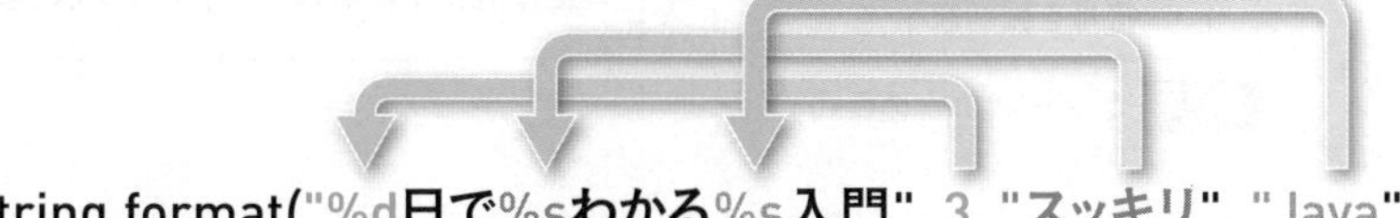

```
String.format("%d日で%sわかる%s入門", 3, "スッキリ", "Java");
```

書式指定文字列

戻り値

"3日でスッキリわかるJava入門"

図15-7 format()による書式を指定した文字列の組み立て

%dとかまた難しそうな文字列が出てきたぞ？　これも正規表現なんですか？

いや、正規表現とはまた違った独自の文法で指定するんだよ。

formatメソッドの第1引数に指定するのは、組み立てる文字列のひな形を指定する**書式指定文字列**と呼ばれるもので、専用の記法を用いて記述します。特に%記号の部分は**プレースホルダ**（place holder）と呼ばれ、第2引数以降で指定した具体的な値が順に流し込まれる場所になります。

プレースホルダは、次ページの図15-8の文法に従って記述します。たとえば、本節冒頭のゲーム画面の場合、次ページのコード15-9のように記述すると、きれいに整形された画面を表示できるでしょう。

省略可 省略可 必須

% 修飾 桁 型

d … 整数
s … 文字列
f … 小数
b … 真偽値

， … 3桁ごとにカンマを入れる
0 … 空き領域を0埋め
ー … 左寄せ
＋ … 符号を強制表示

表示桁数を指定する。
n.m形式で指定した場合、
全体n桁、小数点以下m桁での表示となる

図15-8 プレースホルダの書式

コード15-9 桁を揃えてキャラクターを表示する

```
01 final String FORMAT = "%-9s %-13s 所持金%,6d";
02 String s = String.format
       (FORMAT, hero.getName(), hero.getJob(), hero.getGold());
03 System.out.println(s);
```

ただし、プレースホルダは日本語（全角文字）が混ざると崩れてしまうこともあるから注意して使おう。

なお、format()を使って文字列を作ると同時に画面に出力したい場合は、代わりにSystem.out.printfメソッドを使うと便利です。引数の指定方法はformat()と同じです。

書式を指定して画面に表示する

```
System.out.printf(書式文字列,パラメータ…);
```

整形だけしたいならformat、表示までしたいならprintfね！

たとえば、`System.out.printf("製品番号%s-%02d", "SJV", 3);` というコードを実行すると、以下のように整形されて表示されます。

```
製品番号SJV-03
```

column

可変長引数

format()やprintf()には、必要に応じて引数をいくつでも渡せます。これは、**可変長引数**というしくみを使ってメソッドが宣言されているからです。

```
public static format(String format, Object... args)
```

このように引数リストの型の後ろにピリオドを3つ並べると、その型の引数をいくつでも渡せるようになります。ただし、1つのメソッド宣言でこの指定を使えるのは1回だけです。

可変長引数に渡された値は、配列として取り出すことができます。上記の例では、args自体はObject配列として扱われ、`args[0]` や `args[1]` として実引数を取得できます。

しかし、実引数にObject[]やString[]などの配列が渡された場合、複数の引数が一度に与えられたのか、1つの配列が与えられたのか、JVMは判別できません。そこで、実引数を1つの配列として渡したい場合には、Object型にキャストする決まりになっています。

chapter 15

15.6 日付と時刻を扱う

15.6.1 日時情報を扱う2つの基本形式

ここからはどんなシステムでも欠かせない、日付と時刻を扱うためのクラスを紹介していくよ。

どのようなシステムでも、日時情報の取り扱いを避けて通ることはできません。たとえばATMのプログラムであれば、「取引を行った時刻が、何年何月何日の何時何分何秒であるか」という情報が必要なことは想像に難くありません。

そういえばボクのRPGでも日付を使いたかったんですが、APIリファレンスが難しくて、結局は諦めてしまったんです…。

Javaでももちろん日時情報を扱えるよ。だけど使う型（クラス）が1つではないから、やや複雑なんだ。

Javaでは日時の情報を表すための形式が4つあり、それぞれ用途に合わせて使い分ける必要があります。まずは基本となる2つの形式を学びましょう。

形式1　long型の数値

基準日時である1970年1月1日0時0分0秒（これを**エポック**といいます）から経過したミリ秒（1/1000秒）数で日時情報を表現する方法です。たとえば、1694984000000というlong値は「2023年9月18日5時53分20秒」を意味します。

このlong型による形式はシンプルであるため、コンピュータにとっては扱いやすく、JVM内部のさまざまな部分で利用されています。たとえば、System.

currentTimeMillisメソッドを呼べば、現在日時をlong型で得られるため、コード15-10のような「処理時間の計測」を簡単に行うことができます。

コード15-10 処理時間を計測する

Main.java

```
01 public class Main {
02   public static void main(String[] args) {
03     long start = System.currentTimeMillis();
04     // ここで何らかの時間がかかる処理
05     long end = System.currentTimeMillis();
06     System.out.println("処理にかかった時間は…"
           + (end - start) + "ミリ秒でした");
07   }
08 }
```

しかし人間は、このlong値から「年・月・日・時・分・秒」を読み取ることができません。また、long型は日付情報以外の数値の格納にも利用される型なので、必ずしも変数の中身が日時情報だと断定できません。

形式2　Date型のインスタンス

long型の課題を克服するために広く用いられているのがjava.util.Dateクラスです。このクラスは、内部でlong値を保持しているだけですが、「Date型の変数であれば、中身は日時情報である」と一目でわかるため、**Javaで日時の情報を扱う場合に最も利用される形式**です。

Dateインスタンスを生成して利用するには、次の構文を用います。

現在日時を持つDateインスタンスの生成

```
Date d = new Date();
```

指定時点の日時を持つDateインスタンスの生成

```
Date d = new Date(long 値);
```

また、Dateインスタンスの内部に格納されているlong値を取り出すにはgetTime()を、long値をセットするにはsetTime()を用います。これらDateクラスの構文を用いて現在日時を表示するプログラムがコード15-11です。

コード15-11 現在日時を表示する

```
01 import java.util.Date;
02 
03 public class Main {
04   public static void main(String[] args) {
05     Date now = new Date();
06     System.out.println(now);
07     System.out.println(now.getTime());
08     Date past = new Date(1694984000000L);
09     System.out.println(past);
10   }
11 }
```

```
Fri Nov 03 13:00:00 JST 2023
1698984000000
Mon Sep 18 05:53:20 JST 2023
```


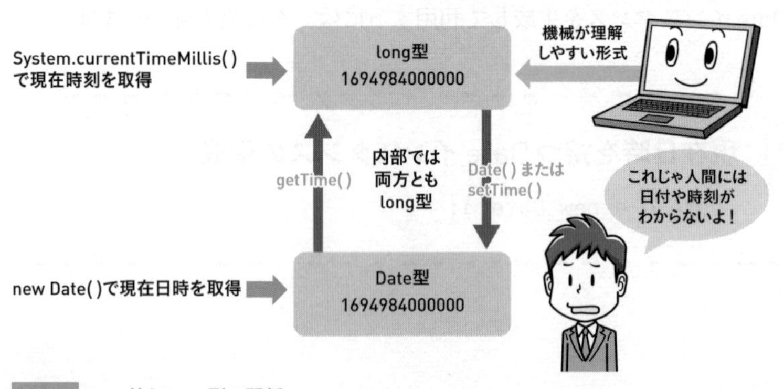

図15-9 long値とDate型の関係

column

java.sql.Dateと混同しない

java.util.Dateと似たクラスとして、java.sql.Dateというクラスがあります。これはデータベースを利用したプログラムで利用するもので、通常の日時情報の格納には使いません。

15.6.2 人間が扱いやすい2つの形式

long値もDateクラスも、図15-9のように結局はエポックからの経過ミリ秒数を扱っている事実に違いはなく、人間が日付情報を扱うには不便な形です。そこで、人間にとって使いやすい2つの日時形式を紹介します。

形式3　人間が指定しやすい「6つのint」形式

前述のSystem.currentTimeMillisメソッドを使うか、Dateクラスをnewすれば、現在時刻は簡単に得られます。しかし、ある特定の日時情報（たとえば2023年9月18日5時53分20秒）を人間がキーボードやマウスなどで入力する場合には、「年・月・日・時・分・秒」をそれぞれ整数（int値）として指定するのが一般的です。

形式4　人間が読みやすいString型のインスタンス

人間が読みやすいのは「2023年9月18日5時53分20秒」のような文字列としての形式です。画面に時刻を表示する場合、この形式に変換する必要があります。

ただし、一口に文字列といっても、さまざまな形式が考えられる点には考慮が必要です。たとえば、「2023/9/18 5:53:20」という形式や、「23-09-18 05:53:20AM」の形式などが考えられます。

ここまでで、私たちは日時を表す4つの形式を学びました。機械が扱いやすい形式としてのlong型とDate型、人間が扱いやすい形式としての文字列型と6つのint値です（次ページの図15-10）。

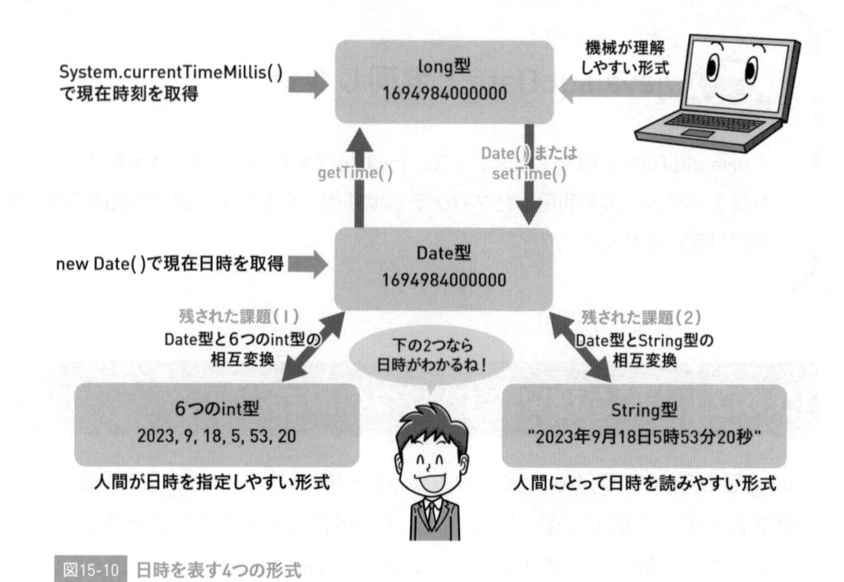

図15-10 日時を表す4つの形式

これら4つの形式を自由に利用するために、Date型と6つのint値の相互変換とDate型とString型の相互変換の2つを学びましょう。

15.6.3 Calendarクラスの利用

1つ目のDate型と6つのint値の相互変換には、java.util.Calendarクラスが準備されており、構文は次のとおりです。また、そのサンプルをコード15-12に示します。

「6つのint値」からDateインスタンスを生成する

```
Calendar c = Calendar.getInstance();
c.set(年,月,日,時,分,秒); または c.set(Calendar.～, 値);
Date d = c.getTime();
```

※ ～にはYEAR、MONTH、DAY_OF_MONTH、HOUR、MINUTE、SECONDなどを指定する。

第Ⅲ部

Date インスタンスから「6つのint値」を生成する

```
Calendar c = Calendar.getInstance();
c.setTime(d);
int year = c.get(Calendar.YEAR);
int month = c.get(Calendar.MONTH);
int day = c.get(Calendar.DAY_OF_MONTH);
int hour = c.get(Calendar.HOUR);
int minute = c.get(Calendar.MINUTE);
int second = c.get(Calendar.SECOND);
```

※ dにはDate型変数を指定する。

コード15-12 6つのint値とDate型の相互変換

Main.java

```
01 import java.util.*;
02
03 public class Main {
04   public static void main(String[] args) {
05     Calendar c = Calendar.getInstance();
06     // 6つのint値からDateインスタンスを生成
07     c.set(2023, 8, 18, 5, 53, 20);
08     c.set(Calendar.MONTH, 9);        月を9（10月）に変更
09     Date d = c.getTime();
10     System.out.println(d);
11     // Dateインスタンスからint値を生成
12     Date now = new Date();
13     c.setTime(now);
14     int y = c.get(Calendar.YEAR);    年を取り出す
15     System.out.println("今年は" + y + "年です");
16   }
17 }
```

chapter 15

Calendarクラスの「月」の値

Calendarクラスの「月」の取得・設定には、0〜11を使用する。
2月を設定する場合は `c.set(Calender.MONTH, 1)` となる。

15.6.4 SimpleDateFormatクラスの利用

2つ目の**Date型と文字列型の相互変換**には、java.text.SimpleDateFormatクラスが準備されており、構文は次のとおりです。

StringからDateインスタンスを生成する

```
SimpleDateFormat f = new SimpleDateFormat(書式文字列);
Date d = f.parse(文字列);
```

DateインスタンスからStringを生成する

```
SimpleDateFormat f = new SimpleDateFormat(書式文字列);
String s = f.format(d);
```

※ dにはDate型変数を指定する。

なお、「Mon Sep 18 05:53:20 JST 2023」のような文字列でもよいならば、DateインスタンスのtoStringメソッドを呼び出すだけで取得できます。

この「書式文字列」には何を指定すればいいんですか？

第Ⅲ部

"yyyy/MM/dd" や "yyyy年MM月dd日" のように、日付の書式を指定するんだよ。

書式文字列に使うことができる主な記号は次のとおりです。

表15-7 書式文字列として利用可能な文字（一部）

文字	意味
y	年
M	月
d	日

文字	意味
H	時（0～23）
m	分
s	秒

文字	意味
K	時（0～11）
E	曜日
a	午前／午後

次のコード15-13は、SimpleDateFormatを用いて指定した形式で日付情報を表示しています。

コード15-13 String型とDate型の相互変換

Main.java

```
01 import java.text.SimpleDateFormat;
02 import java.util.Date;
03 
04 public class Main {
05   public static void main(String[] args) throws Exception {
06     SimpleDateFormat f =
         new SimpleDateFormat("yyyy/MM/dd HH:mm:ss");
07     // 文字列からDateインスタンスを生成
08     Date d = f.parse("2023/09/18 05:53:20");
09     System.out.println(d);
10     // Dateインスタンスから文字列を生成
11     Date now = new Date();
12     String s = f.format(now);
13     System.out.println("現在は" + s + "です");
14   }
15 }
```

throwsについては第17章で解説します

chapter 15

図15-11はここまでに紹介した4つの形式をまとめたものだ。日時情報はDate型で扱う方法を基本とし、必要に応じてほかの形式に変換して使っていこう。

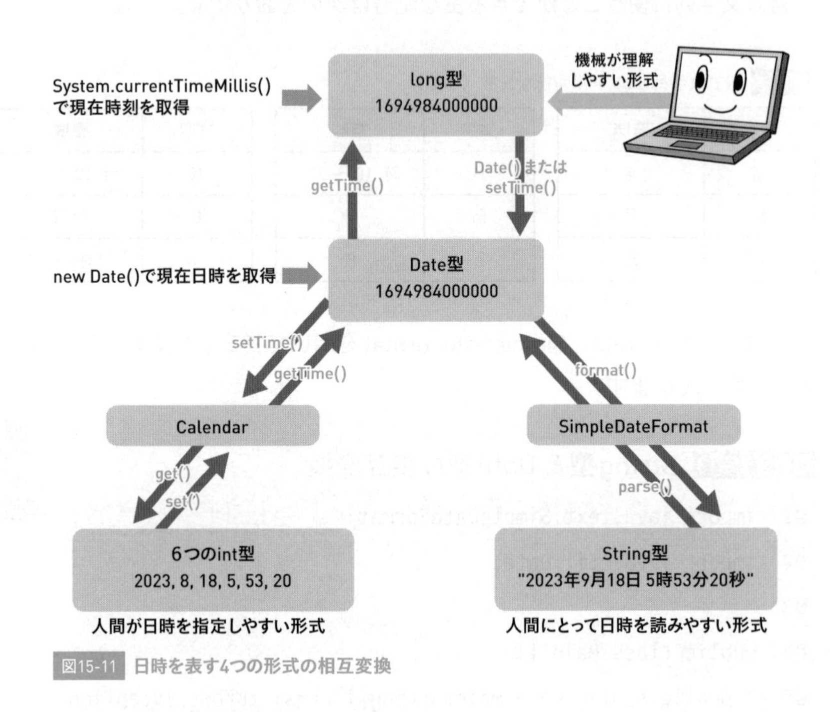

図15-11 日時を表す4つの形式の相互変換

15.6.5 DateやCalendarの問題点と限界

ここまでに学習したDateクラスやCalendarクラスは、Javaが誕生したばかりの頃から利用可能だった古参のAPIです。Javaで日時情報を扱う標準的な手法として長く利用されてきた一方、設計上の問題も多く抱えており、「使いにくい」「不具合につながるような使い方をしてしまいやすい」などの課題も指摘されてきました。

あぁ、そっかぁ！ 3月を指定するときは3じゃなくて2だった！
あぁ、5時間も悩み続けたのに…。

月の指定値が実際の月の数とズレているのは、ホントに紛らわしいわよね…（p.554）。

Date や Calendar が抱えている代表的な問題

① 使い方がまぎらわしいAPIが存在する。
② 並列処理で用いるとインスタンスの内容が壊れることがある。

湊くんのミスは、①の問題に起因します。やはり、Calendar クラスのコンストラクタの引数に、私たちの直感と反した値を指定しなければならないのは、やや不親切な仕様といえるでしょう（「月」の情報を取得、設定するには、1〜12ではなく0〜11を指定する）。

また、②は複数の処理を同時に実行するスレッドというしくみを利用する場合に発生する問題ですが、日付関連の処理は、さまざまな種類のプログラムの至るところで記述されますから、無意識にスレッドと組み合わせて使ってしまうリスクが比較的高いことが広く懸念されてきました。

Date や Calendar は一見簡単そうに見えるけど、本当に安全に使うのはとても難しいんだ。

Java 開発者の間で Date クラスや Calendar クラスの評判があまりよくない背景には、このような問題以外にもいくつかの理由があります。

これらのクラスは、日付や時刻を正確かつ便利に扱うために必要な機能を十分に備えておらず、いざ本格的に日時情報を取り扱おうとすると、開発者は大きな負担を強いられるのです。

Date や Calendar の機能的な限界

・最小でも「ミリ秒」単位でしか時間を扱えない。
・私たちが日常利用する「あいまいな日時」を表せない。
・私たちが日常利用する「時間の幅」を表せない。

ミリ秒単位で扱えれば十分なんじゃないですか？

人間にとってはね。でも、「ナノ秒単位」で動くコンピュータにとって、1ミリ秒は長すぎることもあるんだよ。

次節では、こうした限界の詳しい内容とその克服方法を解説していきます。

15.7 Time API

15.7.1 java.timeパッケージ

前節で挙げた課題を克服するためにJavaに加わったのが、新しい日時関連のクラス群であるTime API（java.timeパッケージ）です（表15-8）。これら新しいAPIのクラスたちは、従来用いられてきたDateやCalendarと比較して直感的にわかりやすいAPI構造となっており、先述のスレッドと併用してもインスタンスの中身が決して壊れないよう設計されています。

表15-8 java.timeパッケージの代表的なクラス

クラス名	機能と役割
Instant	世界における、ある「瞬間」の時刻を、ナノ秒単位で厳密に指し示し、保持する
ZonedDateTime	
LocalDateTime	日常的に使われる「あいまいな日時」を保持する
Duration	2つの異なる時刻や日付の期間を保持する
Period	

java.timeパッケージは、表15-8に挙げた5つ以外にもたくさんのクラスとメソッドを含んでいますが、本書では、この5つのクラスを中心に基本的な概念や代表的なクラスの利用法について紹介していきます。通常のプログラム開発であれば、まずはこの5つをマスターしておけば、あとは必要に応じて都度APIリファレンスを調べながらTimeAPIを活用できるでしょう。

なかには、伝統的なDateとCalendarを使うのでTime APIは積極活用しない現場もある。実業務の場合はチームの方針を確認した上で活用しよう。

column

和暦を扱うAPI

Time APIのjava.time.chrono.JapaneseDateクラスを用いれば、「令和○○年1月23日」のような和暦の情報を取り扱うことができます。

15.7.2 より正確な「瞬間」を表すクラス

Instantクラスは、新しい日時APIのうちで最も基礎となるクラスです。Instantは英語で「瞬間」を意味しますが、その名のとおり、エポックからの経過時間をナノ秒数で格納し、この世界における「ある瞬間」を指し示すことができます。旧来のAPIにおけるDateとほぼ同じ役割ですが、ナノ秒単位で正確に瞬間を表せるのがポイントです。

ZonedDateTimeクラスも、Instant同様、ある瞬間を格納できるクラスです。ただし、このクラスはエポックからの経過時間ではなく、たとえば「東京における西暦2023年8月10日 7時11分9秒 392881ナノ秒」という形式でその瞬間を格納、管理します。Calendarクラスの後継のようなクラスです。

なるほど。「ある瞬間」を指し示すために、2つの方法があるのね。

でも「東京における」っていう場所情報がなんで必要なのかな？

「年・月・日・時・分・秒・ナノ秒」の情報だけでは、この世界のある瞬間を正確に指し示すことはできません。なぜなら、同じ「2023年8月1日12時0分0秒0ナノ秒」であっても、東京に住む人とロンドンに住む人では違う瞬間を指すからです（次ページ図15-12）。

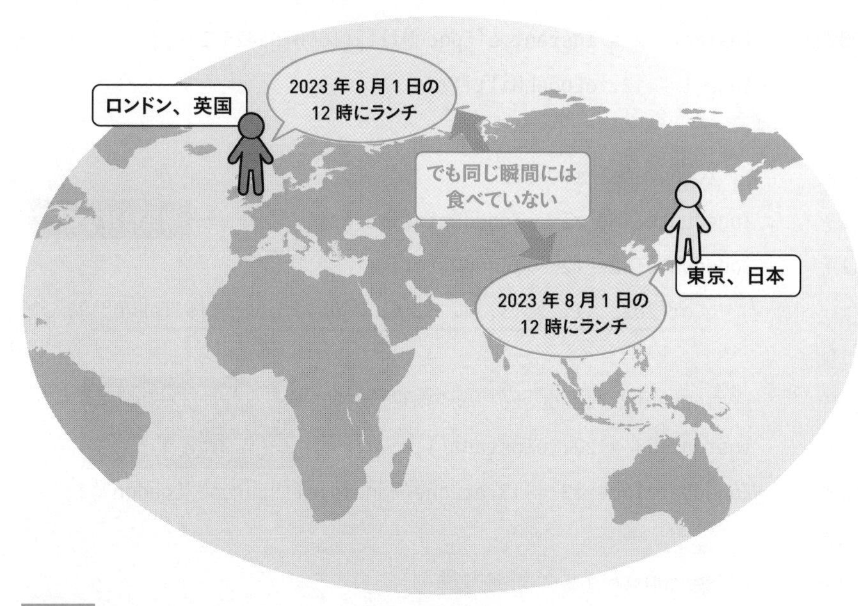

図15-12 タイムゾーンがないと、正確な瞬間を指し示せない

そこで、ZonedDateTimeは、どの都市の人を基準にするかを明確にするために、**タイムゾーン**（time zone）と呼ばれる情報を含んでいます。タイムゾーンは、「Asia/Tokyo」や「Europe/London」などの文字列で表現される情報で、その一覧はIANAという国際標準化団体で管理されています。

Javaの世界では、タイムゾーン情報は**ZoneIdクラス**のインスタンスとして扱います。

コード15-14 InstantとZonedDateTimeを利用する

BJ4FE

Main.java

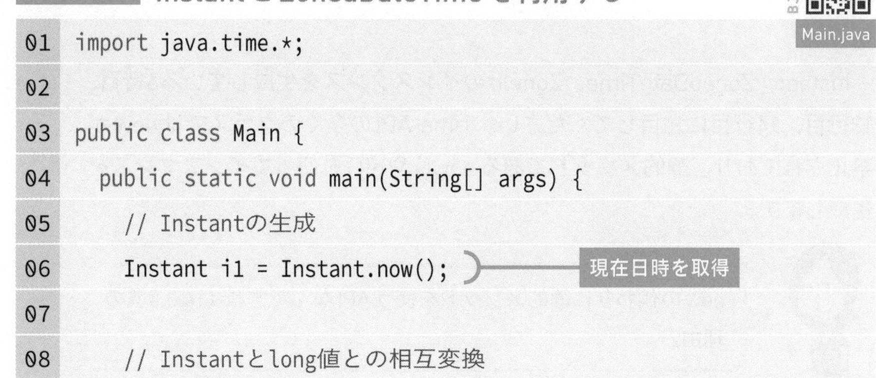

```
01 import java.time.*;
02 
03 public class Main {
04   public static void main(String[] args) {
05     // Instantの生成
06     Instant i1 = Instant.now();
07 
08     // Instantとlong値との相互変換
```


chapter 15

```
09      Instant i2 = Instant.ofEpochMilli(1600705425827L);
10      long l = i2.toEpochMilli();
11
12      // ZonedDateTimeの生成
13      ZonedDateTime z1 = ZonedDateTime.now();
14      ZonedDateTime z2 = ZonedDateTime
            .of(2023, 1, 2, 3, 4, 5, 6, ZoneId.of("Asia/Tokyo"));
15
16      // InstantとZonedDateTimeの相互変換
17      Instant i3 = z2.toInstant();
18      ZonedDateTime z3 = i3.atZone(ZoneId.of("Europe/London"));
19
20      // ZonedDateTimeの利用方法
21      System.out.println("東京:" +
            z2.getYear() + z2.getMonth() + z2.getDayOfMonth());
22      System.out.println("ロンドン:" +
            z3.getYear() + z3.getMonth() + z3.getDayOfMonth());
23      if (z2.isEqual(z3)) {
24        System.out.println("これらは同じ瞬間を指しています");
25      }
26    }
27  }
```

現在日時を取得

「東京時間2023年1月2日3時4分5秒6ナノ秒」を指定して取得

同じ瞬間の判定には、equals()ではなくisEqual()を使う

第Ⅲ部

Instant、ZonedDateTime、ZoneIdのインスタンスを生成している6行目、13行目、14行目に注目してください。Time APIの多くのクラスではnewが禁止されており、静的メソッドであるnow()やof()を使ってインスタンスを生成します。

newの代わりに静的メソッドを使うAPIなんですね（14.3.5項の理由2）。

15.7.3 あいまいな日時を表すクラス

そして、Time APIではやっと「あいまいな日時」を表せるようになったんだ！

えっ…あいまいな情報なんて、使える意味あるんですか？

大ありだよ！　我々が使う日時情報は、たいていがあいまいなんだ。

私たちの日常生活を考えてみましょう。「こどもの日はいつか？」と聞かれれば、みなさん「5月5日」と答えるでしょう。しかしそこで、さらに「何年の？」「その日の何時？」と尋ねられると言葉に詰まってしまうはずです。つまり、**私たちは普段、年・月・日・時・分・秒・ミリ秒などのうち、一部の情報が欠落した「あいまいな日時情報」を使って生活している**のです。それにもかかわらず、これまでJavaには、私たちが日常的に使う「あいまいな日時」を格納できるクラスが存在しませんでした。

たとえば、Dateクラスや Calendarクラスは、内部で「年・月・日・時・分・秒・ミリ秒・タイムゾーン」の全情報を保持します。また、TimeAPIで加わったZonedDateTimeも、全情報を厳密に保持します。そのため、私たちが最もよく使う「2023年1月2日3時4分5秒」のようなミリ秒やタイムゾーンを含まない日時情報は格納しづらかったのです。

あいまいな日時の必要性

私たちは日常で「あいまいな日時」を使って生活している。しかし、そのような日時情報をJavaの世界で正しく再現する手段がなかった。

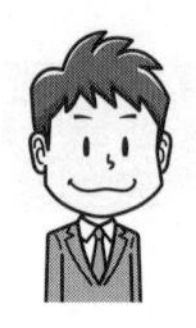

そんなの、たとえば、ZonedDateTimeやCalendarクラスでタイムゾーン部分にゼロを格納しておけばいいじゃないですか？

そうかな。オブジェクト指向の本質を思い出してごらん。

Time APIの登場以前は、湊くんのアイデアのように、あいまいな日時情報を厳密なCalendarクラスにムリヤリ格納する対応がよく行われてきました。しかし、タイムゾーン部分がゼロというのは、本来、「世界標準時から時差ゼロ」、つまりロンドンなどのタイムゾーンを意味するものであって、「タイムゾーンを考慮しない」という意味ではありません。このように、現実世界を正しく再現できない不都合は、数多くの混乱や不具合の原因となってきました。

そこで登場したのが、**LocalDateTimeクラス**です。このクラスはZonedDateTimeとよく似ていますが、タイムゾーン情報だけは格納しません。タイムゾーン情報がないため、LocalDateTimeインスタンス単体では「どの瞬間を指し示しているのか」を確定できません。しかし、私たちが日常的に使う日時情報を格納するには最適なクラスといえるでしょう。

コード15-15 **LocalDateTimeを利用する**

Main.java

```
01 import java.time.*;
02 
03 public class Main {
04   public static void main(String[] args) {
05     // LocalDateTimeの生成方法
06     LocalDateTime l1 = LocalDateTime.now();
07     LocalDateTime l2 = LocalDateTime.of(2024, 1, 1, 9, 5, 0, 0);
08 
09     // LocalDateTimeとZonedDateTimeの相互変換
10     ZonedDateTime z1 = l2.atZone(ZoneId.of("Europe/London"));
11     LocalDateTime l3 = z1.toLocalDateTime();
```

現在日時を取得

2024年1月1日9時5分を指定して取得

```
12      }
13  }
```

15.7.4 その他の日時を表すクラス

LocalDateTimeから、さらにいくつかの情報を削ったクラスも提供されています（表15-9）。

表15-9 時刻を表すその他のクラス

クラス	年	月	日	時間	ゾーン	用途や例
ZonedDateTime	○	○	○	○	○	厳密な日時情報
LocalDateTime	○	○	○	○	×	日常使う日時情報
LocalDate	○	○	○	×	×	誕生日など
LocalTime	×	×	×	○	×	アラーム時刻など
Year	○	×	×	×	×	著作発表年など
YearMonth	○	○	×	×	×	カード有効期限など
Month	×	○	×	×	×	決算月など
MonthDay	×	○	○	×	×	日本の祝日など

確かに「こどもの日は5月5日だね」って言うとき、年の情報は意識しませんね。

そうだね。日常使うさまざまな種類の「あいまいな時間表現」をそのままJavaの世界でも扱えるようになったのは、そういうことなんだ。

ところで、表15-9に挙げたクラスは、あいまいさに違いはあるものの、すべて**時間軸上のある時点を指し示す情報を格納するクラス**という点で共通しています。実際、これらのクラスはすべてjava.time.Temporalインタフェースを実装しており、同様の動作をするメソッドには共通の名前を使うように設計されています（次ページの表15-10）。

表15-10 特定日時を指し示すクラスで共通に利用されるメソッド

メソッド名	静的	解説
now()	○	現在日時からインスタンスを生成する
of() / of ～ ()	○	他の種類から変換してインスタンスを生成する
parse()	○	"2024/4/12" などの文字列からインスタンスを生成する。文字列書式は DateTimeFormatter で指定する
format()	×	保持情報を "2024/04/12" のような文字列に変換する。文字列書式は DateTimeFormatter で指定する
get ～ ()	×	格納する年や月の情報を取得する。「～」部分には、Year、Month、DayOfMonth、Hour、Minute、Second、Nano などが入る
isAfter()	×	引数で指定したインスタンスより未来の日付なら true
isBefore()		引数で指定したインスタンスより過去の日付なら true
plus ～ () minus ～ ()	×	指定したぶんだけ未来または過去の時点を返す。「～」部分には、Years、Months、Days、Hours、Minutes、Seconds、Nanos などが入る
plus() / minus()	×	指定した時間間隔（後述の Period や Duration）のぶんだけ未来または過去の時点を返す

基本的に now()、of()、parse() を使ってインスタンスを取得するよ。new はできない点に注意してほしい。

これらのメソッドを用いたプログラムをコード15-16に示します。

コード15-16 各種日時クラスのメソッドを利用する

Main.java

```
01 import java.time.*;
02 import java.time.format.*;
03 
04 public class Main {
05   public static void main(String[] args) {
06     // 文字列からLocalDateを生成
07     DateTimeFormatter fmt =
         DateTimeFormatter.ofPattern("yyyy/MM/dd");
08     LocalDate ldate =
         LocalDate.parse("2023/09/22", fmt);
```

```
09
10      // 1000日後を計算する
11      LocalDate ldatep = ldate.plusDays(1000);
12      String str = ldatep.format(fmt);
13      System.out.println("1000日後は" + str);
14
15      // 現在日付との比較
16      LocalDate now = LocalDate.now();
17      if (now.isAfter(ldatep)) {
18        System.out.println("本日は、その日より未来です。");
19      }
20    }
21  }
```

15.7.5 時間や期間を表すクラス

Javaで表現しやすくなったのは、日付や時刻だけじゃないんだ。

Javaには長らく「2つの日付の間隔」や「2つの時刻の間隔」を格納する標準的なAPIがありませんでした。そこでTime APIとして加わったのが**Durationクラス**と**Periodクラス**です。

主に「時・分・秒」の単位で収まる比較的短い間隔を表す場合はDurationを使いましょう。一方、サマータイムや閏年なども考慮しながら日数ベースで期間を管理する必要がある場合は、Periodクラスを使ってください。

両クラスとも、静的メソッドbetween()やofDays()、ofMonths()を使ってインスタンスを取得できます。また、表15-10にあるように、LocalDateTimeなどのplus()やminus()の引数として利用することもできます（次ページのコード15-17）。

コード15-17 Periodクラスを利用する

BJ4FH

Main.java

```
01 import java.time.*;
02
03 public class Main {
04   public static void main(String[] args) {
05     LocalDate d1 = LocalDate.of(2023,1,1);
06     LocalDate d2 = LocalDate.of(2023,1,4);
07
08     // 3日間を表すPeriodを2通りの方法で生成
09     Period p1 = Period.ofDays(3);
10     Period p2 = Period.between(d1, d2);
11
12     // d2のさらに3日後を計算する
13     LocalDate d3 = d2.plus(p2);
14   }
15 }
```

15.8 第15章のまとめ

文字列の操作

- Stringクラスに備わっているメソッドを使って、さまざまな文字列操作を行うことができる。
- 多数回の文字列連結には、+演算子ではなくStringBuilderを用いる。
- 正規表現を使うと、さまざまなパターンマッチングを表現できる。

日付と時間の扱い（伝統的なAPI）

- 日時情報は基本的にjava.util.Date型で扱う。
- 「年月日時分秒」の6つのint値からDateインスタンスを得るにはCalendarクラスを使う。
- Dateインスタンスの内容を任意の書式で文字列に整形したい場合は、SimpleDateFormatクラスを使う。

日付と時間の扱い（Time API）

- java.timeパッケージのAPIを用いると、より便利かつ安全に日付や時刻を扱うことができる。
- 厳密な時刻を格納するには、InstantクラスやZonedDateTimeクラスを用いる。
- 日常的に利用する日時情報の格納には、LocalDateTimeクラスが適している。
- あいまいな日時を表現するために、LocalDateやYearMonthなど複数のクラスが準備されている。
- DurationクラスやPeriodクラスには、時間の間隔を格納できる。
- TimeAPIでは多くのクラスでnewが禁止されており、静的メソッドnow()やof()を用いてインスタンスを取得する。

15.9 練習問題

練習15-1

1から100までの整数をカンマで連結した以下のような文字列sを生成するコードを作成してください。

1,2,3,4,5,6,7…98,99,100,

また、完成した文字列sをカンマで分割し、String配列aに格納してください。

練習15-2

フォルダ名が入っている変数folderと、ファイル名が入っている変数fileがあります。fileは必ず「readme.txt」のような形式をしていますが、folderは末尾に¥記号が付いている場合と付いていない場合の両方がありえます。たとえば、「c:¥javadev」や「c:¥user¥」のどちらも、folderの値としては正しい形式です。

folderとfileを連結して、「c:¥javadev¥readme.txt」のような完全なファイル名を表す文字列を組み立てるメソッドを作成してください。

練習15-3

以下の各条件とマッチする正規表現パターンを記述してください。

(1) すべての文字列

(2) 最初の1文字はA、2文字目は数字、3文字目は数字か無し

(3) 最初の1文字はU、2〜4文字目は英大文字

第Ⅲ部

練習15-4

mainメソッドのみを持つクラスMainを定義し、次の手順を参考にして「現在の100日後の日付」を「西暦2024年09月24日」の形式で表示するプログラムを作成してください。

① 現在の日時をDate型で取得する。
② 取得した日時情報をCalendarにセットする。
③ Calendarから「日」の数値を取得する。
④ 取得した値に100を足した値をCalendarの「日」にセットする。
⑤ Calendarの日時情報をDate型に変換する。
⑥ SimpleDateFormatを用いて、指定された形式でDateインスタンスの内容を表示する。

練習15-5

練習15-4と同様の動作を行うプログラムを、Time APIを用いて作成してください。

chapter 16
コレクション

ひとまとまりのデータを扱う方法に「配列」がありますが、
本格的なプログラム開発では、
さらに多くのデータ構造を駆使する必要があるでしょう。
この章では、強力で柔軟なデータ構造の利用を可能にする
API クラス群「コレクションフレームワーク」を紹介します。

contents

16.1 コレクションとは

16.1.1 さまざまなデータ構造

「配列」を初めて学んだ頃のことを覚えているかな。

はい。複数の変数を1つの配列にまとめられて、とても便利でした。

配列は、「複数のデータを1つにまとめて扱う方法」の代表的なものです。配列を使えば、それまでバラバラだった変数を、ひとまとまりの並んだ箱として扱えるのでしたね。

リスト (List)
順序どおりに並べて格納する
（中身の重複可）

歴代の責任者のリスト
田中さん　鈴木さん　田中さん
0番目　1番目　2番目

セット (Set)
順序があるとは限らない
（中身の重複不可）

信号の色
赤　青　黄

マップ (Map)
ペアで対応付けて格納する

都道府県と特産品
京都 → 八ッ橋
熊本 → スイカ
愛知 → きしめん

データ構造には
いろんな種類がある。
それぞれ得意・不得意が
あるので使い分けよう

図16-1　さまざまなデータ構造

ある一定のルールに従ってデータを扱う形式をデータ構造といいますが、配列のように「順序を付けて並べて格納する」データ構造は特に**リスト**（List）と呼ばれています。リスト以外には、図16-1のようなデータ構造が存在します。

Javaにはさまざまなデータ構造に対応したクラスがAPIとして準備されています。それらはjava.utilパッケージに属し、**コレクションフレームワーク**（collection framework）と総称されています（図16-2）。

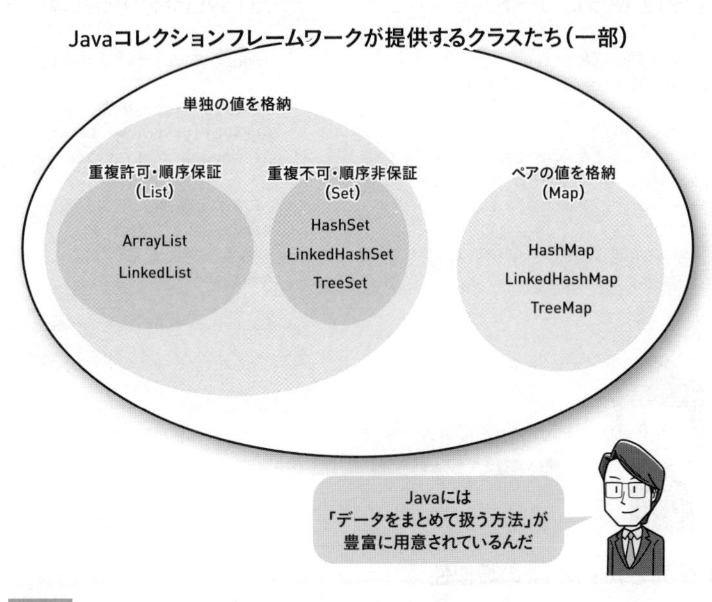

図16-2 コレクションフレームワークで提供されるクラス群

本章ではそのすべてを紹介することはできませんが、実務では大変よく利用されるAPIですから、重要なものをかいつまんで解説します。

16.1.2 コレクションを体験する

「習うより慣れよ」で、まずはコレクションを触ってみよう。いちばん簡単なArrayListを配列と比較してみるよ。

本格的にコレクションの学習を始める前に、コレクションクラスの一種で最も理解しやすい**ArrayList**を触って慣れてみましょう。ArrayListは配列とよく似た作りで、リスト構造でデータを格納できる入れ物クラスです。

「3名の名前を登録して2番目の人の情報を取り出す」という単純なプログラムを「配列利用版」と「ArrayList利用版」で見比べてみてください（図16-3）。

配列を使ったコード

```
// 配列を準備
String[] names = new String[3];

// 3人を追加
names[0] = "たなか";
names[1] = "すずき";
names[2] = "さいとう";

System.out.println(names[1]);
```

ArrayListを使ったコード

```
import java.util.ArrayList;

// ArrayListを準備
ArrayList<String> names =
    new ArrayList<String>();

// 3人を追加
names.add("たなか");
names.add("すずき");
names.add("さいとう");

System.out.println(names.get(1));
```

微妙に違うけど、
使い方はとても似ているね

図16-3 配列とArrayListの類似性

もちろんコードの細部は異なりますが、ArrayListの使い方は配列ととても似ていることがわかりますね。特筆すべき違いは、次の3点です。

1. import文を記述する

ArrayListクラスをはじめとするコレクションクラスはjava.utilパッケージに属していますので、通常はimport文を記述して利用します。

2. <>記号を使って、格納するインスタンスの型を指定する

文字列を格納する場合、配列では格納する型を `String[]` と記述していましたが、ArrayListでは `ArrayList<String>` と記述します。この<>記号を使った一風変わった表現は**ジェネリクス**と呼ばれるJava文法の一種です。

<>記号の中身をHeroやDateに変えると、ArrayListはどんな種類のイン

スタンスでも格納できます（図16-4）。

また、String[]で1つの型（String配列型）を表したように、ArrayList<String>で1つの型を表します。ArrayListをインスタンス化する場合も、`new ArrayList()`ではなく、`new ArrayList<String>()`と記述します。

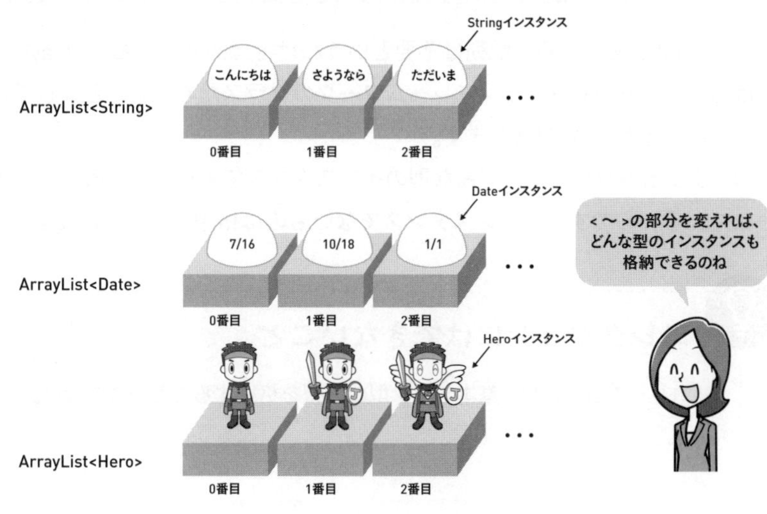

図16-4 さまざまな型のインスタンスを格納可能なArrayList

3. 宣言時のサイズ指定は不要、要素は随時追加できる

配列は宣言する際に「箱をいくつ準備するか」を指定する必要があり、後から箱の数を増やすことはできませんでした。一方、ArrayListをはじめとするコレクションクラスは、宣言時に準備する箱の数を指定しません。なぜなら、**データを追加しようとしたときにもし箱が不足していれば、自動的に追加されていく**からです。

サイズの限界を気にすることなく、どんどん値を追加していけるなんて素敵ね。

これからは配列じゃなくてArrayListを常に使おうと思います！

配列のほうがメモリ効率や性能は高いんだ。でも「自動的にサイズが増える特性」がとても便利だから、実際の開発現場でもArrayListが多く使われているね。

ArrayListがあるから、配列は不要というわけではありません。ArrayListをはじめとするコレクションフレームワークのクラスたちには、どうしてもできないことが1つだけあります。

コレクションクラスは「どんな型のインスタンスでも格納できるように作られている」のですが、**インスタンスでないものは格納できない**のです。

コレクションにはできないこと

コレクションには、基本データ型の情報を格納することができない。

16.1.3 ラッパークラス

えっ、それじゃあ点数管理のようなプログラムにはArrayListを使えないですね…。

もしテストの点数のようなint型の情報をArrayListに格納したい場合、そのままでは格納できません。そこでAPIには、8つの基本データ型（1.3.3項）に対応して、「基本データ型の情報を中身に保持すること」を責務とする8つのクラスが用意されており、**ラッパークラス**（wrapper class）と総称されています（表16-1）。

たとえば、java.lang.Integerクラスは、中身にint型の数値を1つだけ持つインスタンスを使うためのクラスです。

表16-1 基本データ型とラッパークラスの対応

基本データ型	ラッパークラス
byte	java.lang.Byte
short	java.lang.Short
int	java.lang.Integer
long	java.lang.Long

基本データ型	ラッパークラス
float	java.lang.Float
double	java.lang.Double
char	java.lang.Character
boolean	java.lang.Boolean

なるほど。ArrayList<int>はダメでも、ArrayList<Integer>にして、Integerインスタンスを入れればいいのね。

だけど、いちいち `Integer i = new Integer(35);` みたいにして、それからArrayListに格納するのは面倒だよ。

湊くんのような煩雑さを感じる人も少なくありません。そこでJavaには、Integerなどのラッパークラス型のインスタンスとint型などの基本データ型のデータを相互に自動変換する、**オートボクシング**（AutoBoxing）と**オートアンボクシング**（AutoUnboxing）という機能が備わっています。この機能を使えば、次ページのコード16-1のようにあたかもint型の値をArrayListに格納するような使い方ができます。

しかし、ArrayListが内部で保持できるのはあくまでもInteger型のインスタンスであり、「ArrayList<int>」のような型を使うことはできません（図16-5）。

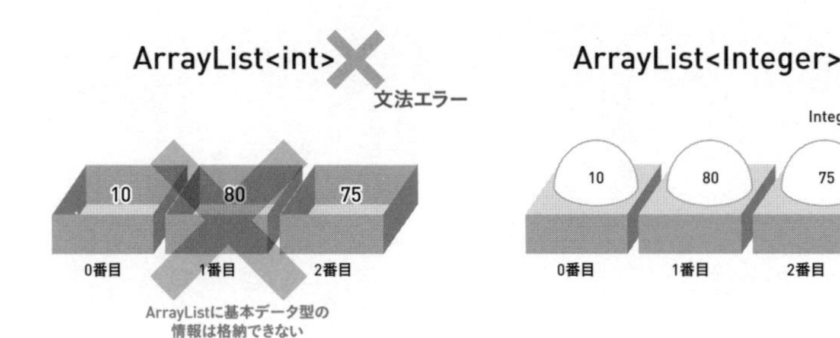

図16-5 int型はダメでもInteger型なら格納可能

コード16-1 ラッパークラスをArrayListに格納する

BJ4G1

Main.java

```
01 import java.util.ArrayList;
02
03 public class Main {
04   public static void main(String[] args) {
05     ArrayList<Integer> points = new ArrayList<Integer>();
06     points.add(10);
07     points.add(80);
08     points.add(75);
09     for (int i : points) {
10       System.out.println(i);
11     }
12   }
13 }
```

Integer型でArrayListを宣言

自動的にIntegerに変換、格納される

拡張for文（4.4.5項）も利用可能

なお、このような自動変換に頼らず、明示的に基本型とラッパークラスを変換したい場合、次のようにvalueOf()や～Value()を使ってください。前ページの湊くんが言った、newを使う方法はJava9から非推奨となりましたので避けましょう。

```
Integer i1 = Integer.valueOf(16);
int i2 = i1.intValue();
```

16.2 ArrayListの使い方

16.2.1 ArrayListの宣言と操作

ArrayListを宣言するには、次の構文を利用します。

ArrayListの宣言

```
ArrayList<～> 変数名 = new ArrayList<～>();
```

※ ～の部分にはArrayListに格納するインスタンスの型名を指定する。
※ 右辺のインスタンス型名は省略可能。

ArrayListは要素を操作するためのさまざまなメソッドを備えています（表16-2）。次に、その中でも代表的なものを紹介します。

表16-2 ArrayList<●>が備えるメソッド

操作	戻り値	メソッド	機能
追加	boolean	add(●)※1	リストの最後に要素を追加
	void	add(int, ●)	リストの int 番目に要素を挿入
	~	set(int, ●)	リストの int 番目の要素を上書き
取得	~	get(int)	int 番目の要素を取り出す
調査	int	size()	格納されている要素数を返す
	boolean	isEmpty()	要素数がゼロであるかを判定
	boolean	contains(●)	指定要素が含まれているかを判定
	int	indexOf(●)	指定要素が何番目にあるかを検索
削除	void	clear()	要素をすべて削除する
	~	remove(int)	int 番目の要素を削除する
イテレータ※2	Iterator< ● >	iterator()	要素を順に処理するイテレータを返す

※1 ●はインスタンス型名を示す。
※2 イテレータについては後述。

要素を格納する

要素を格納するには、add()またはset()を利用します。add()は渡す引数の数によって動作が変わります。追加する要素だけを引数に指定すると、ArrayListの末尾に追加されます。0から始まるint値と要素の2つを引数として渡すと、int値の位置に要素が挿入されます。set()も同様に2つの引数を受け取りますが、指定位置の要素を上書きして置き換え、古い要素を戻り値として返します（図16-6）。

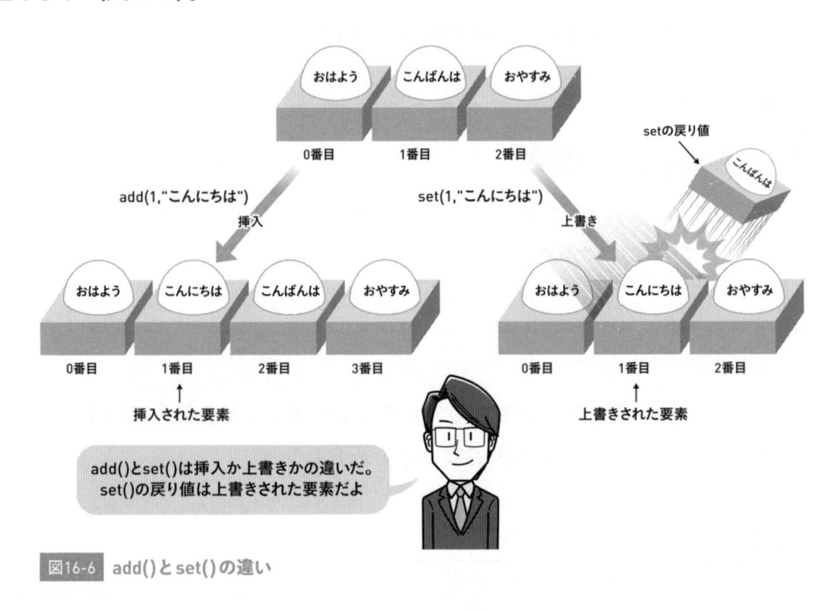

図16-6 add()とset()の違い

要素を取り出す

要素を取り出すには、get()を使います。要素の位置（添え字）の指定が、やはり0から始まる点に注意してください。

添え字が0から始まるのは、配列と同じなんだね。

リストを調査する

配列では要素数を調べるために「.length」を用いましたが、コレクションではその代わりにsize()を利用します。もし、要素数が0かどうかを判定したい場合には、size()ではなくisEmpty()を用いればコードが読みやすくなるでしょう。

なお、リスト内にある値が「含まれているか否か」だけを調べたいときにはcontains()を利用できますが、「何番目の位置に含まれているのか」まで調べたいときには、indexOf()を利用してください。

要素を削除する

すべての要素を削除するにはclear()を、指定位置の要素を削除するにはremove()を用います。remove()で要素を削除すると、削除された要素の後ろにあったすべての要素は1つずつ前に詰められます（図16-7）。

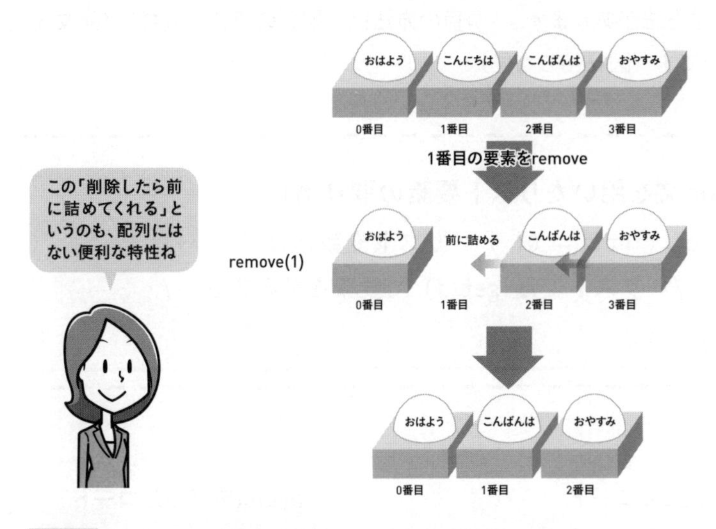

図16-7 remove()による要素の変化

なお、newの後ろに記述する<>記号の中身は省略可能です。この場合、Javaは左辺の<>の記述に基づいて右辺の<>の中身を推測してくれます。中身が省略された<>の部分を**ダイヤモンド演算子**と呼ぶことがあります。

```
ArrayList<Integer> points = new ArrayList<>();
```

ダイヤモンド演算子

16.2.2 要素を順に取り出す3つの方法

size()とget()を使えば、中身を1つずつ取り出して表示するプログラムを書けそうです。

さすが湊くん。もう頭の中にfor文のイメージができているね。

リストの中身を先頭から1つずつ取り出して何らかの処理を行うためには、3つの記述方法があります。1つ目の方法は、配列の場合と同様にfor文を用いるものです（図16-8の右側）。

for文を用いたリスト要素の取り出し

```
for (int i = 0; i < リスト変数.size(); i++) {
  /* リスト変数.get(i) で要素を読み書き */
}
```

配列を使ったコード

```
String[] names = new String[3];
           ⋮
for (int i = 0; i < names.length; i++) {
  System.out.println(names[i]);
}
```

ArrayListを使ったコード

```
ArrayList<String> names =
    new ArrayList<String>();
      ⋮
for (int i = 0; i < names.size(); i++) {
  System.out.println(names.get(i));
}
```

リストでも配列と同じようにfor文で繰り返し処理できるのね

図16-8 for文を用いたArrayListの内容取得

第Ⅲ部

また、2つ目の方法は拡張for文（p.156）を用いたものです（図16-9）。

拡張for文を用いたリスト要素の取り出し

```
for (リスト要素の型 e :リスト変数) {
  /* e で要素を読み書き */
}
```

配列を使ったコード

```
String[] names = new String[3];
     ⋮

for (String s : names) {
  System.out.println(s);
}
```

ArrayListを使ったコード

```
ArrayList<String> names =
   new ArrayList<String>();
      ⋮

for (String s : names) {
  System.out.println(s);
}
```

拡張for文だと、
どちらも同じ書き方になるよ

図16-9 拡張for文を用いたArrayListの内容取得

for文や拡張for文の使い方は、配列のときと似てるから楽勝ですね。

ははは。湊くんも言うようになったねぇ。では次項で3つ目の方法を紹介しよう。コレクション特有の方法だよ。

16.2.3 イテレータ

リストの中身を1つずつ取り出す3つ目の方法は、**イテレータ**（iterator）と呼ばれるコレクションクラスの中身を順に取り出すための専用の道具を用いた方法です。

あぁ、またややこしそうなのがでてきたぁ。

大丈夫。まずは頭の中に「箱が5つ並んだArrayList」を思い浮かべてごらん。そしてどれか1つの箱に「注目する」ときにイテレータを使うんだ。

イテレータとは、**リストに含まれる1つの箱を「ココ！」と指している矢印のようなもの**とイメージしてください。この矢印は、「次へ！」と指示されれば、どんどん次の箱を指すよう移動していくことができます（図16-10）。

そしてこの矢印に、「まず0番目の箱を指せ」→「中身を取り出せ」→「次の箱を指せ」→「中身を取り出せ」→「次の箱を指せ」→… という指示を繰り返して、リストの中身を1つずつ取り出すのです。

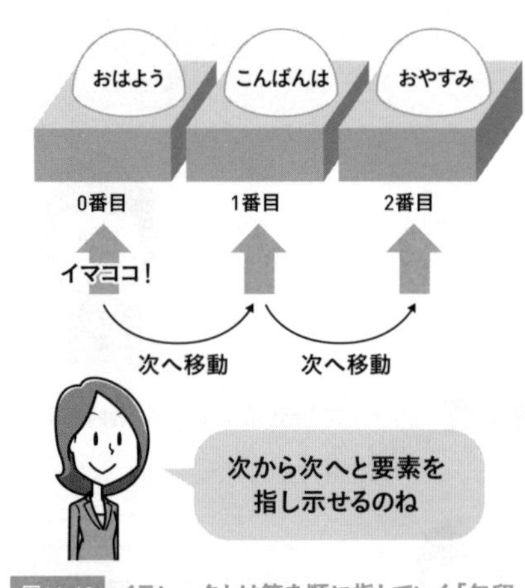

図16-10 イテレータとは箱を順に指していく「矢印」

なるほど。実際にイテレータを使うためには、どんなプログラムを書けばいいんですか？

まずは箱を指す矢印であるイテレータのインスタンスをJVM内の仮想世界に生み出す必要があるね。

Javaでは、ある～型の箱を指すことができる矢印を、java.util.Iterator<～>型のインスタンスとして扱います。たとえば、文字列型の箱が並んだArrayList <String>型がある場合、そのリストの箱を指すイテレータとしてIterator<String>型を生み出して利用すればよいのです。

さて、インスタンスを生み出すというとnew演算子が思い浮かぶかもしれません。しかし、**イテレータのインスタンスを生み出す場合はnewを使いません**。その代わりにリスト変数自体のiteratorメソッドを呼び出すと、リストの先頭を指したイテレータのインスタンスを得ることができます。

イテレータの取得

```
Iterator<リスト要素の型> it = リスト変数.iterator();
```

イテレータを取得したとき、JVMの内部は図16-11の状態になっています。

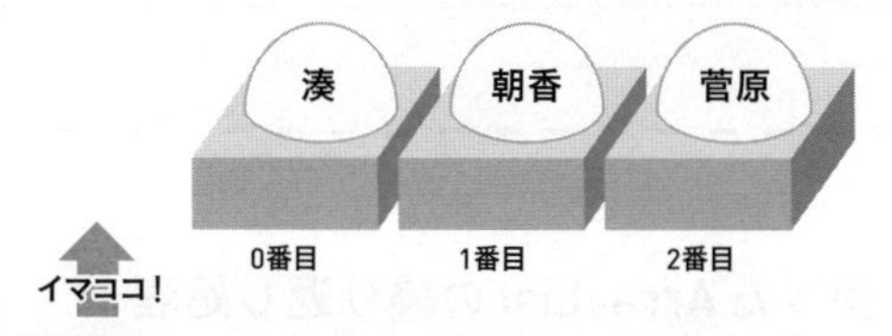

図16-11 iterator()を呼び出してイテレータを取得する

先輩。この矢印、指している場所がヘンじゃないですか？　先頭の0番目の箱を指していませんけど…。

いや、これで正しいんだよ。

このように、あるArrayListについてiteratorメソッドを呼び出すと、そのリストの**先頭（最初の箱）よりもっと前を指した状態のイテレータが取得**されます。

そして、取得できたイテレータのインスタンスに対して行える操作は、基本的に表16-3に挙げた2つしかありません。

表16-3 Iterator<●>が備えるメソッド

戻り値	メソッド	機能
boolean	hasNext()	次の要素を指せるかを判定
~	next()	次の要素を指し、その内容（～型）を返す

これら2つのメソッドを次のように組み合わせると、ArrayListの要素を先頭から順番に1つずつ取り出すことができます（コード16-2）。

イテレータを用いたリスト要素の取り出し

```
Iterator<リスト要素の型> it = リスト変数.iterator();
while (it.hasNext()) {
    リスト要素の型 e = it.next();
    /* 要素eを用いた処理 */
}
```

コード16-2 イテレータを使ったArrayListの繰り返し処理

Main.java

```
01 import java.util.*;
02 
03 public class Main {
04   public static void main(String[] args) {
05     ArrayList<String> names = new ArrayList<String>();
06     names.add("湊");
07     names.add("朝香");
08     names.add("菅原");
```

第Ⅲ部

```
09     Iterator<String> it = names.iterator();
10     while (it.hasNext()) {          // 矢印を次に進められるなら繰り返す
11       String e = it.next();         // 矢印を次に進め、内容を取り出す
12       System.out.println(e);
13     }
14   }
15 }
```

拡張for文を用いた方法と比べると構文はやや複雑ですが、イテレータの利用が必要な場面もあります。リストから要素を順に取り出す3種類の方法はすべて利用できるようにしておきましょう（図16-12）。

for文	拡張for文	イテレータ
【長所】 ・古いJavaでも利用可能	【長所】 ・構文がわかりやすい ・Setなどでも利用可能	【長所】 ・古いJavaでも利用可能 ・Setなどでも利用可能
【短所】 ・構文がわかりにくい	【短所】 ・周回数を取得できない	【短所】 ・構文がわかりにくい ・周回数を取得できない

図16-12 ArrayListの中身を順に取り出す3種類の方法

chapter 16

16.3 LinkedListの使い方

16.3.1 連結されたリスト

コレクションフレームワークには、ArrayListのほかにも**LinkedList**というクラスが準備されています。両者はどちらもリストを実現しているクラスであり、備えているメソッドや使い方もほとんど同じです。実際、LinkedListは表16-2（p.581）のメソッドをすべて持っており、たとえば、コード16-2（p.588）の `ArrayList` を `LinkedList` に書き換えても同じように動作します。

同じ機能なのに、わざわざ違うクラスが準備してあるってことは、何か違いがあるはずですよね？

そうなんだ。小さな違いだけど、場合によっては動作に大きな影響を与えることもあるんだ。

ArrayListとLinkedListには、クラス内部の作り（内部実装）に違いがあります。ArrayListは配列を応用して作られたものですが、LinkedListは**連結リスト**と呼ばれる構造を応用して作られています（次ページの図16-13）。

「同様の動作を実現するものだが、内部構造が違う」という意味では、ガソリン自動車と電気自動車のようなものかもしれません。ガソリン自動車と電気自動車は、「運転する人にとってはほぼ同じもの」です。しかし長距離の移動であればガソリン自動車が、エコロジー面では電気自動車が有利なように、ArrayListとLinkedListには次ページの表16-4のような**内部構造の違いに起因した動作の違い**があります。主な違いは次の2つです。

1. 要素の挿入や削除に対する違い

リストの途中に要素が挿入または削除される処理は、ArrayListがもっとも

ArrayListの内部実装のようす（配列）

それぞれの箱が整列している。

おはよう　こんにちは　こんばんは　おやすみ

0番目　1番目　2番目　3番目

LinkedListの内部実装のようす（連結リスト）

それぞれの箱自体はバラバラ。
しかし、それぞれの箱は「次はどの箱につながるか」という
連結情報を持っており、数珠つなぎの状態になっている。

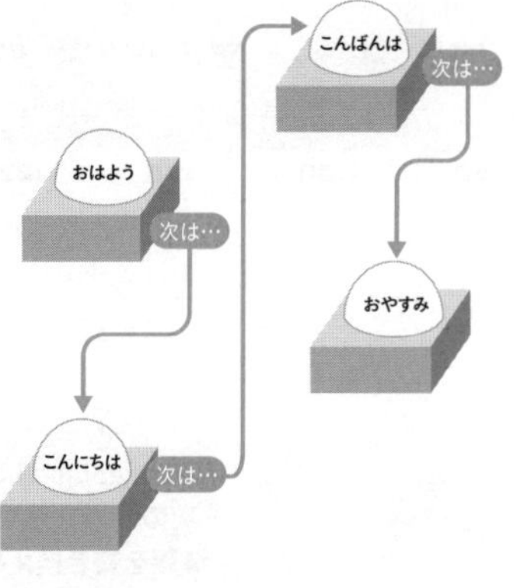

図16-13 内部構造が異なるArrayListとLinkedList

表16-4 内部構造の違いによる得意・不得意

ArrayList	比較項目	LinkedList
配列 （隙間無く並んだ箱）	内部構造	連結リスト （数珠つなぎの箱）
✕（遅い）	要素の挿入・削除 add()、remove()	✓（速い）
✓（速い）	指定位置の要素の取得 get()	✕（遅い）

苦手とする処理です。なぜなら途中の要素が削除されると、それより後ろにあった要素を「玉突き方式」で1つずつ前に移動させていく処理が必要になるからです。もし要素数が10,000個であるリストの2番目の要素が削除されたら、9,998回の玉突きコピーを行わなければなりません（次ページ図16-14の左側）。

一方のLinkedListにとって、要素の挿入や削除は得意な処理です。たとえばremove()を行う場合、削除対象の1つ前の要素に対して、次の箱を示す連結情報を書き換えるだけでよいからです（次ページの図16-14の右側）。

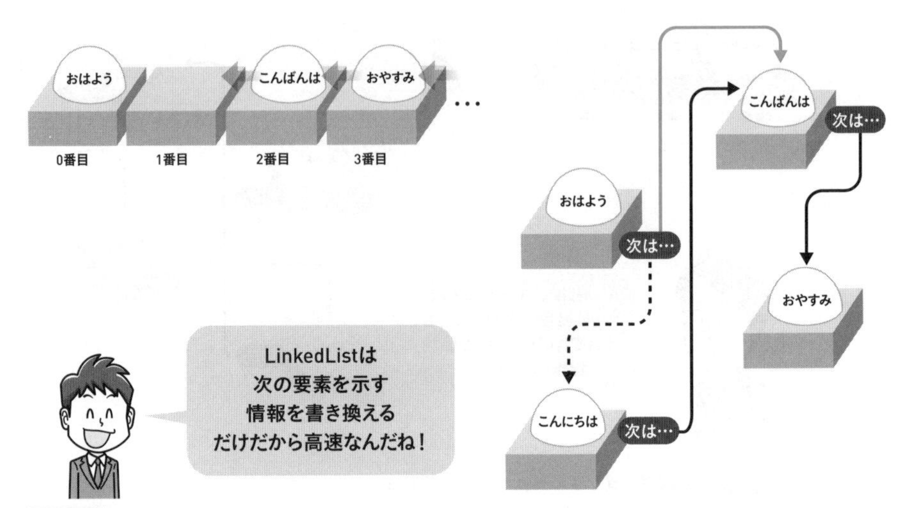

図16-14 要素を削除した際の動作の違い

2. 添え字の指定に対する違い

しかし、LinkedListにも弱点があります。連結リスト方式であるため、get()を使った要素の取り出しが苦手なのです。連結リストは単なる「数珠つなぎの箱」ですので、それぞれの箱には「○番目」という番号は振ってありません。よって、get()などで「○番目を取得せよ」と指示された場合、先頭から○番目まで数えながら辿っていく必要があります。

たとえば、10,000個の箱が数珠つなぎになっているLinkedListの場合、9,998番目の要素を取得すると指示されたら、先頭から順に9,998回も辿っていかなければならないのです。

要素数が多いLinkedListで末尾付近の要素をadd()やremove()するときにも注意が必要だ。get()同様、要素に辿り着くまで延々と要素を辿る必要があるため、結果的にArrayListより遅くなることもあるよ。

16.3.2 ザックリとらえれば、どちらもList

ArrayListとLinkedListは内部の構造や得意不得意は違うけど、表面的にはとても似ている、「兄弟みたい」な関係なんですね。

APIリファレンスを調べたら、ArrayListとLinkedListは本当に兄弟だという証拠が見つかりました！

ArrayListとLinkedListは内部構造に違いがあるものの、「ざっくり見れば同じList」です。実際、両者はともにjava.util.Listインタフェースを実装しており、これまでに紹介したget()やremove()、size()やiterator()などはすべてListインタフェースに定義してあるメソッドです。

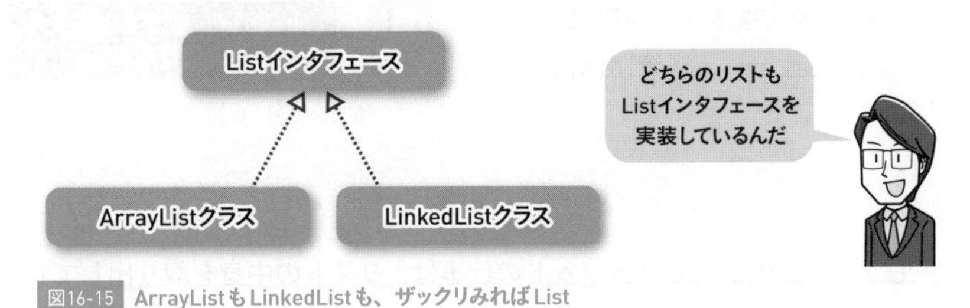
Listインタフェース
ArrayListクラス
LinkedListクラス
どちらのリストも
Listインタフェースを
実装しているんだ

図16-15 ArrayListもLinkedListも、ザックリみればList

「ArrayList is-a List」かつ「LinkedList is-a List」ですので、次のようなソースコードを記述できます。

```
List<String> list1 = new ArrayList<String>();
List<Hero> list2 = new LinkedList<Hero>();
```

このコードでは、右辺でnewをするときに具体的なクラス名（ArrayListやLinkedList）を使い、左辺の変数の型としてはあいまいなインタフェース名（List）を利用しています。

このように、コレクションのインスタンスは極力あいまいな型で取り扱うのが「通」なやりかただよ。

リストインスタンスを格納する変数や引数・戻り値の型は、極力あいまいな型を用いるのをおすすめします。newをする段階ではどの実装を利用するか意識する必要はありますが、その後の利用においては実装の違いを気にする機会は少なく、**「ざっくりListとして扱う」ほうがメリットが大きい**からです。

たとえば、あるリストを受け取って、その要素のすべてを表示するメソッドを作る状況を考えてみましょう。次のコードのように、ArrayListだけを受け付けるメソッドとして作ってしまうと、利用する側にとってはLinkedListなどほかのリストを渡せなくなってしまいます。

```
public static void printList(ArrayList<String> list) {
  for (String s : list) {
    System.out.println(s);
  }
}
```

List<String>型なら、どんなリストでも受け取れる

しかし、このprintListメソッドの仕事は、リストの中身を取り出して1つずつ表示することであって、リストの内部構造が配列であるか連結リストであるかを気にする必要はありません。

このメソッドは引数をList<String>型に変更すると、ArrayList<String>やLinkedList<String>など、どんなリストでも受け取って中身を表示できるようになります。

第Ⅲ部

インタフェース型の活用

引数・戻り値・ローカル変数には、極力あいまいな型（インタフェース型）を利用できないかを検討し、積極的に利用する。

16.4 Set関連のクラス

16.4.1 コレクションクラスの全体像

ここまで、リスト構造に関する3つの代表的な型（ArrayList、LinkedList、List）を紹介しました。コレクションフレームワークでは、リスト以外にもさまざまなデータ構造に関するクラスやインタフェースを提供していますので、コレクションフレームワークの全体像を見てみましょう（図16-16）。

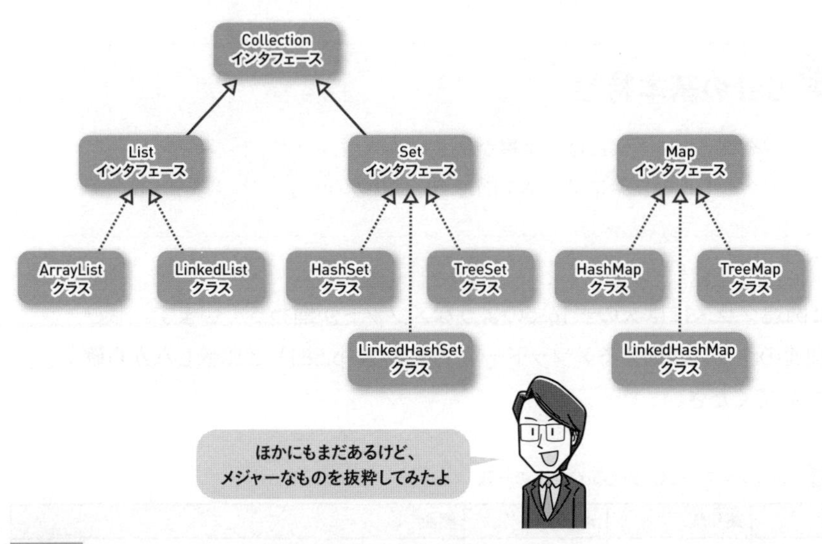

図16-16 コレクションフレームワークに含まれるさまざまなクラス

今まで学んできたのは左端の3つだけで、ほかにもいろんなクラスがあるんだなぁ。

大きく分けると、List関連、Set関連、Map関連の3種類みたいね。

chapter 16

16.4.2 java.util.HashSetクラス

java.util.Setインタフェースを実装するコレクションクラスの中でもっとも一般的なのが、java.util.HashSetクラスです。これらSet関連クラスは**集合**（**セット**）というデータ構造を実現します。集合は、重複がなく順序を持たない複数の情報を格納できます。

たとえば、信号の色をひとまとめにして管理することを考えましょう。要素には「赤・青・黄」の3つが含まれ、「赤・赤・青・黄」などと重複はしません。また、3つの色に順番はなく、とにかく「赤」と「青」と「黄」が含まれていればよいはずです。このように、重複は許さないけれど、その順番は問わないデータの集まりを利用したい場合にSet関連クラスを用います。

Setの基本特性

・それぞれの要素には、重複が許されない。
・それぞれの要素には、基本的に順序関係がない。

Set関連クラスには次の表16-5のようなメソッドが備わっています。ぜひList関連のクラスが備えるメソッド一覧（表16-2、p.581）と比較しながら確認してみてください。

表16-5 Setインタフェースが備えるメソッドの一覧

操作	戻り値	メソッド	機能
追加	boolean	add(●)	セットに要素を追加
取得	(なし)	(なし)	(なし)
調査	int	size()	格納されている要素数を返す
	boolean	isEmpty()	要素数がゼロであるかを判定
	boolean	contains(●)	指定要素が含まれているかを判定
削除	void	clear()	要素をすべて削除する
	boolean	remove(●)	指定した内容の要素を削除する
イテレータ	Iterator<●>	iterator()	要素を順に処理するイテレータを返す

※●は要素を示す。

Set はListと似た部分もありますが、Listと比較して注意しなければならないのは、次の3点です。

1. 重複した値を格納しようとすると無視される

add()を呼び出して要素を格納できますが、すでに同じもの（equals()で等価と判断されるもの）が格納されている場合は無視されます。

コード16-3 Setに重複した値を追加しようとすると…

BJ4G3

Main.java

```
01 import java.util.HashSet;
02 import java.util.Set;
03
04 public class Main {
05   public static void main(String[] args) {
06     Set<String> colors = new HashSet<String>();
07     colors.add("赤");
08     colors.add("青");
09     colors.add("黄");
10     colors.add("赤");
11     System.out.println("色は" + colors.size() + "種類");
12   }
13 }
```

重複して「赤」を格納しようとしても無視される

```
色は3種類
```

追加が無視された

2. set()やget()がない

リストには「○番目の要素を取得する」「○番目に要素を追加する」ためにget()やset()が存在しました。しかし、要素に順序関係がないSetには、そもそも「○番目」という概念がなく、添え字を使った操作は行えません。

chapter 16

get()が使えないと、セットに入れた値を1つずつ取り出せないんじゃないですか？

大丈夫よ。拡張for文やイテレータを使えばいいじゃない。

そのとおり。でも落とし穴があるから注意しよう。

3. 要素は順不同で取り出される

セットの要素には順序がありません。よって拡張for文やイテレータを使ってセットの中身を1つずつ取り出す場合、**どのような順序で要素が取り出されるかは一切保証されていない**ことに注意が必要です。

次のコード16-4の実行結果を見ればわかるように、格納した順序とはまったく異なる順序で取り出されることもあります。また、実行するたびに異なる順序で取り出されるかもしれません。

コード16-4 Setから要素を取り出すと…

Main.java

```
01 import java.util.HashSet;
02 import java.util.Set;
03 
04 public class Main {
05   public static void main(String[] args) {
06     Set<String> colors = new HashSet<String>();
07     colors.add("赤");
08     colors.add("青");
09     colors.add("黄");
10     for (String s : colors) {
11       System.out.print(s + "→");
12     }
```

赤・青・黄の順に格納

第Ⅲ部

```
13    }
14  }
```

青→赤→黄→ 格納の順序と異なっている

※ 実行のたびに結果が異なる可能性があります。

16.4.3 Setの実装バリエーション

うーん、RPGのパーティをSetで管理したら便利そうだけど、順序が保証されないのはイマイチだなあ。

すでに解説したとおり、基本的にセットというデータ構造では要素同士の順序は管理できませんし、その順序は保証されません。しかし、それでは困るという場合は、次のようなルールに従って順序を保証するTreeSetやLinkedHashSetといった実装を利用できます。

順序が保証されるSetバリエーション

LinkedHashSet　値を格納した順序に整列する
TreeSet　自然順序付けで整列する

自然順序付けって、どんな順序なんですか？

それぞれのクラス固有の順序のことだよ。たとえばStringクラスでは辞書順になるよう定義されているんだ。

String型の複数の文字列をTreeSetに格納すると、簡単に「辞書順」で取り出すことができます（次ページのコード16-5）。

コード16-5 **TreeSetから文字列を取り出すと…**

BJ4G5

Main.java

```
01 import java.util.Set;
02 import java.util.TreeSet;
03 
04 public class Main {
05   public static void main(String[] args) {
06     Set<String> words = new TreeSet<String>();
07     words.add("dog");
08     words.add("cat");
09     words.add("wolf");
10     words.add("panda");
11     for (String s : words) {
12       System.out.print(s + "→");
13     }
14   }
15 }
```

```
cat→dog→panda→wolf→
```

Heroなど自分で作成したクラスでは、開発者が自然順序を定める必要がある。詳細は本書の続編である『スッキリわかるJava入門 実践編』などを参照してほしい。

第III部

16.5 Mapの使い方

16.5.1 ペアを格納するデータ構造

マップ（Map）とは、2つの情報をキー（key）と値（value）のペアとして格納するデータ構造です。格納した値は、キーを指定して読み書きできます。とても便利なデータ構造なので、さまざまなプログラム開発において多用されます。

Javaでは、java.util.Mapインタフェースおよびjava.util.HashMapクラスに代表される各種実装クラスを用いて、手軽にマップを活用できます。このとき、「String型のデータを格納するList」をList<String>型と表現したように、「String型のキーとInteger型の値のペアを格納するMap」は、Map<String, Integer>型と表現します（図16-17）。

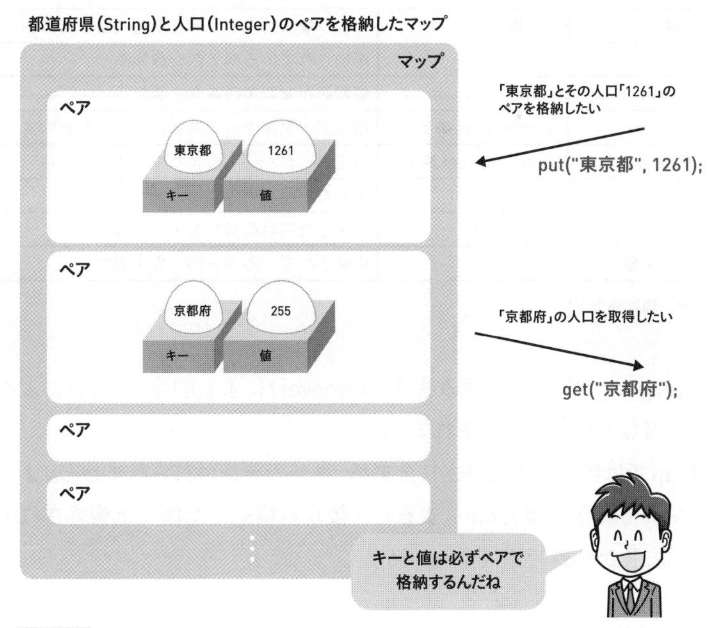

図16-17 マップの利用

16.5.2 HashMapクラスの利用

Mapインタフェースの実装で特に多く利用されるのは、java.util.HashMapクラスです。HashMapのインスタンス化は次の構文で行います。

HashMapのインスタンス化

```
Map<キーの型, 値の型> マップ変数 =
    new HashMap<キーの型, 値の型>();
```

※ 右辺のインスタンス型名は省略可能。

また、HashMapは表16-6のようなメソッドを持っています。

表16-6 HashMap <●, ■>が備えるメソッド

操作	戻り値	メソッド	意味
追加	■	put(●, ■)	マップに●と■のペアを格納する
取得	■	get(●)	キー値●に対応する値を取得（なければnull）
調査	int	size()	格納されているペア数を数える
	boolean	isEmpty()	要素数がゼロであるかを判定
	boolean	containsKey(●)	指定データがキーに含まれているかを判定
	boolean	containsValue(■)	指定データが値に含まれているかを判定
削除	void	clear()	要素をすべて削除する
	■	remove(●)	指定した内容の要素を削除する
その他	Set< ● >	keySet()	格納されているキーの一覧を返す

※ ●はキーを、■は値を示す

特に、get()とput()による読み書き、remove()による削除、size()によるペア数の取得などがよく利用されます。

なお、Mapでは値の重複は許されますが、**キーの重複は許されません**。よって、同じキーで異なる値をput()すると、後から格納した値で上書きされてしまうので注意が必要です（コード16-6）。

コード16-6 **HashMapクラスの利用**

BJ4G6

Main.java

```
01 import java.util.*;
02 
03 public class Main {
04   public static void main(String[] args) {
05     Map<String, Integer> prefs = new HashMap<String, Integer>();
06     prefs.put("京都府", 255);
07     prefs.put("東京都", 1261);
08     prefs.put("熊本県", 181);
09     int tokyo = prefs.get("東京都");
10     System.out.println("東京都の人口は、" + tokyo);
11     prefs.remove("京都府");
12     prefs.put("熊本県", 182);
13     int kumamoto = prefs.get("熊本県");
14     System.out.println("熊本県の人口は、" + kumamoto);
15   }
16 }
```

ペアで値を格納（06〜08行目）

キーを指定し値を取得（09行目）

値を182で上書き（12行目）

```
東京都の人口は、1261
熊本県の人口は、182
```

値が上書きされた

16.5.3 HashMapの中身を1つずつ取り出す

HashMapの中の情報を拡張for文で取り出そうとしたんですけど、うまくいかなくって…。

マップの中身を取り出すには、ちょっとしたコツが必要なんだよ。

chapter 16

HashMapに格納されたペアを順に取り出す場合、ListやSetと同様の方法で取り出そうとするとエラーが出てしまいます。

```
Map<String, Integer> prefs = new HashMap<String, Integer>();
for (String pref : prefs){ … }   ← ここで構文エラーが発生
```

マップに格納されたデータを順に取り出す方法はいくつかありますが、「キーの一覧を取得」→「各キーについて対応する値を取得」の2段階の手続きを踏む方法が比較的理解しやすいでしょう（コード16-7）。

コード16-7 マップに格納された情報を1つずつ取り出す

BJ4G7

Main.java

```
01 import java.util.*;
02
03 public class Main {
04   public static void main(String[] args) {
05     Map<String, Integer> prefs = new HashMap<String, Integer>();
06     prefs.put("京都府", 255);
07     prefs.put("東京都", 1261);
08     prefs.put("熊本県", 182);
09     for (String key : prefs.keySet()) {   ← 県名一覧を取得し繰り返す
10       int value = prefs.get(key);   ← 県名（キー）を指定し人口（値）を取得
11       System.out.println(key + "の人口は、" + value);
12     }
13   }
14 }
```

```
東京都の人口は、1261
京都府の人口は、255
熊本県の人口は、182
```

第Ⅲ部

マップに格納された情報を1つずつ取り出す

```
for (キーの型 key : マップ変数.keySet()) {
  値の型 value = マップ変数.get(key);
  /* keyとvalueを用いて何らかの処理を行う */
}
```

なお、HashMapは格納したペア同士の順序を保証しないコレクションなので、毎回同じ順序で取り出せるとは限りません。よって、格納順に取り出したい場合はLinkedHashMapを、自然順序で取り出したい場合はTreeMapを利用してください。

column

Collectionインタフェース

16.2〜16.3節で学んだList関連と16.4節で学んだSet関連のクラスは、共通の親インタフェースとしてjava.util.Collectionを持っています。このインタフェースは「(重複しているか否かを問わず) 何らかの単独データの集まり」を表す、とても抽象度が高いインタフェースです。

16.5節で紹介したMapは、「ペアデータの集まり」であるため、Collectionインタフェースとは継承関係にありません（図16-16、p.595)。

column

CollectionsクラスとArraysクラス

JavaAPIには、コレクションや配列を便利に利用するための命令を集めたクラスが用意されています。以下の両クラスに備わるすべてのメソッドはstaticですので、インスタンス化することなく利用できます。

- java.util.Collections　：**コレクション操作関連の便利なメソッド集**
- java.util.Arrays　：**配列操作関連の便利なメソッド集**

16.6 コレクションの応用

16.6.1 コレクションのネスト

これまで、List、Set、Mapに関するさまざまなコレクションクラスを学びました。これらのコレクションクラスは、要素として別のコレクションを格納することも可能です。

たとえば、「都道府県別特産物ランキング」を考えてみましょう。各都道府県に対して、順位付けされた複数の特産物データを保持する必要があります。結果として、図16-18のようなMapの中にListがネストした構造になるでしょう。

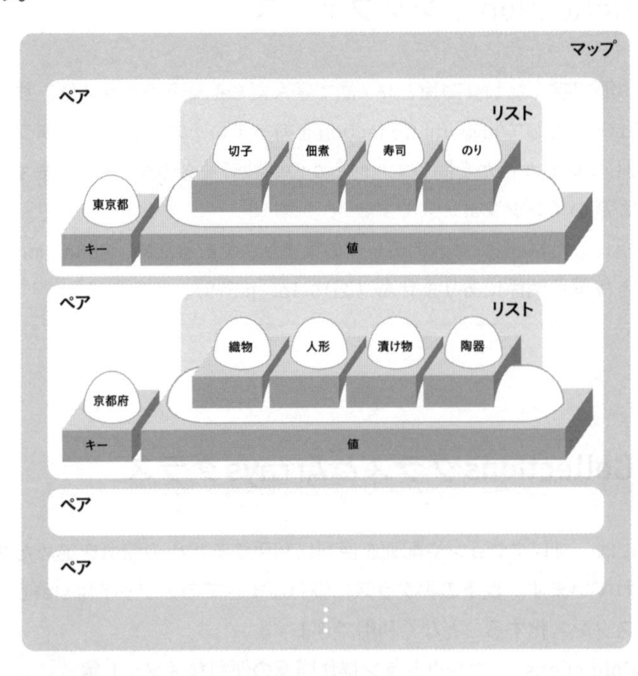

図16-18 ネストしたコレクション

このMapは、「文字列」と「文字列リスト」のペアを格納するので、Map<String, List<String>>という型を使います。ほかにも、Mapの中にMapを入れたり、Listの中にMapといった構造や、3重以上のネストも可能です。

16.6.2 要素の参照に関する注意点

コレクションクラスは、さまざまなインスタンスを格納できるとても便利なクラスですが、いくつか注意すべき点があります。まずは最初の落とし穴を理解するために、次のコード16-8を見てください。

コード16-8 リストに格納した勇者の名前を書き換えると…

BJ4G8

Main.java

```
01 import java.util.*;
02 
03 class Hero {
04   public String name;
05 }
06 
07 public class Main {
08   public static void main(String[] args) {
09     Hero h = new Hero();
10      h.name = "ミナト";
11     List<Hero> list = new ArrayList<Hero>();
12     list.add(h);            ← hをリストに格納
13     h.name = "スガワラ";     ← 格納後にhのnameを書き換え
14     System.out.println(list.get(0).name);   ← 中身は…?
15   }
16 }
```

このコードのポイントは13行目の `h.name="スガワラ";` です。12行目でミナトの名前を持つHeroインスタンスをリストに格納した後に、13行目でリストの中身（`list.get(0)`）ではなく、変数hのnameフィールドを書き換えてしまっています。

名前を変えたいなら手遅れですよ。リストにはボクの名前で格納しちゃった後ですから。

そうそう。`list.get(0).name = "スガワラ";` にしないとリストの中身は変わらないわよね。

ところが、実際にこのコードを動かすと予想外の実行結果になるんだ。

```
スガワラ
```

この不思議な現象を理解するためには、**変数hやリストに格納された値が実際には参照である**ということを思い出す必要があります。

9行目でHeroインスタンスが生まれた時点で、そのメモリ上の番地（仮に1234番地）が変数hに代入されています。12行目で変数hをリストに格納していますが、リストに格納されるのは、この変数hの1234というアドレス情報ですから、list.get(0)と変数hはまったく同一のインスタンスを指す状態になります。したがって、13行目で変数hのnameを書き換えれば、当然リスト内の要素も書き換わってしまうのです。

このように、**コレクションへの格納が終わった変数のインスタンスの中身を書き換えると、格納した要素の中身も書き換わる**現象が起きます。同様に、get()で別の変数に取り出したインスタンスに対する内容の変更も、格納中のインスタンスに影響を与えてしまいます。思わぬ不具合の原因となる場合があるため、格納した要素の参照には注意してください。

コレクションに格納しているのは参照

格納前や取得後の変数のインスタンスを書き換えると、コレクションに格納中の要素も書き換わるおそれがある。

16.6.3 自作クラスの格納に関する注意点

Heroのように自分で作るクラスをコレクションに格納する場合、とても重要なことがあるんだ。

IntegerやStringのようなAPIが提供するクラスではなく、自分が開発したクラスのインスタンスをコレクションに格納する場合には特別な注意が必要です。

Hash系コレクションの制約

HashSetやHashMapに格納するクラスは、equals()およびhashCode()を正しくオーバーライドしていないと意図しない動作をする可能性がある。

equals()は、正しい等価判定のためにオーバーライドが必要なメソッドでした（14.2.6項）。同様にhashCode()もObjectクラスに備わるメソッドで、より効率的な等価判定などのために使われます。Hash系コレクションは、要素の検索や削除にこれらのメソッドを呼び出して効率的な処理を実現しているため、これらを**正しくオーバーライドしていないと意図どおりには動作しない**のです。

具体的なオーバーライドの方法については、本書の続編である『スッキリわかるJava入門 実践編』などを参照してください。

16.7 第16章のまとめ

コレクションとその特性

- 主なコレクションとしてList、Set、Mapの3種類があり、目的に応じて適切なものを選んで活用する（図16-19）。
- コレクションの容量（格納できる要素の数）は、必要に応じて自動的に増加する。
- イテレータを用いて要素を1つずつ取り出すことができる。
- コレクションには基本型の値は格納できないため、必要に応じてラッパークラスを活用する。
- Hash系コレクションに独自に開発したクラスを格納する場合、equals()やhashCode()をオーバーライドする必要がある。

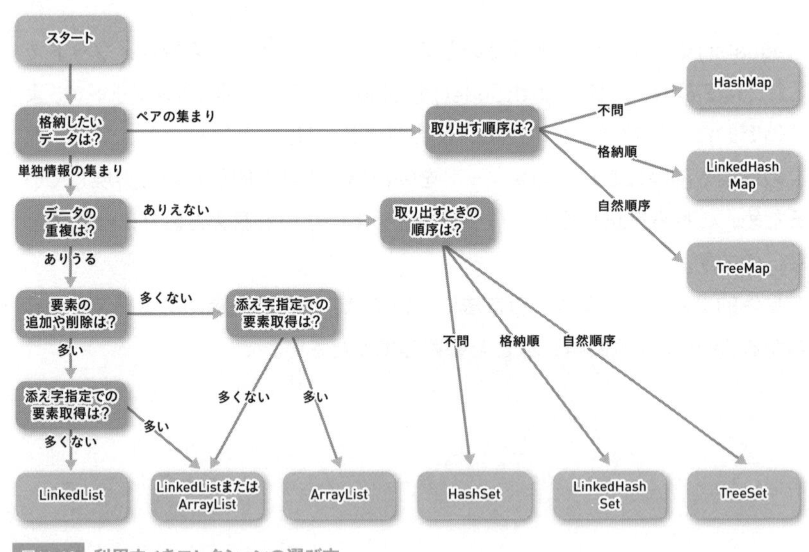

図16-19 利用すべきコレクションの選び方

16.8 練習問題

練習16-1

次の各情報を格納する適切なコレクションをList、Set、Mapの中から選んでください。

(1) 日本の47都道府県の名前（順序は不問）

(2) 5人の生徒のテストの点数

(3) 過去の総理大臣の名前と任期（順序は不問）

練習16-2

次のようなHeroクラスがあります。

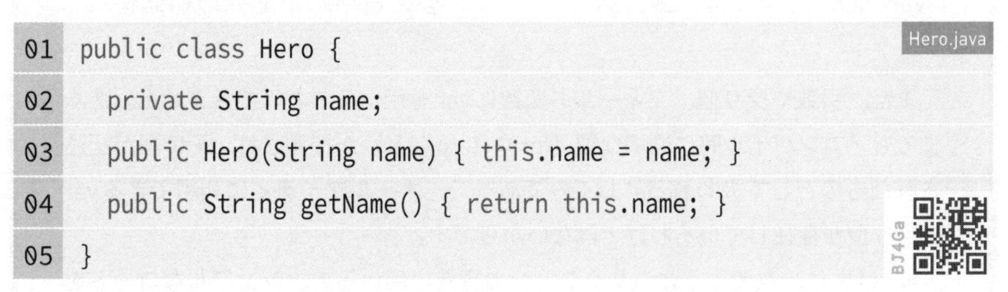

Hero.java

```
01 public class Hero {
02   private String name;
03   public Hero(String name) { this.name = name; }
04   public String getName() { return this.name; }
05 }
```

2人の勇者（斎藤、鈴木）をHeroとしてインスタンス化してArrayListに格納し、1人ずつ順番に取り出して名前を表示するプログラムを作成してください。

練習16-3

練習16-2の2人の勇者をインスタンス化し、それぞれの勇者が倒した敵の数（3、7）と勇者をペアでコレクションに格納してください。次に1つずつ取り出し、次のような画面表示を行ってください（表示順は不問）。

```
斎藤が倒した敵＝3
鈴木が倒した敵＝7
```

column

ローカル変数の型推論

Javaでは、ローカル変数の型の指定をある程度簡略化することができます。具体的には、これまでintなどの型名を記述していた部分に「var」を記述すると、その変数は代入された値の型として扱われます。

```
var age = 22;                          // ageはint型
var h = new Hero();                    // hはHero型
var list = new ArrayList<String>(); // listはArrayList<String>型
```

このしくみを利用するには、varを記述した時点で、その変数の型が明確である必要があります。たとえば、次のコードはすべてエラーになります。

```
var x;                          // 値の代入がない
var y = null;                   // nullを代入している
var scores = {10, 20, 30};      // 型を省略した配列の初期化
```

また、引数や戻り値、フィールド変数にvarを用いることはできません。あくまでも「コンパイル時に適切な型（intやHeroなど）が推測され、その型が記述されたものとして扱われる」しくみであって、オールマイティに利用できるvarという型が存在しているわけではないからです。

varは主に、次のようにコレクションの宣言に用いると、シンプルなコードを記述する手助けをしてくれます。

```
// varを使わない宣言
HashMap<String, Integer> map = new HashMap<String, Integer>();
// varを使った宣言
var map = new HashMap<String, Integer>();
```

chapter 17
例外

プログラムを開発するにあたっては、
実行時に想定外の事態が発生する可能性を
考慮しておく必要があります。
そして、そのような場合にも異常終了や誤動作しないよう
備えておかなければなりません。
Javaに備わる想定外の事態に対処する機能を学び、
どのような状況でも安定して動くプログラムを
開発できるようになりましょう。

contents

17.1 エラーの種類と対応策

17.1.1 不具合のないプログラムを目指す

最近やっとJavaに慣れてきて、エラーがあまり出ないようになりました！

それはよかった。でも重要なプログラムを作る場合は、「あまり」ではダメだよ。

Javaが誕生して四半世紀が経ち、今では金融機関や官公庁などの社会基盤を支える情報システムにもJavaは使われています。しかし、これらの大規模なシステムに不具合が生じると、ときに大きな社会問題や損害賠償につながる可能性があります。

ある程度の経験を積めば、とりあえず動作するプログラムを作るのは難しくありません。本当に難しいのは、想定外の事態やユーザーの誤操作などがあっても、エラーを起こさず正常に動作するプログラムを作ることなのです。

不具合のないプログラムを目指す

動くコードは書けて当たり前。不具合対策こそが、腕の見せどころ。

キビシイなぁ…。

17.1.2 3種類の不具合と対処法

プログラムが想定どおりに動かない事態を総じて不具合といいますが、Javaの場合は大きく3つに分類できます。

① 文法エラー（syntax error）

文法の誤りによりコンパイルに失敗します。代表的なのはセミコロン忘れ、変数名の間違い、外部からのprivateメソッド呼び出しなどです。

```
>javac Main.java

Main.java:5: エラー: ';'がありません
        System.out.println("START")
                                   ^

エラー 1 個
```

最も単純なエラーだね。
ボクもよく間違えるよ

図17-1 文法エラーの例

② 実行時エラー（runtime error）

実行している最中に何らかの異常事態が発生し、動作が継続できなくなるエラーです。Javaの文法としては問題がないためコンパイルは成功し、実行もできますが、実行中にエラーメッセージが表示されて強制終了します。配列の範囲外要素へのアクセス、0での割り算、存在しないファイルのオープンなどが代表的です。

```
>javac Main.java
>java Main
プログラムを開始します。処理を3つ実行します。
処理1を完了。
処理2を完了。

Exception in thread "main" java.lang.ArrayIndexOutOfBoundsException:
Index 3 out of bounds for length 3
        at Main.main(Main.java:11)
```

実行時例外は
コンパイルのときには
わからないから少し面倒よね

図17-2 実行時エラーの例

③ 論理エラー（logic error）

Javaの文法に問題はなく、強制終了もしません。しかし、プログラムの実行結果が想定していた内容とは異なります。たとえば、電卓プログラムを作ったものの計算結果がおかしいなどが考えられます。

```
>javac Main.java
>java Main
プログラムを開始します。
3+5を計算します。
計算完了：　答えは35
プログラムを正常終了します。
```

論理的な誤りがある
いちばんやっかいな
不具合だね

図17-3　論理エラーの例

開発者は、これら3種類の不具合に対して、それぞれ異なる対策を行う必要があります。不具合の検出と解決についてまとめたものが次の図17-4です。

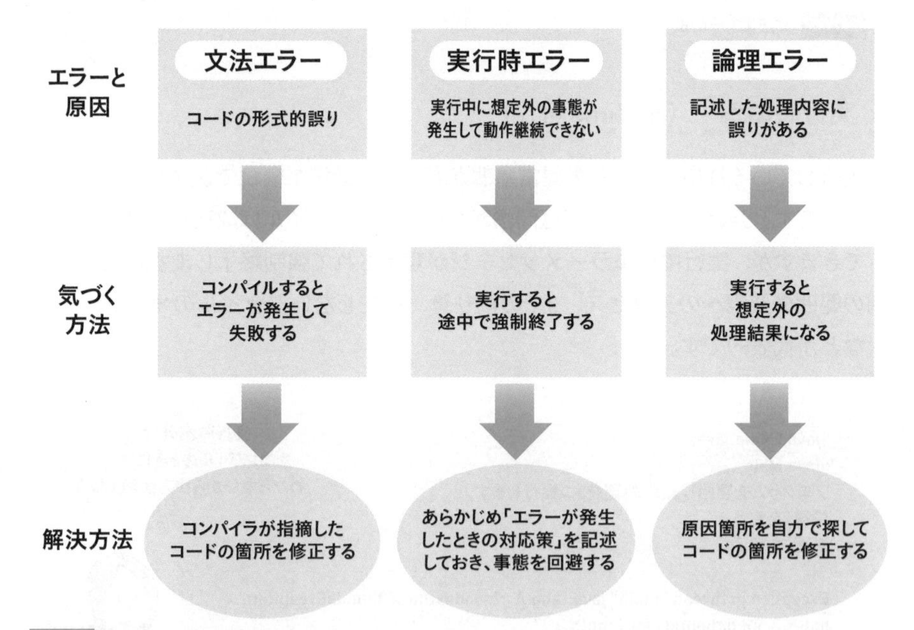

エラーと原因
文法エラー
コードの形式的誤り
実行時エラー
実行中に想定外の事態が発生して動作継続できない
論理エラー
記述した処理内容に誤りがある
気づく方法
コンパイルするとエラーが発生して失敗する
実行すると途中で強制終了する
実行すると想定外の処理結果になる
解決方法
コンパイラが指摘したコードの箇所を修正する
あらかじめ「エラーが発生したときの対応策」を記述しておき、事態を回避する
原因箇所を自力で探してコードの箇所を修正する

図17-4　不具合に対する解決方法

文法エラーと論理エラーは、対策が似ていますね。

いいところに気づいたね。では、残る実行時エラーについて、少し深く考えてみよう。

17.1.3 例外的状況

文法エラーと論理エラーは「開発者の過失」であって、**開発者がテストをしっかり行ってコードを修正しておけば、本番での発生を予防できるもの**です。しかし、実行時エラーはそうはいきません。

そもそも実行時エラーは、プログラム実行中に発生する想定外の事態によって起こります。この「想定外の事態」を**例外的状況**(exceptional situation)、または単に**例外**（exception）といいます。

例外的状況には次のようなものがあります。

パソコンのメモリが足りなくなった

開発用のコンピュータには十分な容量のメモリがあったが、本番用コンピュータのメモリが少なく、動作中にメモリが足りなくなってしまった。

存在すべきファイルが見つからない

動作中にdata.txtというファイルを読み込んで動くプログラムを開発したが、利用者が誤ってファイルを削除してしまった。

nullが入っている変数を利用しようとした

ユーザーの想定外の操作により、本来は変数に代入されない値（nullなど）が入り、その変数を使用するメソッドを呼び出してしまった。

これらすべての状況に共通するのは、**ソースコードを作成する時点では例外的状況の発生を予防できない**ことです。

「nullが入っている変数を利用する」状況は、事前にif文でチェックすれば「予防できる」と思いますけど？

朝香さんはプログラムに含まれるすべてのメソッド呼び出しでnullチェックを行うのかい？

あ…理論的には可能でも現実的ではないですね。

開発者が例外的状況の発生を防ぐのは困難です。しかし、私たちは無力ではありません。例外が発生したときの対策を用意しておくことは可能です。たとえば、「もし目的のファイルが見つからなければ、ユーザーに代わりのファイル名を入力してもらう」など、異常事態に備えた代替策を準備しておけばよいのです。このように、例外的状況に備えて対策を準備し、その状況に陥ったときに対策を実施することを**例外処理**（exception handling）と呼びます。

17.2 例外処理の流れ

17.2.1 従来型例外処理の問題点

パソコンでプログラムを動かしていたら強制終了したことがありました。きっと作者は例外処理をしていなかったのね。

そうかもしれないね。でも、昔は例外処理をきちんと書くのはとても大変だったんだ。

Javaが生まれる以前から例外処理は開発者にとって取り組むべき重要な課題でした。たとえば、Javaの祖先にあたるC言語の場合、ファイルに「hello!」と書き込むだけの簡単なプログラムは図17-5のように書きます。

```
/* ①ファイルを開く(失敗したら戻り値は定数NULL)*/
FILE fp = fopen("test.txt");                本来の処理
if (fp == NULL) {
  printf("エラーです。中断します。");          例外処理
  exit(1);
}

/* ②ファイルに文字を書き込む*/
fputs("hello!", fp);                        本来の処理

/* ③ファイルを閉じる(失敗したら戻り値は定数EOF)*/
int c = fclose(fp);                         本来の処理
if (fp == EOF) {
  printf("エラーです。中断します。");          例外処理
  exit(1);
}
```

本来、必要な機能はたった3行だけだ。けれど例外処理ばかりでわかりにくいね

図17-5 C言語での例外処理の例

このプログラムの本来の処理は、①ファイルを開く、②ファイルに文字を書き込む、③ファイルを閉じる、この3つだけです。しかし、命令を呼び出すたびに「もしもファイルが開けなかったら…」あるいは「もしもファイルに書けなかったら…」などの例外的状況を1つひとつチェックしているため、プログラムがわかりにくくなっています。このように、C言語のような古いプログラミング言語の例外処理には次のような問題点があります。

- **本来の処理がどの部分なのかわかりづらい。**
- **命令を呼び出すたびに1つひとつ例外的状況をチェックしなければならない。**
- **面倒なので例外処理をサボって書かないおそれがある。**

たった3行でこれなら、本格的なプログラムだともっと酷いわよね…。それで、つい例外処理をサボってしまうのね。

このような問題が発生するのは、従来型のプログラミング言語が**例外的状況発生の検知と対応に関する全責任を開発者に求めている**からです。

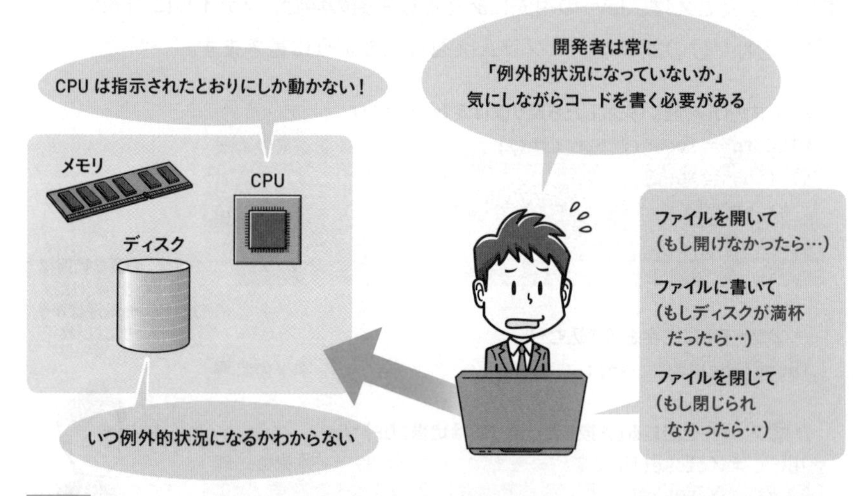

図17-6 従来型のプログラミング言語では開発者の責任は重大だ

まじめな開発者は責任を果たすために1つひとつの命令からの戻り値をチェックする面倒を引き受けて苦しみますし、不まじめな開発者は責任を放棄して例外処理をサボってしまうのです。

17.2.2 新しい例外処理の方法

このような従来型例外処理の問題点を解決するために、Javaをはじめとする新しいプログラミング言語では、例外処理専用の文法としくみが備わっています。

先ほどの、ファイルに「hello!」と書き込む処理をJavaで書くと、おおむね次の図17-7のようになります（厳密には一部異なります）。

```
try {
  FileWriter fw = new FileWriter("data.txt");
  fw.write("hello!");
  fw.close();
} catch (IOException e) {
  System.out.println("エラーです。中断します。");
}
```

本来の処理

例外処理

通常時の流れ

ファイルに書き込めないときの流れ

例外発生！！

ここで中断し、catchブロックへ

図17-7 Javaは本来の処理と例外処理がハッキリ分かれている

このプログラムでは「java.io.FileWriter」という本書では紹介していないクラスを使っているが、「ファイルに書き込むためのAPI」だと理解してほしい。

図17-7にあるように、Javaでは例外処理にtryとcatchという2つのブロックを使用します（合わせて**try-catch文**と呼びます）。

tryとcatch、2つのブロックのうち、本来の処理で実行されるのはtryブロックだけで、catchブロックの処理は動きません。ただし、**tryブロックを実行中に例外的状況の発生をJVMが検知すると、処理は直ちにcatchブロックに移行**します。つまり、catchブロックの中には、「例外的な状況が発生したときに実行される処理」を記述しておくのです。

Javaにおける例外処理の基本パターン

```
try {
  通常実行される文
} catch( … ) {
  例外発生時に実行される文
}
```

見方を変えれば、tryブロックとは、この部分では例外的状況が発生する可能性があるから、その検出を試みながら実行しなさい、という開発者からJVMへの指示ともいえます。

命令を実行するたびに例外的な状況が発生しているかどうかをチェックする面倒な作業はJVMに任せられるため、開発者が負う責任は軽減されます。

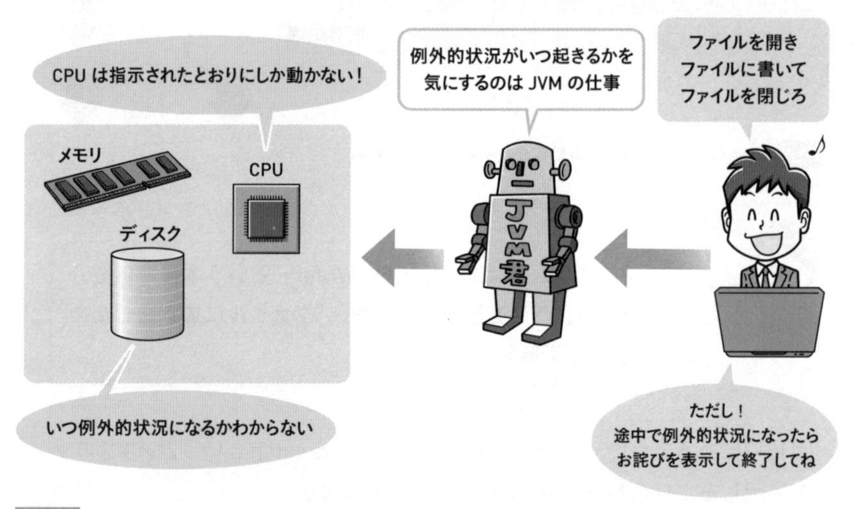

図17-8 JVMが例外を検知したら処理を切り替えてくれる

第Ⅲ部

17.3 例外クラスとその種類

17.3.1 例外を表すクラス

先輩。図17-7（p.621）のコードにあるcatchの直後に書かれた「IOException」って何ですか？

それを理解するために、例外クラスについて紹介しよう。

一口に例外的状況といっても、「ファイルがない」「メモリが足りない」「変数がnull」など、さまざまな状況があります。それらを同じものとして扱うと、発生した例外的状況に応じた処理を行うことができません。そこでJavaでは、発生した例外を区別できるように、**それぞれの例外的状況を表すクラス**が複数準備されています。

「例外的状況を表すクラス」という意味がわかりません…。

大丈夫、落ち着いて第Ⅱ部を思い出そう。

第Ⅱ部で学んだように、オブジェクト指向とは、「現実世界の何か」をオブジェクトとしてJava仮想世界で再現するものでした。多くのオブジェクトは、ヒトやモノなど「現実世界で形があるもの」から作り出されるのが一般的です。

しかし「現実世界で形がないもの」からオブジェクトを作る状況もあります。たとえば、イベント運営会社の「イベント情報管理プログラム」を開発する場合、本来は形があるものと見なさない「イベント」をEventクラス（フィールドとして開催日や主催者を持つ）として作るでしょう。

同様に、「ファイルがなくて困っている状況」や、「nullが入っていて困っている状況」など現実世界の例外的状況（想定外の事態）をクラスにしたものが例外クラスです。

ちなみに、java.io.IOExceptionは「ファイルの読み書きなどの入出力ができなくて困っている状況」のためのクラスであり、ほかにも多くの例外クラスがAPIとして定義されています。

図17-7は「ファイルが読み書きできない例外的状況に陥ったら、catchブロックの中身を動かせ」という指示なんですね。

そのとおりだ。詳しくは17.4節で説明しよう。

17.3.2 例外の種類

APIで提供されている例外クラスは、次の図17-9のような継承階層を構成しています。最下層のクラスについて、順に紹介していきます。

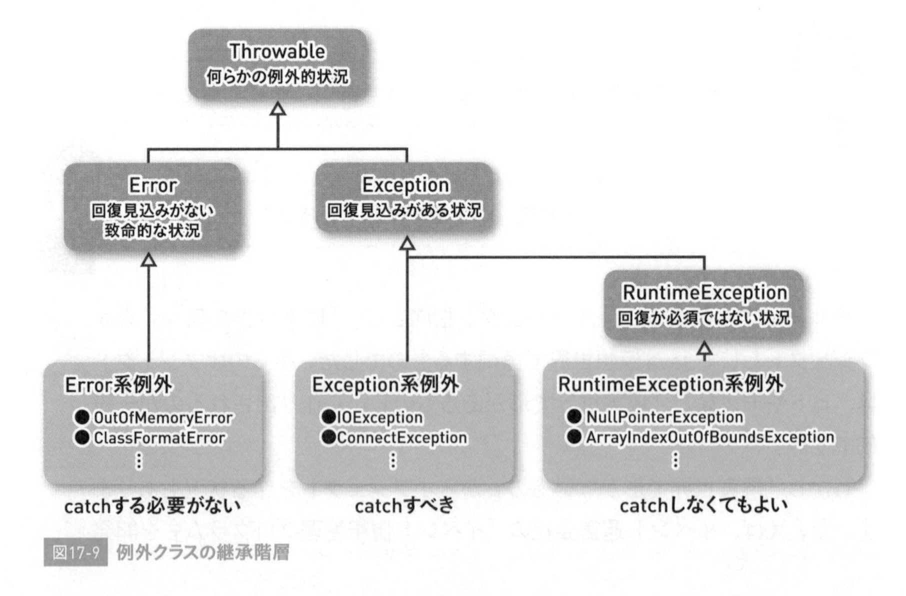

図17-9 例外クラスの継承階層

①Error系例外

java.lang.Errorの子孫で、**回復の見込みがない致命的な状況**を表すクラスです。代表的なものにOutOfMemoryError（メモリ不足）やClassFormatError（クラスファイルが壊れている）があります。通常、このような状況をキャッチしても打つ手はないため、キャッチする必要はありません。

②Exception系例外

java.lang.Exceptionの子孫（RuntimeExceptionの子孫を除く）で、**その発生を十分に想定して対処を考える必要がある例外的状況**を表すクラスです。たとえば、IOException（ファイルなどが読み書きできない）やConnectException（ネットワークに接続できない）といった状況は、ファイルやネットワークを利用する際には当然想定しておくべき事態です。

③RuntimeException系例外

java.lang.RuntimeExceptionクラスの子孫で、**必ずしも常に発生を想定すべきとまではいえない例外的状況**を表すクラスです。たとえば、NullPointerException（変数がnullである）やArrayIndexOutOfBoundsException（配列の添え字が不正）のように、いちいち想定していると「きりがない」ものが多く含まれます。

17.3.3 チェック例外

APIには多くの例外クラスが定義されていますけど、これだけたくさんの例外的状況が起こる可能性がある、ということですよね…。

面倒だなぁ…。ボクはサボってtry-catchとか書かないと思います。

そうは問屋、もといJVMが卸さないんだよ。

先ほどの3種類ある例外クラスの中で、特に注目してほしいのは②のException系例外です。これは「その発生を十分に想定して対処を考えておく必要がある状況」を表しているのですから、いざ例外が発生したときに何も対処されない事態はあってはならないはずです。

そのためJavaでは、**Exception系の例外が発生しそうな命令を呼び出す場合、try-catch文を用いて「例外が発生したときの代替処理」を用意しておかないとコンパイルエラー**になります。

コード17-1 例外処理を用意していないと…（エラー）

Main.java

```
01 import java.io.*;
02
03 public class Main {
04   public static void main(String[] args) {
05     FileWriter fw = new FileWriter("data.txt");
06     ⋮
07   }
08 }
```

FileWriterのコンストラクタはIOExceptionを発生させる可能性があるが、try-catch文を記述していない（失敗時にどうするか考えていない）

コンパイル結果

```
Main.java:5: 例外 IOExceptionは報告されません。スローするには、
捕捉または宣言する必要があります
    FileWriter fw = new FileWriter("data.txt");
                    ^
```

第Ⅲ部

そこで、次のようにtry-catch文を用いてIOExceptionの発生に備えれば、コンパイルエラーはなくなります。

コード17-2 try-catch文でException系例外の発生に備える

Main.java

```
01 import java.io.*;
02
03 public class Main {
```

```
04    public static void main(String[] args) {
05      try {
06        FileWriter fw = new FileWriter("data.txt");
07        ⋮
08      } catch (IOException e) {
09        System.out.println("エラーが発生しました。");
10      }
11    }
12  }
```

例外的状況になったときに備えて記述された代替処理

このように、Exception系例外は、コンパイルの時点で例外発生時の対策が用意されているかをチェックされるため、**チェック例外**（checked exception）とも呼ばれます。

必ずtry-catch文を書かないと実行できないなんて、そんなぁ…。

誰かさんみたいに例外処理を書かない人がいるから「サボれないしくみ」になっているのね。

3つの例外クラスのグループとキャッチの強制

Error系例外

try-catch文でキャッチする必要はない。

Exception系例外

try-catch文でキャッチしないとコンパイルエラーが発生する。

RuntimeException系例外

try-catch文でキャッチするかは任意。

chapter 17

17.3.4 発生する例外の調べ方

でも、どの命令を呼んだら、どんなエラーが発生するかなんて想像もつかないし、書きようがないじゃないか。

確かにそうよね…。自分が使おうとしている命令で発生するエラーについて、調べる手段はないのかしら？

ここまで、FileWriterを用いてファイルにデータを書き込むプログラムを例に解説してきました。しかし、APIに含まれるクラスには、呼び出すと何らかの例外を発生させる可能性があるメソッドを持つものが数多くあります。

特にチェック例外が起きる可能性のあるメソッドを呼び出す場合はtry-catch文で囲まなければならないので、**どのメソッドを呼び出したら、どのような例外が発生する可能性があるかをあらかじめ知っておく必要があります。**

実は、どのクラスのどのメソッドがどのような例外を発生させる可能性があるかは、APIリファレンスに掲載されています。

FileWriter

```
public FileWriter(String fileName)
          throws IOException
```

ファイル名を指定して FileWriter オブジェクトを構築します。

図17-10 APIリファレンス掲載のFileWriterクラスのコンストラクタ

メソッドやコンストラクタを呼び出すとException系の例外が発生する可能性がある場合、**引数リストの後に「throws 例外クラス名」が表記されています。**図17-10は、APIリファレンスに掲載されているFileWriterクラスのコンストラクタについての解説を抜粋したものですが、「throws IOException」と書かれているので、「FileWriterのコンストラクタを呼び出す（インスタンスを生成する）ときには、IOExceptionをキャッチするtry-catch文が必要になる」と理解できます。

17.4 例外の発生と例外インスタンス

17.4.1 例外インスタンスの受け渡し

IOExceptionが何かはわかりましたが `catch (IOException e)` のeって何ですか？

それをこの節で詳しく解説するよ。try-catch文の構文を振り返りながらeの役割を説明していこう。

ここで再び、図17-7（p.621）のコードにおけるcatchブロック部分に注目してください。

```
try {
  ⋮
} catch (IOException e) {
  System.out.println("エラーです。中断します。");
}
```

17.2節で説明したように、tryブロック実行中はJVMが例外的状況の発生を監視しながらプログラムを実行します。そして、いざ例外が発生すると、JVMは処理をcatchブロックに移行します。このときJVMは、「プログラムの中のどこで、どのような例外が起きたのか」という**例外的状況の詳細情報が詰め込まれたIOExceptionインスタンスをcatch文で指定された変数eに代入**します。

catchブロックの中では、この変数eに格納された詳細情報を取り出して、適切なエラー処理（画面にエラーメッセージとして表示するなど）を行います（次ページの図17-11）。

```
try {
  FileWriter fw = new FileWriter("data.txt");
  fw.write("hello!");
  fw.close();
} catch(IOException e) {
  System.out.println("エラー:" + e.getMessage());
}
```

通常時の流れ
本来の処理
例外発生!!
例外の詳細情報(どこで? どんな内容?)
例外処理

図17-11 例外インスタンスの受け渡し

17.4.2 例外インスタンスの利用

例外インスタンスの中には、どんな情報が入っているんですか?

そうだね、1つずつ説明していこう。

例外インスタンスに格納されている詳細情報は、その例外の種類によって異なります。しかし、すべての例外は「例外的情報の解説文」と「スタックトレース」の情報を必ず持っており、それぞれメソッドで取得と表示ができます(表17-1)。

表17-1 例外インスタンスが必ず備えているメソッド

戻り値	メソッド	機能
String	getMessage()	例外的状況の解説文(いわゆるエラーメッセージ)を取得する
void	printStackTrace()	スタックトレースの内容を画面に出力する

図17-11のコードでも e.getMessage() を呼んでいるね。

例外状況の解説文が表示されれば、エラーの原因も探りやすくなりそうです。

そうだね。図17-11の場合、もし例外が発生すると、画面に「エラー：data.txt（アクセスが拒否されました）」などが表示されるよ。

`e.printStackTrace();` のようにして、printStackTraceメソッドをcatchブロックで呼び出すと、スタックトレースを画面に表示できます。**スタックトレース**とは、「JVMがプログラムのメソッドを、どのような順序で呼び出し、どこで例外が発生したか」という経緯が記録された情報です。みなさんは、スタックトレースをすでに何度も目にしているはずです。

```
java.io.IOException: data.txt (アクセスが拒否されました。)
  at … java.io.FileOutputStream.open0(Native Method)
  at … java.io.FileOutputStream.open(FileOutputStream.java:292)
  at … java.io.FileOutputStream.<init>(FileOutputStream.java:235)
  at … java.io.FileOutputStream.<init>(FileOutputStream.java:124)
  at … java.io.FileWriter.<init>(FileWriter.java:66)
  at Main.main(Main.java:6)
```

実行時エラーが発生したときのエラー画面って、発生した例外のスタックトレースの内容だったんですね。

そうだよ。例外が発生してもtry-catch文でキャッチされなかった場合、JVMがプログラムを強制停止してスタックトレースの内容を画面に表示していたんだ。なお、スタックトレースの詳しい読み方は付録B「エラー解決・虎の巻」を参照してほしい。

17.5 さまざまなcatch構文

17.5.1 try-catch構文の基本形

例外の種類やしくみについて基礎は理解できたね。ここからはtry-catch文の詳細な構文を紹介しながら、例外の捉え方を解説しよう。

それでは例外処理の基本構文を復習した上で、さまざまな構文のバリエーションを見ていきましょう。まずは基本構文です。

try-catchの基本構文

```
try {
  本来の処理
} catch (例外クラス 例外インスタンス変数名) {
  例外が発生した場合の処理
}
```

※ 例外インスタンス変数名には、慣習としてeやexが使用される。

17.5.2 2種類以上の例外をキャッチする

try-catchの基本構文でキャッチできるのは1種類の例外だけです。しかし、図17-12のように複数のcatchブロックを記述することもできます。

JVMは発生した例外の型に対応するcatchブロックを上から順に検索し、最初にキャッチできたcatchブロックに処理を移します。

```
try {
    FileWriter fw = new FileWriter("data.txt");
    fw.write("hello!");
    fw.close();                                    本来の処理
} catch (IOException e) {
    System.out.println("書き込みが失敗したよ");
                                    ファイルへの書き込みが
                                    失敗したときの例外処理
} catch (NullPointerException e) {
    System.out.println("nullだよ");      nullだったときの
                                         例外処理
}
```


図17-12 複数のcatchブロック

IOExceptionをキャッチしたときは…、NullPointerExceptionをキャッチしたときは…、というif文みたいですね。

なお、図17-12のコードではcatchブロックを2つ記述していますが、IOExceptionとNullPointerExceptionのどちらを捕まえても同じ処理をする場合、`catch (IOException | NullPointerException e) { … }`というように、catchブロックを1つにまとめて記述できます。

17.5.3 ザックリと例外をキャッチする方法

catchブロックの例外クラスは、第12章の多態性で学んだ「ザックリ捉えた型」でも指定できます。

例外クラスの継承階層（図17-9、p.624）によれば、IOExceptionもNullPointerExceptionも、ザックリ捉えればどちらもExceptionです。従って、次ページのコード17-3のように記述すれば、どちらの例外が発生しても1つのcatchブロックでキャッチできます。

chapter 17

コード17-3 ザックリと例外を捕捉する

BJ74H3

Main.java

```
01 import java.io.*;
02 
03 public class Main {
04   public static void main(String[] args) {
05     try {
06       FileWriter fw = new FileWriter("data.txt");
07       fw.write("hello!");
08       fw.close();
09     } catch (Exception e) {    ← Exceptionの子孫をどれでもキャッチ
10       System.out.println("何らかの例外が発生しました");
11     }
12   }
13 }
```

これなら発生する例外の種類が増えてもcatchブロックを増やさなくていいからラクですね。

でも、どんな種類の例外が発生しても同じように処理するから、大ざっぱな例外処理になってしまうね。

17.5.4 後片付け処理への対応

実は、コード17-3には致命的なバグがあるのですが、どこが問題なのかわかりますか？　答えは、8行目のファイルを閉じる処理が実行されない（ファイルが開いたままになる）可能性がある点です。

ファイルは「開いたら閉じる」のが決まりです。あるプログラムがファイルを開いている間は、ほかのプログラムからそのファイルを使えないなどのリソースリークが発生してしまう可能性があるためです。

たとえば、7行目の `fw.write("hello!");` を実行した瞬間、偶然ディスク容量が不足してIOExceptionが発生したとしたら、処理はcatchブロックに移動してしまうため8行目の `fw.close()` は実行されず、ファイルは開いたままになってしまいます。

なるほど…。じゃあこうすればいいんじゃない？

コード17-4　try-catchの後でcloseすると…（エラー）

BJ4H4

Main.java

```
01 import java.io.*;
02
03 public class Main {
04   public static void main(String[] args) {
05     FileWriter fw = null;
06     try {
07       fw = new FileWriter("data.txt");
08       fw.write("hello!");
09     } catch (IOException e) {
10       System.out.println("エラーです");
11     }
12     fw.close();  ── try-catchの後でcloseする
13   }
14 }
```

一見、コード17-4なら問題ないように思えます。しかし、もしtryブロックの中でNullPointerExceptionなどが発生した場合、例外はキャッチされないので、ファイルを閉じないままプログラムは強制終了してしまいます。

なお、このコードの12行目ではコンパイルエラーが発生します。`fw.close()` はIOExceptionを送出する可能性があるため、12行目もtry-catchで囲まなければなりません。

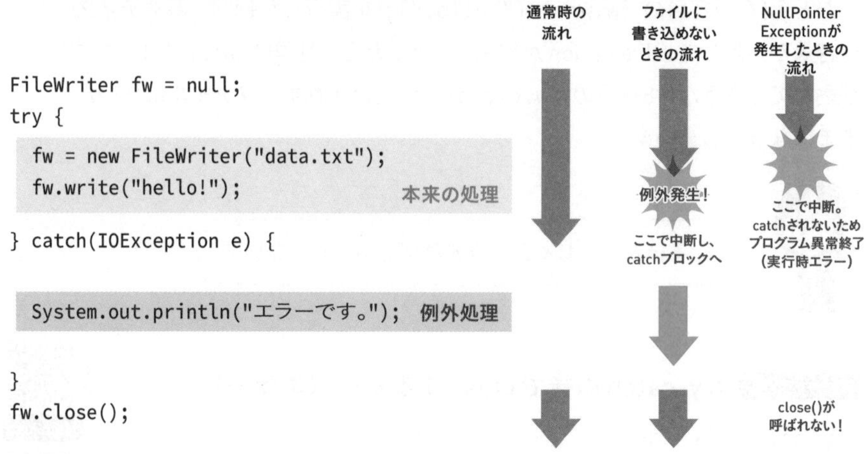

通常時の流れ
ファイルに書き込めないときの流れ
NullPointerException が発生したときの流れ
FileWriter fw = null;
try {
fw = new FileWriter("data.txt");
fw.write("hello!");
本来の処理
} catch(IOException e) {
System.out.println("エラーです。");
例外処理
}
fw.close();
例外発生！
ここで中断し、catchブロックへ
ここで中断。catchされないためプログラム異常終了（実行時エラー）
close()が呼ばれない！

図17-13 ファイルを閉じられない不具合の発生

コード17-4で取り上げた `fw.close();` のような**後片付け処理は、例外が発生してもしなくても、たとえ強制終了になったとしても、必ず実行しなければならない処理**です。そして、そのような処理をJVMに確実に実行させるために、finallyブロックが準備されています。

例外発生を問わず必ず処理を実行する

```
try {
  本来の処理
} catch (例外クラス 変数名) {
  例外が発生した場合の処理
} finally {
  例外があってもなくても必ず実行する処理
}
```

---

try-catch-finally構文は、一度JVMが**tryブロックの実行を開始したら、必ず最後にfinallyブロックの内容も実行されることが保証**されています。

```
FileWriter fw = null;
try {
    fw = new FileWriter("data.txt");
    fw.write("hello!");
                                  本来の処理
} catch(IOException e) {
    System.out.println("エラー");  例外処理
} finally {
    fw.close();                   常に動く処理
}
```

通常時の流れ
finallyブロックへ
ファイルに書き込めないときの流れ
例外発生！
ここで中断し、catchブロックへ
finallyブロックへ
NullPointerExceptionが発生したときの流れ
ここで中断し、finallyブロックへ
ここでプログラム異常終了（実行時エラー）

図17-14 必ず最後にfinallyブロックが実行される

tryブロックにreturn文があってメソッド自体が途中で終了されても、finallyブロックはきちんと実行されるんだ。

開いたファイルを閉じる、開いたデータベースやネットワークとの接続を閉じるなどの**後片付け処理には必ずfinally**を使います。

後片付けはfinallyで！

後片付け処理は必ずfinallyで行う。

17.5.5 close()にまつわる複雑なエラーと解決方法

先輩、図17-14を参考にプログラムを書いてみたんですが、なんか難しいエラーが出ちゃって…。

コード17-5 **finallyブロックでcloseすると…（エラー）**

BJ4H5

Main.java

```
01 import java.io.*;
02 
03 public class Main {
04   public static void main(String[] args) {
05     try {
06       FileWriter fw = new FileWriter("data.txt");
07       fw.write("hello!");
08     } catch (Exception e) {
09       System.out.println("何らかの例外が発生しました");
10     } finally {
11       fw.close();    ← この行でエラーが出る
12     }
13   }
14 }
```

```
Main.java:11: エラー: シンボルを見つけられません
      fw.close();
      ^
```

あぁコレか。Javaでも指折りの嫌なエラーだね…。でも一応、これまで学んだ内容の組み合わせで原因はわかるんだよ。

コード17-5を正常に動かすためには、問題を1つずつ解決していかなければなりません。落ちついて順に見ていきましょう。

①「変数fwが見つからない」エラーを解決する

コード17-5をコンパイルすると、「シンボルが見つかりません」、つまり変数fwにアクセスできないという意味のコンパイルエラーが発生します。これは、第3章で学んだ「変数のスコープ」(p.107) が原因です。

変数fwは6行目で宣言されていますが、この変数の寿命は宣言されたブロック内に限定され、11行目で変数fwを使うことができないのです。

なるほど…。それなら、こうすればどうかしら？

コード17-6 変数fwのスコープを広げると…（エラー）

BJ4H6

Main.java

```
01 import java.io.*;
02
03 public class Main {
04   public static void main(String[] args) {
05     FileWriter fw = new FileWriter("data.txt");
06     try {
07       fw.write("hello!");
08     } catch (Exception e) {
09       System.out.println("何らかの例外が発生しました");
10     } finally {
11       fw.close();
12     }
13   }
14 }
```

mainメソッドブロック（5〜12行目）をfwのスコープにする

スコープ内だからfwを利用可能！

スコープ内だからfwを利用可能！

素晴らしい、第1のハードルはクリアだ。でもコンパイルしてみると、別の理由でエラーが出てしまうはずだ。

②「new FileWriter()をtry-catchしていない」エラーを解決する

コード17-6をコンパイルすると、5行目で「例外IOExceptionをキャッチしていない」というエラーが出ます。これは、コード17-1と同じエラーです。

chapter 17

あっ、そうか…。それなら、これでどう！？

コード17-7　tryブロック内でnewすると…（エラー）　Main.java

```
01 import java.io.*;
02
03 public class Main {
04   public static void main(String[] args) {
05     FileWriter fw;
06     try {
07       fw = new FileWriter("data.txt");
08       fw.write("hello!");
09     } catch (Exception e) {
10       System.out.println("何らかの例外が発生しました");
11     } finally {
12       fw.close();
13     }
14   }
15 }
```

mainメソッドブロック（5〜13行目）はfwのスコープのまま

tryブロック内でコンストラクタが動作する

いいね！　第2のハードルも見事にクリア。ただこの解決が、また新たな別のコンパイルエラーを呼び込んでしまうはずだよ。

③「初期化されていない変数fwを利用する可能性がある」エラーを解決する

コード17-7をコンパイルすると、12行目で「初期化されていない変数fwを利用してしまう可能性がある」という内容のエラーが発生します。これは、次のような状況では「中身が不明な変数を利用しようとしてしまう」ことを理由に、コンパイラが出すエラーです。

(1) 5行目で変数fwが宣言される。
(2) 6行目でtryブロックに入る。
(3) 7行目の右辺を実行しようとした瞬間に何らかの例外が発生し、処理がcatchブロックに移行する。
(4) 10行目が実行されたあと、finallyブロックに処理が移行する。
(5) 12行目で変数fwを利用しようとするが、fwは初期化されていない状態（nullさえ代入されていないので、内容が不明な状態）である。

このため、コード17-7の5行目は、以下のようにして仮にnullを代入しておくと、このエラーを消すことができます。

```
05        FileWriter fw = null;
```

これで第3のハードルもクリアなんだが…。

まだ別のエラーが出ちゃう…んですよね。

④「fw.close()をtry-catchしていない」エラーを解決する

コード17-7の5行目でnullを代入するように修正しても、コンパイルすると12行目でエラーが発生します。しかし、エラーメッセージを見れば、すぐに原因に思い当たるかもしれません。今回のエラーは、②の「例外をtry-catchしていない」と本質的には同じものだからです。

APIリファレンスを調べると記載がありますが、12行目で呼び出しているclose()もIOExceptionを発生させる可能性があるメソッドです。よって、次のようにtry-catchブロックで囲まなければなりません。

コード17-8 後片付け処理もtry-catchする

Main.java

```
01  import java.io.*;
02  
03  public class Main {
```

```
04  public static void main(String[] args) {
05    FileWriter fw = null;
06    try {
07      fw = new FileWriter("data.txt");
08      fw.write("hello!");
09    } catch (Exception e) {
10      System.out.println("何らかの例外が発生しました");
11    } finally {
12      try {
13        fw.close();
14      } catch (IOException e) {
15        ;
16      }
17    }
18  }
19 }
```

finallyブロックの中で、さらにtry-catchしなきゃいけないなんて…。

事情はわかるけど…。それに、このcatchブロック、変じゃないですか？

コード17-8の15行目には **;** だけが記述されていますが、これは**空文**というれっきとした構文です。JVMは空文に出会っても何も処理を行いません。そのため、ソースコード上で「ここでは何もしない」ことを明示するために利用されます。もちろん、コメント文で `// close失敗時には特に何もしない` などと記述してもかまいません。

えっ…例外が起きてるのに、何もしなくていいんですか？

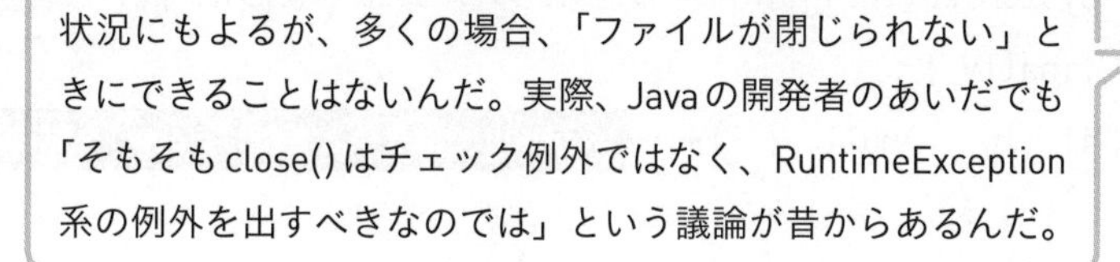

状況にもよるが、多くの場合、「ファイルが閉じられない」ときにできることはないんだ。実際、Javaの開発者のあいだでも「そもそもclose()はチェック例外ではなく、RuntimeException系の例外を出すべきなのでは」という議論が昔からあるんだ。

⑤「NullPointerExceptionの発生」に対応する

よし、コンパイルも通った！　ようやくこれで終わり…。

…とはいかないんだ。最後の詰めもしっかりしておこう。

ここまでの対応で、やっとコンパイルエラーは出なくなりました。しかし、もし何らかの理由でコード17-8の7行目の右辺で例外が発生すると、その後動作する13行目ではfwにnullが入っていますのでNullPointerExceptionが発生してしまいます。fwがnullだということは、ファイルのオープンに失敗しているので、そもそもcloseする必要はありませんから、次のように修正する必要があります。

コード17-9 ファイルを開いたときだけ後片付けする

Main.java

```
01 import java.io.*;
02
03 public class Main {
04   public static void main(String[] args) {
05     FileWriter fw = null;
06     try {
```

chapter 17

```
07            fw = new FileWriter("data.txt");
08            fw.write("hello!");
09        } catch (Exception e) {
10            System.out.println("何らかの例外が発生しました");
11        } finally {
12            if (fw != null) {   ← fwがnullではないときだけclose()を試みる
13                try {
14                    fw.close();
15                } catch (IOException e) {
16                    ;
17                }
18            }
19        }
20    }
21 }
```

17.5.6 自動的にclose()が呼ばれるtry-catch文

なんとかファイルを閉じる処理は動かせたけど…、もともと「ソースコードをシンプルにするため」の例外だったはずなのに、例外のせいでこんなに複雑な処理を書かなきゃいけないなんて…。

そんな悩みを解決する比較的新しい構文も存在するんだ。

近年のJavaでは、tryの直後に丸カッコで囲んで複数の文を記述できるようになりました（**try-with-resources文**）。ここで開かれたファイルやデータベース接続などは、finallyブロックを記述しなくてもJVMによって自動的にcloseメソッドが呼び出されます。

この構文を活用して、コード17-9を次のように書き直すことができます。

コード17-10 **try-with-resources文の利用**

Main.java

```
01 import java.io.*;
02
03 public class Main {
04   public static void main(String[] args) {
05     try (FileWriter fw = new FileWriter("data.txt");) {
06       fw.write("hello!");
07     } catch (Exception e) {
08       System.out.println("何らかの例外が発生しました");
09     }
10   }
11 }
```

try-catch文を抜ける際に、自動的にclose()が呼び出されるので、finallyブロックの記述は不要

なお、JVMによって自動的にクローズされるのは、java.lang.AutoCloseableインタフェースを実装しているクラスに限られます。ファイル操作やデータベース接続、ネットワーク接続に用いるAPIクラスの多くは、AutoCloseableを実装しているため、try-with-resources文での簡潔な記述が可能です。

try-with-resources文

```
try (closeによる後片付けが必要な変数の宣言) {
  本来の処理
} catch (例外クラス 変数名) {
  例外が発生した場合の処理
}
```

※ finallyを記述しなくても自動的にcloseされる。
※ 宣言する変数はAutoCloseableを実装している必要がある。

chapter 17

17.6 例外の伝播

17.6.1 mainメソッドで例外をキャッチしないと…

ここまでは1つのメソッドに注目して例外処理を紹介してきたよ。では、mainメソッドから呼び出した先のメソッドで例外が発生したらどうなると思う？

ええと、単に、呼び出されたメソッドの中で異常終了するだけなんじゃないかなぁ。

この章の冒頭で解説したように、例外が発生したにもかかわらずキャッチしないと実行時エラーとなり、プログラムは強制終了してしまいます。例外が起きても何もできないと「お手上げ」となり、JVMはスタックトレースを画面に表示してしかたなく強制終了するのです。それでは、mainメソッドではなく、呼び出した先のメソッドで例外が発生するとどのような動作になるのでしょうか。次のプログラムを例に考えてみましょう。

- **mainメソッドの中ではsubメソッドを呼んでいる。**
- **subメソッドの中ではsubsubメソッドを呼んでいる。**
- **subsubメソッドでは、処理中に何らかの例外が発生することがある。**

第Ⅲ部

subsubメソッド実行時に例外が発生すると、JVMの内部では次のように処理されます（図17-15）。

① まずsubsubメソッドで例外をキャッチしていなければ（try-catch文がなければ）、「subsubメソッドとしては、この例外的状況に対してお手上げ」となり、呼び出し元のsubメソッドに対応が委ねられる。
② subメソッドでもキャッチしないと、その対応はmainメソッドに委ねられる。
③ mainメソッドで例外をキャッチしなければ強制終了する。

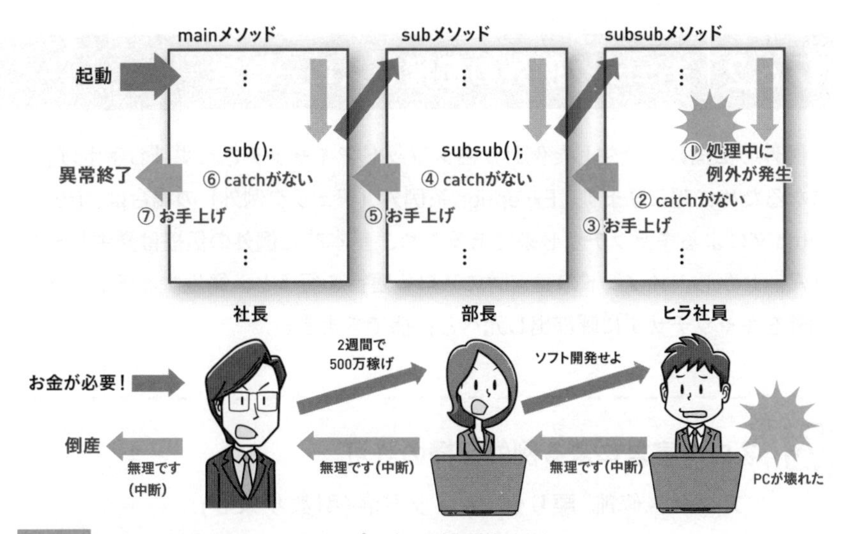

図17-15　発生した例外はキャッチしないとプログラムが強制終了する

このように例外はキャッチされない限り、メソッドの呼び出し元まで処理を「たらい回し」にされてしまいます。この現象を**例外の伝播**と呼びます。もちろん呼び出し元のmainメソッドやsubメソッドにcatchブロックが準備されていれば、例外の伝播はそこで止まります（図17-16）。

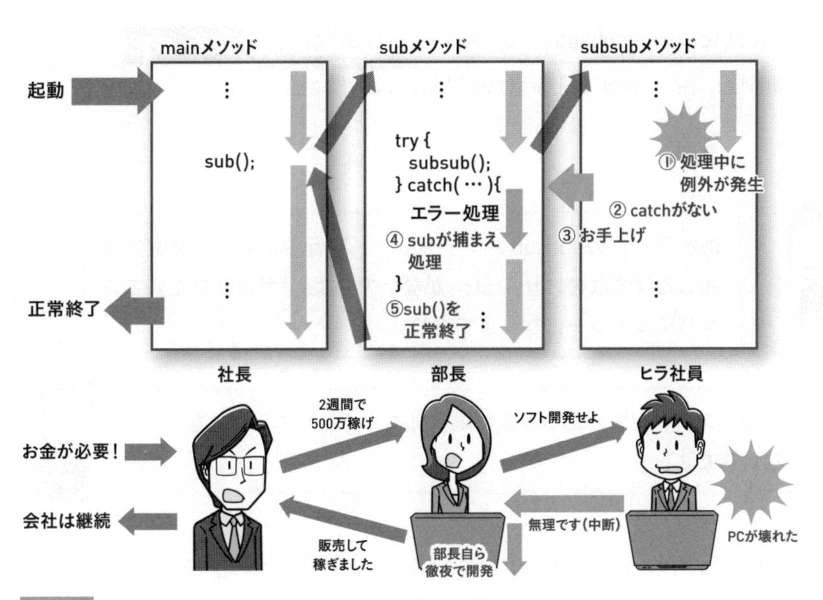

図17-16　発生した例外は呼び出し元メソッドに処理を委ねる

17.6.2 チェック例外の伝播とスロー宣言

例外の伝播は、発生した例外が各メソッドでキャッチされず「お手上げ」になるために起こります。Exception系例外（チェック例外）の場合は、try-catch文によるキャッチが必須であるため、基本的に例外の伝播は発生しません。しかし、メソッドの宣言時に**スロー宣言**を行うと、発生するチェック例外をキャッチせずに呼び出し元へと伝播できます。

スロー宣言による例外伝播の許可

```
アクセス修飾 戻り値 メソッド名(引数リスト)
        throws 例外クラス1, 例外クラス2, … {
  メソッドの処理内容
}
```

たとえば、次のように記述します。

```
public static void subsub() throws IOException {    ← スロー宣言
  FileWriter fw = new FileWriter("data.txt");
}
```

あれ？　このsubsubメソッドって、実行中にチェック例外が起こるはずなのにtry-catchがないですよ。「サボり禁止」でコンパイルエラーになりますよね。

いや、スロー宣言があるときに限ってコンパイルエラーにならないんだよ。

このメソッドの中ではFileWriterをインスタンス化しており、チェック例外であるIOExceptionが発生する可能性があります。しかし、この例のように、**スロー宣言を行っていればtry-catch文がなくてもコンパイルエラーにな りません**。

スロー宣言によるチェック例外の伝播

メソッド定義において、チェック例外をキャッチしないことをthrowsで宣言できる。このときメソッド内でtry-catch文によるキャッチをしなくてもコンパイルエラーにならない。

なぜスロー宣言をするとコンパイルエラーにならないのでしょうか。スロー宣言とは、そのメソッドが、「私はメソッド内でチェック例外が発生しても処理しませんが、**私の呼び出し元が処理します**」と表明する宣言だからです。

その一方、スロー宣言が含まれるメソッドを呼び出す側は、このメソッドを呼び出すと、呼び出し先で発生した例外が処理されずに**自分に伝播してくる可能性がある**と覚悟しなければなりません。

スロー宣言が及ぼす影響

影響① 呼び出される側のメソッドは、メソッド内部での例外のキャッチが**義務ではなくなる**。

影響② 呼び出す側のメソッドは、例外を伝播してくる可能性があるメソッド呼び出しをtry-catch文で囲む**義務が生まれる**。

ここで、チェック例外に対する処理方法についてまとめておきましょう。すべてのメソッドは「チェック例外をどう処理するか」について、次の2つの方針のどちらかを採用し、その方針ごとに課せられる義務を果たさなければなりません。

例外処理方針①　チェック例外を自分で処理

この方針の意味

私は自分で例外的状況を解決します。例外が発生してもお手上げはせず、呼び出し元に迷惑をかけません。

この方針を採用することで課せられる義務

発生する可能性がある、すべてのチェック例外をtry-catch文で処理する。

例外処理方針②　チェック例外を処理せず、呼び出し元に委ねる

この方針の意味

私は自分で例外的状況を解決できません。例外が発生したら、呼び出し元に処理を任せます。

この方針を採用することで課せられる義務

メソッド定義にスロー宣言を加え、委ねる例外の種類を表明する。

column

例外をもみ消さない

```
try {
 ⋮
} catch (Exception e) {
}
```

上記のコードは、発生した例外をキャッチしながら、自分では何の処理もせず、上にも報告しない、いわば「不祥事のもみ消し」のようなことをやっています。チェック例外は何らかの対処をすべきだから発生しているのですから、もみ消しが重大な不具合につながると容易に想像できます。コード17-8のような特殊なケースもありますが、空のcatchブロックは極力避けるべきです。

17.7 例外を発生させる

17.7.1 例外的状況をJVMに報告する

前節までで例外の発生には備えられるようになったね。最後に自分たちで「例外を発生させる方法」を紹介しよう。

図17-8（p.622）で解説したように、例外的状況が発生したかどうかはJVMが監視します。そして、JVMは例外的状況を検知すると処理をcatchブロックに移すのでしたね。実は、監視をしているJVMに対して、私たち自身が「例外的状況になりました」と知らせることができます。例外的状況の発生を報告するには、次の構文を使います。

例外的状況の報告（例外を投げる）

```
throw 例外インスタンス;
```

※一般的には `throw new 例外クラス名("エラーメッセージ");` と書く。

例外の詳細情報を詰め込んだ例外インスタンスを使って報告するんですね。

そうだよ。throwキーワードを使って、監視中のJVMに例外インスタンスを「投げつける」んだ。

「こんな例外的状況になったよ！　今すぐ代替策の実施へ移行してね！」と例外インスタンスを投げるイメージですね。

監視中のJVMに例外的状況を報告することを、**例外を投げる**または**例外を送出する**と表現します。例外が投げられるとJVMはそれを検知し、即座にcatchブロックの実行や例外の伝播に処理を移します。

実際に例外を投げているプログラムをコード17-11に示します。

コード17-11 例外インスタンスを自分で投げる

BJ4HB

Person.java

```
01 public class Person {
02   int age;
03   public void setAge(int age) {
04     if (age < 0) {     // ここで引数をチェック
05       throw new IllegalArgumentException
             ("年齢は0以上の数を指定すべきです。指定値=" + age);
06     }
07     this.age = age;     // 問題ないなら、フィールドに値をセット
08   }
09 }
```

Main.java

```
01 public class Main {
02   public static void main(String[] args) {
03     Person p = new Person();
04     p.setAge(-128);   ← 誤った値のセットを試みる→例外発生
05   }
06 }
```

```
Exception in thread "main" java.lang.IllegalArgumentException:
年齢は0以上の数を指定すべきです。指定値=-128
    at Person.setAge(Person.java:5)
      at Main.main(Main.java:4)
```

Personクラスのset Ageメソッドでは、引数をフィールドage（年齢）に代入します。しかしageが負の値になることを防ぐため、代入の前に引数を検査しています。もし引数に問題がある場合は、IllegalArgumentException

インスタンスを投げて「引数が異常で処理を継続できない」という例外的状況に陥った事実をJVMに報告します。

setAgeメソッドで発生した例外は、呼び出し元のmainメソッドに伝播します。しかし、ここでは例外をキャッチしていないので、最終的にJVMがプログラムを強制停止します。

スロー宣言で使うthrowsと例外的状況の報告に使うthrowは似ているけど、まったく違うものだから気をつけよう。

17.7.2 オリジナル例外クラスの定義

これまで見てきたように、APIにはIOExceptionやIllegalArgumentExceptionなどの多くの例外クラスが備わっています。それら既存の例外クラスを使えば、多くのプログラムは問題なく作成できるでしょう。

しかし、独自の例外的状況を表すオリジナルの例外クラスを使いたい場面もあります。たとえば、音楽プレーヤーソフトを開発していて、「対応していない形式のファイルを再生しようとした」などの例外的状況を表すクラス（仮に「UnsupportedMusicFileException」など）が必要になるかもしれません。

そのような場合は、**既存の例外クラスを継承してオリジナルの例外クラスを作る**ことができます。

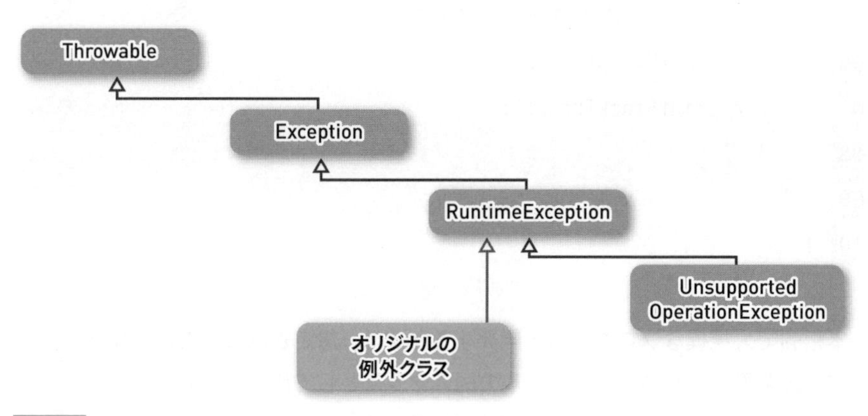

図17-17 独自の例外は例外クラスを継承して作る

継承元になる例外クラスには、チェック例外を表すExceptionや、非チェック例外を表すRuntimeExceptionのほか、IOExceptionなど実際に何かの状況を表している例外クラスを用いることができます。しかし、ThrowableやErrorの子クラスとしてオリジナル例外を定義することはほとんどないでしょう。

コード17-12 **オリジナル例外を定義する**

BJ4HC

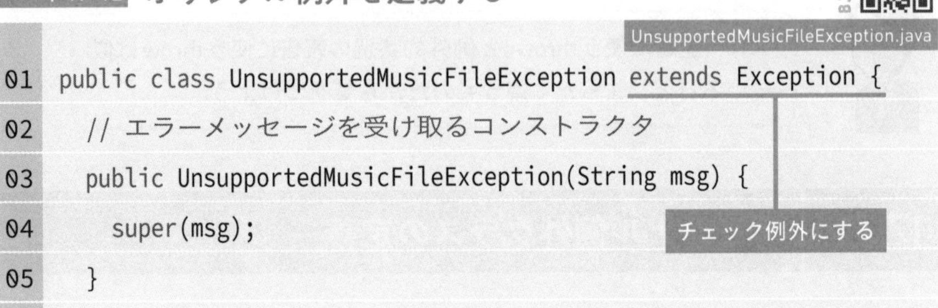


```java
01 public class UnsupportedMusicFileException extends Exception {
02   // エラーメッセージを受け取るコンストラクタ
03   public UnsupportedMusicFileException(String msg) {
04     super(msg);
05   }
06 }
```

コード17-13 **オリジナル例外を利用する**

BJ4HD

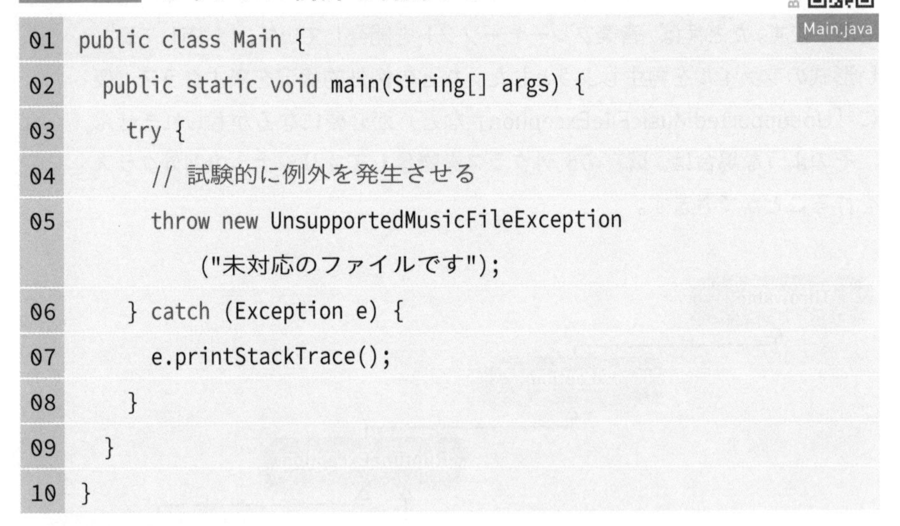


```java
01 public class Main {
02   public static void main(String[] args) {
03     try {
04       // 試験的に例外を発生させる
05       throw new UnsupportedMusicFileException
             ("未対応のファイルです");
06     } catch (Exception e) {
07       e.printStackTrace();
08     }
09   }
10 }
```

本格的で大規模なプログラムを開発するときは、想定されるさまざまな例外的状況を思い浮かべ、オリジナルの例外クラスとして作成しておけば、きめ細かい実行時エラーへの対処が可能になります。

17.8 第17章のまとめ

エラー

- エラーには、文法エラー、実行時エラー、論理エラーの3種類がある。
- 例外処理を行うと、実行時エラーに対処できる。

例外の種類

- APIには、さまざまな例外的状況を表す例外クラスが用意されている。
- 例外クラスは、Error系、Exception系、RuntimeException系に大別できる。
- 例外クラスを継承してオリジナルの例外クラスを定義できる。

例外処理

- try-catch文を使用すると、tryブロック内で例外が発生したときにcatchブロックに処理が移る。
- Exception系例外が起こる可能性がある場合は、try-catch文が必須である。
- 後片付けの処理は、状況に関わらず必ず実行されるfinallyブロックに記述する。
- try-with-resources文を利用すると、後片付け処理の記述が不要になる。
- スロー宣言で、例外の処理を呼び出し元に委ねることができる。
- throw文で、開発者自ら例外を発生させることができる。

17.9 練習問題

練習17-1

次のようなプログラムを作成して実行し、実行時エラーを発生させてください。

① String型変数sを宣言し、nullを代入する。
② s.length()の内容を表示しようとする。

練習17-2

練習17-1で作成したコードを、try-catch文を用いて例外発生に備えてください。また、例外処理では次の動作を行ってください。

①「NullPointerException例外をcatchしました」と表示する。
②「ーースタックトレース（ここから）ーー」と表示する。
③ スタックトレースを表示する。
④「ーースタックトレース（ここまで）ーー」と表示する。

練習17-3

Integer.parseIntメソッドを実行し、文字列"三"の変換結果をint型変数iに代入するコードを記述してください。その際に、parseIntメソッドがどのような例外を発生させる可能性があるかをAPIリファレンスで調べ、正しく例外処理を記述してください。

練習17-4

起動直後にIOExceptionを送出して異常終了するようなプログラムを作成してください。

（ヒント） mainメソッドが「お手上げ」すれば、例外発生時にプログラムが異常終了する。

chapter 18
まだまだ広がるJavaの世界

第III部では重要なJavaのAPIについて学んできました。
本書で解説したAPIは全体から見ればごく一部ですが、
みなさんはもう必要なAPIを自分で調べて活用できるでしょう。
最終章ではみなさんへの「はなむけ」として、
さらに高度なJavaプログラミングの世界と可能性を紹介します。

contents

18.1 ファイルを読み書きする

18.1.1 ストリーム

プログラムからコンピュータ内のファイルを読み書きする場合、ファイルの内容をすべて一度には読み込みません。なぜなら、ファイルがとても大きい場合、一度に読み込むとメモリが足りなくなってしまうからです。そこで、Javaをはじめとする多くのプログラミング言語では、ファイルを少しずつ読んだり書いたりするための機能を備えています。このとき用いるのが**ストリーム**（stream）という考え方です。

こ←ん←に←ち←は←
Java
プログラム
ストリームは
川の流れのようなもの
だと考えればいいよ

図18-1 ストリームとはデータが流れる小川のようなもの

ストリームとは、情報が流れてくる小川のようなものだと想像してください。Javaプログラムは、この小川を通してファイルを読み書きします。たとえば、ファイルを読み込む場合は、小川の上流にあるファイルから1文字ずつ流れてくると考えて文字を読み込みます（図18-1）。

18.1.2 ファイルから文字を読み込む

ファイルから文字を1文字ずつ読み込むコードを紹介しましょう（コード

18-1)。テキストファイルから文字を読み込む場合には、java.io.FileReaderを使います。

BJ4I1

コード18-1 ファイルから1文字ずつ読み込む

Main.java

```
01 import java.io.*;
02 
03 public class Main {
04   public static void main(String[] args) throws Exception {
05     FileReader fr = new FileReader("data.txt");   ファイルを開く
06     int input = fr.read();
07     while (input != -1) {
08       System.out.print((char)input);              ファイルの最後まで
09       input = fr.read();                            1文字ずつ読む
10     }
11     fr.close();   ファイルを閉じる
12   }
13 }
```

FileReaderは、指定されたファイルが源流にある小川のようなもので、read()を呼ぶたびに1文字ずつ文字を取り出します。read()の結果がマイナス1だったら、ファイルを最後まで読み終わったことを意味します。そして読み終わったら最後に必ずclose()してファイルを閉じておきます。

なお、FileReaderのコンストラクタやread()、close()はIOExceptionを送出する可能性があります。実際の開発では必ず例外処理を行ってください。

18.1.3 ファイルへ文字を書き込む

ファイルに文字を書き込むには、FileWriterを使います。このクラスは指定したファイルが下流にある小川のようなもので、ストリームに流した文字がファイルに書き込まれていきます。

図18-2 FileWriterを用いたファイルの書き込み

実際にFileWriterを使ってファイルに書き込む例がコード18-2です。

コード18-2 ファイルに1文字ずつ書き込む

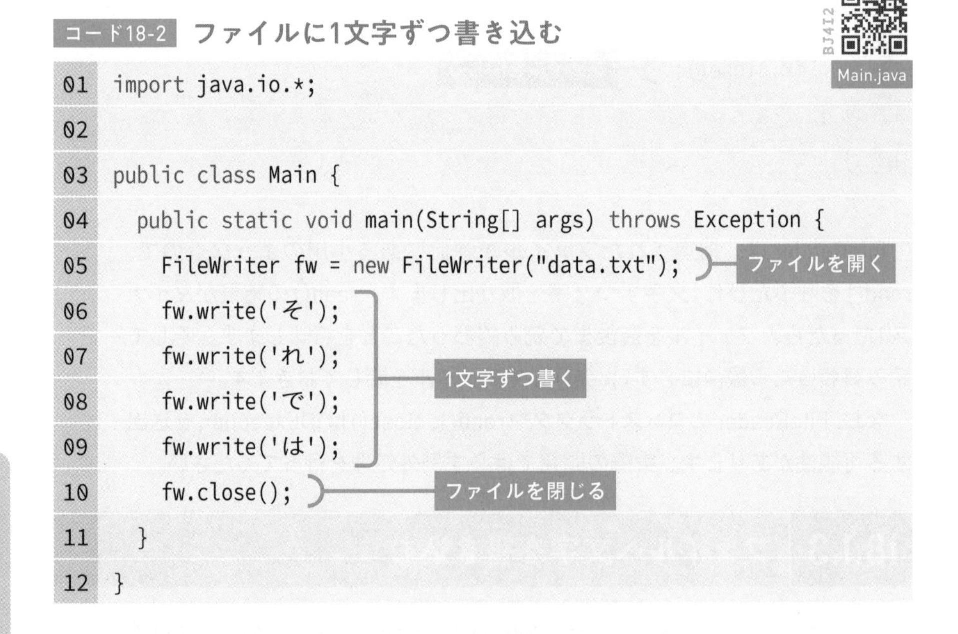

Main.java

```
01 import java.io.*;
02 
03 public class Main {
04   public static void main(String[] args) throws Exception {
05     FileWriter fw = new FileWriter("data.txt");   ファイルを開く
06     fw.write('そ');
07     fw.write('れ');                               1文字ずつ書く
08     fw.write('で');
09     fw.write('は');
10     fw.close();                                   ファイルを閉じる
11   }
12 }
```

java.ioパッケージにあるさまざまなクラスを利用すると、より高度な入出力処理が可能になります。詳細は、本書の続編である『スッキリわかるJava入門 実践編』で紹介しています。

18.2 インターネットにアクセスする

18.2.1 Webページを取得する

従来のプログラミング言語では、インターネット上のWebページを取得するためには、ネットワークプログラミングに関する多くの知識とプログラミング作業が必要でした。しかし、Javaでは、java.netパッケージのクラスを使って、同じ機能のプログラムをほんの数行で作成できます（コード18-3）。

コード18-3 Webページを取得する

Main.java

```
01 import java.io.InputStream;
02 import java.net.URL;
03
04 public class Main {
05   public static void main(String[] args) throws Exception {
06     URL u = new URL("https://book.impress.co.jp/");
07     InputStream is = u.openStream();      ← インターネットへ接続
08     int i = is.read();
09     while (i != -1) {                     ← ページの終わりまで繰り返す
10       char c = (char)i;
11       System.out.print(c);                ← 読んだ内容を画面に表示
12       i = is.read();
13     }
14   }
15 }
```

chapter 18

```
<!DOCTYPE html>
<html lang="ja" dir="ltr">
<head>
<meta charset="utf-8" />
  ⋮
```

コード18-3を実行すると、Webページを構成しているHTMLのテキストが画面に表示されます。このプログラムのポイントはjava.net.URLクラスのインスタンスを生み出し、openStream()を呼び出している部分です。このメソッドを呼ぶと、インターネット上のページを上流に持つストリームを取得できるので、1文字ずつ読みながら画面に出力しています。

図18-3 openStreamメソッドによりWebページを上流に持つストリームが構成される

column

さまざまなモノにつながるストリーム

Javaのストリームはファイルや Webページのほかにもさまざまなモノに接続できます。実は、これまでにも私たちはストリームを何度も使ってきました。それは下流が画面につながっている「System.out」と、上流がキーボードにつながっている「System.in」です。System.out.println()とは、画面につながっている小川に情報を流す命令だったのです。

18.3 データベースを操作する

18.3.1 データベースとSQL

Javaを使って、データベースを操作することもできるよ。

データベースとは、データを整理して格納したり、効率的に取り出したりするためのソフトウェアとデータの集合体をいいます。多数のユーザーが同時にアクセスしても、データの整合性を保ちつつ高速に処理できるのが大きな特長です。

一般的なデータベースは複数の表形式でデータを管理しており、その表の中の値を取得したり書き換えたりして利用します。データを読み書きするには、**SQL**と呼ばれるデータベースを操作するための専用の言語でデータベースに指示を出します。

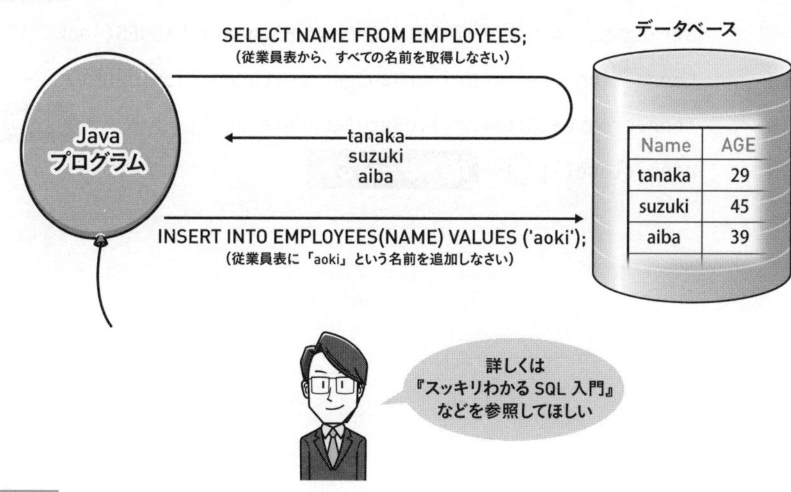

図18-4 データベースにSQL文を送り、表を読み書きする

chapter 18

図18-4の中の「SELECT～」や「INSERT～」というのがSQLなんですね。

そうだよ。SQL文をデータベースに送れば、その指示に従ってデータを処理してくれるんだ。

Javaでは、java.sqlパッケージのクラスを用いて、データベースにSQL文を送ることができます。詳細は続編の『スッキリわかるJava入門 実践編』に譲りますが、コード18-4のサンプルコードを眺めて、「データベースアクセスも決して難しくない」ことを実感してみてください。

コード18-4 DBに接続してSQLを送信する

BJ4I4

Main.java

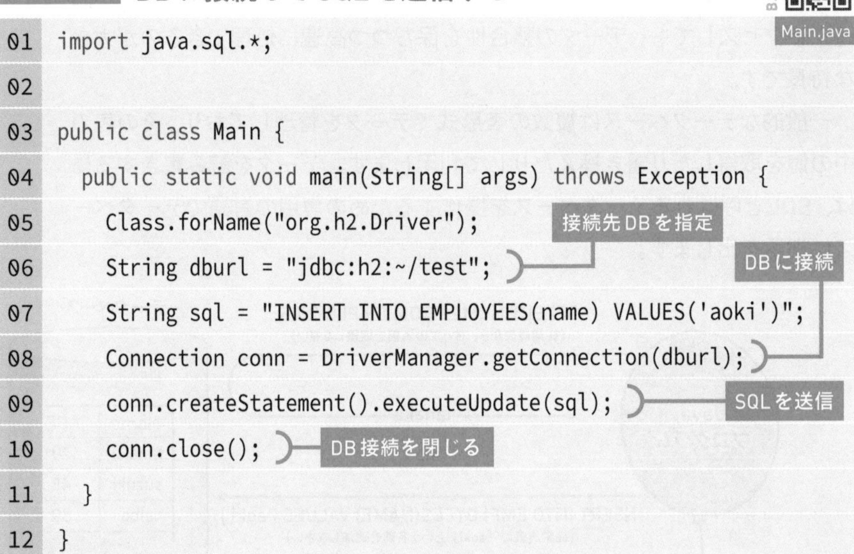

```
01 import java.sql.*;
02
03 public class Main {
04   public static void main(String[] args) throws Exception {
05     Class.forName("org.h2.Driver");
06     String dburl = "jdbc:h2:~/test";
07     String sql = "INSERT INTO EMPLOYEES(name) VALUES('aoki')";
08     Connection conn = DriverManager.getConnection(dburl);
09     conn.createStatement().executeUpdate(sql);
10     conn.close();
11   }
12 }
```

18.4 ウィンドウアプリケーションを作る

18.4.1 CUIとGUI

湊のRPGはおもしろいけど、表示が文字だけでカワイくないのが残念ですよね。

Javaでもウィンドウを使ったグラフィカルなプログラムが作れるよ。

物理的に最も人間に近く、人間とコンピュータの接点となる部分を**ユーザーインタフェース**（UI：User Interface）といい、主に操作性や情報の表示方法を指します。本書で開発してきた文字ベースでの操作は**CUI**（Character User Interface）と呼ばれます。一方、WindowsやmacOSなどのグラフィカルなウィンドウ表示とマウスなどで操作する方式は、**GUI**（Graphical User Interface）と呼びます。そして、GUIを備えたプログラムをウィンドウアプリケーションといいます。

CUIプログラム

メインメニュー
　1：会員登録
　2：会員検索
　3：終了
選んでください＞ 2

キーワードを入力

GUIプログラム

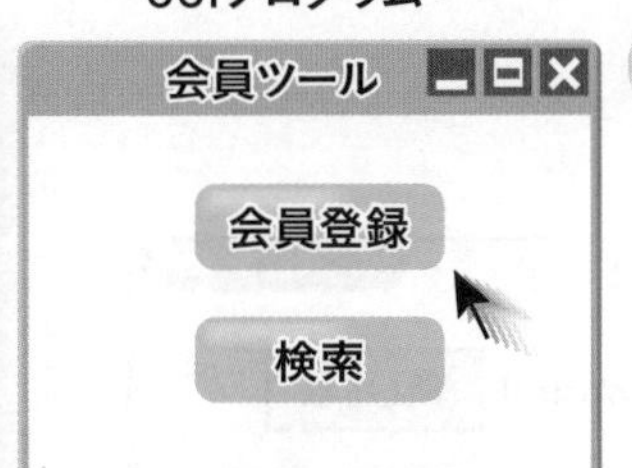

Java なら
GUI プログラムを作るのも
比較的簡単だ

図18-5　CUIとGUIの違い

java.awtとjavax.swingパッケージには、GUI開発に用いるボタンや入力ボックスなど、さまざまな部品がクラスとして提供されています。本格的なGUIプログラミングの解説は専門書に譲りますが、ここでは簡単なサンプルコードを紹介します（コード18-5）。

Windows、macOS、Linux、そのほかJavaが動作するコンピュータであれば、どれでも同じように動作するウィンドウアプリケーションがJavaで作れることを、ぜひ知っておいてください。

コード18-5 **はじめてのGUIプログラム**

Main.java

```
01 import java.awt.FlowLayout;
02 import javax.swing.*;
03
04 public class Main {
05   public static void main(String[] args) {
06     JFrame frame = new JFrame("はじめてのGUI");
07     JLabel label = new JLabel("Hello World!!");
08     JButton button = new JButton("押してね");
09     frame.getContentPane().setLayout(new FlowLayout());
10     frame.getContentPane().add(label);
11     frame.getContentPane().add(button);
12     frame.setDefaultCloseOperation(JFrame.EXIT_ON_CLOSE);
13     frame.setSize(300, 100);
14     frame.setVisible(true);
15   }
16 }
```

図18-6 コード18-5の実行結果

18.5 スマートフォンアプリを作る

18.5.1 携帯端末で動くJavaプログラム

菅原さん！　Javaでスマホアプリも作れるって本当ですか！？

そうだよ。湊くんのRPGがスマートフォンでも動いたら、遊んでくれる人は増えるんじゃないかな。

最近のスマートフォンをはじめとする携帯端末には、Javaで開発したアプリケーションを動かせるものがあります。たとえば、Android端末用のアプリケーションはJavaで開発が可能です。

ただし、WindowsやmacOS用に開発したJavaプログラムが、そのまま携帯端末で動くわけではありません。携帯端末を開発しているメーカー各社から、それぞれの機種専用の「プログラミングで利用するクラス」がSDK（Software Development Kit）として提供されており、それらの専用クラスを用いてプログラミングを行う必要があります。

図18-7　Javaで携帯端末用アプリケーションも開発できる

通常、携帯端末用のアプリケーション開発には、SDKに同梱されているパソコン用ソフトウェアを使います。これは「エミュレータ」と呼ばれ、携帯端末の動作を擬似的に再現してくれるツールです。開発中のプログラムをエミュレータで実行して動作を確認し、プログラムが完成したら、携帯端末にインストールして利用します。

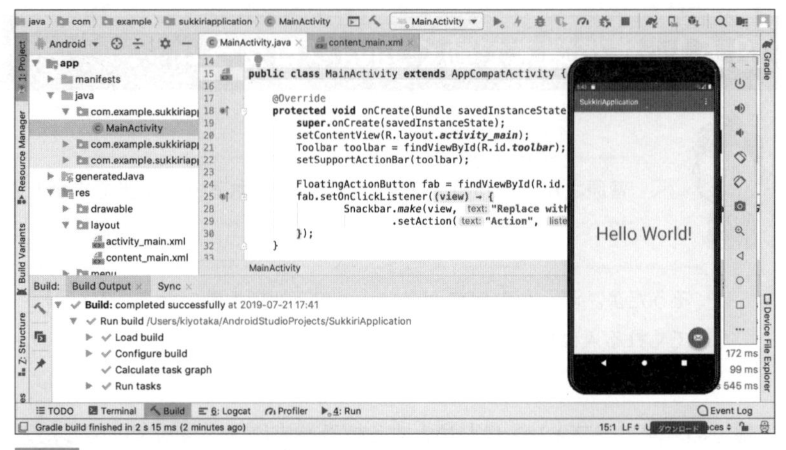

図18-8 AndroidStudioによるアプリケーション開発環境

column

JVM上で動作するJava以外の言語

JVMはもともとJavaプログラムを動作させるために誕生したしくみです。しかし近年、Rubyなどの従来からあるプログラミング言語をJVM上で動作させたり(JRuby)、JVM上で動作する新しいプログラミング言語が登場したりしており、JVMは「さまざまな言語で書かれたプログラムの実行基盤」としても注目されています。

並列処理を得意とするScalaや、Androidアプリ開発の新たな標準言語となったKotlinなどが有名ですが、いずれもJavaクラスと相互呼び出しが可能で、これまでJavaで作った資産を活用できるという特徴もまた、普及を後押ししています。

18.6 Webサーバで動く Javaプログラム

18.6.1 Webアプリケーションとは

インターネットが普及し始めた当時のWebサイトは、ブラウザでWebサーバにアクセスして、固定のページ内容を読むためだけのものでした。しかし、現代のWebサイトは、利用者が入力した情報に応じてサーバ側で必要な処理が実行され、画面の表示内容が変化するものが一般的です。

たとえば、新幹線の予約サイトでは、希望の乗車時間と出発駅・目的駅を入力すれば、データベースから新幹線のダイヤと空席情報を検索して結果を表示してくれます。さらに予約ボタンをクリックすれば、予約情報が鉄道会社のデータベースに登録され、席の予約もできます（図18-9）。

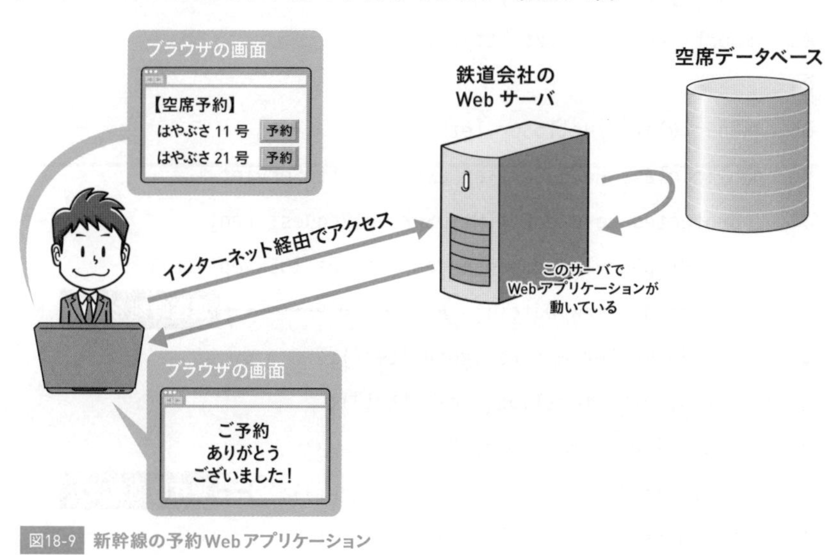

図18-9 新幹線の予約Webアプリケーション

このように、利用者がブラウザから入力した情報をサーバ側のプログラムで処理するしくみを備えたWebサイトを**Webアプリケーション**（Web Application）といいます。検索サイトやショッピングサイト、あるいはSNS

chapter 18

など、みなさんも日々、数多くのWebアプリケーションを利用しているでしょう。

18.6.2 Javaで作るWebアプリケーション

Webアプリケーションは、さまざまなプログラミング言語を使って開発できますが、Javaを使ってWebアプリケーションを開発する場合には**サーブレット**（Servlet）というクラスを開発します。

サーブレットを開発、動作させるにはさまざまな準備が必要ですが、ここでは「アクセスされたら現在時刻を取得してWebページとして返す」サーブレット（HelloServlet）を紹介します（次のコード18-6をコンパイル・実行するにはサーブレットの開発環境が必要です）。

コード18-6 現在時刻を表示するサーブレット

BJ4I6

HelloServlet.java

```java
01 import java.io.*;
02 import java.util.Date;
03 import javax.servlet.http.*;
04
05 @WebServlet("/HelloServlet")
06 public class HelloServlet extends HttpServlet {
07   protected void doGet(HttpServletRequest req,
         HttpServletResponse res) throws IOException {
08     Date d = new Date();
09     PrintWriter w = res.getWriter();
10     res.setContentType("text/html");
11     w.write("<html><body>");
12     w.write("Today is " + d.toString());
13     w.write("</body></html>");
14   }
15 }
```


クラスファイルをいくつかの設定ファイルなどとともに、Javaを動かせる機能があるWebサーバに登録します。たとえば、このHelloServletをmiyabilink.jpサーバに登録すると、「https://miyabilink.jp/HelloServlet」というアドレスにブラウザでアクセスして、世界中どこからでも現在の日時を表示できます。

サーブレットについての詳しい解説は、『スッキリわかるサーブレット&JSP入門』などを参照してください。

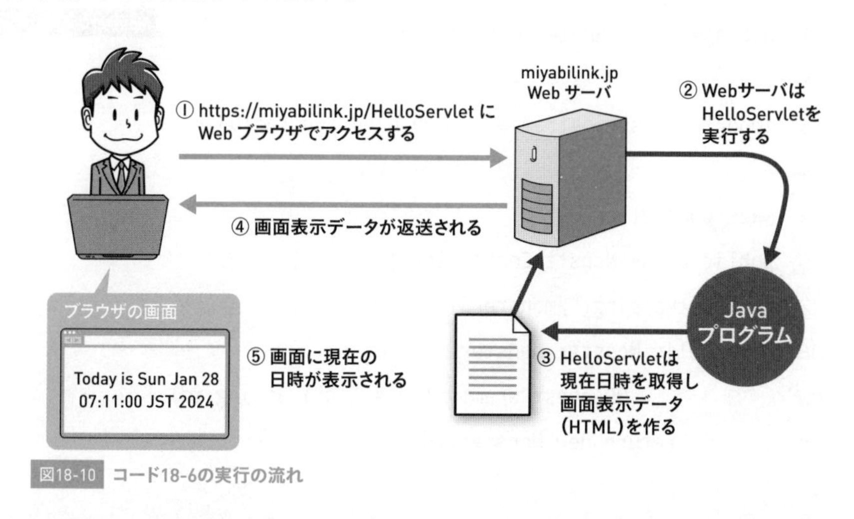

図18-10 コード18-6の実行の流れ

18.6.3 Javaで作るWebAPI

図18-10で紹介したように、通常、Webサーバ上で動くプログラムは、人間からアクセスを待ち受けて動作します。しかし近年、ほかのシステムからのさまざまな処理要求を受け付けるプログラムも活用が広がっています。

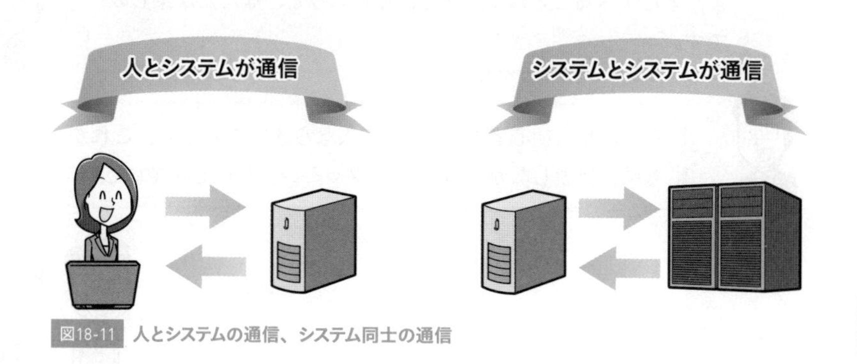

図18-11 人とシステムの通信、システム同士の通信

Web技術を用いてシステムからの処理要求を受け付けて動作する機構は、WebAPIといわれています。WebAPIは、前項で紹介したサーブレット技術を用いて開発することも可能ですが、実務ではSpringBootのようなフレームワークを活用して開発するのが一般的です。

コード18-7 **SpringBootによるWebAPIのサンプル**

BJ4I7

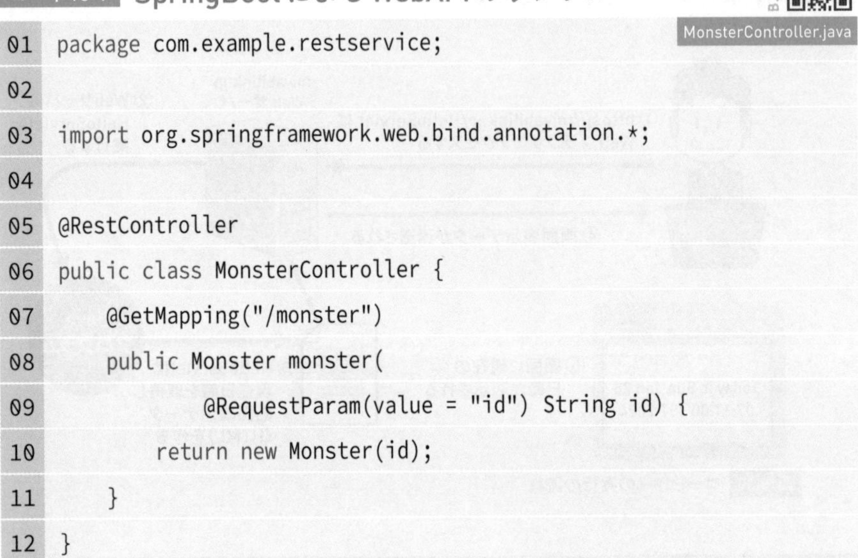

MonsterController.java

```
01 package com.example.restservice;
02 
03 import org.springframework.web.bind.annotation.*;
04 
05 @RestController
06 public class MonsterController {
07     @GetMapping("/monster")
08     public Monster monster(
09             @RequestParam(value = "id") String id) {
10         return new Monster(id);
11     }
12 }
```

Javaをさらに学んでいけば、もっと多くのいろんなプログラムが作れるようになるんですね。

まだまだ学べることはたくさんあると思うと、なんだか楽しみです。

そうだね。初心者を卒業した2人なら大丈夫だから、これからも試行錯誤しながらJavaプログラミングを楽しんでほしい。

はい！

さらなる高みを目指して——

湊くんの成長の旅は続きます

Java プログラマ（本書を学習し終えた現在）

オブジェクト指向を活用して、簡単なコマンドラインアプリケーションを開発できる！

Java エンジニア

各種API命令・設計技法・ツールなどを駆使し、チームでアプリケーションを開発できる！

Java + DB エンジニア

SQLやデータ設計の知識も活用し、DBを利用した本格アプリケーションを開発できる！

Web アプリエンジニア

SNSやショッピングサイトのようなWebブラウザで動くアプリケーションを設計・開発できる！

付録 A 開発環境のセットアップ

巻頭で紹介したdokojavaは、
あくまでも入門の最初の一歩のためのツールです。
簡易的な環境で制限も多く、本格的な学習や開発には適しません。
特に、第6章以降の学習にあたっては、PCに開発環境を準備して、
より本格的にJavaを学んでいきましょう。

contents

A.1 ローカル開発環境の種類と構成

A.1.1 Javaの開発に必要なツール

第1章で解説したように、Javaのプログラム開発は以下の3つのステップで進みます。

① ソースコードの作成と編集
② コンパイルによる変換
③ 完成プログラムの実行

巻頭で紹介したdokojavaの場合、①〜③のすべてをブラウザ上で実行できます。しかし、より本格的なJavaの学習にあたっては、dokojavaはやや力不足です。そのため、dokojavaでJavaに少し慣れ親しんだところで、本格的な開発環境を手元のPCにインストールして利用するのをおすすめします（これをローカル開発環境ともいいます）。

PCにJavaの開発環境を構築する方法は複数存在しますが、大きく分けて次の図A-1のような2つの方式に分類できます。この節では、以降、この2つの方式について、概要と特徴を解説します。

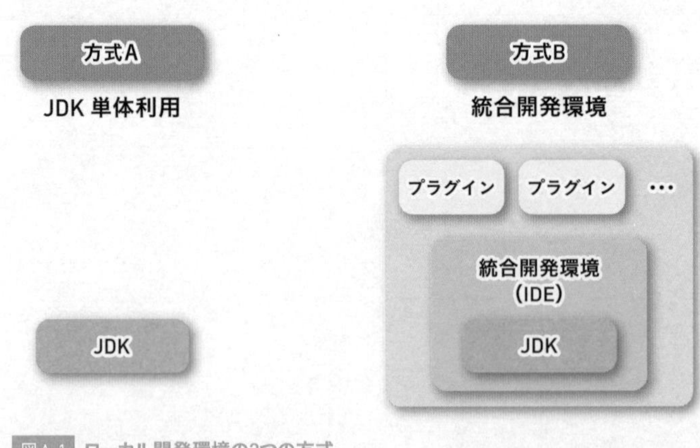

図A-1 ローカル開発環境の2つの方式

A.1.2 JDK単体を用いる方法（方式A）

この方式では、JDK（Java Development Kit）というソフトウェアパッケージをPCにインストールします。JDKとは、Javaプログラムの開発に必要な各種ツールやAPIライブラリを詰め合わせたもので、インターネットから入手可能です。JDKをインストールすると、前述の手順②に必要なJavaのコンパイラや、手順③に必要なインタプリタなどを利用できるようになります。

なお、手順①のソースコード編集のための道具はJDKに含まれていないため、一般的にテキストエディタに分類されるツールが必要です（表A-1）。

表A-1 方式Aで必要となるツール

手順	使うツールの一般名称	代表製品の名称
①ソースコード作成	テキストエディタ	メモ帳、サクラエディタ、Visual Studio Code など
②コンパイル	Java コンパイラ	javac（JDK に含まれる）
③実行	Java インタプリタ	java（JDK に含まれる）

使用するテキストエディタは使い慣れたものでかまいません。代表的なものとして、Windows標準のメモ帳や、マイクロソフト社から無償で提供されているVisual Studio Code（VSCode）があります。なお、Microsoft Wordのようなワープロソフトは独自の形式で文書を保存するため、エディタとして用いることはできません。

方式Aのデメリットは、必要最低限の機能しか提供されない点です。そのため、実業務の開発現場で常用されるケースは多くありません。ただし、シンプルで軽量なことに加え、Java自体のしくみや開発作業の自動化に必要な知識を深く理解するのに適しているため、教育研修目的で利用されることがあります。

図A-1を見ると、方式Bでも内部ではJDKが使われているんですね。

そうだよ。方式Aは方式Bに比べて少しとっつきにくいけど、この付録を参考に、ぜひ一度はチャレンジしてほしい。

column

さまざまなJDK

従来、JDKといえば、オラクル社が無料で公開するOracleJDKが最も広く利用されてきました。しかし現在では、次のようなJDKも各社から公開されています。いずれも無償利用が可能です。

- **Oracle OpenJDK（オラクル社）**
- **RedHat OpenJDK（レッドハット社）**
- **Eclipse Temurin（Eclipse財団）**

それぞれのJDKは、Javaコミュニティが開発するOpenJDKのコア部分に、提供各社が周辺ツールやサポートサービスなどをセットにして提供しているものです。そのため、ライセンスやサポート期間などに違いはありますが、javacやjavaコマンドを含んでいる点や基本的なAPIなどはほぼ共通です。

A.1.3 統合開発環境の利用（方式B）

方式Aの不便さを克服するために、**統合開発環境**（IDE: Integrated Development Environment）と呼ばれるツールをPCに導入して開発に用いるのが一般的です（図A-2）。IDEとは、開発に必要な3つのツール（テキストエディタ・コンパイラ・インタプリタ）を1つにまとめて、1つのウィンドウで利用できるようにしたものです。ソースコードを修正すると自動的にコンパイルが実行されるだけでなく、コード整形やバグ検出など便利な機能も豊富に備えています。JavaのIDEとしては、**Eclipse**や**IntelliJ IDEA**が有名です。

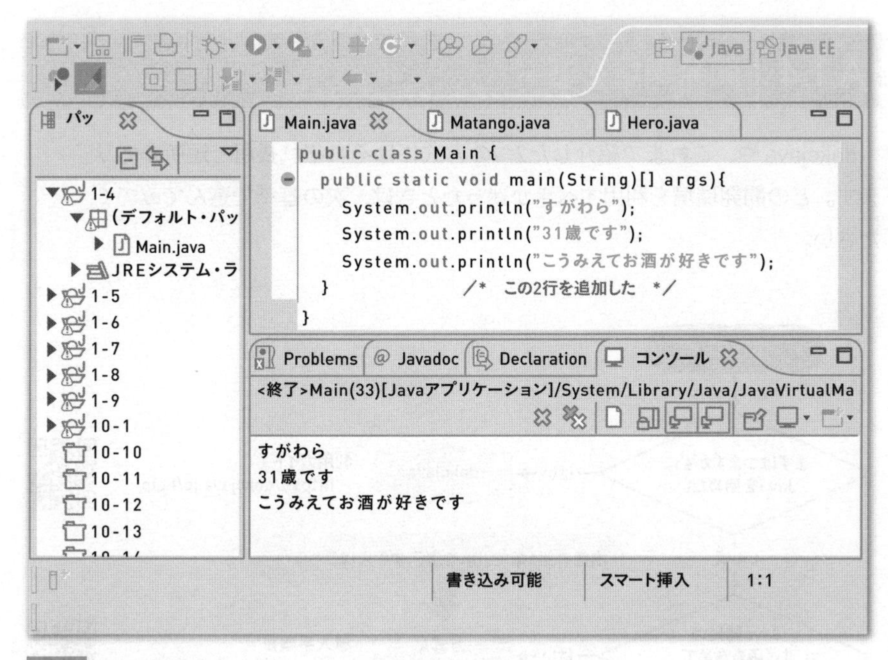

図A-2 Eclipseの画面

なお、IDEも、コンパイルや実行のために内部ではJDKを利用しています。また、さまざまな追加拡張機能（プラグイン）をインストールすると、より効率的な開発が可能になります。たとえば、表示を日本語化したり、動作試験を簡単に行えるプラグインなどが多数公開されています。

それらのプラグインをIDEに個別にセットアップをするのも不可能ではありませんが、手間がかかったり、プラグインの相性でうまく動かない場合があります。そこで、「数多くの便利なプラグインを設定済みのIDE」を利用するのも一般的です。現在、Eclipseに多くの便利なプラグインを同梱した**Pleiades**などが広く用いられています。

第18章で画面を掲載したAndroidアプリ開発用IDE（Android Studio）も、IntelliJ IDEAを拡張したものなんだ。

A.1.4 開発環境を選ぶ

dokojavaや、これまで紹介した2つの方式にはそれぞれ長所と短所があります。どの開発環境を利用すべきか迷ったときは、次の基準で選んでみてください。

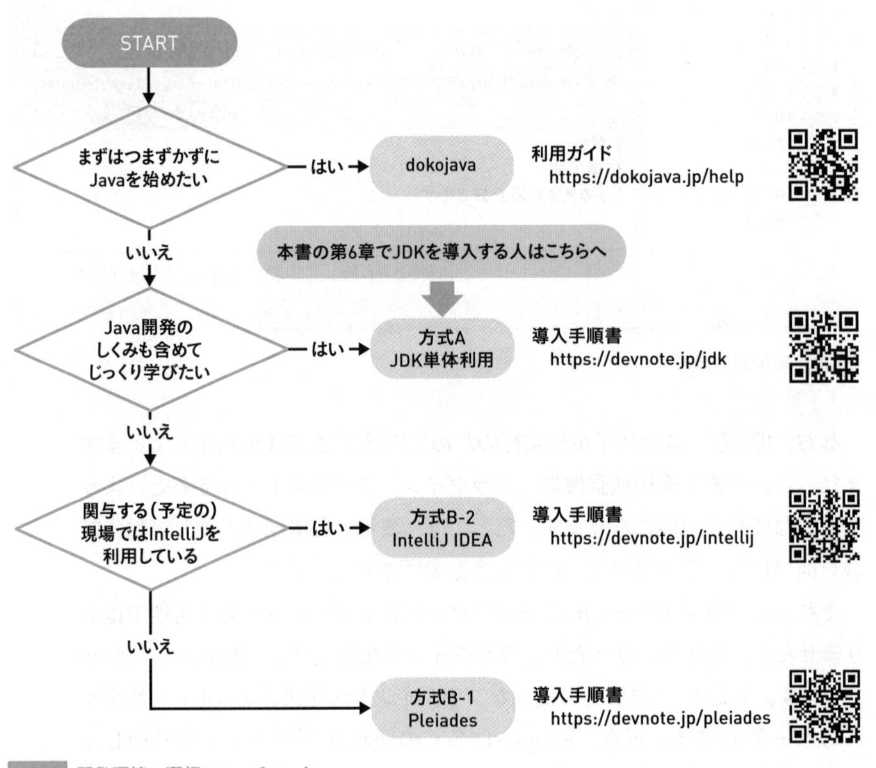

図A-3 開発環境の選択フローチャート

どの環境を利用するか決まったら、上記の導入手順を参考に、セットアップを進めてください。なお、方式AのJDK単体利用に関しては、セットアップ後の利用に際してコマンドプロンプトの知識が必要となるため、次節以降で補足しています。

A.2 コマンドプロンプトの使い方

A.2.1 コマンドプロンプトとは

方式A（JDK単体利用）でJavaプログラムを開発するには、「コマンドプロンプト」に関する知識が必要なんだ。ここで簡単に紹介しておこう。

コマンドプロンプトとは、コンピュータに文字で指示を行うためのプログラムです。macOSやLinuxでは「ターミナル」「端末」などと呼ばれます。JDKを用いた開発は、基本的にこのコマンドプロンプト画面で行います。

図A-4 Windows10のコマンドプロンプト画面

コマンドプロンプトを使うと、Javaプログラムのコンパイルと実行だけでなく、ファイルの操作など、さまざまな指示をコンピュータに送ることができます。

A.2.2 コマンドプロンプトの起動

Windows10でコマンドプロンプトを起動する場合、画面左下のスタートボタンをクリックし、「Windowsシステムツール」→「コマンドプロンプト」を選択します。Windows11の場合は、画面左下のスタートボタンをクリック後、検索バーに「コマンドプロンプト」と入力し、結果として表示されたアプリをクリックして開きます。

macOSの場合は「アプリケーション」→「ユーティリティ」→「ターミナル」で起動します。Linuxの場合はディストリビューションごとに異なりますので、マニュアルを参照してください。

さて、コマンドプロンプトを起動すると、次のような文字が表示されます(表示内容は環境によって異なります)。

```
C:¥Users¥sugawara>
```

この「>」記号で終わる表示をプロンプトといい、記号の右側にコマンドを入力してコンピュータに対して指示を送ります。macOSやLinuxの場合、プロンプトの表示様式は異なり、末尾も「>」ではなく「$」や「#」が一般的です。なお、基本的に本書ではプロンプトを単に「>」とだけ表記します。

A.2.3 カレントディレクトリ

プロンプトに表示されている `C:¥Users¥sugawara` は、**カレントディレクトリ**(current directory)といい、「現在着目しているフォルダ」を示しています。

先ほどの例では「Cドライブの、Usersフォルダの中の、sugawaraフォルダ」に着目していることを意味します。Javaのプログラムを作成・実行するには、この着目しているフォルダの中のファイルを編集して実行します。また、必要に応じて別のフォルダにも着目しながら開発作業を進めていきます。

なお、macOSやLinuxの場合、プロンプト中にカレントディレクトリが表示されないことがあります。このような場合、「pwd」というコマンドを入力して Enter キーを押せば、カレントディレクトリを確認できます。

A.2.4 ファイルの一覧表示

次に示す画面のように、コマンドプロンプトを操作してフォルダの中を見てみましょう。Windowsでは `dir`、macOSとLinuxでは `ls -la` というコマンドを入力します(⏎マークのところは、 Enter キーを押します)。

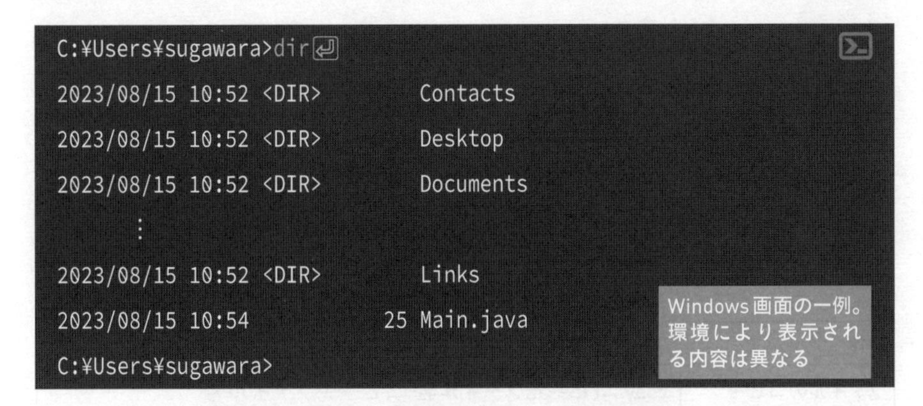

C:¥Users¥sugawara>dir
2023/08/15 10:52 <DIR> Contacts
2023/08/15 10:52 <DIR> Desktop
2023/08/15 10:52 <DIR> Documents
⋮
2023/08/15 10:52 <DIR> Links
2023/08/15 10:54 25 Main.java
C:¥Users¥sugawara>
Windows画面の一例。環境により表示される内容は異なる

カレントディレクトリに含まれている、すべてのファイルとフォルダの一覧が表示されます。なお、<DIR>と書かれている行はフォルダ、そうではない行はファイルを表しています。

この画面では、「Desktop」や「Documents」といった4つのフォルダと、「Main.java」という名前のファイルが存在しているのが確認できるね。

A.2.5 カレントディレクトリの変更

着目するフォルダを変更するには、「cd」コマンドを使います。たとえば、現在のフォルダにあるDesktopフォルダに移動するには、次のように入力します。

また、現在着目しているフォルダの1つ上のフォルダに移動するには、次のように `cd ..` を指定します。

A.2.6 その他の操作

コマンドプロンプトでは、次のようなコマンドを使ってコンピュータに指示を与えることができます。

表A-2 代表的なファイル操作コマンド

操作	コマンド
ファイルのコピー	`copy コピー元ファイル名 コピー先ファイル名`
ファイル名の変更	`ren 現在のファイル名 新しいファイル名`
ファイルの削除	`del 削除するファイル名`
フォルダの作成	`mkdir 作成するフォルダ名`

なお、macOSやLinuxの場合、ファイルのコピーには `cp`、ファイル名の変更には `mv`、ファイルの削除には `rm`、フォルダの作成には `mkdir` コマンドを使います。

コマンドプロンプトの使い方については、sukkiri.jp（p.5）でも紹介していますので、ぜひ参考にしてみてください。

Windows　　　：**https://devnote.jp/cmd**

macOS・Linux　：**https://devnote.jp/terminal**

これらファイルの操作については、もしコマンドで操作する自信がなければ「マイコンピュータ」や「エクスプローラ」などからマウスで操作してもかまわないよ。

A.3 JDK単体利用による開発手順

A.3.1 JDK単体利用による開発の全体像

A.1節で紹介した方式A（JDK単体利用）における開発手順は、第1章の冒頭でも示した次の図のようになります。

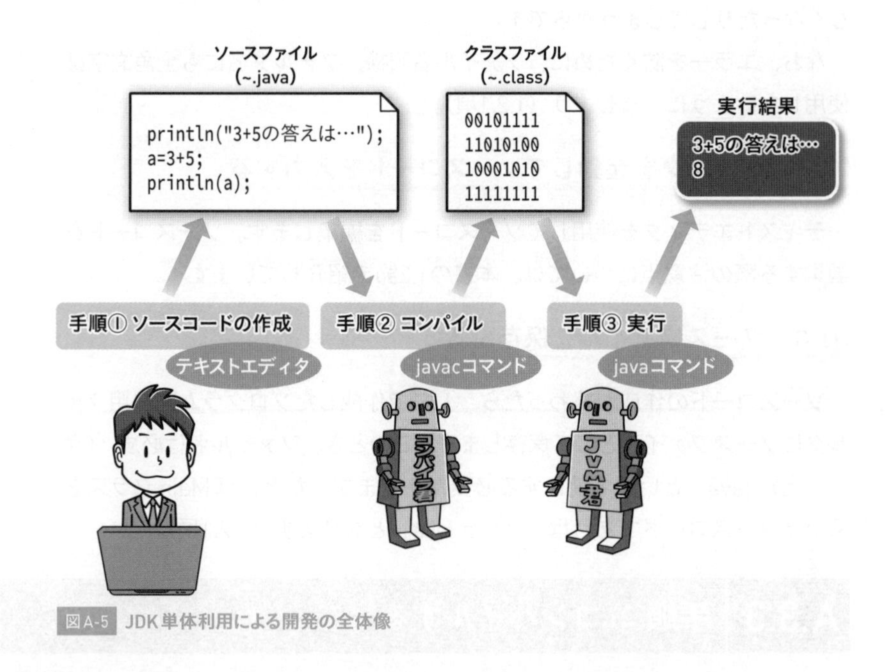

図A-5 JDK単体利用による開発の全体像

開発者は、まずテキストエディタを使ってソースコードを作成し、ソースファイルとして保存します。次に、コマンドプロンプトからjavacコマンドを使ってJavaコンパイラを起動します。Javaコンパイラは、指定されたソースファイルを実行可能な**クラスファイル**（class file）に変換します。そして、javaコマンドでインタプリタを起動すると、クラスファイルの中身がJVMに読み込まれて実行されます。

A.3.2 手順① ソースコードの作成

①-1 プログラム開発用のフォルダの作成

新しいプログラムを作成する場合、ソースファイルやクラスファイルを保存するための新しいフォルダを作成します。新しいプログラムを作成するたびに名前を変えて別のフォルダを準備するのをおすすめします。複数のプログラム用のファイルを1つのフォルダに入れてしまうと、どのファイルがどのプログラムのものかわからなくなったり、ファイル名が衝突して保存できなくなったりしてしまうからです。

なお、エラーを防ぐために、ファイル名同様、フォルダ名にも全角文字は使用しないようにしましょう（1.2.1項）。

①-2 エディタを起動してソースコードを入力する

テキストエディタを使用してソースコードを編集します。ソースコードを編集する際の注意点については、本書の1.2節で紹介しています。

①-3 ソースファイルを保存する

ソースコードの作成が終わったら、①-1で作成したプログラム開発用フォルダにソースファイルとして保存します。このとき、ファイル名は必ず「(クラス名).java」という名前にする必要があります。たとえばMainクラスを書いたソースコードであれば、「Main.java」となります（1.2.1項）。

A.3.3 手順② コンパイルする

②-1 作業フォルダへの移動

コマンドプロンプトを起動して開発用フォルダに移動し、保存したソースファイルの存在を確認します。

```
C:¥Users¥sugawara¥java¥hello>dir↵
    ⋮
```

```
2019/08/15 12:49 106 Main.java ) ソースファイル
    ⋮
```

②-2 コンパイルの実行

コンパイルは、「javac」コマンドにソースファイル名を指定して実行します。たとえば、Main.javaをコンパイルしたい場合には次のように入力します。

```
C:¥Users¥sugawara¥java¥hello>javac Main.java⏎
C:¥Users¥sugawara¥java¥hello>
```

このように、何も表示されずに次のプロンプトが出てきたら、コンパイルは成功しています。もしソースコードに間違いがあった場合は、次のようにコンパイルエラーが表示されます。

```
C:¥Users¥sugawara¥java¥hello>javac Main.java⏎
Main.java:3: エラー: 文字列リテラルが閉じられていません。
System.out.println("Hello World);
                   ^
エラー1個
```

エラーとして指摘された部分をエディタで修正し、エラーがなくなるまでコンパイルを繰り返します。

なかなかエラーが解消できないときや、エラーの原因がわからない場合の対処方法を付録Bにまとめてある。ぜひ活用してほしい。

なお、複数のソースファイルからなるプログラムをコンパイルする場合には、`java Main.java Sub.java` などのようにして、すべてのソースファイルを指定する方法を推奨します。同じフォルダにあるすべてのソースファイルを指定する場合、`javac *.java` という指定も可能です。

A.3.4 手順③ プログラムの実行

③-1 クラスファイルの確認

コマンドプロンプトで開発用フォルダに移動し、クラスファイルが作成されていることを確認します。

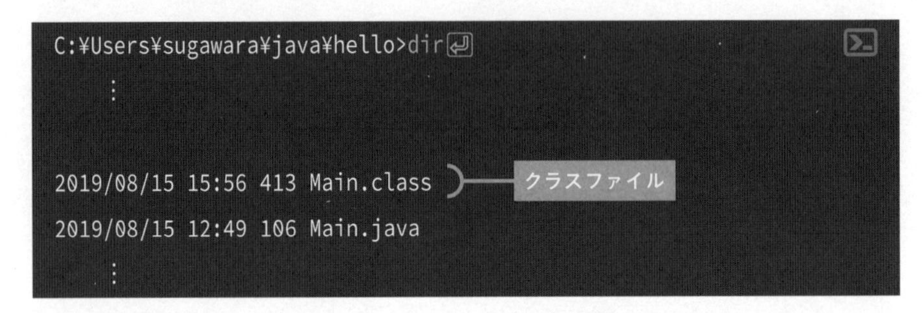

```
C:¥Users¥sugawara¥java¥hello>dir
    ⋮
2019/08/15 15:56 413 Main.class
2019/08/15 12:49 106 Main.java
    ⋮
```


③-2 クラスファイルの実行

実行は、クラスファイル名から「.class」を取り除いたものを「java」コマンドに指定して行います。たとえば、Main.classを実行する場合は、`java Main`と入力します。

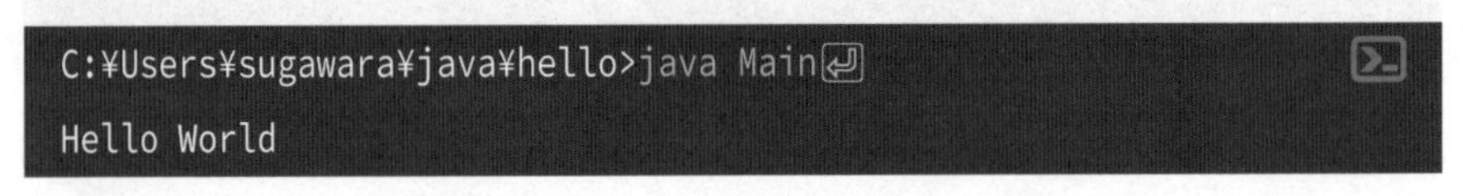

```
C:¥Users¥sugawara¥java¥hello>java Main
Hello World
```

コンパイルするときには「.java」を付けるのに、実行するときは「.class」を付けないのね。

なお、1つのソースファイルだけからなるプログラムに限り、`java ソースファイル名`で、コンパイルと実行を一括して行えます。たとえば、Main.javaだけからなるプログラムをコンパイルしてすぐに実行したい場合、`javac Main.java` `java Main`を続けて入力するかわりに、`java Main.java`と入力します。

付録 B
エラー解決・虎の巻

プログラミングをしていると、思いどおりに動かない、
エラーがなかなか解決できない状況に陥ります。
幸い、「エラーを効率よく解決する方法」にはコツがあります。
この付録では、エラー解決のコツと
エラーメッセージの読み方を解説した上で、
困ったときの状況に応じた対応方法を紹介します。

contents

B.1 エラーとの上手なつきあい方

B.1.1 エラー解決の3つのコツ

Javaを学び始めて間もないうちは、作成したプログラムが思うように動かないことも多いでしょう。1つのエラーの解決に長い時間を要するかもしれませんが、誰もが通る道ですから自信をなくす必要はありません。

しかし、その「誰もが通る道」を可能な限り効率よく駆け抜けて、エラーをすばやく解決できるようになれたら理想的です。幸いにも、エラーをすばやく解決するにはコツがあります。この節ではそのコツを、次節では具体的な状況別にエラーの対応方法を紹介します。

コツ1　エラーメッセージから逃げずに読む

はじめのうちは、エラーが出ると、エラーメッセージをきちんと読まずに思いつきでソースコードを修正してしまいがちです。しかし、**「どこの何が悪いのか」という情報は、エラーメッセージに書いてあります**。その貴重な手がかりを読まないのは、目隠しをして探し物をするのと同じです。上級者でも難しい「ノーヒント状態でのエラー解決」は、初心者にとっては至難の業でしょう。

メッセージが英語、あるいは不親切な日本語だったとしても、エラーメッセージはきちんと読みましょう。特に英語の意味を調べる手間を惜しまないでください。ほんの数分の手間で、その何倍も悩む時間を節約できる可能性があります。

コツ2　原因を理解して修正する

エラーが発生した原因を理解しないまま、ソースコードを修正してはいけません。原因がわからないままでは、いずれまた同じエラーに悩まされます。理解に時間がかかったとしても、二度と同じエラーに悩まされないほうが合理的といえるでしょう。特に、原因を理解していなくても表面的にエラーを解消してしまう、開発ツールや統合開発環境の「エラー修正支援機能」には注意が必要です。初心者のうちはできるだけこの機能を使わずに、自分でエラーに対応しましょう。

コツ3　エラーと試行錯誤をチャンスと考える

熟練した開発者がすばやくエラーを解決できるのは、Javaの文法に精通しているからという理由だけではありません。エラーを起こした失敗経験と、それを解決した成功経験の引き出しをたくさん持っている、つまり、**似たようなエラーで悩んだ経験がある**からなのです。

従って、エラー解決の上達には、たくさんのエラーに出会い、試行錯誤し、引き出しを1つずつ増やす過程が不可欠です。誰もが避けたいと思う**新しいエラーに直面して試行錯誤している時間こそ、自分が最も成長している時間**です。深く悩む場面や切羽詰まる状況もあるでしょうが、「自分は今、成長している」と考えて、前向きに試行錯誤してください。

ボク、エラーが出るといつもイヤな気持ちになってました。でも、ポジティブに考えればいいんですね。

そうだよ。熟練者も最初からスムーズにエラーを解決できたわけじゃない。初心者が経験を積み重ねた結果、熟練していったんだよ。

以上の3つのコツの中で、最も基本かつ重要なのが「エラーメッセージをきちんと読む」ことです。しかし、「そもそもエラーメッセージの読み方がわからない」という初心者も多いでしょう。そこで、次にエラーメッセージの読み方を紹介します。

B.1.2　コンパイルエラーの読み方

Javaの文法として誤りのあるソースコードをコンパイルすると、コンパイルエラーが表示されます。

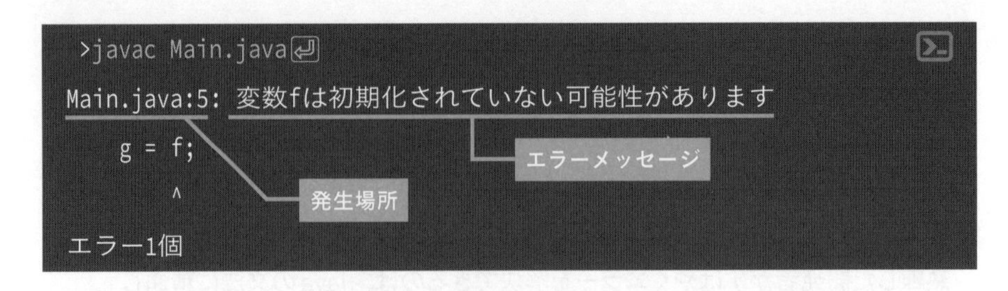

エラーの発生場所（「ファイル名：行番号」で示されている部分）とエラーメッセージの2つを必ず読み、原因を推測し、修正を行います（開発環境によってエラーメッセージの表示形式が異なる場合もありますが、本質的な内容は変わりません）。

なお、コンパイルエラーが一度に2つ以上表示された場合、上から1つずつ着実に修正することが重要です。「最初のエラーの対応方法がわからないので、とりあえず無視して次のエラーを先に片付けよう」という取り組み方はおすすめしません。なぜなら、最初のエラーが原因で、2番目のエラーが誘発されているケースが少なくないからです。このような場合、最初のエラーを修正すれば2番目以降のエラーも自動的に消えます。逆に、2番目以降のエラーを先に解決するのは不可能な場合もあります。

B.1.3 実行時エラーの読み方

プログラム実行中にエラーが発生すると、JVMが次のようなメッセージを出力してプログラムを強制終了します。

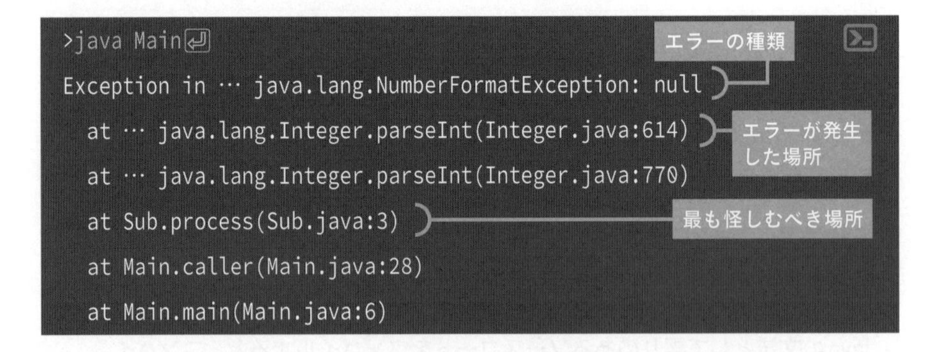

このメッセージからエラーの原因を探るには、まず先頭行を見て発生したエラーの内容を確認し、「何が起きたのか」を把握します。今回の例では、

NumberFormatExceptionとあるため、「数値の形式がおかしい（nullであった）」と推測できます。

次に、「どこでエラーが起きたか」を把握するために、次の行（「at」から始まる最初の行）を見ます。この行に記述されたクラスおよびメソッド内でエラーが発生しており、エラーの直接の原因となった場所を示しています。

この行のソースコードを確認してエラーの原因が判明すれば、それを修正します。しかし、その行を見ても問題が見つからなかった場合や、その行がAPIのメソッドである場合は、メッセージを読み進めていく必要があります。

atから始まる行（メッセージの2行目以降）は、下から順に、どのようなメソッドを呼び出してエラーが発生したかという経緯を示しています（下から上に向かって呼び出したメソッドが並んでいます）。今回の例では、「Mainクラスのmain()の内部でMainクラスのcaller()を呼び、その内部でSubクラスのprocess()を呼び、その内部でIntegerクラスのparseInt()を呼び、その内部でさらにIntegerクラスのparseInt()を呼んだところ、エラーが発生した」とわかります。

なお、カッコ内には、ソースファイル名とエラーが発生した行番号が表示されます。ソースコードがない一部のAPIなどは、「Unknown Source」と表示されます。

たとえば今回の例では、エラーが発生した直接の場所は「java.lang.IntegerクラスのparseIntメソッドである」と読み取ることができます。しかしAPIのメソッドにバグがあるとは考えにくく、「java.lang.Integer.parseInt()の**呼び出し方が悪かったのではないか**」と仮定して、その呼び出し元メソッドが表示されている次の行を読みます。

2つのparseIntメソッドの次の行、「Subクラスのprocessメソッド」に着目します。このクラスはAPIのクラスではなく、自分が開発したクラスであるため、誤ったコードが含まれている可能性が比較的高いといえます。Sub.javaの3行目を確認し、エラーの原因が判明すれば、それを修正します。そのコードに問題がなければ、さらに呼び出し元メソッドのコードに誤りがないか、検証する作業を繰り返します。

B.2 トラブルシューティング

Javaのセットアップができない

1-1 Java（JDK）のインストール方法がわからない

症状 一般書籍やサイトなどに掲載されているJDKのインストール方法を参照しながらセットアップを試みましたが、紹介されている画面と、実際にダウンロードサイトにアクセスしたときの画面が異なるため、わからなくなってしまいました。

原因 Java公式サイトの画面デザインやダウンロードページのアドレスは比較的短期間で変更される可能性があります。従って、少し古い解説を参考にすると手順どおりに実施できないことがあります。

対応 本書では最新のJDKセットアップ手順を公開しています。画面の指示に従って1つずつダウンロードやセットアップを行うことができます。

参照 付録A.1.4

1-2 JDKがインストールされているフォルダがわからない

症状 JDKをダウンロードしてインストールしましたが、PCのどのフォルダにインストールされたかわからなくなりました。

原因 JDKのインストーラー画面で特に指定をしない場合、標準の場所にインストールされます。

対応 Windowsの場合、標準では「C:¥Program Files」フォルダの中に「(JDK名称)」などのフォルダ名でインストールされます。もし見つからない場合、OSの「ファイル検索」機能を使って「javac」を検索してください。「javac」が含まれているフォルダの親フォルダがJDKのフォルダです。それでも見つからない場合、Windowsは「where javac」、macOSやLinuxは「which javac」で検索してみてください。

参照 付録A.1.4

1-3 環境変数の設定方法がわからない

症状 JDKをダウンロードしてインストールしましたが、その後のJAVA_HOMEやPATHといった環境変数の設定方法がよくわかりません。

原因 一部のJDKについては、インストールだけではなく、その後の環境変数の設定が必要です。この設定は、初心者には比較的難しい作業です。特に、会社貸与のコンピュータの場合などは、すでにインストール済みのソフトウェア製品によって環境変数が設定されていることがあり、既存の設定を壊さないように、設定を追加する必要があります。

対応 Javaプログラミングに慣れることが目的なら、煩雑なセットアップなしでJavaプログラミングを体験できるdokojavaをぜひご利用ください。また、本書付録Aには、「JDKの導入手順」も紹介していますので、参照してみてください。

参照 付録A.1.4

コンパイルができない（初級編）

2-1 「javac」と入力しても動かない

症状 コマンドプロンプトで「javac」と入力しても、『'javac'は、内部コマンドまたは外部コマンド、操作可能なプログラムまたはバッチ ファイルとして認識されていません』というエラーメッセージが表示されます。

原因 JDKが正しくセットアップされていません。特にJDKインストール後に必要な環境変数の設定がされていない、または間違っている可能性があります。

対応 JDKのセットアップ手順を再度確認し、環境変数が一字一句間違いなく正しく設定されているか確認します。それでも解決しない場合、一度JDKをアンインストールしてJDKセットアップを最初からやり直してみましょう。

参照 付録A.1.4

2-2 「javac Main」のような入力をして失敗する

症状 コマンドプロンプトで「javac Main」と入力していますが、『クラス名 'Main' が受け入れられるのは、注釈処理が明示的にリクエストされた場合のみです』というエラーメッセージが表示されます。

原因 コンパイル時に指定するファイル名を間違えています。

対応 ファイル名は「.java」まで含めて指定してください。「javac Main.java」が正しい指定方法です。

参照 付録A.3.3

2-3 「java Main.java」のような入力でコンパイルに失敗する

症状 コマンドプロンプトで「java Main.java」と入力しましたが、コンパイルに失敗します。

原因 javaコマンドでは、原則としてコンパイルはできません。1つのソースファイルからなるプログラムでのみ許されます。

対応 コンパイルには、javacコマンドを利用します。

参照 付録A.3.3、付録A.3.4

2-4 「java Main.java」のような入力で実行に失敗する

症状 コマンドプロンプトで「java Main.java」のように入力しましたが、実行に失敗します。

原因 原則として、javaコマンドには「.java」を指定しません。1つのソースファイルからなるプログラムでのみ許されます。

対応 javaコマンドには、クラス名（FQCN）のみを指定します。

参照 付録A.3.4、コラム「似ているようで異なるjavaとjavacの引数」（p.237）

2-5 『クラス～はpublicであり、ファイル～で宣言する必要があります』

症状 プログラムをコンパイルすると、『クラス～はpublicであり、ファイル～で宣言する必要があります』や『public型～はそれ独自のファイル内に定義されなければなりません』というエラーメッセージが表示されます。

原因 publicなクラスAを定義するファイルの名前は、A.javaである必要があります。それ以外のファイル名にしている場合、このエラーの原因となります。

対応 「クラス名」と「ファイル名から『.java』を取り除いたもの」が一致するように、クラス名かファイル名のいずれかを修正します。

参照 1.2.1項

2-6 『';'がありません』

症状 コンパイルすると、『';'がありません』というエラーメッセージが表示されます。しかし、その行には;を記述しています。

原因 ;（セミコロン）と似ている別の文字を入力している可能性があります。

対応 :（コロン）やi（小文字のアイ）を入力していないか確認します。また、誤って全角文字のセミコロンを入力していないか確認してください。

参照 1.2.2項

2-7 『構文解析中にファイルの終わりに移りました』

症状 コンパイルすると、『構文解析中にファイルの終わりに移りました』というエラーメッセージが表示されます。

原因 ソースコード内でブロックの波カッコ（{…}）の対応がとれていません（閉じ忘れ）。

対応 波カッコの対応を再度確認して修正します。なお、このエラーを未然に防ぐために、ブロックを開いたらすぐ閉じることや、正確なインデントを入力する習慣を付けましょう。

参照 1.2.2項、1.2.3項

2-8 『class、interface、または enum がありません』

症状 コンパイルすると、『class、interface、または enum がありません』というエラーメッセージが表示されます。

原因 ソースコード内でブロックの波カッコ（{…}）の対応がとれていません（閉じすぎ）。

対応 2-7と同じです。

参照 1.2.2項

2-9 『<identifier> がありません』

症状 コンパイルすると、『<identifier> がありません』というエラーメッセージが表示されます。

原因 ソースコード内でpublicやstaticなどキーワードのタイプミスや、利用中のバージョンのJDKでは使用できないキーワード・構文を記述している場合に発生することがあります。

対応 エラーが指摘されている箇所でタイプミスをしていないか確認します。もし問題ない場合、現在利用中のJDKで利用できる構文であることを確認します。

2-10 『¥12288 は不正な文字です』

症状 コンパイルすると、『¥12288 は不正な文字です』というエラーメッセージが表示されます。

原因 ソースコード内に全角スペース文字が含まれています。たとえば、インデントにタブや半角スペースではなく全角スペースが含まれているなど、目視できないため気づきにくい間違いです。なお、Webサイトなどからサンプルコードをコピー＆ペーストした場合に混入することもあるため注意が必要です。全角スペース以外にも誤って混入しやすい全角文字には、¥65307の「；」、¥65373の「}」、¥65289の「)」、¥8221の「”」があります。

対応 エラーが指摘されている行に全角スペースが含まれていないか、エディタで確認します。

参照 1.2.2項

2-11 『シンボルを見つけられません』『～を～に解決できません』

症状 コンパイルすると、『シンボルを見つけられません』『～を～に解決できません』というエラーメッセージが表示されます。

原因 存在しないクラス名・型名・変数名・メソッド名・フィールド名などを利用しようとしています。たとえば、String型を指定すべきところにstringとタイプミスした場合や、変数nameを使うつもりでnamaeを指定した場合に表示されるエラーです。またimportしていないクラスを利用しようとした際にも発生します。たとえば、java.util.ArrayListをインポートしていないにもかかわらず、コード中に「ArrayList a = new ArrayList();」という表記があると、クラスが見つからないとしてこのエラーが表示されます。

対応 このエラーメッセージの次の行には、見つからなかったシンボルが何であるかという情報が表示されています（たとえば、『シンボル：クラスstring』）。このシンボル名から、ソースコード中で確かに存在するクラス・型・フィールド・メソッド・変数名を指定しているか確認します。もしクラスの場合、importを忘れていないことを確認します。

参照 1.2.2項、6.3.3項

2-12 『変数～は初期化されていない可能性があります』（その1）

症状 コンパイルすると、『変数～は初期化されていない可能性があります』というエラーメッセージが表示されます。

原因 値をまだ一度も代入していない変数を、計算や画面出力に利用しようとしています。たとえば、「int a; System.out.println(a);」のようなプログラムは、変数aの内容が未定のまま利用されるためこのエラーの原因となります。「メソッド開始直後に変数宣言だけを済ませ、利用する前に値を代入する」つもりが、実際には代入し忘れてこのエラーを引き起こすこともあります。

対応 エラーで報告された変数に、事前に値が代入されるようプログラムを修正します。このエラーを未然に防ぐために、変数は極力必要になったときに随時宣言し、宣言と同時に初期値を代入するようにしましょう。

参照 1.3.4項

2-13 『変数～は初期化されていない可能性があります』（その2）

症状 final修飾されたフィールドを持つクラスをコンパイルすると、『変数～は初期化されていない可能性があります』というエラーメッセージが表示されます。

原因 final修飾されたフィールドは、インスタンス化が完了するまでの間に値が確定しなければなりません。このエラーは、コンストラクタの動作が終了した段階で、まだ何も代入されていないfinalフィールドが存在しうる場合に発生します。たとえば、「final int a;」というフィールド宣言をしながら、コンストラクタ内で定数aに値を代入していない場合、このエラーの原因となります。また、コンストラクタ内での条件分岐や例外処理によって、定数aへの代入が行われない可能性が少しでもあれば、このエラーが発生します。

対応 finalフィールド宣言時に「final int a = 10;」のように初期値を代入するか、コンストラクタ内で定数aに値が確実に代入されるようにします。

参照 1.3.5項

2-14 mainメソッドから、ほかのメソッドを呼び出せない

症状 mainメソッドからほかのメソッドを呼び出すプログラムをコンパイルすると、『staticでないメソッド～をstaticコンテキストから参照することはできません』や『非staticメソッド～をstatic参照できません』というエラーメッセージが表示されます。

原因 mainメソッドはstaticであるため、静的メソッドの制約により、静的メンバ以外を利用することはできません。mainメソッドからstaticではないメソッドを呼び出そうとすると、このエラーの原因となります。

対応 mainメソッドから呼び出そうとしているメソッドがstaticで修飾されているか確認します。もしされていなければメソッドをstaticで修飾するか、呼び出し先メソッドを含むクラスをインスタンス化した上でメソッドを呼び出すようにします。

参照 14.3.4項

2-15 void main() { ... } という記述で動きません

症状 最近のJavaではクラス定義やpublic static void mainといった記述を省略し、単に「void main() { ... }」という記述が許されるようになったと聞きましたが、コンパイルでエラーになります。

原因 mainメソッドの省略記法（JEP445）はJava21以降で試験的機能として提供されています。Java20以前では利用できず、21以降でもプレビュー機能を有効にしないと使えません。

対応 Java21以降を利用します。また、Java21などを利用してコンパイル・実行する場合は、実行時に「--release 21」と「 --enable-preview」というオプションを指定します。

コンパイルができない（中級編）

3-1 『return文が指定されていません』『このメソッドは型～の結果を返す必要があります』

症状 プログラムをコンパイルすると、『return 文が指定されていません』や『このメソッドは型～の結果を返す必要があります』というエラーメッセージが表示されます。

原因 戻り値を返すように宣言されたメソッドの内部で、「戻り値を返さない可能性が少しでもある場合」にこのエラーが発生します。たとえば、int型を返すメソッドの中身が「if (条件式) { return 1; }」だけの場合、条件式が満たされない場合には値が戻されないためエラーとなります。また、処理中に例外が発生した場合にreturnが実行されない可能性があるためこのエラーが指摘されることもあります。

対応 処理中の条件分岐や例外発生の有無によらず、常に何らかの値をreturnするようにプログラムを修正します。

参照 5.3節

3-2 オーバーロードできない

症状 既存のメソッド「public void m(int a)」が存在するプログラムにおいて、戻り値が違うメソッド「public int m(int a)」を定義してオーバーロードしようとしたところ、『メソッド～はすでにクラス～で定義されています』というエラーが表示されます。

原因「戻り値だけしか違いがない」場合には、オーバーロードできません。

対応 メソッド名を変更してオーバーロードを諦めるか、引数の数か型が違うものになるようにします。もし既存メソッドと新メソッドの戻り値に継承関係や共通の親クラスが存在するならば、親クラスの型を戻り値とすることでメソッドを統一できます。

参照 5.4節

3-3 コンストラクタを定義してもnewで利用できない

症状 新しいコンストラクタを定義したにもかかわらず、new演算子を用いてインスタンス化する際に利用できません。たとえば、Heroクラスに引数2つのコンストラクタを「public void Hero(String name, int hp)」と宣言しても、「new Hero("ミナト", 100);」とするとエラーが発生します。

原因 コンストラクタの宣言に間違いがあり、コンストラクタとして見なされていない可能性があります。よくある間違いは、「戻り値を宣言している」「クラス名とコンストラクタ名に違いがある」というものです。

対応 コンストラクタの宣言に戻り値を定義していないことを確認します（「void」の記述も許されません）。次に、コンストラクタ名がクラス名と完全に一致していることを確認します。

参照 9.2.3項

3-4 『～に適切なコンストラクタが見つかりません（引数がありません）』

症状 プログラムをコンパイルすると、『～に適切なコンストラクタが見つかりません（引数がありません）』や『暗黙的スーパー・コンストラクター ～ は、デフォルト・コンストラクターについては未定義です』というエラーが表示されます。

原因 親クラスAに引数があるコンストラクタだけが宣言されていて、その子クラスBにコンストラクタが宣言されていない場合に発生するエラーです。子クラスBに暗黙的に追加されるデフォルトコンストラクタは、親クラスAの引数なしコンストラクタを呼び出そうとしますが、親クラスに引数なしコンストラクタがないためにエラーとして報告されます。

対応 子クラスに明示的にコンストラクタを記述し、その中でsuper()を用いて親コンストラクタに引き渡す引数を指定します。

参照 10.3節

3-5 コンストラクタが継承されない

症状 親クラスParentに引数なしとint引数1つの2つコンストラクタが、子クラスChildに引数なしのコンストラクタが定義されています。このとき、「new Child(3);」としてインスタンスを生成しようとするとエラーになります。

原因 メソッドと異なり、コンストラクタは継承されません。

対応 Childにも Parent同様のint引数1つのコンストラクタを定義します。具体的には「Child(int n) { super(n); }」のようにし、親クラスの引数ありコンストラクタに処理を委譲することで、内容記述の重複を避けられます。

参照 コラム「コンストラクタは継承されない」(p.372)

3-6 『～は～でprivateアクセスされます』『～は不可視です』

症状 プログラムをコンパイルすると、『～は～でprivateアクセスされます』や『～は不可視です』というエラーメッセージが表示されます。

原因 カプセル化によりアクセス権限がないクラス・フィールド・メソッドを利用しようとしています。たとえば、private宣言されているフィールドをほかのクラスから利用しようとした場合に、このエラーの原因となります。

対応 利用しようとしているクラスやメンバのアクセス修飾が正しいことを確認します。privateフィールドへのアクセスが必要な場合、フィールドのアクセス修飾をpublicなどへ緩めるのではなく、getterやsetterがすでに存在しないか確認し、なければ作成を検討します。

参照 13.2.2項、13.3節

3-7 『例外～は報告されません』『処理されない例外の型～』

症状 プログラムをコンパイルすると、『例外～は報告されません』『処理されない例外の型～』というエラーが表示されます。

原因 あるメソッドAの中で「チェック例外が発生する可能性のあるメソッドB」を呼び出していますが、例外発生時にどのように動作をすべきかメソッドAに指定していません。具体的には、try-catchとthrowsのどちらも指定されていません。

対応 もし例外発生時にメソッドA内で何らかの対処を行う場合、メソッドB呼び出しをtry-catch文で囲みます。例外発生時にメソッドA内では対処を行わず、その呼び出し元に例外処理を委譲する場合は、メソッド修飾にthrowsを追加します。

参照 17.3.3項、17.6.2項

プログラムが実行できない・異常終了する

4-1 『java.lang.NoSuchMethodError: main』

症状 プログラムを実行すると複数行のエラーが表示されます。1行目には『java.lang.NoSuchMethodError: main』というエラーメッセージが表示されます。

原因 起動しようとしたクラスに、正しいmainメソッドがありません。mainメソッドを定義したつもりなのにこのメッセージが表示される場合、細部が間違っている（publicやstaticを付け忘れている、引数の型が違う、mainのつづりが違う）可能性があります。

対応 起動しようとしたクラスにmainメソッドが存在することを確認します。特にmainメソッドの宣言は一字一句間違えていないことを確認します。

参照 1.2.2項

4-2 『メイン・メソッドがクラスMainで見つかりません』

症状 プログラムを「java Main」で実行すると、『メイン・メソッドがクラスMainで見つかりません。次のようにメイン・メソッドを定義してください。public static void main(String[] args)』というエラーメッセージが表示されます。

原因 正しいmainメソッドが定義されていません。

対応 4-1と同じです。

参照 1.2.2項

4-3 『java.lang.ArrayIndexOutOfBoundsException』

症状 プログラムを実行すると複数行のエラーが表示されます。1行目には『java.lang.ArrayIndexOutOfBoundsException: ～』というエラーメッセージが表示されます。

原因 ある配列について、範囲外の添え字を使ってアクセスしようとしました。たとえば、要素数3の配列iを確保している場合に、i[3]やi[-1]をアクセスしようとするとこのエラーが発生します。

対応 エラーが報告されている行で、添え字が範囲外でないか確認します。特にforやwhileによるループの中で配列を用いている場合、ループの回数に注意します。なお、このエラーメッセージの末尾にあるコロンの右側には、「何番目の要素にアクセスしようとしたか」を示す数字が表示されていますので、参考にしてください。ちなみにループにおけるこのエラーを未然に防ぐためには、拡張for文の利用が有効です。

参照 4.3.1項

4-4 『java.lang.NullPointerException』

症状 プログラムを実行すると複数行のエラーが表示されます。1行目には『java.lang.NullPointerException』というエラーメッセージが表示されます。

原因 null（が格納されている変数）に対して、そのフィールドやメソッドを利用しようとしました。たとえば、どこも参照していない配列変数を利用しようとした場合や、変数sがnullであるときに「s.toString();」を実行しようとした場合に、このエラーが発生します。また、「a.method1().method2()」のようにメソッドの呼び出しを連ねて記述している場合に「a.method1()」の実行結果としてnullが返ってきているためにmethod2()の呼び出しでエラーが発生している可能性があります。

対応 エラーが報告されている行の中で、メソッドやフィールドを利用している変数（xxx.yyyの場合のxxx部分）を特定し、内容がnullでないか確認します（エラーになる行の直前で変数の内容を画面に出力して確認できます）。もしnullの場合、ソースコードを逆に遡って、「どこでnullになってしまったのか」を特定し、その箇所を訂正します。

参照 4.6.3項

4-5 『java.lang.NoClassDefFoundError』（その1）

症状 プログラムを「java Main.java」のように実行すると複数行のエラーが表示されます。1行目には『java.lang.NoClassDefFoundError: 』というエラーメッセージが表示されます。

原因 プログラム起動時に「.java」を含むファイル名を指定しています。起動時に指定すべきは、起動したいクラスの完全限定クラス名です。

対応 「java Main」のような記述でjavaコマンドを起動してください。なお、Mainクラスがパッケージに所属している場合は、完全限定クラス名を指定してください。

参照 6.4.1項

4-6 『java.lang.NoClassDefFoundError』（その2）

症状 プログラムを「java Main」のように実行すると複数行のエラーが表示されます。1行目には『java.lang.NoClassDefFoundError: ～』というエラーメッセージが表示されます。

原因 何らかの理由で、JVMが指定されたクラスのクラスファイルを見つけられません。具体的な理由としては、次のようなものが考えられます。

① 起動クラスのクラス名のつづりをタイプミスしている 。
② 起動クラスを完全限定クラス名（パッケージ名付きのクラス名）で指定していない 。
③ クラスファイルがクラスパス以下のパッケージ階層に対応したフォルダに配置されていない。
④ クラスパスの指定が正しく行われていない 。

対応 起動しようとしているクラス名をタイプミスしていないか確認します（たとえば、クラス名が「Main」（先頭が大文字）でありながら「java main」のように小文字で起動していないか）。次に、起動しようとしているクラスの完全限定クラス名を確認します。パッケージa.b.cのMainクラスを起動するならば、コマンドラインからは「java a.b.c.Main」と入力すべきです。さらに、クラスファイルが所定の場所に正しく存在するか確認します。特にパッケージに所属するクラスではファイルの配置にも注意が必要です。上記のMainクラスであれば、「(クラスパスのフォルダ) ¥a¥b¥c¥Main.class」にクラスファイルが存在していなければなりません。最後に、起動時または環境変数でクラスパスが正しく設定されているかを確認します。タイプミスをしていないか注意してください。

参照 6.4節

4-7 『java.lang.ClassCastException』

症状 プログラムを実行すると複数行のエラーが表示されます。1行目には『java.lang.ClassCastException: ～ cannot be cast to ～』というエラーメッセージが表示されます。

原因 あるインスタンスを、そのインスタンスの型または親クラスの型以外へキャストしようとした場合に、このエラーが発生します。たとえば、Heroインスタンスが入っているObject型変数oがある場合、「Wizard w = (Wizard)o;」のようなコードを記述すると、Heroインスタンスを Wizardと見なそうと試みて失敗します。多くの場合、キャストを試みた変数（上記の例ではo）に、実際には何型のインスタンスが入っているかを開発者が理解していないことに起因しています。

対応 キャストを試みた変数（上記の例ではo）にインスタンスを代入している箇所までソースコードを遡ります。そして、変数に代入したインスタンスの型（何型としてnewされたインスタンスを代入しているか）を確認します。次に、キャストの変換先の型（上記例ではWizard）を確認します。変換先の型がインスタンスの型と同じか、その親クラスの型でなければキャストを行うことはできません。

参照 12.4.2項

4-8 『java.lang.ArithmeticException: / by zero』

症状 プログラムを実行すると複数行のエラーが表示されます。1行目には『java.lang.ArithmeticException: / by zero』というエラーメッセージが表示されます。

原因 数学的に許されていない「0での割り算」を行いました。たとえば、「int a = b / c;」のようなコードがあるときに、cに0が入っていた場合に発生します。特に、ユーザーが入力した情報やファイルから読み込んだ情報を割る数（上記の例のc）として利用した場合に、入力値チェックをしていないと、このエラーの原因となります。

対応 どのような条件での動作でも0で除算が行われないようプログラムを修正します。

参照 17.1.2項

エラーは出ないが動作がおかしい

5-1 金額やフォルダ名の画面表示がおかしい

症状 「System.out.println("¥1200");」や「System.out.println("C:¥notepc");」のように記述したプログラムを実行すると、エラーは出ませんが、画面におかしな文字が表示されたり、表示が崩れます。

原因 ¥記号は文字のUnicode表記やエスケープシーケンスとして利用される特殊文字です。「¥1200」の場合、「¥120」が文字「P」に置き換わります。文字列リテラル中で¥文字を用いたい場合には「¥¥」という表記が必要です。

対応 「¥」の代わりに「¥¥」を利用します。たとえば、「System.out.println("¥¥1200");」とします。

参照 2.2.2項

5-2 プログラムが動き続けて終わらない

症状 プログラムを実行すると、動き続けて止まりません。

原因 次の2つの状況が考えられます。
①プログラムはユーザーからのキーボード入力を待っている状態です。2章で登場したjava.util.Scannerなどを使ってキー入力を試みるとこの状態になります。
②プログラムは無限ループに陥っています。while文やfor文の終了条件を誤ると、いつまでも処理が繰り返されます。

対応 コマンドプロンプトの場合、CTRLキーを押しながらCキーを押すと実行中のプログラムを強制終了できます。統合開発環境の場合、操作メニューからプログラムを終了させます。
①キーボード入力待ちによってプログラムが終わらないことは正しい動作です。ただし利用者に対して「キーボード入力を待っている」ことが伝わるように、「○○を入力してください>」のようなプロンプトを出すようにします。
②繰り返し処理の終了条件を確認します。また、ループの中でカウンタ変数を正しく更新しているかを確認します。

参照 ①2.6.6項、②3.6.3項

5-3 ifによる条件分岐が正しく動作しない

症状 「if (str == "hello") {…} 」のような条件分岐を含むプログラムを実行すると、エラーは出ませんが、strに"hello"が入っているにもかかわらずブロック内が実行されません。

原因 文字列の内容の比較に==を使っています。

対応 文字列の内容が等しいかどうかの判定には、==演算子ではなくequals()を利用します。

参照 3.3.3項

5-4 オーバーライドしたフィールドの動きがおかしい

症状 親クラスHeroと子クラスSuperHeroの両方で、privateではないフィールド「int hp;」が宣言されています。このとき、「Hero h = new SuperHero(); h.hp = 100;」などとすると多態性として期待される子側ではなく、親側のhpフィールドが書き換わってしまいます。また、Heroクラス内で「this.hp」と記述した際も、インスタンス多重構造の外側にあるhpではなく、内側にあるhpが書き換わっているようです。

原因 Java言語仕様により、「変数名.フィールド」や「this.フィールド」の動きはメソッドの場合と大きく異なります。具体的には、①インスタンスの型ではなく変数の型に宣言されたフィールド実体がアクセスされる　②「this.フィールド名」としたとき、フィールドはインスタンス多重構造の最も外部の層からではなく、現在の層から探索されます。

対応 カプセル化の定石に従えば、全フィールドはprivateとなり子クラス部分からアクセスできなくなります。そのため、上記①や②のような手段で親インスタンス部に属するフィールドにアクセスすることはなくなり、このような異常動作は起こりません。混乱を避けるためにも、カプセル化を徹底し、フィールドのオーバーライドを回避するようにします。

文字列API関連

6-1 charAt()で目的と違う文字が取得されてしまう

症状 文字列の2番目の文字を取得する目的で、Stringインスタンスに対して「charAt(2);」と呼び出すと、3文字目が取得されてしまいます。

原因 charAt()の引数には、文字列の先頭を0とした数字を指定します（0は1文字目を示す）。

対応 2文字目を取得するには「charAt(1)」と指定します。

参照 15.2.3項

6-2 正規表現で「*」を指定してもすべてにマッチしない

症状 Aから始まるすべての文字列にマッチさせようとして、「A*」という正規表現を指定しましたが、ABCなどにマッチしません。

原因 *は「直前の文字の繰り返し」という意味です。「A*」はAの繰り返しを表します。

対応 任意の一文字を表すピリオド（.）と組み合わせ、「A.*」と指定します。

参照 15.4.2項

6-3 replace()やreplaceAll()を呼んでも、文字列が置換されない

症状 文字列sの内容「ABC」の一部を置換しようと、「s.replace("B", "X");」という呼び出しをしましたが、その後sを表示しても「ABC」のままです。

原因 replace()やreplaceAll()は、置換後の結果を戻り値として返します。s自体は書き換えません（破壊的メソッドではありません）。

対応 「s2 = s.replace("B", "X");」とし、s2を利用します。

参照 15.4.3項

6-4 printf()やsprintf()を使っても、日本語の縦位置が揃わない

症状 日本語文字を含む内容をSystem.out.printf()で出力すると、縦位置が揃わず表示が崩れます。

原因 Javaはすべての文字の幅が等しいことを前提に縦位置を揃えようとします。多くの日本語は、英数字とは異なる幅（等幅フォントの場合2倍の幅）で表示されるため、結果的に表示が崩れることがあります。

対応 半角、全角の違いを判定して適切にスペースを挿入するようなロジックを準備するか、扱うデータをすべてを全角に揃えるなどの対応が必要になります。

参照 15.5.1項

日時API関連

7-1 メソッド呼び出しの戻り値をDate型変数に代入できない

症状 クラスAのaメソッドは、Date型の戻り値を返します。クラスBのbメソッドの内部でa()を呼び出し、その結果をDate型変数に代入しようとすると、『互換性のない型』や『型の不一致』というコンパイルエラーが発生します。

原因 java.util.Date型で返されたインスタンスを、java.sql.Date型の変数に代入しようとしている可能性があります。上記の例ではA.javaでjava.util.Dateが、B.javaでjava.sql.Dateがimportされている場合にこのエラーが発生します。特に、統合開発環境の入力支援機能でjava.sql.Dateのimport文を誤って追加してしまったことに開発者が気づかず、このエラーの原因となることがあるため注意が必要です。

対応 正しいimport文が記述されているかソースコードを確認します。なお、java.util.Dateクラス以外にも入力支援によりインポート対象を間違えやすいクラスとしては、java.util.Listとjava.awt.Listがあります。

参照 15.6.1項

7-2 Calendar型を使って正しく日付情報を設定できない

症状 2020年8月10日の日付情報をCalendarに設定するために「calendar.set(2020, 8, 10);」と記述すると、実際には2020年9月10日の日付情報が設定されてしまいます。

原因 Calendarクラスにおける月の設定には、0〜11の整数を指定します。

対応 「calendar.set(2020,7,10);」とします。または、Time APIを利用することで同様の混乱を避けることができます。

参照 15.6.3項

7-3 InstantクラスやLocalDateTimeクラスをnewできない

症状 Dateクラスの代わりにInstantやLocalDateTimeを使おうとしていますが、newをしようとするとコンパイルエラーになります。

原因 Time APIに含まれる多くのクラスは、設計方針からnewによるインスタンス化が禁止されています。

対応 newの代わりにさまざまな静的メソッドを利用することでインスタンスを取得します。たとえば、現在時刻を持つInstantを得るには、「Instant.now()」とします。

参照 15.7.4項の表15-10

7-4 タイムゾーンが違うだけの2つの日時を比較しても等しいと判定されない

症状 「東京時間2024年1月1日9時ちょうど」と「ロンドン時間2024年1月1日0時ちょうど」の2つのZonedDateTimeインスタンスがそれぞれz1とz2としてあります。これらはまったく同じ瞬間を表しているはずですが、「z1.equals(z2)」を実行してもfalseが返ってきてしまいます。

原因 equals()はインスタンスとして同じかどうかを判定するためのメソッドであるため、タイムゾーンが違うz1とz2は異なると判定されます。

対応 時間軸上において同じ瞬間を示すかどうかの判定には、isEqual()を利用します。

参照 15.7.2項のコード15-14

コレクションAPI関連

8-1 ArrayList<int>型が利用できない

症状 ArrayList<int>型を使おうとすると文法エラーがでます。

原因 Javaではジェネリクスに基本データ型（intやbooleanなど、小文字で始まる型）を利用することができません。

対応 対応するラッパークラスを利用します。たとえば、ArrayList<int>ではなく、ArrayList<Integer>とします。

参照 16.1.2項

8-2　List型にArrayListを代入できない

症状 「List list = new ArrayList();」で文法エラーが出ます。

原因 java.util.Listの代わりに、java.awt.Listをインポートしている可能性があります。

対応 import宣言を確認してください。

8-3　イテレータで値を取得する際、代入できない

症状 ArrayList<Hero>型のリストlistに対して、「Iterator i = list.iterator();」でイテレータを取得した後、「Hero h = i.next();」でコレクションの中身を取得しようとすると代入できないという文法エラーが出ます。

原因 Iteratorもジェネリクスによる実型引数の指定が必要です。

対応 「Iterator<Hero> i = list.iterator();」としてイテレータを取得します。

参照 16.2.3項

8-4　SetやMapに格納したオブジェクトを順に取り出せない

症状 HashSetに順に格納した3つのインスタンスをイテレータで取り出したら、まったく異なる順序になっています。

原因 SetやMapは基本的に順序を保証しません。

対応 要素の順序を管理したい場合は、LinkedHashSet、LinkedHashMap、TreeSet、TreeMapなどを利用してください。

参照 16.4.2項

8-5　HashSetやHashMapに格納したオブジェクトを取得・削除できない

症状 HashMapに格納されているインスタンスを取得・削除できません。

原因 格納されているインスタンスのequals()やhashCode()が正しくオーバーライドされていない可能性があります。Hash系コレクションは、要素の検索や削除にこれらのメソッドを利用します。

対応 equals()やhashCode()を正しく実装します。

参照 14.2.6項、16.6.3項

B.3 エラーメッセージ別索引

エラーメッセージ	解説番号
～に適切なコンストラクタが見つかりません（引数がありません）	3-4
～は～で private アクセスされます	3-6
～は不可視です	3-6
～を～に解決できません	2-11
¥12288 は不正な文字です	2-10
';' がありません	2-6
class、interface、または enum がありません	2-8
<identifier> がありません	2-9
java.lang.ArithmeticException: / by zero	4-7
java.lang.ArrayIndexOutOfBoundsException	4-3
java.lang.ClassCastException	4-7
java.lang.NoClassDefFoundError: ～	4-5、4-6
java.lang.NoSuchMethodError: main	4-1
java.lang.NullPointerException	4-4
'javac' は、内部コマンドまたは外部コマンド、操作可能なプログラムまたはバッチ ファイルとして認識されていません	2-1
public 型～はそれ独自のファイル内に定義されなければなりません	2-5
return 文が指定されていません	3-1
static でないメソッド～を static コンテキストから参照することはできません	2-14
暗黙的スーパー・コンストラクタ ～ は、デフォルト・コンストラクタについては未定義です	3-4
クラス～は public であり、ファイル～で宣言する必要があります	2-5
クラス名 'Main' が受け入れられるのは、注釈処理が明示的にリクエストされた場合のみです	2-2
構文解析中にファイルの終わりに移りました	2-7
互換性のない型	7-1
このメソッドは型～の結果を返す必要があります	3-1
処理されない例外の型～	3-7
シンボルを見つけられません	2-11
非 static メソッド～を static 参照できません	2-14
変数～は初期化されていない可能性があります	2-12、2-13
メイン・メソッドがクラス Main で見つかりません	4-2
メソッド～はすでにクラス～で定義されています	3-2
例外～は報告されません	3-7

付録 C クイックリファレンス

代表的な構文や予約語など、プログラミングに必要な項目を
簡易リファレンスとして紹介します。
さらに詳細な情報については、
必要に応じて各種マニュアルを参照してください。

contents

C.1 代表的な構文

本書で扱ったさまざまなJavaの構文をまとめて掲載します。詳細は、それぞれの構文に記載した 参照 ページを確認してください。なお、このリファレンスは実用上よく用いる構文の紹介を目的としており、厳密な言語仕様とは異なる部分も含まれます。正確な構文規則は、Webで公開されている「Java言語仕様」を参照してください。

凡例

[= 初期値]……………「= 初期値」部分は省略可能

文…………………………「文」を繰り返し記述

引数，……………………「引数」をカンマ区切りで繰り返し記述

(abstract | final)…… abstract か final のどちらかを記述

[abstract | final]…… abstract か final のどちらかを記述するか、何も記述しない

⇒クラス宣言 ………… この付録の クラス宣言 を参照

Javaソースファイル

```
[ package パッケージ名; ] ·························· 参照 p.222
[ ⇒インポート宣言 ] …
[ ⇒クラス宣言 | ⇒インタフェース宣言 ] …
```

インポート宣言

```
     import パッケージ名.*; ······························· 参照 p.226
または import パッケージ名.クラス名; ······················· 参照 p.226
または import static パッケージ名.クラス名.メソッド名; ······· 参照 p.521
または import static パッケージ名.クラス名.*; ················ 参照 p.521
```

クラス宣言

```
[ public ] ············································ 参照 p.486
[ abstract | final ] ······························· 参照 p.358、p.402
class クラス名 ········································· 参照 p.292
[ extends 親クラス名 ] ·································· 参照 p.352
[ implements 親インタフェース名, … ] { ··················· 参照 p.418
        [ ⇒メンバ宣言 ] …
}
```

インタフェース宣言

```
[ public ] ············································ 参照 p.486
interface インタフェース名 ······························· 参照 p.414
[ extends 親インタフェース名, … ] { ······················· 参照 p.424
        [ ⇒抽象メソッド宣言 ] …
}
```

メンバ宣言

```
       ( ⇒フィールド宣言 | ⇒コンストラクタ宣言 | ⇒メソッド宣言 )
または ⇒抽象メソッド宣言
```

フィールド宣言

```
[ public | protected | private ] ························ 参照 p.472
[ static ] [ final ] ···································· 参照 p.293、p.512
型名 フィールド名 ········································ 参照 p.293
[ = 初期値 ] ; ··········································· 参照 p.293
```

コンストラクタ宣言

```
[ public | protected | private ] ························ 参照 p.472
クラス名( [ 引数, … ] )·································· 参照 p.335
[ throws 例外クラス名, … ] { ···························· 参照 p.648
        [ ⇒コンストラクタ呼び出し ]
        [ ⇒文 ] …
}
```

コンストラクタ呼び出し

```
       this( [ 引数, … ] ); ······························ 参照 p.343
または super( [ 引数, … ] ); ····························· 参照 p.369
```

メソッド宣言

```
[ public | protected | private ] ························ 参照 p.472
[ static ] [ final ] ···································· 参照 p.517、p.359
戻り値の型 メソッド名( [ 引数, … ] ) ···················· 参照 p.191
[ throws 例外クラス名, … ] { ···························· 参照 p.648
        [ ⇒文 ] …
}
```

抽象メソッド宣言

```
[ public | protected ] ·································· 参照 p.472
abstract ················································ 参照 p.401
戻り値の型 メソッド名( [ 引数, … ] ) ···················· 参照 p.191
[ throws 例外クラス名, … ] ; ···························· 参照 p.648
```

文

```
       ( ⇒制御構文 | ⇒変数宣言の文 | ⇒式の文 )
または ( break; | continue; ) ···························· 参照 p.131
または return [ 戻り値 ]; ································ 参照 p.191
または throw 例外インスタンス; ··························· 参照 p.651
または ⇒try-catch文
```

制御構文

```
       ( ⇒if文 | ⇒switch文 )
または ( ⇒for文 | ⇒拡張for文 | ⇒while文 | ⇒do-while文 )
```

if文

```
if (条件式) { ············································ 参照 p.115
        [ ⇒文 ] …
} [ else if ( 条件式 ) {
        [ ⇒文 ] …
} ]… [ else {
        [ ⇒文 ] …
} ]
```

switch文

```
switch ( 条件値 ) { ······································ 参照 p.119
        [ case 値 [,値] … -> {
                [ ⇒文 ] …
        } ]…
        [ default -> {
                [ ⇒文 ] …
        } ]
}
```

for文

```
for ( 初期処理 ; ループ継続条件式 ; 周回毎処理) { ········· 参照 p.127
        [ ⇒文 ] …
}
```

拡張for文

for (要素の型 変数名 : 配列変数またはコレクション変数) { …… 参照 p.156
　[⇒文] …
}

while文

while (ループ継続条件式) { …… 参照 p.104、p.123
　[⇒文] …
}

do-while文

do { …… 参照 p.124
　[⇒文] …
} while (ループ継続条件式);

try-catch文

try [([⇒文]…)] { …… 参照 p.632、p.645
　[⇒文] …
} [catch (例外クラス名|… 変数名) { …… 参照 p.632
　[⇒文] …
}]… [finally { …… 参照 p.636
　[⇒文] …
}]

変数宣言の文

[final] …… 参照 p.057
型名 変数名 …… 参照 p.049
[= 初期値]; …… 参照 p.055

式の文

⇒式 ;

式

(値 | 変数名)
または　式 [演算子 式] …… 参照 p.063
または　⇒インスタンス生成式
または　(⇒メンバアクセス式 | ⇒静的メンバアクセス式)
または　⇒配列生成式
または　⇒配列アクセス式
または　this …… 参照 p.295
または　super …… 参照 p.365
または　⇒三項条件演算式
または　⇒switch式

インスタンス生成式

new クラス名([引数, …]) …… 参照 p.302

メンバアクセス式

[クラス型変数名.]フィールド名 …… 参照 p.303
または　[クラス型変数名.]メソッド名([引数, …]) …… 参照 p.303

静的メンバアクセス式

[[パッケージ名.]クラス名.]フィールド名 …… 参照 p.513
または　[[パッケージ名.]クラス名.]メソッド名([引数, …]) …… 参照 p.517

配列生成式

new 要素型名[要素数] …… 参照 p.143
または　new 要素型名[] { [値, …] } …… 参照 p.147
または　{ [値, …] } …… 参照 p.147

配列アクセス式

配列型変数名[添え字] …… 参照 p.145

三項条件演算式

条件式 ? 評価結果がtrueの時の値 : 評価結果がfalseの時の値 …… 参照 p.122

switch式

switch (条件値) { …… 参照 p.122
　[case 値[,値] … -> 値;] …
　[case 値[,値] … -> {[⇒文]… yield 値;}] …
　[default -> 値;]
}

C.2 予約語

アルファベット順一覧

abstract	assert	boolean	break	byte
case	catch	char	class	const
continue	default	do	double	else
enum	extends	final	finally	float
for	goto	if	implements	import
instanceof	int	interface	long	native
new	package	private	protected	public
return	short	static	strictfp	super
switch	synchronized	this	throw	throws
transient	try	void	volatile	while
_（アンダースコア）				

※ true、falseは予約語ではなく、boolean型のリテラルとして扱われる。

※ nullは予約語ではなく、リテラルとして扱われる。

※ varは型名としてのみ予約されている。

※ 一部の文脈では、次の単語も予約語として扱われる。

open、module、requires、transitive、exports、opens、to、uses、provides、with、sealed、non-sealed、permits、record、yield

C.3 演算子

優先順位	演算子	機能	結合規則
1	++ -- （後置）	1加算・1減算	なし
2	++ -- （前置）	1加算・1減算	左←右
	+ -	前置符号	
	~	ビットNOT	
	!	論理否定	
3	()	キャスト	左←右
4	* / %	乗算・除算・剰余	左→右
5	+ -	加算・減算	左→右
6	<< >> >>>	シフト演算	左→右
7	< > <= >=	大小判定	なし
	instanceof	代入可能性判定	
8	== !=	等値判定	左→右
9	&	ビットAND	左→右
10	^	ビットXOR	左→右
11	|	ビットOR	左→右
12	&&	論理AND	左→右
13	||	論理OR	左→右
14	?:	三項条件	左←右
15	= += *= など	代入 / 算術代入	左←右

C.4 正規表現

文字

構文	意味
x	文字 x
¥¥	¥ 文字
¥xhh	16 進値 0xhh を持つ文字
¥uhhhh	16 進値 0xhhhh を持つ文字
¥t	タブ文字（「¥u0009」）
¥n	改行文字（「¥u000A」）
¥r	キャリッジ・リターン文字（「¥u000D」）
¥f	用紙送り文字（「¥u000C」）
¥cx	x に対応する制御文字

文字クラス

構文	意味
[abc]	a、b、または c（単純クラス）
[^abc]	a、b、c 以外の文字（否定）
[a-zA-Z]	a - z または A - Z（範囲）
[a-d[m-p]]	a - d または m - p: [a-dm-p]（結合）

定義済みの文字クラス

構文	意味
.	任意の文字（行末記号とマッチする場合もある）
¥d	数字 : [0-9]
¥D	数字以外 : [^0-9]
¥h	水平方向の空白文字 : [¥t¥xA0¥u1680¥u180e¥u2000-¥u200a¥u202f¥u205f¥u3000]
¥H	水平方向の空白文字以外 : [^¥h]
¥s	空白文字 : [¥t¥n¥x0B¥f¥r]
¥S	非空白文字 : [^¥s]
¥w	単語構成文字 : [a-zA-Z_0-9]
¥W	非単語文字 : [^¥w]

POSIX文字クラス（US-ASCIIのみ）

構文	意味
¥p{Lower}	小文字の英字 : [a-z]
¥p{Upper}	大文字の英字 : [A-Z]
¥p{ASCII}	すべての ASCII 文字 : [¥x00-¥x7F]
¥p{Alpha}	英字 : [¥p{Lower}¥p{Upper}]
¥p{Digit}	10 進数字 : [0-9]
¥p{Alnum}	英数字 : [¥p{Alpha}¥p{Digit}]
¥p{Punct}	句読文字 : !"#$%&'()*+,-./:;<=>?@[¥]^_`{|}~のうちの 1 文字
¥p{Graph}	表示できる文字 : [¥p{Alnum}¥p{Punct}]
¥p{Print}	プリント可能文字 : [¥p{Graph}¥x20]
¥p{Blank}	空白またはタブ : [¥t]
¥p{Cntrl}	制御文字 : [¥x00-¥x1F¥x7F]
¥p{XDigit}	16 進数字 : [0-9a-fA-F]
¥p{Space}	空白文字 : [¥t¥n¥x0B¥f¥r]

境界正規表現エンジン

構文	意味
^	行の先頭
$	行の末尾
¥b	単語境界
¥B	非単語境界
¥A	入力の先頭
¥G	前回のマッチの末尾
¥Z	最後の行末記号がある場合は、それを除く入力の末尾
¥z	入力の末尾

最長一致数量子（末尾に ? を付けると最短一致）

構文	意味
X?	X、1 または 0 回
X*	X、0 回以上
X+	X、1 回以上
X{n}	X、n 回
X{n,}	X、n 回以上
X{n,m}	X、n 回以上、m 回以下

前方参照

構文	意味
(X)	X、前方参照を行う正規表現グループ
¥n	マッチした n 番目の前方参照を行う正規表現グループ

C.5 エスケープシーケンス

リテラル	ASCII コード(10 進数)	意味
¥b	8	BS　バックスペース
¥n	10	LF　改行
¥r	13	CR　復帰
¥f	2	FF　改ページ
¥t	9	HT　水平タブ
¥¥	92	¥ 文字
¥'	39	' 文字
¥"	34	" 文字
¥nnn	—	8 進定数(nnn は最大 3 桁の 8 進数)
¥unnnn	—	16 進定数(nnnn は 1 文字以上の 16 進数)

付録 D
練習問題の解答

掲載しているソースコードは解答例です。
設問で求められている内容に概ね沿っていれば
正解としてください。

chapter 1 プログラムの書き方

練習1-1の解答

（ア）コンパイラ　（イ）インタプリタ　（ウ）ソースコード

（エ）バイトコード　（オ）JVM

※（ウ）と（エ）は「ソースファイル」と「クラスファイル」の組み合わせでも正解とします。

練習1-2の解答

Main.java

```
01 public class Main {
02   public static void main(String[] args) {
03     int a = 3;
04     int b = 5;
05     int c = a * b;
06     System.out.println("縦幅3横幅5の長方形の面積は、" + c);
07   }
08 }
```

BJ41a

練習1-3の解答

```
boolean result = true;
char favoriteCharacter = '駆';
double pi = 3.14;
long number = 314159265853979L;
String msg = "ミナトの攻撃！敵に15ポイントのダメージを与えた。";
```

float pi = 3.14Fでも可（末尾のFは第2章で解説します）

chapter 2 式と演算子

練習2-1の解答

5行目を次のように修正します。

```
String ans = "x+yは" + (x + y);
```

5行目の最後の `x + y` を丸カッコ()で囲っていないのが不具合の原因です。「演算時の自動型変換」(2.5.4項) で解説したように、オペランドの中に文字列が含まれると、そのほかのオペランドも文字列型に変換されます。そのため、int型の変数であるxとyの内容は文字列型に変換され、文字列として連結されます。その結果、画面に「x+yは510」と表示されていました。

意図どおりに「x+yは15」と表示させるには、xとyを丸カッコで囲み、この計算の評価順位を引き上げる必要があります。

練習2-2の解答

正しい文は②、④、⑤、⑦です。

[解説]

① 右辺を評価するときにdouble型に揃えられます。そのため、int型の変数には代入できません。

③ 右辺はString型のリテラルですから、型が異なるint型には代入できません。自動型変換が行われる理由もありません。

⑥ 右辺はboolean型リテラルですから、型が異なるdouble型には代入できません。自動型変換が行われる理由もありません。

練習2-3の解答

Main.java

```
01 public class Main {
02   public static void main(String[] args) {
03     System.out.println("ようこそ占いの館へ");
```

```
04        System.out.print("あなたの名前を入力してください>");
05        String name = new java.util.Scanner(System.in).nextLine();
06        System.out.print("あなたの年齢を入力してください>");
07        String ageString =
              new java.util.Scanner(System.in).nextLine();
08        int age = Integer.parseInt(ageString);
09        int fortune = new java.util.Random().nextInt(4);
10        fortune++;
11        System.out.println("占いの結果が出ました！");
12        System.out.println(age + "歳の" + name +
              "さん、あなたの運気番号は" + fortune + "です");
13        System.out.println("（1: 大吉  2:中吉  3:吉  4: 凶）");
14    }
15 }
```

BJ42b

chapter 3 条件分岐と繰り返し

練習3-1の解答

① `weight == 60` ② `(age1 + age2) * 2 > 60`

③ `age % 2 == 1` ④ `name.equals("湊")`

練習3-2の解答

条件式として適切なものはC、D、Eです。

[解説]

・A、Bは評価結果がboolean型にならないため、条件式として利用しようとするとコンパイルエラーになります。

・Fは代入を行う式です。評価結果がboolean型になるため条件式として利用してもコンパイルエラーにはなりませんが、意図しない不具合を招きやすいため一部の例外を除いて避けるべきとされています（3.3.1項）。

練習3-3の解答

Main.java

```
01 public class Main {
02   public static void main(String[] args) {
03     int isHungry = 1;
04     String food = "おにぎり";
05     System.out.println("こんにちは");
06     if (isHungry == 0) {
07       System.out.println("お腹がいっぱいです");
08     } else {
09       System.out.println("はらぺこです");
10     }
11     if (isHungry == 1) {
12       System.out.println(food + "をいただきます");
13     }
14     System.out.println("ごちそうさまでした");
15   }
16 }
```

BJ43b

※ 6〜10行目は、三項条件演算子（p.122）を用いると、次のような記述もできます。

```
System.out.println(isHungry == 0 ? "お腹がいっぱいです" : "はらぺこです");
```

練習3-4の解答

不具合の原因は、elseの後に波カッコ { と } がなく、else文のブロックが「映画を見ます」で終了しているためです（その次の「寝ます」の行はelse文のブロックに含まれていない）。そのため、「雨が降っても晴れていても『寝ます』が表示されてしまう」という現象が発生しています。

これを修正するには、次のように「映画を見ます」「寝ます」を表示する2行を波カッコで囲みます。

```
06        System.out.println("散歩にいきます");
07      } else {
08        System.out.println("映画を見ます");
09        System.out.println("寝ます");
10      }
11    }
12  }
```

練習3-5の解答

Main.java

```
01  public class Main {
02    public static void main(String[] args) {
03      System.out.print
          ("［メニュー］1：検索 2：登録 3：削除 4：変更＞");
04      int selected = new java.util.Scanner(System.in).nextInt();
05      switch (selected) {
06        case 1 -> {
07          System.out.println("検索します");
08        }
09        case 2 -> {
10          System.out.println("登録します");
11        }
12        case 3 -> {
13          System.out.println("削除します");
14        }
15        case 4 -> {
16          System.out.println("変更します");
17        }
18      }
19    }
20  }
```

BJ43c

変数selectedが1から4のいずれでもない場合は何もしないため、defaultラベルの記述は不要です。

練習3-6の解答

Main.java

```
01 public class Main {
02   public static void main(String[] args) {
03     System.out.print("【数あてゲーム】");
04     int ans = new java.util.Random().nextInt(10);
05     for (int i = 0; i < 5; i++) {
06       System.out.println("0～9の数字を入力してください");
07       int num = new java.util.Scanner(System.in).nextInt();
08       if (ans == num) {
09         System.out.println("アタリ！");
10         break;
11       } else {
12         System.out.println("違います");
13       }
14     }
15     System.out.println("ゲームを終了します");
16   }
17 }
```

BJ43d

chapter 4 配列

練習4-1の解答

Main.java

```
01 public class Main {
02   public static void main(String[] args) {
03     int[] points = new int[4];
04     double[] weights = new double[5];
05     boolean[] answers = new boolean[3];
```

```
06      String[] names = new String[3];
07    }
08  }
```

BJ44b

練習4-2の解答

Main.java

```
01  public class Main {
02    public static void main(String[] args) {
03      int[] moneyList = {121902, 8302, 55100};
04      for (int i = 0; i < moneyList.length; i++) {
05        System.out.println(moneyList[i]);
06      }
07      for (int m : moneyList) {
08        System.out.println(m);
09      }
10    }
11  }
```

BJ44c

練習4-3の解答

5行目：NullPointerException

6行目：ArrayIndexOutOfBoundsException

練習4-4の解答

Main.java

```
01  public class Main {
02    public static void main(String[] args) {
03      // (1)配列の準備
04      int[] numbers = {3, 4, 9};
05
06      // (2)メッセージの表示
07      System.out.println("1桁の数字を入力してください");
08
```

```
09    // (3)キーボードからの数字入力
10      int input = new java.util.Scanner(System.in).nextInt();
11
12    // (4)配列を回しながら判定
13    for (int n : numbers) {
14      if (n == input) {
15        System.out.println("アタリ！");
16      }
17    }
18  }
19 }
```

BJ44d

chapter 5 メソッド

練習5-1の解答

Main.java

```
01 public class Main {
02   public static void main(String[] args) {
03     introduceOneself();
04   }
05   public static void introduceOneself() {
06     String name = "湊雄輔";
07     int age = 22;
08     double height = 169.9;
09     char zodiac = '辰';
10     System.out.println("私の名前は" + name + "です。");
11     System.out.println("歳は" + age + "です。");
12     System.out.println("身長は" + height + "cmです。");
13     System.out.println("十二支は" + zodiac + "です。");
14   }
15 }
```

BJ45a

練習5-2の解答

Main.java

```
01 public class Main {
02   public static void main(String[] args) {
03     String title = "お誘い";
04     String address = "dummy@example.com";
05     String text = "今度、飲みにいきませんか";
06     email(title, address, text);
07   }
08   public static void email(String title, String address,
       String text) {
09     System.out.println
         (address + " に、以下のメールを送信しました");
10     System.out.println("件名：" + title);
11     System.out.println("本文：" + text);
12   }
13 }
```

BJ45b

練習5-3の解答

Main.java

```
01 public class Main {
02   public static void main(String[] args) {
03     String address = "dummy@example.com";
04     String text = "今度、飲みにいきませんか";
05     email(address, text);
06   }
07   public static void email(String address, String text) {
08     System.out.println
         (address + "に、以下のメールを送信しました");
09     System.out.println("件名：無題");
10     System.out.println("本文：" + text);
11   }
```

```
12   public static void email(String title, String address,
       String text) {
13     System.out.println
         (address + "に、以下のメールを送信しました");
14     System.out.println("件名：" + title);
15     System.out.println("本文：" + text);
16   }
17 }
```

BJ45c

練習 5-4 の解答

Main.java

```
01 public class Main {
02   public static void main(String[] args) {
03     double triangleArea = calcTriangleArea(10.0, 5.0);
04     System.out.println
         ("三角形の面積：" + triangleArea + "平方cm");
05     double circleArea = calcCircleArea(5.0);
06     System.out.println("円の面積：" + circleArea + "平方cm");
07   }
08   public static double calcTriangleArea(double bottom,
       double height ) {
09     double area = (bottom * height) / 2;
10     return area;
11   }
12   public static double calcCircleArea(double radius) {
13     double area = radius * radius * 3.14;
14     return area;
15   }
16 }
```

BJ45d

chapter 6 複数クラスを用いた開発

練習6-1の解答

Main.java

```
01 import comment.Zenhan;
02
03 public class Main {
04   public static void main(String[] args) throws Exception {
05     Zenhan.doWarusa();
06     Zenhan.doTogame();
07     comment.Kouhan.callDeae();
08     comment.Kouhan.showMondokoro();
09   }
10 }
```

前半(05〜06行目)　後半(07〜08行目)

Zenhan.java

```
01 package comment;
02
03 public class Zenhan {
04   public static void doWarusa() {
05     System.out.println("きなこでござる。食えませんがの。");
06   }
07   public static void doTogame() {
08     System.out.println("この老いぼれの目はごまかせませんぞ。");
09   }
10 }
```

Kouhan.java

```
01 package comment;
02
03 public class Kouhan {
04   public static void callDeae() {
05     System.out.println
           ("えぇい、こしゃくな。くせ者だ!であえい!");
```

```
06     }
07     public static void showMondokoro() throws Exception {
08       System.out.println("飛車さん、角さん。もういいでしょう。");
09       System.out.println("この紋所が目にはいらぬか！");
10       Zenhan.doTogame();     // もう一度、とがめる
11     }
12   }
```

BJ46b

付録 D

練習6-2の解答

ここでは一般的な方法を示します。ほかに、環境変数を設定するなどの方法があります。

1. 練習6-1で作成したソースファイルをコンパイルする。

```
>javac Main.java Zenhan.java Kouhan.java
```

2. コンピュータに適当なフォルダ（たとえば、c:¥jappとする）を作成する。

3. C:¥jappフォルダの中に、Main.classをコピーする。

4. C:¥jappの中にcommentフォルダを作成する。

5. C:¥japp¥commentの中に、Zenhan.classとKouhan.classをコピーする。

6. C:¥jappを現在のフォルダ（カレントディレクトリ）とする。

7. javaコマンドを実行する。

```
>java Main
```

練習6-3の解答

showMondokoroメソッドのみを抜粋しています。

```
01   public static void showMondokoro() throws Exception {
02     System.out.println("飛車さん、角さん。もういいでしょう。");
03     System.out.println("この紋所が目にはいらぬか！");
04     Thread.sleep(3000);            この行を追加
05     Zenhan.doTogame();     // もう一度、とがめる
06   }
```

BJ46c

練習6-4の解答

Main.class → c:¥work¥ex64 フォルダ
Zenhan.class と Kouhan.class → c:¥work¥ex64¥comment フォルダ

練習6-5の解答

c:¥javaapp¥koumon

chapter 7 オブジェクト指向をはじめよう

練習7-1の解答

この問題に対する解答は無数に考えられるため、解答の一例を示します。

- **電卓の中に入っているプログラムは、「指示したとおりにすばやく計算をしてくれる人」を機械化・自動化したものです。**
- **電子メールは、現実世界の「手紙」を電子化したものであり、そのメールを送信するインターネットのメールシステムは、「郵便配送のしくみ」を機械化したものです。**
- **インターネットのショッピングサイトは、現実世界の「商店」を電子化したものであり、そのプログラムは従来、店員が受け持っていた「商品の検索依頼・注文依頼・決済」などを自動化したものです。**

練習7-2の解答

解答例を示します。

①「飛行機」オブジェクト、「空港」オブジェクト
②「映画館」オブジェクト、「映画」オブジェクト、「俳優」オブジェクト
③「食材」オブジェクト、「レシピ」オブジェクト、「料理」オブジェクト

練習7-3の解答

解答例を示します。

①「指定条件に基づいて観光地を検索する」操作
②「名所の名前」属性、「名所の所在地」属性、「名所の電話番号」属性、「名所の解説」属性

chapter 8 インスタンスとクラス

練習8-1の解答

クラスの宣言に関する問題です。ファイル名は「Cleric.java」とします。

Cleric.java

```
01 public class Cleric {
02 }
```

練習8-2の解答

フィールドの宣言に関する問題です。

Cleric.java

```
01 public class Cleric {
02   String name;
03   int hp = 50;
04   final int MAX_HP = 50;
05   int mp = 10;
06   final int MAX_MP = 10;
07 }
```

BJ48b

練習8-3の解答

メソッドの宣言に関する問題です。

Cleric.java

```
01 public class Cleric {
02   String name;
```

```
03    int hp = 50;
04    final int MAX_HP = 50;
05    int mp = 10;
06    final int MAX_MP = 10;
07
08    public void selfAid() {
09      System.out.println(this.name + "はセルフエイドを唱えた！");
10      this.hp = this.MAX_HP;
11      this.mp -= 5;
12      System.out.println("HPが最大まで回復した");
13    }
14  }
```

BJ48c

練習8-4の解答

引数と戻り値があるメソッドの宣言に関する問題です。

Cleric.java

```
01  import java.util.*;
02
03  public class Cleric {
04    String name;
05    int hp = 50;
06    final int MAX_HP = 50;
07    int mp = 10;
08    final int MAX_MP = 10;
09
10    public void selfAid() {
11      System.out.println(this.name + "はセルフエイドを唱えた！");
12      this.hp = this.MAX_HP;
13      this.mp -= 5;
14      System.out.println("HPが最大まで回復した");
15    }
```

```
16
17    public int pray(int sec) {
18      System.out.println
            (this.name + "は" + sec + "秒間天に祈った！");
19
20      // 論理上の回復量を乱数を用いて決定する
21      int recover = new Random().nextInt(3) + sec;
22
23      // 実際の回復量を計算する
24      int recoverActual = Math.min(this.MAX_MP - this.mp, recover);
25
26      this.mp += recoverActual;
27      System.out.println("MPが" + recoverActual + "回復した");
28      return recoverActual;
29    }
30  }
```

BJ48d

chapter 9 さまざまなクラス機構

練習9-1の解答

Thief.java

```
01  public class Thief {
02    String name;
03    int hp;
04    int mp;
05
06    public Thief(String name, int hp, int mp) {
07      this.name = name;
08      this.hp = hp;
09      this.mp = mp;
10    }
```

```
11    public Thief(String name, int hp) {
12      this(name, hp, 5);
13    }
14    public Thief(String name) {
15      this(name, 40);
16    }
17  }
```

BJ49c

練習9-2の解答

```
25 : 25
25 : 35
```

healメソッドの呼び出しにint型のbaseHpを渡しても呼び出し元の値は変化しません。一方、Thiefインスタンスを渡すと呼び出し元でもhpが変化します。これは、引数がint型の場合、変数baseHpの値が引数hpにコピーされる値渡し（p.201）により、メソッド内での代入は呼び出し元へ影響しないためです。引数がクラス型の場合、変数tが示すアドレスが引数thiefにコピーされる参照渡し（p.202）により、t.hpとthief.hpはメモリの同じ場所を指すことになります。そのため、thief.hpへの代入がt.hpにも反映しているように見えるのです。

chapter 10 継承

練習10-1の解答

誤っているものは②、③、⑤です。

[解説]

② エンジンは車の「一部」であり、両者はhas-aの関係（9.1.8項）にあります。

③ 継承では親クラスや子クラスという用語を用いますが、概念としての親や子とは関係ありません。「子どもは父親の一種」ではありません。

⑤ スーパーマンは人間の一種ですので、スーパーという用語が付いていても、サブクラス（子クラス）です。

練習10-2の解答

(ア) Device（装置）、Tool（道具）など。
(イ) MobilePhone（携帯電話）、SmartPhone（スマートフォン）など。
(ウ) Vehicle（乗り物）、Property（資産）など。
(エ) SportsCar（スポーツカー）、HybridCar（ハイブリッドカー）など。
(オ) Book（書物）、InformationSource（情報源）など。
(カ) EJDictionary（英和辞典）、Encycropedia（百科事典）など。

練習10-3の解答

PoisonMatango.java

```
01 public class PoisonMatango extends Matango {
02   int poisonCount = 5;
03   public PoisonMatango(char suffix) {
04     super(suffix);
05   }
06   public void attack(Hero h) {
07     super.attack(h);
08     if (this.poisonCount > 0) {
09       System.out.println("さらに毒の胞子をばらまいた！");
10       int dmg = h.hp / 5;
11       h.hp -= dmg;
12       System.out.println(dmg + "ポイントのダメージ！");
13       this.poisonCount--;
14     }
15   }
16 }
```

BJ4Ab

chapter 11 高度な継承

練習11-1の解答

TangibleAsset.java

```
01 public abstract class TangibleAsset {
02   String name;
03   int price;
04   String color;
05   public TangibleAsset(String name, int price, String color) {
06     this.name = name;
07     this.price = price;
08     this.color = color;
09   }
10   public String getName() { return this.name; }
11   public int getPrice() { return this.price; }
12   public String getColor() { return this.color; }
13 }
```

Book.java

```
01 public class Book extends TangibleAsset {
02   String isbn;
03   public Book
       (String name, int price, String color, String isbn) {
04     super(name, price, color);
05     this.isbn = isbn;
06   }
07   public String getIsbn() { return this.isbn; }
08 }
```

Computer.java

```
01 public class Computer extends TangibleAsset {
02   String makerName;
03   public Computer
       (String name, int price, String color, String makerName ) {
```

```
04    super(name, price, color);
05    this.makerName = makerName;
06  }
07  public String getMakerName() { return this.makerName; }
08 }
```

BJ4Bb

練習11-2の解答

（ア）Asset　（イ）IntangibleAsset　（ウ）Patent

Asset.java

```
01 public abstract class Asset {
02   String name;
03   int price;
04   public Asset(String name, int price) {
05     this.name = name;
06     this.price = price;
07   }
08   public String getName() { return this.name; }
09   public int getPrice() { return this.price; }
10 }
```

TangibleAsset.java

```
01 public abstract class TangibleAsset extends Asset {
02   String color;
03   public TangibleAsset(String name, int price, String color) {
04     super(name, price);
05     this.color = color;
06   }
07   public String getColor() { return this.color; }
08 }
```

BJ4Bc

練習11-3の解答

Thing.java

```
01 public interface Thing {
```

```
02   double getWeight();
03   void setWeight(double weight);
04 }
```

BJ4Bd

練習11-4の解答

TangibleAsset.java

```
01 public abstract class TangibleAsset extends Asset
       implements Thing {
02   String color;
03   double weight;
04   public TangibleAsset(String name, int price, String color,
         double weight) {
05     super(name, price);
06     this.color = color;
07     this.weight = weight;
08   }
09   public String getColor() { return this.color; }
10   public double getWeight() { return this.weight; }
11   public void setWeight(double weight){ this.weight = weight; }
12 }
```

BJ4Be

chapter 12 多態性

練習12-1の解答

(1)（左上から順に）Sword、Item、Sword、Item

(2)（左上から順に）Monster、Slime、Slime、Monster

練習12-2の解答

① a()

② AaBa

練習12-3の解答

① Y[]型

②

Main.java

```
01 public class Main {
02   public static void main(String[] args) {
03     Y[] array = new Y[2];
04     array[0] = new A();
05     array[1] = new B();
06     for (Y y : array) {
07       y.b();
08     }
09   }
10 }
```

BJ4Cb

chapter 13 カプセル化

練習13-1の解答

Wand.java

```
01 public class Wand {
02   private String name;     // 杖の名前
03   private double power;    // 杖の魔力
04 }
```

Wizard.java

```
01 public class Wizard {
02   private int hp;
03   private int mp;
04   private String name;
05   private Wand wand;
06   public void heal(Hero h) {
07     int basePoint = 10;                   // 基本回復ポイント
08     int recovPoint =                      // 杖による増幅
```

```
          (int)(basePoint * this.wand.power);
09     h.setHp(h.getHp() + recovPoint);    // 勇者のHPを回復する
10     System.out.println
          (h.getName() + "のHPを" + recovPoint + "回復した！");
11   }
12 }
```

BJ4Db

練習13-2の解答

- **内容：Wizardクラスで「powerはWandでprivateアクセスされます」**
- **原因：Wandクラスのpowerフィールドはprivate修飾されているので、Wizardクラスから直接アクセスすることができないため。**

練習13-3の解答

Wand.java

```
01 public class Wand {
02   private String name;      // 杖の名前
03   private double power;     // 杖の魔力
04   public String getName() { return this.name; }
05   public void setName(String name) { this.name = name; }
06   public double getPower() { return this.power; }
07   public void setPower(double power) { this.power = power; }
08 }
```

Wizard.java

```
01 public class Wizard {
02   private int hp;
03   private int mp;
04   private String name;
05   private Wand wand;
06   public void heal(Hero h) {
07     int basePoint = 10;                     // 基本回復ポイント
08     int recovPoint =                        // 杖による増幅
          (int)(basePoint * this.getWand().getPower());
```

```
09      h.setHp(h.getHp() + recovPoint);  // 勇者のHPを回復する
10      System.out.println
          (h.getName() + "のHPを" + recovPoint + "回復した！");
11    }
12    public int getHp() { return this.hp; }
13    public void setHp(int hp) { this.hp = hp; }
14    public int getMp() { return this.mp; }
15    public void setMp(int mp) { this.mp = mp; }
16    public String getName() { return this.name; }
17    public void setName(String name) { this.name = name; }
18    public Wand getWand() { return this.wand; }
19    public void setWand(Wand wand) { this.wand = wand; }
20  }
```

BJ4Dc

練習13-4の解答

Wand.java

```
01  public class Wand {
02    private String name;    // 杖の名前
03    private double power;     // 杖の魔力
04    public String getName() { return this.name; }
05    public void setName(String name) {
06      if (name == null || name.length() < 3) {
07        throw new IllegalArgumentException
            ("杖に設定されようとしている名前が異常です");
08      }
09      this.name = name;
10    }
11    public double getPower() { return this.power; }
12    public void setPower(double power) {
13      if (power < 0.5 || power > 100.0) {
```

```
14      throw new IllegalArgumentException
            ("杖に設定されようとしている魔力が異常です");
15    }
16    this.power = power;
17  }
18 }
```

Wizard.java

```
01 public class Wizard {
02   private int hp;       private int mp;
03   private String name;  private Wand wand;
04   public void heal(Hero h) {
05     int basePoint = 10;                  // 基本回復ポイント
06     int recovPoint =                     // 杖による増幅
           (int)(basePoint * this.getWand().getPower());
07     h.setHp(h.getHp() + recovPoint);     // 勇者のHPを回復
08     System.out.println
           (h.getName() + "のHPを" + recovPoint + "回復した!");
09   }
10   public int getHp() { return this.hp; }
11   public void setHp(int hp) {
12     if (hp < 0) { this.hp = 0; } else { this.hp = hp; }
13   }
14   public int getMp() { return this.mp; }
15   public void setMp(int mp) {
16     if (mp < 0) {
17       throw new IllegalArgumentException
            ("設定されようとしているMPが異常です");
18     }
19     this.mp = mp;
20   }
21   public String getName() { return this.name; }
```

```
22  public void setName(String name) {
23    if (name == null || name.length() < 3) {
24      throw new IllegalArgumentException
            ("魔法使いに設定されようとしている名前が異常です");
25    }
26    this.name = name;
27  }
28  public Wand getWand() { return this.wand; }
29  public void setWand(Wand wand) {
30    if (wand == null) {
31      throw new IllegalArgumentException
            ("設定されようとしている杖がnullです");
32    }
33    this.wand = wand;
34  }
35 }
```

BJ4Dd

chapter 14 Javaを支えるクラスたち

練習14-1の解答

Account.java

```
01 public class Account {
02   String accountNumber;     // 口座番号
03   int balance;              // 残額
04   /* ①文字列表現のメソッド */
05   public String toString() {
06     return "¥¥" + this.balance +
          " (口座番号：" + this.accountNumber + ") ";
07   }
08   /* ②等価判定のメソッド */
09   public boolean equals(Object o) {
```

```
10     if (this == o) {
11       return true;
12     }
13     if (o instanceof Account a) {
14       String an1 = this.accountNumber.trim();
15       String an2 = a.accountNumber.trim();
16       if (an1.equals(an2)) {
17         return true;
18       }
19     }
20     return false;
21   }
22 }
```

BJ4Ea

練習14-2の解答

```
static final int MAX_HP = 50;
static final int MAX_MP = 10;
```

※静的フィールド宣言のみを掲載しています。

chapter 15 文字列と日付の扱い

練習15-1の解答

Main.java

```
01 public class Main {
02   public static void main(String[] args) {
03     StringBuilder sb = new StringBuilder();
04     for (int i = 0; i < 100; i++) {
05       sb.append(i+1).append(",");
06     }
07     String s = sb.toString();
08     String[] a = s.split(",");
```

```
09     }
10   }
```

BJ4Fa

練習15-2の解答

```
01   public String concatPath(String folder, String file) {
02     if (!folder.endsWith("¥¥")) {
03       folder += "¥¥";
04     }
05     return folder + file;
06   }
```

BJ4Fb

練習15-3の解答

(1) .* (2) A¥d{1,2} (3) U[A-Z]{3}

練習15-4の解答

Main.java

```
01   import java.text.SimpleDateFormat;
02   import java.util.Calendar;
03   import java.util.Date;
04
05   public class Main {
06     public static void main(String[] args) {
07       // ①現在の日時をDate型で取得
08       Date now = new Date();
09       Calendar c = Calendar.getInstance();
10       // ②取得した日時情報をCalendarにセット
11       c.setTime(now);
12       // ③Calendarから「日」の情報を取得
13       int day = c.get(Calendar.DAY_OF_MONTH);
14       // ④取得した値に100を足してCalendarの「日」にセット
15       day += 100;
```

付録 D

```
16      c.set(Calendar.DAY_OF_MONTH, day);
17      // ⑤Calendarの日付情報をDate型に変換
18      Date future = c.getTime();
19      // ⑥指定された形式で表示
20      SimpleDateFormat f =
            new SimpleDateFormat("西暦yyyy年MM月dd日");
21      System.out.println(f.format(future));
22    }
23  }
```

BJ4Fc

練習15-5の解答

Main.java

```
01  import java.time.*;
02  import java.time.format.DateTimeFormatter;
03
04  public class Main {
05    public static void main(String[] args) {
06      LocalDate now = LocalDate.now();
07      LocalDate future = now.plusDays(100);
08      DateTimeFormatter fmt =
            DateTimeFormatter.ofPattern("西暦yyyy年MM月dd日");
09      System.out.println(future.format(fmt));
10    }
11  }
```

BJ4Fd

7行目で100日後の日付を求めるために、plusDaysメソッドを利用している部分は、次のようにPeriodを用いてもよいでしょう。

```
07      LocalDate future = now.plus(Period.ofDays(100));
```

chapter 16 コレクション

練習16-1の解答

(1) Set　(2) List　(3) Map

練習16-2の解答

java.util.*をimport済みとします。また、mainメソッド内のみを示します。

```
01 Hero h1 = new Hero("斎藤");
02 Hero h2 = new Hero("鈴木");
03 List<Hero> heroes = new ArrayList<Hero>();
04 heroes.add(h1);
05 heroes.add(h2);
06 for (Hero h : heroes) {
07   System.out.println(h.getName());
08 }
```

BJ4Gb

練習16-3の解答

java.util.*をimport済みとします。また、mainメソッド内のみを示します。

```
01 Hero h1 = new Hero("斎藤");
02 Hero h2 = new Hero("鈴木");
03 Map<Hero, Integer> heroes = new HashMap<Hero, Integer>();
04 heroes.put(h1, 3);
05 heroes.put(h2, 7);
06 for (Hero key : heroes.keySet()) {
07   int value = heroes.get(key);
08   System.out.println(key.getName() + "が倒した敵＝" + value);
09 }
```

BJ4Gc

chapter 17 例外

練習17-1の解答

Main.java

```
01 public class Main {
02   public static void main(String[] args) {
03     String s = null;
04     System.out.println(s.length());
05   }
06 }
```

BJ4Ha

練習17-2の解答

Main.java

```
01 public class Main {
02   public static void main(String[] args) {
03     try {
04       String s = null;
05       System.out.println(s.length());
06     } catch (NullPointerException e) {
07       System.out.println
             ("NullPointerException例外をcatchしました");
08       System.out.println("ーースタックトレース（ここから）ーー");
09       e.printStackTrace();
10       System.out.println("ーースタックトレース（ここまで）ーー");
11     }
12   }
13 }
```

BJ4Hb

練習17-3の解答

Main.java

```
01 public class Main {
02   public static void main(String[] args) {
```

```
03      try {
04        int i = Integer.parseInt("三");
05      } catch (NumberFormatException e) {
06        System.out.println
              ("NumberFormatException例外をcatchしました");
07      }
08    }
09  }
```

送出される例外

BJ4Hc

練習17-4の解答

Main.java

```
01  import java.io.IOException;
02
03  public class Main {
04    public static void main(String[] args) throws IOException {
05      System.out.println("プログラムが起動しました");
06      throw new IOException();
07    }
08  }
```

BJ4Hd

INDEX

索引

記号

数字

A

B

C

D

index

N

O

P

R

S

T

U

V

W

Z

あ行

か行

さ行

た行

な行

は行

ま行

や行

ら行

■著者

中山清喬（なかやま・きよたか）

株式会社フレアリンク代表取締役。IBM 内の先進技術部隊に所属しシステム構築現場を数多く支援。退職後も研究開発・技術適用支援・教育研修・執筆講演・コンサルティング等を通じ、「技術を味方につける経営」を支援。現役プログラマ。講義スタイルは「ふんわりスパルタ」。

国本大悟（くにもと・だいご）

文学部・史学科卒。大学では漢文を読みつつ、IT 系技術を独学。会社でシステム開発やネットワーク・サーバ構築等に携わった後、フリーランスとして独立する。システムの提案、設計から開発を行う一方、プログラミングやネットワーク等の IT 研修に力を入れており、大規模 SIer やインフラ系企業での実績多数。

■執筆協力

飯田理恵子

■イラスト

高田ゲンキ（たかた・げんき）

イラストレーター／神奈川県出身、ドイツ・ベルリン在住／ 1976 年生。東海大学文学部卒業後、デザイナー職を経て、2004 年よりフリーランス・イラストレーターとして活動。書籍・雑誌・Web・広告等で活動中。

ホームページ　https://www.genki119.com

YouTube　https://www.youtube.com/@genkistudio

STAFF

編集	佐藤実穂
	片元 諭
編集協力	白地 昭豊鏡／小田麻矢
DTP 制作	SeaGrape
カバー・本文デザイン	米倉英弘（細山田デザイン事務所）
編集長	玉巻秀雄

本書のご感想をぜひお寄せください

https://book.impress.co.jp/books/1123101044

読者登録サービス

アンケート回答者の中から、抽選で**図書カード（1,000円分）**などを毎月プレゼント。
当選者の発表は賞品の発送をもって代えさせていただきます。
※プレゼントの賞品は変更になる場合があります。

■商品に関する問い合わせ先

このたびは弊社商品をご購入いただきありがとうございます。本書の内容などに関するお問い合わせは、下記のURLまたは二次元バーコードにある問い合わせフォームからお送りください。

https://book.impress.co.jp/info/

上記フォームがご利用いただけない場合のメールでの問い合わせ先
info@impress.co.jp

※お問い合わせの際は、書名、ISBN、お名前、お電話番号、メールアドレス に加えて、「該当するページ」と「具体的なご質問内容」「お使いの動作環境」を必ずご明記ください。なお、本書の範囲を超えるご質問にはお答えできないのでご了承ください。

●電話やFAX でのご質問には対応しておりません。また、封書でのお問い合わせは回答までに日数をいただく場合があります。あらかじめご了承ください。
●インプレスブックスの本書情報ページ https://book.impress.co.jp/books/1123101044 では、本書のサポート情報や正誤表・訂正情報などを提供しています。あわせてご確認ください。
●本書の奥付に記載されている初版発行日から３年が経過した場合、もしくは本書で紹介している製品やサービスについて提供会社によるサポートが終了した場合はご質問にお答えできない場合があります。

■落丁・乱丁本などの問い合わせ先
FAX 03-6837-5023
service@impress.co.jp
※古書店で購入された商品はお取り替えできません。

スッキリわかるJava入門 第4版

2023年11月 1日 初版発行
2024年11月 1日 第1版第3刷発行

著 者 中山清喬、国本大悟
監 修 株式会社フレアリンク
発行人 高橋隆志
発行所 株式会社インプレス
〒101-0051 東京都千代田区神田神保町一丁目105番地
ホームページ https://book.impress.co.jp/

印刷所 日経印刷株式会社

ISBN978-4-295-01793-6 C3055

Printed in Japan